ISBN 978-0-282-05548-6
PIBN 10611680

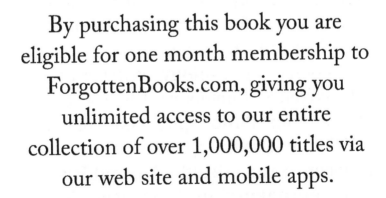

English
Français
Deutsche
Italiano
Español
Português

www.forgottenbooks.com

Mythology Photography **Fiction**
Fishing Christianity **Art** Cooking
Essays Buddhism Freemasonry
Medicine **Biology** Music **Ancient
Egypt** Evolution Carpentry Physics
Dance Geology **Mathematics** Fitness
Shakespeare **Folklore** Yoga Marketing
Confidence Immortality Biographies
Poetry **Psychology** Witchcraft
Electronics Chemistry History **Law**
Accounting **Philosophy** Anthropology
Alchemy Drama Quantum Mechanics
Atheism Sexual Health **Ancient History**
Entrepreneurship Languages Sport
Paleontology Needlework Islam
Metaphysics Investment Archaeology
Parenting Statistics Criminology
Motivational

Der Mensch

sein Ursprung und seine Entwicklung

In gemeinverständlicher Darstellung

von

Wilhelm Leche

Professor an der Universität zu Stockholm

Mit 369 Abbildungen

(Nach der zweiten schwedischen Auflage)

Jena

Verlag von Gustav Fischer

1911

Hofbuchdruckerei Rudolstadt.

Vorwort.

Fünfzig Jahre sind verflossen, seit der Darwinismus, hundert, seit dessen Urheber das Licht der Welt erblickte. Wir dürften also wohl heutzutage die Perspektive erhalten haben, welche erforderlich ist, um sowohl die naturwissenschaftliche als auch die allgemein kulturelle Bedeutung und Tragweite der Großtat Darwins mit ruhiger Vorurteilslosigkeit überblicken und beurteilen zu können.

Es ist nicht die Aufgabe des vorliegenden Buches, eine Musterung der modernen Entwicklungslehre in ihrem ganzen Umfange zu geben. Seine Ziele sind nicht so weit gesteckt, sind von intimerer Art: es will versuchen darzutun, wie unter dem Einflusse dieser Lehre unsere Auffassung v o n u n s s e l b s t sich umgestaltet und ausgebildet hat.

Um diese Frage, um das Problem der Menschwerdung, ist, hauptsächlich während der beiden letzten Jahrzehnte, eine enorme Literatur von sowohl rein wissenschaftlicher als auch mehr populärer Art emporgewachsen.

Ich bin mir der Gefahren wohl bewußt, welchen die Resultate der biologischen Forschung ausgesetzt sind, wenn man sie aus dem streng wissenschaftlichen Milieu, in dem sie entstanden und aufgewachsen sind, in den engen Rahmen einer populären Darstellung einzufügen versucht. Vieles kann durch eine solche Versetzung entstellt werden. Wir müssen nämlich in Erinnerung behalten: alle Forschung findet sich im ununterbrochen beweglichen Zustande, im steten Flusse; das ist für sie Lebensbedingung; keines ihrer Kapitel kann und darf jemals als endgültig abgeschlossen betrachtet oder als vollendet kanonisiert werden. Unveränderlich fertig und abgeschlossen ist nur das Dogma, der diametrale Gegensatz der Wissenschaft. Es ist deshalb auch leicht einzusehen, wie nahe dem popularisierenden Schriftsteller — vornehmlich wenn dieser, wie nur zu oft der Fall, nicht selbst an der Hebung des Wissensschatzes teil genommen — in seinem Bestreben, seinen Gegenstand klar und leicht faßlich zu machen, die Gefahr liegt, dem biologischen Bilde, das er wiedergeben will, schärfere und bestimmtere Umrisse zu verleihen, als man demselben in Fachkreisen zu geben wagt.

Aber auch Schwierigkeiten anderer Art begegnen den biologischen Darstellungen, welche sich an einen größeren Leserkreis wenden. Wenn populäre Schilderungen aus den verschiedenen Gebieten der Biologie sich noch keiner so gesicherten Stellung innerhalb des „fashionablen" Wissens rühmen können, wie deren sich z. B. Kultur-, Kunst- und Literaturgeschichte schon seit lange erfreuen, und wenn besonders der literarisch anspruchsvollere Teil unseres Publikums solchen biologischen Literaturerzeugnissen noch ziemlich kühl gegenübersteht, so hat dieser Umstand mehrere Ursachen. Entweder setzen solche Darstellungen eine Kenntnis und ein Interesse für biologische Details voraus, welche man nicht das Recht hat von einem Leser zu fordern, welcher es versuchen will auf Grundlage des Wissens, das uns früher allgemein und oft noch heutzutage unter der Rubrik „Naturgeschichte" in der Schule vorgesetzt wird, sich mit einigen Resultaten und Anschauungen der modernen Biologie vertraut zu machen. Oder auch werden dem Leser Steine anstatt Brot gegeben; es werden ihm isolierte Tatsachen, ein empirisches Rohmaterial geboten, welches wohl das Herz des zünftigen Naturforschers zu erwärmen vermag, aber vollkommen ungenießbar für den ist, welcher, ohne Biologe zu sein, nach etwas sucht, was die Naturwissenschaft zu geben berufen sein soll, nämlich nach der Basis einer gesunden, rationellen Lebensauffassung.

Aber ebensooft wie ein zu weitschweifiger und zu schwerfälliger technischer Apparat das Verständnis erschwert, verfehlt meiner Meinung nach eine Darstellung, welche die tatsächliche Unterlage nur streift und bloß die fertigen Resultate mitteilt, zu denen die Wissenschaft auf ihrem heutigen Standpunkte gelangt ist, ihren Zweck. Denn letzterer schließt als ein wesentliches Moment auch die Aufgabe ein, dem Leser, soweit tunlich, eine Vorstellung davon zu geben, auf welchem Wege die Probleme gelöst worden, aus welchen Tatsachen die Resultate hervorgegangen sind. Nur hierdurch kann auch der Laie ein einigermaßen selbständiges Urteil über den Grad der Zuverlässigkeit der betreffenden Resultate und Urteile gewinnen.

Und gerade dieses ist eine Forderung, mit welcher sich nicht markten läßt, wenn es gilt, das Problem: Mensch in ein populäres Gewand zu kleiden.

Daß es zu den Aufgaben, ja, den Pflichten des biologischen Forschers gehört, dem kulturell interessierten, aber außerhalb der Fachkreise stehenden Publikum vor allen anderen gerade d i e s e s Problem in seinem rechten Lichte zu zeigen und mit seiner wirklichen Tragweite vertraut zu machen, braucht meiner Meinung nach gar nicht diskutiert zu werden. Nur ein einziges, aber entscheidendes Argument sei hier angeführt: Die Frage nach der Entstehung und Entwicklung des Menschen bildet einen der wesentlichsten Bestandteile jeder Weltanschauung, und eine solche ist doch wahrlich nicht als ein für den Privatgebrauch des Gelehrten bestimmter Luxusgegenstand, sondern als ein unentbehrlicher Gebrauchsartikel der gesamten denkenden Menschheit zu betrachten.

Auf Grund dieser Gesichtspunkte und Überlegungen ist also der Leser berechtigt, an eine Darstellung wie die folgende die Forderung zu stellen, zunächst einmal klaren Bescheid über die Beschaffenheit und den Wert der auf den verschiedenen Gebieten der Biologie eingesammelten Tatsachen zu erhalten, über welche wir zur Zeit verfügen, wenn es gilt, der Frage nach dem Menschen, seiner Herkunft, seiner Entwicklung und seiner Zukunft näher zu treten.

Eine Reihe dieser Tatsachen, sowie die Schlußsätze, welche sich unmittelbar aus der Vergleichung und Kombination derselben Tatsachen ergeben, sind der hauptsächlichste Inhalt des vorliegenden Buches. Die Darstellung solcher Hypothesen, welche Probleme lösen wollen, für deren Lösung die tatsächlichen Unterlagen noch fehlen, ist hier nicht versucht worden; somit sind auch meistens die weitgehenden und bedeutungsvollen, aber bis auf weiteres nur hypothetisch zu beantwortenden Fragen, welche Gegenstand der aktuellen wissenschaftlichen Debatte sind, hier nicht behandelt worden. Nur einzelne von jenen Hypothesen, welche als Wegweiser für zukünftige Forschungen dienen können, sind mitgeteilt worden; stets aber habe ich mich bemüht, dieselben als das, was sie wirklich sind und nicht als gesicherte wissenschaftliche Eroberungen hervortreten zu lassen.

Aber, obgleich die Frage nach dem Ursprung und der Entwicklung des Menschen für den Aufbau unserer Weltanschauung grundlegend ist, ist sie, von rein biologischem Gesichtspunkte aus gesehen, doch nur ein Sonderfall in einer unendlich langen Kette entsprechender Erscheinungen. Eine Untersuchung dieses speziellen Falles würde deshalb, herausgelöst aus seinem natürlichen Zusammenhange, notwendigerweise sowohl schwerverständlich als auch herzlich unbefriedigend ausfallen. Um dieses Detail — die Menschwerdung — naturwissenschaftlich zu verstehen, ist ein Einblick in die Grundgesetze, welche das Werden innerhalb der organischen Welt überhaupt beherrschen, unbedingt erforderlich. Deshalb ist auch das erste Kapitel dieses Buches der allgemeinen Entwicklungslehre gewidmet, während die beiden folgenden Abschnitte eine allgemeine Übersicht der verschiedenen Ausbildungsstufen und der historischen Entwicklung der höchsten Organismen geben. Auch die einzelnen Phasen der Menschenentwicklung sind stets in Verbindung mit allgemeinen, vergleichenden Gesichtspunkten gebracht worden.

Durch diese Behandlung des Stoffes ist die Aufgabe der vorliegenden Arbeit gewissermaßen eine doppelte geworden. Teils hat sie das Tatsachenmaterial, auf welches sich unsere eigene Urgeschichte aufbaut, darzustellen, sowie dasselbe seiner Bedeutung nach abzuschätzen. Teils wünscht sie

Sympathien und Interesse für die moderne Biologie, ihren Gedankengang, ihre Errungenschaften und ihre allgemeine kulturelle Bedeutung innerhalb weiterer Kreise wachzurufen. Hierbei ist ausdrücklich zu betonen, daß die Biologie der Neuzeit in ihrer Methode und ihren Zielen sich höchst wesentlich von der „beschreibenden" Naturgeschichte, deren öder Eindruck noch bei manchem meiner Leser von der Schule her in der Erinnerung sein dürfte, unterscheidet. Denn während die Biologie alten Stils im Einsammeln und in der Darstellung des naturgeschichtlichen Details, d. h. der verschiedenen Pflanzen- und Tierformen und ihrer Lebensweise, der isolierten anatomischen oder embryologischen Tatsache usw. ihre wesentlichste Aufgabe sieht, bilden alle diese Tatsachen für die Art der Biologie, welche die Forschungsarbeit u n s e r e r Zeit kennzeichnet, nur die Unterlage, das Mittel, nicht das Ziel. Ihre Aufgabe und ihren Zweck erkennt sie vielmehr darin, diese Tatsachen logisch miteinander zu verbinden, aus ihnen allgemeine Schlußsätze abzuleiten und mit ihrer Hilfe den Gesetzen nachzuspüren, welche die Entstehung und Entwicklung unserer selbst und unserer Mitgeschöpfe beherrschen. In diesem Sinne aufgefaßt, hat die Biologie jedenfalls ein Anrecht darauf, in den Interessen- und Ideenkreis der denkenden Menschheit aufgenommen zu werden.

Dem Fachbiologen bietet die vorliegende Arbeit nichts Neues, falls nicht als solches der Versuch anzusehen ist, einigen Forschungsresultaten, welche die Schwelle des biologischen Laboratoriums bisher noch nicht überschritten hatten, eine gemeinverständliche Form zu geben.

Die erste Anregung, dieses Buch, von dem in schwedischer Sprache zwei Auflagen erschienen sind, dem deutschen Publikum vorzulegen, verdanke ich meinem Freunde, Herrn Professor Ludwig Plate zu Jena. Und wenn sich der skandinavische Ursprung der Arbeit durch das sprachliche Gewand, in dem es jetzt hervortritt, nicht in einer für den deutschen Leser störenden Weise verrät, so ist dieser Umstand ausschließlich Professor Plate zu danken, welcher mir den großen Freundschaftsdienst erwiesen hat, nicht nur das deutsche Manuskript durchzusehen, sondern mich auch beim Korrekturlesen zu unterstützen und durch Mitteilung sachlicher Verbesserungen die Arbeit zu fördern. Ich möchte ihm deshalb auch hier für das Opfer, welches er unserer Freundschaft gebracht hat, meinen tiefgefühlten Dank aussprechen.

Meine Bestrebungen, das Verständnis des Textes durch gute bildliche Darstellungen zu erhöhen, wurden unterstützt durch den Verleger, Herrn Dr. G. Fischer, welcher in liebenswürdigster Weise meinen Wünschen entgegengekommen ist, sowie durch die Universitätszeichnerin, Fräulein

Elsa Rosenius, welche mit nie ermüdendem Interesse und vollstem Verständnis die Zeichnungen ausgeführt hat.

Alle Figuren, bei denen kein anderer Ursprung angegeben ist, sind Originalabbildungen, welche zum größten Teil gezeichnet oder photographiert wurden nach Präparaten des zootomischen Instituts der Universität zu Stockholm.

Stockholm, im August 1910.

Wilhelm Leche.

Inhaltsverzeichnis.

I.

Die Deszendenztheorie.

L eo Tolstoi will den Titel: „wahre Wissenschaft" nur der Erkenntnis dessen geben, was den „Zweck" und das wahre Glück des Individuums bildet; alle sonstigen Kenntnisse und schönen Künste sind nutzlose, ja schädliche Zerstreuungen. Wenn auch nicht viele sich dieser Auffassung des genialen Russen anschließen werden, kann anderseits nicht geleugnet werden, daß über wenige Allgemeinbegriffe größere Unklarheit herrscht, daß mit wenigen Worten ein so arger Mißbrauch getrieben wird, als mit dem Ausdrucke „Wissenschaft". Auch die geläufige Schuldefinition: die Wissenschaft ist ein nach den Gesetzen der Logik aufgebautes System von gleichartigen Einzelkenntnissen, gibt keinen genügenden Anhalt, um entscheiden zu können, welche Besonderheit einer menschlichen Tätigkeit Anspruch auf den Namen Wissenschaft verleiht.

E i n e Seite dieser Frage läßt sich allerdings in ziemlich einwandfreier Weise erledigen, wenn wir die Charakteristik, welche Schiller von der Wissenschaft und deren Adepten gibt, akzeptieren:

„Einem ist sie die hohe, die himmlische Göttin, dem Andern
Eine tüchtige Kuh, die ihn mit Butter versorgt."

Oder prosaisch: das Ziel einer Wissenschaft kann ein ausschließlich praktisch-materielles oder ein theoretisches, wenn man will, ideelles sein, wobei wir ununtersucht lassen, ob und in welchem Maße die erstgenannte wissenschaftliche Tätigkeit stets ein theoretisches Moment enthält.

Auch den Wert derjenigen menschlichen Betätigungen, welche man im täglichen Leben als Wissenschaften anspricht, wollen wir hier nicht abzuschätzen suchen. Alle sind wir wohl von der eminenten Bedeutung und dem außerordentlichen Segen überzeugt, welche diejenigen Forschungen für die Menschheit haben, deren Resultate mittelbar oder unmittelbar der Heilkunst, der Industrie, der Landwirtschaft, dem Verkehrswesen usw. zugute kommen.

Nur zum Teil kann die Biologie, die Lehre von den Lebewesen, darauf
Anspruch erheben, zu dieser Kategorie gezählt zu werden. Denn wenn
auch die Arbeit innerhalb einiger Gebiete der Biologie die Grundlage gewisser Teile der Medizin, der Forstwirtschaft, des Fischereibetriebes bildet,
so kann wiederum anderen biologischen Disziplinen ohne frommen Betrug schwerlich unmittelbare „praktische" Bedeutung zuerkannt werden.
Aber gerade unter den letzteren befinden sich diejenigen Gebiete, welche für
die Biologie unserer Zeit am meisten charakteristisch sind, nämlich die
vergleichende Anatomie, die Embryologie und die Phylogenie oder Stammesgeschichte.

Wenn nun allerdings die letztgenannten Forschungsgebiete nicht die
Außenseiten unserer modernen Kultur beeinflussen, wenn sie auch keine
Bedürfnisse unseres materiellen Daseins unmittelbar zu befriedigen ver-
mögen, so üben sie einen um so bedeutungsvolleren, ja entscheidenderen
Einfluß auf den geistigen Charakter unseres Zeitalters aus: sie sind es, die
das sicherste Fundament unserer Weltanschauung bilden.

Aber ist dem so — und die folgende Darstellung erhebt darauf Anspruch
dies darzulegen —, dann hat selbstverständlich ein Problem, welches ein
berechtigter Egoismus stets als den Kardinalpunkt in jeder Weltanschauung
aufgefaßt hat, nämlich das M e n s c h e n p r o b l e m — die uralten
Fragen: woher kommen wir? welche Stellung nehmen wir im Weltall
ein? wohin gehen wir? — seine Lösung in erster Hand von den genannten
biologischen Forschungsgebieten zu erwarten.

Und wenn man überhaupt gewisse Betätigungen des menschlichen
Geistes als „Wissenschaften" vor den übrigen auszeichnen will, so scheint
mir, daß in erster Reihe diejenigen Forschungsgebiete, welche direkt oder
indirekt zum Aufbau einer Weltanschauung nötig sind, darauf Anspruch
haben. Von solchen Forschungsarten — und zu ihnen gehören ja die oben
genannten biologischen Disziplinen — können wir somit dreist behaupten,
daß sie einem wirklich „praktischen" Interesse dienen: befriedigen sie doch
das souveränste Bedürfnis des menschlichen Geistes!

Die Biologie in ihrer gegenwärtigen Gestalt und ihrem gegenwärtigen
Umfange ist aber eine recht junge Wissenschaft und dies erklärt wenigstens
teilweise, weshalb dieselbe erst in der allerletzten Zeit die ausschlaggebende
Stimme bei der Diskussion der Frage nach dem Wesen des Menschen erhalten hat. Ein Blick auf die Entstehungsgeschichte der heutigen Biologie
dürfte geeignet sein diese Tatsache zu verdeutlichen.

Die verschiedenen Zweige der Biologie haben sich teilweise gänzlich unabhängig und getrennt voneinander ausgebildet; manche sind
als Teile anderer Wissenschaften entstanden. Diejenigen, welche früher
in erster Linie als Zoologen bezeichnet wurden — von der botanischen
Seite der Biologie können wir hier absehen —, beschäftigten sich bis in die

erste Hälfte des vorigen Jahrhunderts hinein so gut wie ausschließlich mit dem Studium des Äußern und der Lebensweise der verschiedenen Tierformen. Anatomie und Embryologie, also die Lehre von dem Bau des Menschen- und Tierkörpers im ausgebildeten und sich entwickelnden Zustande, sind dagegen im Dienste einer anderen Wissenschaft, der Medizin, entstanden und haben in diesem ihre erste Ausbildung erhalten. Es war der praktische Arzt, welcher, da er für seine Studien keine menschlichen Leichen erhalten konnte, zum Ersatz den Bau des Tierkörpers studierte, um hierdurch eine Unterlage für die Diagnose der menschlichen Krankheiten zu gewinnen. So wurden allmählich nicht unbeträchtliche Kenntnisse von der Organisation und der Entwicklung der Tiere, insbesondere der höheren, erworben. Vom Ende des 17. Jahrhunderts an wurden in stetig zunehmendem Maße auch die niederen Tierformen in den Kreis der Untersuchungen gezogen, womit sich dieses Studium immer mehr vom Einfluß der praktischen Medizin befreite und einer selbständigen wissenschaftlichen Bearbeitung wert erschien.

Aber erst während der ersten Hälfte des vorigen Jahrhunderts verschmolzen diese Zweige der Biologie, bereichert mit den Resultaten neuer, zielbewußter Untersuchungen, mit der Zoologie der ältern Zeit zu einer einheitlichen Wissenschaft, welche an den Universitäten nicht mehr oder ausschließlich ihre Vertreter in der medizinischen, sondern in der philosophischen Fakultät hatten.

Auch die Physiologie, welche die Erforschung der Funktionen des Tierkörpers zur Aufgabe hat, ist für den Dienst und in dem Dienst der Heilkunde ausgebildet; erst in allerneuester Zeit fängt sie an sich von ihr zu emanzipieren. Ein Zweig der Physiologie, welche das Seelenleben der Organismen studiert, ist ganz getrennt von aller anderen Naturwissenschaft entstanden und wurde bis vor kurzem als ein Teil der Philosophie betrachtet.

Auch die Anthropologie, „die Lehre vom Menschen", war in früheren Zeiten keine Naturwissenschaft, sondern gleichfalls ein Abschnitt der Philosophie. Und der Weisheit höchstes Gebot, welches auf dem Tempel zu Delphi eingegraben stand: Kenne Dich selbst! bezog sich sicherlich mehr auf die rein seelische und moralische Natur des Menschen als auf die menschlichen Eigenschaften, mit welchen die Anthropologie u n s e r e r Zeit sich in erster Linie beschäftigt.

Der gesamte Entwicklungsgang unserer Kultur bringt es ja auch mit sich, daß die ersten Versuche, die Frage nach dem Wesen des Menschen zu lösen, innerhalb des Gebietes der religiösen Vorstellungen und der metaphysischen Spekulationen gemacht wurden. Wurde doch der Mensch als das Endziel und der Schlußstein der Schöpfung und seinem Wesen nach als von allen andern Geschöpfen wesensverschieden aufgefaßt.

Daß die Lehre des Copernicus unserer Erde ihren zentralen Platz im Weltall raubte, erschütterte vorerst nicht des Menschen Glaube an seine

1*

eigene Ausnahmestellung. Erst nachdem Beobachtungen auf den verschiedenen Gebieten der Naturwissenschaften anfingen an den Grundfesten
der alten Lehrgebäude zu rütteln, fiel auch ein neues Licht auf das Menschenproblem; der Zweifel ebnete der Erkenntnis den Weg. Doch nur ganz allmählich gelang es den Forschungen über die menschlichen Geistes- und
Körpereigenschaften die Vormundschaft der Theologie und Metaphysik
abzuschütteln. Denn während jeder beliebige andere Organismus mit
Gleichmut als zur Domäne der Naturwissenschaft gehörig betrachtet
und behandelt wurde, machten sich, sobald die Frage auf den Menschen
kam, andauernd jene Autoritäten mehr oder weniger unverhohlen geltend
und verrückten die Gesichtspunkte. Derselbe Forscher, welcher mit der
ganzen Kraft seiner Sinnesorgane und mit voller geistiger Objektivität
die überraschendsten Tatsachen in bezug auf die Entstehung und Verwandtschaftsbeziehungen z. B. einer Fliegenart festzustellen imstande war,
ließ, sobald der Mensch der Gegenstand seiner Untersuchung war, nur gar
zu leicht Seiteneinflüsse von ganz anderer als wissenschaftlicher Natur
seine Forschungsresultate trüben.

Erst im Laufe des vorigen Jahrhunderts gewann, dank der Vertiefung
unseres biologischen Wissens, die Überzeugung, daß der Mensch im naturwissenschaftlichen Sinne zum Tierreiche gehöre, eine allgemeinere Verbreitung. Es wurde die ganze Frage betreffs der Natur des Menschen auf
eine breitere Grundlage gestellt, als mikroskopische und embryologische
Untersuchungen die wesentliche Übereinstimmung, die Einheit in Bau
und Entwicklung a l l e r lebenden Wesen nachgewiesen hatte. Die neuen
und bedeutungsvollen Errungenschaften, mit denen in dem besagten Zeitabschnitt die Paläontologie, die Wissenschaft von der Tier- und Pflanzenwelt vergangener Erdperioden, die Biologie bereicherte, verfehlten ihrerseits nicht ihre Wirkungen auch auf unsere Auffassung über die Natur
des Menschen auszuüben.

Aber um unsere Forschung und uns selbst von einer Autorität zu be-
freien, welche nur gar zu lange einer vorurteilslosen Beurteilung des Wesens
des Menschen den Weg versperrt hatte, — um ein für allemal das Wunder,
„des Glaubens liebstes Kind", aus unserer Auffassung von uns selbst und
unsern Mitgeschöpfen zu verbannen, bedurfte es nicht nur neuer Tatsachen,
sondern vor allem einer Umwertung unserer gesamten Lebensanschauung.
Diese neue, u n s e r Zeitalter kennzeichnende Auffassung des Lebens ist
uns durch eine Lehre gegeben, welche unter den Namen der D e s z e n d e n z -
t h e o r i e , A b s t a m m u n g s - o d e r E n t w i c k l u n g s l e h r e bekannt ist.

Dank dem vollständigen Siege der Deszendenztheorie hat die biologische Forschung einen Inhalt und eine allgemein-kulturgeschichtliche
Bedeutung erlangt, welcher die Naturgeschichte früherer Zeiten vollständig

welche die Organismen durchgemacht haben, nachzuweisen, wurde von Lamarck in seinem 1809 erschienenen Werke „Philosophie zoologique" gegeben. Lamarck findet, daß diese Ursachen in den veränderten Lebensbedingungen liegen, welche von den Veränderungen, die unsere Erde während ihrer Entwicklung durchgemacht hat, hervorgerufen wurden. Diese Veränderungen haben teils unmittelbar auf den Körperbau eingewirkt, teils und hauptsächlich mittelbar, indem infolge der neuen Lebensbedingungen die Tiere einen verschiedenen Gebrauch von ihren Organen machen mußten:

Fig. 2. Goethe
(1749—1832).

diejenigen Organe, welche stark in Anspruch genommen werden, erreichen eine stärkere, höhere Ausbildung, während andere, welche weniger oder gar nicht benutzt werden, allmählich abgeschwächt werden, verkümmern oder ganz verschwinden. So soll die Giraffe ihren langen Hals dadurch bekommen haben, daß sie durch eigenartige Lebensbedingungen gezwungen war, sich zu strecken, um die Blätter hochbelaubter Bäume abzuweiden; umgekehrt haben sich die Augen im Dunkeln lebender Tiere z. B. der Maulwürfe infolge mangelnden Gebrauchs zu Organen ohne Funktion rückgebildet.

Daß der allumfassende Geist eines Goethe, welcher sich von einem Schöpfungsdogma selbstredend nicht befriedigt fühlen konnte, von der universellen Bedeutung der grade damals aktuellen Entwicklungsfrage mächtig ergriffen werden würde, war nur zu erwarten. In der Tat gehört denn auch Goethe zu den Pionieren der Deszendenztheorie, wenn er sich auch nur in beschränkterem Maße an der weiteren Ausarbeitung dieser Lehre beteiligt hat. In welcher Weise er sich den „Urtypus", von welchem alle Lebewesen ausgegangen sind, vorgestellt hat, wollen wir hier unerörtert lassen; unstreitig geht aus mehreren seiner Schriften hervor, daß er von einer allmählich vorsichgehenden Entwicklung der Pflanzen- und Tierarten überzeugt war. Als kennzeichnend für Goethes tiefe Überzeugung von der

Einheit, von dem Entwicklungszusammenhange innerhalb der organischen Natur mag dagegen hier ausdrücklich hervorgehoben werden, wie diese Überzeugung ihn zu einer vom prinzipiellen Gesichtspunkte wichtigen anatomischen Entdeckung führte. Bisher hatte es als eines der Unterscheidungsmerkmale zwischen Mensch und Tier gegolten, daß dem ersteren der bei allen Säugetieren vorkommende Zwischenkiefer fehlte. Da eine solche Tatsache für denjenigen, welcher von der Überzeugung einer grundwesentlichen Übereinstimmung in der organischen Welt durchdrungen war, wenn auch nicht vollkommen unerklärbar, so doch sehr unwahrscheinlich sein mußte, schritt Goethe zielbewußt zu einer Untersuchung dieser Frage, und es gelang ihm auch nachzuweisen, daß beim menschlichen Embryo ein Zwischenkiefer als vollkommen selbständiger Skeletteil auftritt und erst später mit den Oberkieferknochen verschmilzt.

Fig. 3. Georges Cuvier
(1769—1832),
Professor der vergleichenden Anatomie am Museum des Jardın des plantes zu Paris, Staatsrat, Pair von Frankreich usw.

Mit welchem Enthusiasmus Goethe das Hervortreten der Entwicklungstheorie begrüßte, und welche gewaltige kulturelle Bedeutung er diesem Ereignis zuerkannte, geht aus einer Episode hervor, welche von einem seiner jüngeren Freunde und Verehrer, Soret, erzählt wird. Die Nachricht, daß die Julirevolution 1830 ausgebrochen war, die den Thron der Bourbonen umstürzen sollte, war soeben nach Weimar gelangt, als Soret bei einem Besuch von Goethe — damals einundachtzigjährig — mit den Worten empfangen wurde: „Nun was denken Sie von dieser großen Geschichte? Alles steht in Brand, es verläuft nicht mehr bei geschlossenen Türen; der Vulkan kommt zum Ausbruch. — Die Lage ist entsetzlich, warf ich hin, eine so erbärmliche Familie, die sich auf ein so erbärmliches Ministerium stützt, gibt wenig Hoffnung, man wird sie schließlich fortjagen. — Aber ich spreche ja nicht von dieser Gesellschaft, erwiderte Goethe, was liegt mir daran. Es handelt sich um den großen Streit zwischen Cuvier und Geoffroy." Im Schoße der Akademie der Wissenschaften zu Paris war es nämlich am 19. Juli 1830 zu öffentlichem Streite gekommen, in welchem Geoffroy gegen Cuvier die Entwicklungslehre zu verteidigen suchte.

Nicht minder charakteristisch sowohl für Goethe wie für seinen Besucher, der in diesem Falle die Indifferenz des großen Publikums repräsentiert, ist die Fortsetzung des Soretschen Berichtes: „Ich staunte über diese unerwartete Aufklärung und hatte einige Minuten Sammlung nötig, um mit einigem Interesse den langen Einzelheiten eines ziemlich gleichgültigen wissenschaftlichen Kapitels zuzuhören, gegenüber den großen Tagesfragen. Seit länger als vierzehn Tagen hat Goethe nichts anderes im Kopfe, als Cuvier und Geoffroy; mit jedermann spricht er darüber und beschäftigt sich mit dem Abschlusse einer darauf bezüglichen Arbeit." „Nach Goethes Überzeugung kann die von Geoffroy eingeführte syntetische Methode nicht mehr unterdrückt werden."

Fig. 4. Charles Darwin.

Aber nach der Meinung der meisten Zeitgenossen trug in dem besagten Streite, an dem die Presse lebhaften Anteil nahm, Cuvier den Sieg davon, er der gefeierte Begründer der vergleichenden Anatomie und der Paläontologie, welcher mit dem gesamten naturwissenschaftlichen Rüstzeug der damaligen Zeit bewaffnet für die alte Lehre in die Schranken trat.

Und es kann nicht geleugnet werden, daß die Biologie damals noch nicht die Grundlage besaß, welche stark und breit genug war, um darauf jene Entwicklungslehre aufzubauen, die einigen fernschauenden Geistern vorschwebte.

In den dreißiger Jahren des 19. Jahrhunderts trat auch eine Reaktion ein; ziemlich allgemein beruhigte man sich wieder mit der reinen Spezialforschung, man beobachtete das naturwissenschaftliche Material um seiner

selbst willen, oft ohne Ausblick auf allgemeine Fragen. Während der drei
Jahrzehnte, welche der sogenannten naturphilosophischen Periode folgten,
wurde durch zahlreiche Spezialuntersuchungen ein kolossales Material
auf allen Gebieten der Biologie angehäuft. Nicht bloß die Artenbeschrei-
bung und Artenkenntnis, das zoologische Schoßkind früherer Zeiten, wurden
eifrig gepflegt; bedeutungsvoller und fruchtbringender wurde eine Reihe
von Untersuchungen, welche zu wichtigen Entdeckungen in der Zellen-
lehre, Embryologie und Anatomie führte, Entdeckungen, welche für diesen

Fig. 5. Alfred Russel Wallace (geb. 1822),
englischer Biologe.

Zeitabschnitt kennzeich-
nend sind. Es war vor-
zugsweise die Biologie dieses Zeitabschnittes, welche
das Material einsammelte,
auf das sich die moderne
Deszendenztheorie, die Er-
bin der so vielfach belächel-
ten Naturphilosophie, aufbauen sollte.

Daß nun in der Tat
die Zeit für den Sieg des
Deszendenzgedankens reif
geworden oder m. a. W.
sich die Erkenntnis immer-
mehr durchrang, daß alle
die massenhaft angehäuften
Tatsachen nur dann be-
greiflich werden, wenn
man sie vom Standpunkte
dieses Prinzipes aus prüft,
dies wird in einer, man
könnte sagen, gradezu ten-
denziösen Weise schon durch den bemerkenswerten Umstand bewiesen, daß
zwei Naturforscher, Darwin und Wallace, vollkommen unabhängig voneinander und von verschiedenem Material ausgehend, zu einer Form der
Deszendenztheorie gekommen sind, welche in allem Wesentlichen übereinstimmt, ja sogar teilweise dieselbe Terminologie anwendet. Dieses Ereignis
illustriert übrigens ein in der Geschichte der Wissenschaften keineswegs
ganz selten zu beobachtendes Phänomen, wie die großen Entdeckungen
von tausend fleißigen Hirnen und Händen langsam vorbereitet werden
und langsam reifen, um von den Auserwählten eingeheimst zu werden —
und die Auserwählten sind zu allen Zeiten diejenigen gewesen, welche
die Zeichen der Zeit zu deuten wußten.

Aber die nun gefundene Lösung des Entwicklungsproblems hatte offenbar schon viel früher in der Luft gelegen, oder m. a. W.: die Beschaffenheit der bekannten biologischen Tatsachen war nahe daran gewesen, diese Lösung schon vor dem Jahre 1858, als Darwin und Wallace mit ihren Theorien hervortraten, herbeizuführen. Denn wie es sich nach der Veröffentlichung ihrer Arbeiten herausstellte, waren Ansichten, welche in wesentlichen Zügen mit ihren Theorien übereinstimmten, schon von einigen ihrer Landsleute, so 1813 von Wells und 1831 von Patrick Matthew, ausgesprochen worden. Aber keiner dieser Männer scheint sich dessen bewußt gewesen zu sein, daß er der Lösung eines Weltproblems auf der Spur war. Ihre Arbeiten trugen keine Früchte. Immerhin erscheint es bemerkenswert, daß gerade von England diese Bewegung ausgegangen ist, und überaus wahrscheinlich, daß in dem englischen kulturellen Milieu die fördernden Momente für die Entstehung dieser Anschauung zu suchen sind.

Charles Robert Darwin war zu Shrewsbury am 12. Februar 1809 geboren. Ein glücklicher Stern schwebte über seiner Herkunft: sein Großvater väterlicherseits ist Erasmus Darwin, der obengenannte, seiner Zeit sehr bemerkte Verfasser einer Schrift, in welcher er nachzuweisen sucht, daß eine reale Verwandtschaft zwischen den verschiedenen Tierformen besteht, und eine stufenweise Umbildung und Veredlung derselben stattfindet; seiner Mutter Vater war der hoch begabte und auch außerhalb Englands Grenzen allgemein geschätzte Josiah Wedgwood, der Reformator der englischen Tonwaren-Industrie („Wedgwood-Porzellan").

Während Darwins Jugendzeit kündigte kaum etwas seine künftige Größe an; er unterschied sich nicht von dem Durchschnitt anderer junger Gentlemen. Sport und Jagd, wozu sich später noch das Sammeln von Insekten gesellte, nahmen während seiner Studentenjahre einen großen Teil seiner Zeit in Beschlag. Als sein Vater wünschte, daß er einen Beruf wähle, da wurde beschlossen, daß der junge Darwin — Geistlicher werden sollte, da der ärztliche Beruf des Vaters dem Sohne nicht zusagte. So geschah es, daß das einzige akademische Examen, welches Charles Darwin ablegte, ein theologisches war! In seiner Selbstbiographie bemerkt er: „Auch ist diese Absicht und meines Vaters Wunsch (daß Ch. D. Geistlicher werden solle) niemals formell aufgegeben worden, sondern ist eines natürlichen Todes gestorben, als ich als Naturforscher an Bord des „Beagle" ging." Ein englisches Kriegsschiff mit diesem Namen trat nämlich im Jahre 1831 eine Weltumseglung an. Diese Reise währte bis 1836 und bezeichnet den Wendepunkt in Darwins Leben, welches seit jener Zeit einen reichen und zielbewußten Inhalt erhalten hatte.

Während der nächsten Jahre, die seiner Rückkehr nach England folgten, veröffentlichte er eine Reihe Untersuchungen über verschiedene naturwissenschaftliche Gegenstände, Resultate seiner Forschungen während der

Beagle-Reise, welche Arbeiten ihrem Verfasser einen geachteten Namen unter den zeitgenössischen Naturforschern eintrugen.

Aber für ihn selbst und für die Kultur unserer Zeit liegt die Bedeutung jener Forschungsreise viel tiefer. Waren es doch die während dieser Reise gewonnenen Eindrücke, die ihn zu seinen Forschungen über die Gesetze der organischen Entwicklung anregten.

Da er sich durch den Zustand seiner von den Strapazen der Reise nachhaltig erschütterten Gesundheit genötigt sah, sich in die Einsamkeit zurückzuziehen, erwarb er einen kleinen Landsitz in dem Dorfe Down in Kent. Hier beschäftigte ihn unter stetem Arbeiten, Experimentieren und Nachdenken unausgesetzt während einundzwanzig Jahren jenes Kardinalproblem. Da traf 1858 das oben angedeutete Ereignis ein, welches ihn bewog, mit seinem Werke in die Öffentlichkeit zu treten. Ein englischer Naturforscher, Alfred Russel Wallace, der auf den Inseln des malayischen Archipels mit zoologischen Untersuchungen beschäftigt war, sandte nämlich an Darwin ein Manuskript, in dem eine Theorie von der Artenentstehung entwickelt wurde, welche mit Darwins eigenen Ideen nahezu identisch war, wie sie dieser in einer schon 1844 fertig geschriebenen, aber nicht veröffentlichten Arbeit niedergelegt hatte. Um nicht Wallace die Priorität zu rauben, wollte Darwin nur dessen Arbeit, nicht seine eigene veröffentlichen lassen. Glücklicherweise bewogen ihn zwei der hervorragendsten Naturforscher jener Zeit, der Geologe Lyell und der Botaniker Hooker, welche seit mehreren Jahren Darwins Arbeit kannten, in den Schriften der Linné-Gesellschaft zugleich mit Wallaces Aufsatze auch einen kurzen Auszug seines eigenen Werkes zu veröffentlichen. Schon im folgenden Jahre (1859) erschien als selbständiges Buch ein viel vollständigerer Auszug seines Manuskriptes unter dem Titel: Über die Entstehung der Arten durch natürliche Zuchtwahl. „Es erscheint mir zweifelhaft,“ sagt einer von Darwins Biographen, Huxley, „ob jemals ein Buch — mit Ausnahme von Newtons Principia — eine so gewaltige und so rasche Umwälzung in der Wissenschaft hervorgebracht oder einen so tiefen Eindruck auf die allgemeine Meinung gemacht hat. Es rief einen Oppositionssturm hervor, und gleichzeitig erntete es von anderen Seiten begeisterten Beifall.“ Die erste Auflage wurde ausverkauft an dem Tage ihres Erscheinens. Und bis auf den heutigen Tag werden immer wieder neue Auflagen dieses Buches gedruckt, das wohl in alle europäischen Sprachen übersetzt worden ist.

Darwins übrigen Werke — und eine stattliche Reihe folgte dem letztgenannten — behandeln mehr oder weniger unmittelbar dasselbe große Problem, die Entwicklung der Lebewesen; die Theorie wird vertieft und im Hinblick auf verschiedene Gebiete geprüft.

Die letzten vierzig Jahre seines Lebens waren für ihn zugleich ein einziger Arbeitstag und ein unausgesetztes Ringen mit einer zehrenden Krankheit. Er starb am 19. April 1882. In den nach seinem Tode erschienenen Briefen und Tagebüchern tritt er uns als eine sanfte, feinfühlende, bescheidene, ja fast schüchterne Persönlichkeit entgegen, als ein nach Erkenntnis dürstender, im besten Sinne freisinniger, unabläßlich wirksamer Forscher.

Fig. 6. Die wilde Felsentaube, Columba livia (in der Mitte des Bildes), und einige Rassen der zahmen Taube.

Vier Jahre vor seinem Tode fügte er folgende Worte seiner Selbstbiographie bei: „Was mich selbst betrifft, so glaube ich, daß ich recht gehandelt habe, mein Leben zu einem ununterbrochenen Arbeitstag im Dienste der Wissenschaft zu machen. Ich fühle keine Gewissensbisse irgendeine große Sünde begangen zu haben; aber immer wieder muß ich es bedauern, daß ich meinen

Mitgeschöpfen nicht mehr direkt Gutes getan habe". Seine letzten Worte
waren: „Ich fürchte mich nicht im mindesten vor dem Sterben". Er wurde
in der Westminster Abtei, Englands Pantheon, wenige Schritte vom Grabe
Isaac Newtons begraben.

Auch auf die Gefahr hin, einigen geehrten Zeitgenossen unhöflich zu
erscheinen, kann ich den Verdacht nicht unterdrücken, daß die Anwendung
der darwinistischen Schlagwörter, wie Kampf ums Dasein, natürliche Zuchtwahl u. a. eine weitere Verbreitung besitzen als die Kenntnis von dem
Kerne und der Bedeutung der Darwinschen Lehre, des Darwinismus.
Zum Glück ist aber das Bewußtsein recht allgemein, daß diese Lehre, sie
mag nun diese oder jene Tendenz haben, einen gewaltigen Einfluß auf
Gemüt und Denkweise unserer Zeit gehabt hat, und noch hat. Dieser

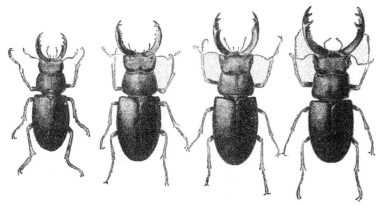

Fig. 7.

Grund ebenso wie ihre Bedeutung für die spezielle Frage, die wir zu beantworten haben, die Entstehung und Entwicklung des Menschen, machen
es notwendig, hier den Inhalt des Darwinismus wenigstens in allgemeinen
Zügen zu skizzieren.

Bei seinen Untersuchungen über das Entstehen der Arten im Pflanzen-
und Tierreich geht Darwin von den Veränderungen aus, welche die Haustiere und Hauspflanzen unter dem Einflusse des Menschen erfahren haben.
Von den meisten Haustieren und -pflanzen gibt es mehrere, oft zahlreiche
Varietäten oder Rassen. Manchmal sind diese Varietäten sowohl ihrer
Stammform als auch einander so unähnlich, daß man denselben, falls man
sie in der freien Natur antreffen würde, den Rang „guter Arten" zuer-
kennen, ja sie vielleicht sogar in verschiedene Gattungen stellen würde.
Wir wissen indessen, daß keineswegs jede dieser Rassen von einer besonderen
wilden Art abstammt, sondern daß die Kulturrassen bei einigen Arten die
Produkte von e i n e r , bei andern von mehreren wilden Stammformen sind.

So ist z. B. ein vollkommen sicherer Nachweis für die Abstammung von einer einzigen wilden Art für unsere Haustaube (Fig. 6) erbracht worden. Alle die verschiedenen heutigen Haustauben-Rassen — man unterscheidet 20 Hauptrassen — stammen nämlich von derselben wilden Art, der Felsentaube (Columba livia) ab, welche an bergigen Gestaden Europas, Nordafrikas und Indiens vorkommt. Aber die Mehrzahl der zahmen Taubenrassen unterschieden sich sehr beträchtlich von der wilden Stammform und zwar nicht nur in ihrem Äußern, sondern oft auch in bezug auf innere Organe (Form des Schädels, Breite und Anzahl der Rippen, Anzahl der Wirbel usw.). Glückt es Individuen dieser Taubenrassen, sich dem Einflusse des Menschen zu entziehen und dadurch Gelegenheit zu erhalten, sich mit

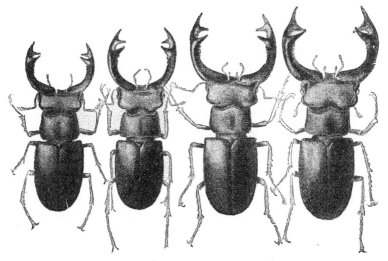

Fig. 7. Dieses Bild und das gegenüberstehende stellen acht Exemplare des Hirschkäfers, Lucanus cervus, dar, alle in gleicher Verkleinerung, um die individuelle Variation innerhalb dieser Art zu erläutern. (Nach Boas).

andern Rassen zu kreuzen, so treten oft — früher oder später und in höherem oder geringerem Grade — bei den Kreuzungsprodukten die für die wilde Stammart kennzeichnenden Merkmale wieder auf. So haben die verwilderten Tauben oft das Kleid der Stammutter wieder angelegt: die schieferblaue Gesamtfarbe, die zwei schwarzen Querbinden über die Flügel und eine solche über den Schwanz.

Abweichungen von der Stammform entstehen dadurch, daß allen Tieren und Pflanzen das Vermögen innewohnt, nach verschiedenen Richtungen abzuändern, zu variieren; so besteht ein Wurf junger Hunde oder Kätzchen kaum jemals aus vollständig übereinstimmenden Individuen. Dieser Eigenschaft nun, der Variabilität, bedient sich der Mensch und wählt zur Aussaat oder zur Zucht vorzugsweise oder ausschließlich solche

Individuen, welche in möglichst hohem Grade die von ihm gewünschten oder ihm nutzbringenden Eigenschaften besitzen. Wenn also ein Züchter Schafe mit feiner Wolle zu erhalten wünscht, nimmt er aus der ganzen Schafherde nur diejenigen Stücke zu Zuchttieren heraus, welche in diesem Punkte am besten ausgerüstet sind, um diese Eigenschaft auf ihre Nachkommen übertragen zu können. Von der Nachkommenschaft der ausgewählten Tiere dürfen wiederum nur diejenigen zur Fortpflanzung zugelassen werden, welche am vollkommensten den Forderungen des Züchters in der fraglichen Beziehung genügen. Durch die stetige und in jeder Generation vorgenommene Auswahl nur derjenigen Individuen, welche die feinste Wolle haben und durch beständiges Ausmerzen derjenigen, welche diesen Forderungen nicht genügen, entsteht schließlich ein Schafstamm, welcher in bezug auf die Güte der Wolle höchst wesentlich von der Stammform abweichen kann. Durch die Häufung unbedeutender, kleiner Abweichungen in mehreren Generationen ist also eine neue „Rasse" entstanden.

Diese sogenannte k ü n s t l i c h e   A u s w a h l beruht also auf der Wechselwirkung von zwei Eigenschaften, nämlich 1. der individuellen V a r i a b i l i t ä t : die Organismen haben das Vermögen neue Eigenschaften zu entwickeln, wodurch ihre Organisation bis zu einem gewissen Grade von derjenigen ihrer Eltern abweichen kann; 2. der V e r e r b u n g : die hinzukommenden neuen Charaktere können auf die Nachkommen übertragen werden.

Durch genaues Studium der   w i l d e n   Pflanzen- und Tierarten ist festgestellt worden, daß auch diese abändern und individuelle Variabilität darbieten (Fig. 7), und daß die Unterschiede, welche das eine Individuum vom andern kennzeichnen, sich vielfach vererben können. Nur erscheinen unserm ungeschulten Auge die individuellen Verschiedenheiten einer natürlichen Art weniger ausgesprochen als diejenigen vieler unserer Kulturpflanzen und Haustiere. Unter der großen Menge von Beispielen der Veränderlichkeit der Arten wählen wir hier folgendes aus.

In der Nähe von Steinheim (in Württemberg) werden Kalkablagerungen angetroffen, die in einem nunmehr verschwundenen Binnensee während des Zeitabschnittes in der Entwicklungsgeschichte unserer Erde, welche die Tertiärperiode genannt wird, gebildet wurden. Diese Kalklager enthalten eine enorme Menge Schalen einer kleinen Schnecke (Planorbis multiformis), welche zu besagter Zeit in dem See lebte. Da die Ablagerung dieser Kalkgesteine ununterbrochen während vieler Jahrhunderte erfolgt ist, und da, wie erwähnt, die fraglichen Schneckenschalen in gewaltiger Anzahl vorkommen, müssen wir hier eine vortreffliche Gelegenheit haben, das Veränderungsvermögen sowie die Veränderungsmöglichkeiten bei dieser Schneckenart zu studieren. Das Resultat dieses Studiums ist sehr bemerkenswert (Fig. 8).

Verfolgen wir die Kalklager von den untersten und ältesten zu den oberen und jüngeren, so bemerken wir, daß die in verschiedenen Lagern

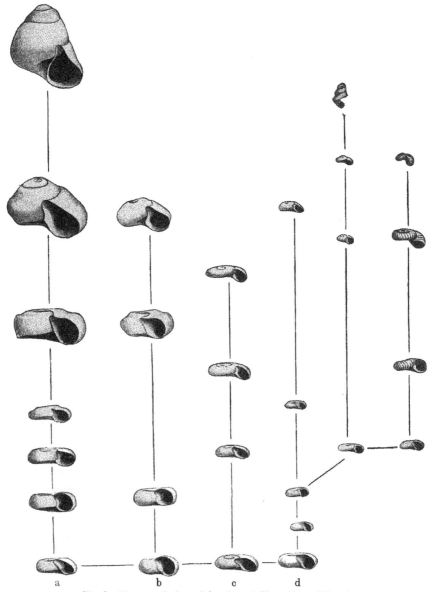

Fig. 8. Die ausgestorbene Schneckenart Planorbis multiformis.
Das Bild zeigt die Gestaltsveränderungen dieser Art von den ältesten (a—d) zu den jüngsten.
(Unter Benutzung einer Zeichnung von Hyatt).

eingeschlossenen Schnecken, welche somit zu verschiedenen Zeitabschnitten gelebt haben, in vielfältiger Weise voneinander abweichen, ja, die ältesten

Formen weichen so stark von den jüngsten ab, daß man, falls nicht völlig
lückenlose Reihen von Übergangsformen in den zwischenliegenden Schichten
vorhanden wären, die Ausgangs- und Schlußformen nicht bloß als getrennte
Arten, sondern als Arten verschiedener Gattungen auffassen würde. Die
beigegebenen Abbildungen (Fig. 8) machen eine besondere Beschreibung
überflüssig; nur mag hier bemerkt werden, daß die Zwischenformen in
Wirklichkeit viel zahlreicher sind und somit auch der Übergang von der
einen Form in die andere viel unmerklicher ist, als hier im Bilde wiedergegeben werden konnte. Immerhin finden wir, daß ursprünglich, d. h.
während der ältesten Periode, vier voneinander nicht stark abweichende
Schneckenformen (a—d) gelebt haben; von jeder dieser Urformen ging
eine Formenreihe aus, welche im Laufe der Jahrhunderte nach einer bestimmten Richtung hin abänderte.

Dieses und zahllose andere unanfechtbare Beispiele lassen nicht den
geringsten Zweifel darüber aufkommen, daß auch in der freien Natur den
Pflanzen und Tieren Variabilitäts- und Vererbungsfähigkeit innewohnen,
und somit auch hier die Voraussetzungen einer Zuchtwahl gegeben sind.
Es ist die Natur selbst, welche hier die Rolle des Züchters übernimmt.
Dieser Vorgang ist von Darwin als die n a t ü r l i c h e Z u c h t w a h l
(Naturzüchtung, Selektion) bezeichnet worden, und nach ihm ist sie es vor
allem, welche die Umwandlung der Arten und zwar dank folgender Um-
stände bewirkt.

Es ist eine bekannte Tatsache, daß alle Pflanzen und Tiere viel mehr
Samen und Eier hervorbringen, als sich zu geschlechtsreifen Pflanzen und
Tieren entwickeln können. Die Mehrzahl der Keime und der jungen Individuen gehen zugrunde durch ungünstige Verhältnisse wie Kälte, Nässe,
Dürre, Krankheit, Hunger, Feinde usw. Es ist übrigens leicht nachzuweisen,
daß, falls jede Art ohne Zerstörung der meisten ihrer Nachkommen in jeder
Generation sich vermehren könnte, sie nach wenigen Generationen in einem
solchen Maße an Individuenzahl zugenommen haben würde, daß ihr die
nötigen Existenzmittel (Raum, Nahrungsvorrat) fehlen würden. Die Nachkommen eines einzigen Elefantenpaares — eine der Tierarten, welche sich
am langsamsten vermehren — würden nach einer niedrigen Berechnung
in 500 Jahren 15 Millionen betragen, falls alle Jungen am Leben erhalten
worden wären und sich fortgepflanzt hätten. Das Weibchen des Störs soll
nach einer Berechnung während ihres Lebens etwa 100 Millionen Eier produzieren; da aber die Individuenzahl einer Art nicht merkbar zunimmt,
falls die Lebensbedingungen unverändert bleiben, müssen in der Regel von
den 100 Millionen alle außer zwei eines vorzeitigen Todes sterben. Nun hängt
es aber keineswegs, wie man vielleicht anzunehmen geneigt sein könnte,
vom Zufall ab, welche der Nachkommen untergehen, und welche zur Fortpflanzung der Art erhalten bleiben: die überlebenden sind vielmehr die-

jenigen, welche nach der für die Erhaltung der Art günstigsten Richtung hin variieren. Das Individuum, welches einen Vorteil vor den anderen derselben Art voraus hat, hat zugleich die größte Aussicht, das geschlechtsreife Alter zu erreichen und ebensolche Nachkommen zu hinterlassen, d. h. Nachkommen, welche die nützlichen Eigenschaften geerbt haben, während die minder vorteilhaft ausgerüsteten (d. h. weniger vorteilhaft variierenden) Individuen verdrängt werden und meist nicht Gelegenheit finden, Nachkommen zu hinterlassen. In diesem Überleben der am besten organisierten Individuen, im „Kampf ums Dasein", welcher bei der natürlichen Zuchtwahl die Rolle des Züchters innehat, besteht also das eigentliche Wesen der natürlichen Zuchtwahl. Dieser Kampf ums Dasein ist also nicht nur ein Ringen des Organismus mit den zerstörenden Kräften der umgebenden Natur, sondern er tritt auch unter der Form einer Konkurrenz auf, welche mit schonungsloser Energie zwischen denjenigen Individuen herrscht, welche dasselbe Gebiet bewohnen und dieselbe Lebensweise führen. Dieser Kampf bewirkt also die Auswahl: die bestangepaßten bleiben Sieger, gelangen zur Fortpflanzung und vererben somit ihre Charaktere auf die Nachkommen. Die Wirkung einer solchen Auswahl muß mit Notwendigkeit analog derjenigen der künstlichen sein, nämlich die Verbesserung der Nachkommen und zwar hier im Sinne einer vollkommeneren Anpassung an die Lebensbedingungen. Die ausgewählten Eigenschaften, welche früher nur einigen Individuen zukamen, werden allmählich ein Besitztum aller, werden ein Rassen- oder Artmerkmal, da in jeder Generation alle Individuen, die zur Fortpflanzung gelangen, die fraglichen Eigenschaften besitzen und auf die Nachkommen vererben. Wie bei der künstlichen Zuchtwahl müssen sich auch bei der natürlichen die gezüchteten Eigenschaften von Generation zu Generation steigern können und zwar so lange, als noch Variationen auftreten, welche einen Vorteil im Kampf ums Dasein gewähren. Also: die natürliche Zuchtwahl bringt durch fortgesetzte und gesteigerte Abänderung eine neue „Varietät", „Rasse" hervor, aus welcher sich wiederum durch fernere Zuchtwahl eine Form entwickeln kann, welche so stark von der Stammform abweicht, daß die Naturforscher sie für eine neue und selbständige „Art" erklären.

Weismann gibt in seinen Vorträgen über Deszendenztheorie folgendes anschauliches Beispiel der Naturzüchtung:

Der Hase ist durch seinen aus Braun, Gelb, Weiß und Schwarz gemischten Pelz sehr vor Entdeckung geschützt, wenn er sich im trocknen Laub, im Moos usw. niederduckt. Sind dagegen Boden und Büsche mit Schnee bedeckt, so sticht er stark von der Umgebung ab. Würde nun bei uns das Klima kälter, so daß der Boden einen größeren Teil des Jahres mit Schnee bedeckt wäre, so würden solche Individuen, die einen stärker mit Weiß gemischten Pelz besäßen, im Kampf ums Dasein ihren dunkler

gefärbten Artengenossen gegenüber im Vorteil sein, da sie weniger leicht
von ihren Feinden (Fuchs, Uhu u. a.) entdeckt würden. Unter den zahlreichen Hasen, die jährlich ihren Feinden zum Opfer fallen, würden also
durchschnittlich mehr dunkle als helle Individuen sein. Der Prozentsatz
heller Hasen müßte sich somit von Generation zu Generation steigern. Zugleich würden auch die helleren Hasen immer heller werden, teils weil es
immer häufiger vorkommen würde, daß zwei hellere Hasen sich paarten,
teils weil der Kampf ums Dasein sich bald nicht mehr zwischen dem dunklen
und hellen, sondern zwischen den hellen und den noch helleren abspielte.
So müßte sich zuletzt eine weiße Hasen-Rasse oder -Art entwickeln, wie
eine solche auch wirklich in den Polarländern entstanden ist.

Wenn Nachkommen derselben Art unter andere äußere Bedingungen
zu leben kommen als ihre Vorfahren, werden die ersteren gezwungen, sich
dem neuen Milieu anzupassen und werden somit der Stammform mehr oder
weniger unähnlich. Sie entwickeln sich zu neuen Rassen oder Arten. Hier
nur zwei klare Beispiele von dieser Entwicklungsart.

Fig. 9. Eine im Mittelmeer lebende Atherina-Art.

Im Anfang des fünfzehnten Jahrhunderts wurden von einem spanischen
Schiffe einige gewöhnliche Kaninchen auf der kleinen Insel Porto Santo
bei Madeira ausgesetzt. Sie verwilderten und vermehrten sich nach Ka-
ninchenart rasch. Aber die Nachkommen dieser Kaninchen weichen erheblich von der spanischen Stammform ab. Sie sind nicht nur beträchtlich
kleiner, sondern haben auch eine sehr abweichende Färbung. Sie sind
äußerst scheu und lassen sich nicht zähmen; aber das bemerkenswerteste
ist, daß sie sich nicht mit andern Kaninchen begatten können oder wollen.
Wir finden also, daß sich im Laufe von etwa 400 Jahren im Naturzustande
eine Kaninchenform ausgebildet hat, welche alle Ansprüche auf das Prä-
dikat einer „neuen Art" machen kann.

Noch rascher ist die Entstehung einer neuen Art durch veränderte
Lebensbedingungen in dem nachstehenden Falle erfolgt. Im „Canal du
Midi", welcher zu Ende des siebenzehnten Jahrhunderts angelegt wurde, —
er verbindet den Fluß Garonne mit dem Mittelmeer — lebt eine kleine
Fischart, Atherina Riqueti, welche sonst nirgends vorkommt. Ihr nächster
Verwandter ist Atherina Boyeri, welche im Mittelmeer lebt. Somit hat
sich im Laufe von höchstens zweihundert Jahren eine in das Süßwasser

eingewanderte Meeresform zu einer neuen ausgeprägten Art umgebildet (Fig. 9).

Auch die oben erwähnte Schnecke (Planorbis multiformis, Fig. 8) ist als Illustration einer Artenbildung zu erwähnen.

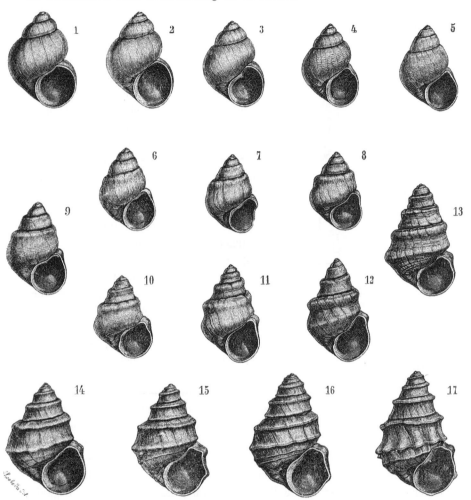

Fig. 10. Formenreihe der Paludina Neumayri aus den tertiären Schichten von Westslavonien; 1 Stammform; 2—17 die durch allmähliche Umgestaltung aus ihr hervorgegangenen Abänderungen. (Nach Neumayr.)

Einen ähnlichen lehrreichen Fall bietet eine andere ausgestorbene Schnecke, Paludina Neumayri, aus dem Tertiärlager Slavoniens dar; ihre verschiedenen Formen bilden eine lange, zusammenhängende Reihe (Fig. 10). Bevor alle Formen dieser Reihe entdeckt waren, sind ihre 6—8 damals bekannten Formen, welche gut begrenzt und voneinander getrennt

erschienen, als ebenso viele besondere Arten beschrieben worden. Als später
die sie verbindenden Formen bekannt wurden, fand man, daß die älteren
Formen durch eine zusammenhängende, ununterbrochene Reihe von
Zwischenformen mit den jüngeren verbunden waren, und daß alle als „Varietäten" einer einzigen Art aufzufassen sind. Also ein recht gutes Beispiel
von dem Werte der Kategorien „Art" und „Varietät".

Da die natürliche Zuchtwahl bewirkt, daß diejenigen Individuen,
welche den Lebensbedingungen am besten angepaßt sind, im allgemeinen
am Leben bleiben und Nachkommen hinterlassen, so folgt daraus, daß
diese Zuchtwahl nicht notwendigerweise abso-
lute, sondern nur relative Vollkommenheit hervorzubringen braucht; die Natur beurteilt sozusagen die Vollkommenheit nach dem Grade der
Anpassung des Organismus an die Lebensbedingungen; die Natur strebt nicht nach Vollkommenheit an und für sich, sondern nach
möglichst vollkommener Anpassung. Die Lebensbedingungen können selbstverständlich solche
Veränderungen erleiden, daß früher nützliche oder
notwendige Organe und Organteile überflüssig
werden. Dann tritt die sogenannte rückschritt-
liche (regressive) Entwicklung auf, indem die
nicht länger nötigen oder anwendbaren Organe
rückgebildet werden, d. h. sie werden immer
schwächer, immer unbrauchbarer, sie werden
rudimentär und können schließlich vollständig
verschwinden. Durch diesen Verlust an Organen
oder Organteilen wird also die Pflanze oder das

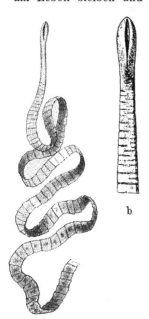

b

Fig. 11. Bandwurm,
Bothriocephalus latus.
b „Kopf", stärker vergrößert.

Tier weniger reich oder hoch organisiert, nimmt
eine tiefere Organisationsstufe als seine Vorfahren ein. Aber trotz dieser niedrigeren oder
richtiger einfacheren Organisation sind die Nachkommen in dem Sinne
vollkommener, daß sie den neuen Lebensbedingungen vollkommener
angepaßt sind als es der Fall gewesen wäre, falls sie auf der Organi-
sationshöhe ihrer reicher ausgestatteten Ahnen stehen geblieben wären.
Aufklärende Beispiele der rückschrittlichen Entwicklung bieten die
schmarotzenden Tiere dar, welche erwiesenermaßen von frei lebenden
Formen abstammen. Bei einigen Tiergruppen kann man alle Zwischen-
stadien zwischen frei lebenden Tieren und typischen Schmarotzern nachweisen; solche Serien bieten eine besonders günstige Gelegenheit, die verschiedenen Stadien der Rückbildung in der Organisation, welche die Anpassung an mehr oder weniger parasitäre Lebensweise bedingt, zu studieren.

Da der ausgebildete Parasit sich nicht von der Stelle zu bewegen braucht, um Nahrung aufzusuchen oder um Feinden zu entfliehen, sind alle Bewegungs- und Sinnesorgane rückgebildet oder ganz unterdrückt, und bei Schmarotzern, welche in dem Darme anderer Tiere leben, können selbst die Verdauungsorgane vollständig rückgebildet werden. So fehlt den in dem Darm des Menschen und der höheren Tiere lebenden Bandwürmern (Fig. 11) jede Andeutung eines Darmrohres, und dies einfach deshalb, weil der Wurm von einer Nahrungsflüssigkeit umspült wird, die keiner weiteren Bereitung bedarf, sondern unmittelbar in den Körper des Wurms übergehen kann — alle Verdauung der Nahrung hat ja der unfreiwillige Wirt und Gastgeber, d. h. der Organismus, welcher den Parasiten beherbergt und ernährt, schon besorgt. Ebenso hat der Bandwurm keine Spur von Augen, Fühlern oder Bewegungsorganen, da diese für ihn völlig überflüssig sind. Die reifen „Glieder" des Bandwurms sind kaum etwas anderes als Behälter für die Geschlechtsorgane und zwar bei völliger Reife nur für den mit Eiern gefüllten Uterus. Denn beim Bandwurm zielt alles darauf

Fig. 12. Thomas Henry Huxley (1825—1895), Professor der Biologie an der School of Mines in London.

ab, möglichst viele Eier zu produzieren, da deren Zahl von größter Bedeutung ist für ein Lebewesen, welches bevor es geschlechtsreif wird, seinen Wirt ein oder mehrere Male wechselt. Es müssen ja Massen von Eiern untergehen, da es eines Zusammenwirkens von mehreren günstigen Umständen bedarf, damit ein oder einige Eier in einen Wirt gelangen, in dem sie ihre Entwicklung fortsetzen können.

Schließlich mag hier noch erwähnt werden, daß Darwin als eine besondere Form der natürlichen Zuchtwahl die sogenannte geschlechtliche Zuchtwahl aufstellte, d. h. der Kampf der Individuen derselben Art und desselben Geschlechts; meistens sind es die Männchen, welche miteinander um den Besitz der Weibchen kämpfen oder in Wettbewerb um ihre Gunst treten. Durch die geschlechtliche Zuchtwahl kann ein Teil derjenigen Eigenschaften erklärt werden, die den Männchen allein zukommen, wie der prächtige Federschmuck vieler männlicher Vögel, ihr Gesang usw.

Im vorstehenden habe ich in den Grundzügen mitgeteilt, wie Darwin die Entwicklung der Lebewelt zu erklären versuchte. In dieser Form, in der Gestalt des „Darwinismus", ist die Deszendenztheorie epochemachend für unsere Auffassung der organischen Natur und damit auch unserer selbst.

Fig. 13. Carl Gegenbaur (1826—1903),
Professor der Anatomie erst in Jena, später in Heidelberg.

So gut wie unmittelbar nach dem Auftreten des Darwinismus offenbarte sich seine befruchtende Einwirkung auf die verschiedenen Gebiete der Biologie, von denen kaum eines zu nennen wäre, dessen Pflege nicht durch denselben vermehrt wäre. Darwin selbst hatte sich nie eingehend mit vergleichender Anatomie und Embryologie beschäftigt. Seine Theorie wurde aber von den hervorragendsten Vertretern dieser Disziplinen lebhaft aufgegriffen und verwandt, und das Resultat dieser intensiven Arbeit war, daß gerade vergleichende Anatomie und Embryologie vom Anfang an zu den solidesten Stützen der neuen Lehre auswuchsen. Drei Forscher sind es, die vor allen als die Bahnbrecher der neuen Theorie genannt zu werden verdienen; sie vor allen verschafften ihr rasch Einlaß nicht nur in die verschiedenen Forschungsgebiete, sondern auch bei dem kulturell interessierten Publikum: Huxley, Gegenbaur und Haeckel.

Huxley, schon früher — also vor 1859 — in der wissenschaftlichen Welt hoch geschätzt als Verfasser mehrerer zoologischer Arbeiten und Autorität auf embryologischem Gebiete, stellte sich als erster in die Bresche im Kampfe für die neue Lehre, welche er in Wort und Schrift mit großer und glänzender Schlagfertigkeit und nie erschlaffender Begeisterung gegen zahllose Angriffe, die von allen möglichen Seiten und zwar auch vom theologischen Lager ausgingen, verteidigte. Selbst nannte er sich Darwins

Generalagenten. Er war auch der erste, welcher mit Hilfe des Darwinismus das Menschenproblem zu lösen suchte (1863).

Gegenbaur — einer der am wenigsten berühmten von den wirklich großen Männern unserer Zeit — reformierte und erhellte die vergleichende Anatomie durch das Deszendenzprinzip und machte aus ihr eine der interessantesten Gebiete der Naturwissenschaft. Sein universell veranlagter Geist gab selbst der scheinbar unbedeutendsten Einzelheit im Lichte der neuen Lehre einen eigentümlichen, wissenschaftlichen Reiz. Selbst bezeugte er: bisher ist nicht eine einzige anatomische Tatsache bekannt, welche der Deszendenztheorie widerspricht; alle führen zu ihr hin.

Auch wenn Haeckel manchmal die Tragkraft der Tatsachen, auf welche er seine kühnen Theorien errichtete, überschätzt hat, dürfte ihm niemand das unvergängliche Verdienst absprechen können, den ersten Versuch gemacht zu haben, alle die Tatsachen zu einer Einheit zusammenzufassen, welche vergleichende Anatomie, Embryologie, Tierbeschreibung und Paläontologie zutage

Fig. 14. Ernst Haeckel (geb. 1834), Professor der Zoologie in Jena.

befördert haben, um dieselben im Lichte des Darwinismus zu schauen. Hierdurch hat er wesentlich dazu beigetragen die früher rein beschreibende Systematik zu einer Genealogie der Organismen umzugestalten. Während Gegenbaur seine gesamte Kraft streng wissenschaftlichen, methodischen, dem Laien unzugänglichen Forschungen widmete, führte Haeckel, welcher sowohl wissenschaftlich als persönlich Gegenbaur sehr nahe stand, die Konsequenzen der neuen Theorie auf allen Gebieten aus und machte sie den außerhalb der Zunft der Fachleute Stehenden bekannt. Dank der ansprechenden, oft meisterhaften und dabei leichtfasslichen Form, welche er vielen seiner Schriften zu geben wußte, hat er für die Biologie eine Anerkennung und ein Interesse in der gesamten Kulturwelt wachgerufen, wie dieselbe sie bisher kaum jemals gehabt hat. Gegen Haeckel und Huxley

richteten sich deshalb auch anfangs in erster Linie die Angriffe der Gegner,
während man den Glauben zu erwecken suchte, daß zwischen Haeckels
Sturm und Drang und dem stillen, friedfertigen Denker in Down keine Gemeinschaft existierte — eine fromme Illusion, welche der letztere gar bald
selbst zerstörte.

Im folgenden werden wir mehrfach Gelegenheit haben, uns mit den
Früchten der Wirksamkeit dieser drei Forscher bekannt zu machen.

Des großen Sehers in Weimar Voraussagung war im vollsten Maße
Wirklichkeit geworden. Die von Darwin und seinen Nachfolgern reformierte Deszendenztheorie hat unserer Zeit ihre Signatur gegeben, hat sie
zum Zeitalter des Entwicklungsgedankens gemacht. Denn unter dem
Einflusse des durch den Darwinismus befestigten Deszendenzprinzipes hat
sich bei unseren Zeitgenossen ein historischer Sinn entwickelt, der — wenigstens in diesem Grade — unsern Voreltern fehlte. Der Entwicklungs-
gedanke hat seit lange die Grenzen der eigentlichen Naturwissenschaft
überschritten und wirkt befruchtend auf verschiedenen Gebieten menschlicher Geistestätigkeit. Der Archäologe, der Kunsthistoriker, der Soziologe,
der Sprachforscher usw. suchen, wenn sie sich nicht damit begnügen
wollen ausschließlich Sammlerarbeit zu tun, die Jetztzeit aus der Vergangenheit abzuleiten, das, was ist, als ein Produkt dessen, was war, zu erfassen.

Mit der veränderten Auffassung der organischen Natur, welche uns
der Durchbruch des Deszendenzprinzipes gab, ist mit Notwendigkeit auch
die Aufgabe der Biologie, ihre Stellung zu unserer Kultur und damit auch
ihre Methodik eine andere geworden.

In der Periode unmittelbar vor Darwin wurde im allgemeinen das
„Beschreiben" der lebenden Natur als die eigentlichste Aufgabe der Biologie aufgefaßt. Trotz des offenbaren Widerspruches, welchen eine solche
Terminologie birgt, wurden demnach Botanik und Zoologie als „beschreibende Naturwissenschaften" bezeichnet. Man speicherte in den Museen
Naturgegenstände auf, beschrieb und ordnete in das systematische Fachwerk neue Pflanzen- und Tierarten ein; dickbändige Folianten füllten
sich mit weitläufigen Beschreibungen und schönen Abbildungen mehr
oder weniger isolierter anatomischer oder embryologischer Tatsachen, und
zwar — von manchen rühmlichen Ausnahmen abgesehen — ohne leitende
Gesichtspunkte. Dieses Genre ist allerdings noch heute nicht völlig ausgestorben, aber seine Wertschätzung ist eine andere geworden. Denn durch
den Sieg des Entwicklungsprinzipes hat sich das Niveau der biologischen
Forschungsmethode mächtig gehoben. Der ausschließlich beschreibenden
Tätigkeit, welche höhere Ansprüche an Gedächtnis und Fleiß als an den
Verstand stellt, ist ihr rechter Platz angewiesen worden: für die moderne
Biologie ist dieselbe im besten Falle M i t t e l , niemals Z w e c k der
Forschung. Das Ziel ist nicht länger die Feststellung der Einzeltatsachen,

sondern der Nachweis ihrer Beziehungen zueinander. Ihr Ziel ist, uns nicht nur zur Kenntnis, sondern zu einer auf Kenntnis gegründeten Erkenntnis der Lebensvorgänge zu führen. Durch den Sieg des Deszendenzprinzipes hat sich die frühere „Naturalhistorie" von einer beschreibenden Disziplin zu einer wirklichen Wissenschaft erhoben, welche nach dem Ursachenzusammenhang in der lebenden Natur forscht, wodurch dieselbe die Grundlage einer Weltanschauung abzugeben geeignet wird. Und grade dies: Bausteine zu einer Weltanschauung zu liefern, scheint mir das Ziel einer jeden Forschung sein zu müssen, welche darauf Anspruch erhebt Wissenschaft im eigentlichen Sinne des Wortes zu sein. Und hiermit hätten wir dann zugleich (wenigstens teilweise) eine Antwort auf die zuerst von uns aufgestellte Frage nach der Natur der Wissenschaft gefunden.

In diesem Zusammenhange mag auch daran erinnert werden, daß, die Deszendenztheorie als richtig angenommen, wir durch einfache Schlußfolgerung zu dem Ergebnis kommen, für welches die wissenschaftlichen Beweise in diesem Buche gegeben werden sollen, daß nämlich auch der Mensch aus einem andern Organismus entwickelt sein muß und nicht auf einmal, so wie er heute ist, geschaffen ist.

Die vielleicht einschneidendste philosophische Bedeutung des Darwinismus dürfte darin liegen, daß derselbe ein natürliches Prinzip entdeckt hat, welches die Ursache der Zweckmäßigkeit in der Natur ist — grade dieser Zweckmäßigkeit, auf welche sich der sogenannte teleologische Beweis für Gottes Existenz gründet: man schloß aus der Zweckmäßigkeit dieser Welt auf einen intelligenten Weltenordner außerhalb derselben. Dank nun dem Darwinismus brauchen wir nicht länger zur Erklärung der relativen Zweckmäßigkeit der organischen Natur unsere Zuflucht zu einem übernatürlichen Eingreifen zu nehmen. Denn kraft der Wirksamkeit der natürlichen Zuchtwahl müssen die Lebewesen stets mehr oder weniger vollständig den Lebensbedingungen angepaßt sein, mit anderen Worten: mehr oder weniger zweckmäßig sein. Vermögen nämlich die Organismen nicht sich veränderten Lebensbedingungen anzupassen, so gehen sie früher oder später unter; denn die natürliche Zuchtwahl merzt die Anpassungsunfähigen und die nicht länger zweckmäßig Organisierten aus. Hierzu kommt, daß die Deszendenztheorie in ihrer modernen Form die einzige Naturauffassung ist, welche außerdem die zahlreichen Unzweckmäßigkeiten, die Disharmonien in unserem eigenen Körper und in dem unserer Mitgeschöpfe uns begreiflich machen kann, auf welche Frage wir in folgendem zurückkommen werden. Hier wollen wir nur feststellen, daß der Darwinismus die teleologische Anschauung durch eine mechanische, auf den Ursachenzusammenhang sich stützende, ersetzt hat.

Bevor wir diese Übersicht über die von Darwin, seinen Mitarbeitern und Nachfolgern reformierte Deszendenztheorie beenden, dürfte noch ein

Umstand berührt werden. In den letzten Jahren tauchen in Zeitungen, Zeitschriften und Broschüren, welche sich die Aufgabe stellen, den Leser in die allerfrischesten Neuigkeiten der Wissenschaft einzuweihen, Aussprüche auf, aus welchen man den mehr oder weniger bestimmten Eindruck bekommt, daß die hier kurz vorgetragene, darwinistische Anschauung nunmehr für bankrott erklärt werden muß, daß die ganze Lehre von der „exakten" Forschung verlassen ist, wobei zu bemerken ist, daß das Wort „exakt" auf diesem Gebiete fast ebensooft und in ähnlichem Sinne mißbraucht wird, wie bei politischen Parteikämpfen das Wort „patriotisch".

Dies darf uns nun im Grunde nicht gar zu sehr überraschen. Da die von der Deszendenztheorie ausgegangenen Anregungen sich teilweise solcher Gebiete bemächtigt haben, welche bisher von ganz anderen als wissenschaftlichen Autoritäten monopolisiert gewesen sind, war es nur zu erwarten, daß Reaktion und frommer Eifer in ihrer Angst nach jeder Waffe, auch der zerbrechlichsten, greifen würden, um bedrohte Gebiete zu schützen und verlorene wiederzuerobern. Sogar in derjenigen modernen Belletristik, welche weder bigott noch reaktionär ist, kann man neben begeisterten Anhängern der Deszendenzlehre, wie z. B. Emile Zola — ich denke hier besonders an eines seiner Meisterwerke: Le docteur Pascal — gänzlich abfällige Urteile oder feindliche Anfälle besonders gegen Darwins Lehre antreffen, wie z. B. bei Alphonse Daudet und August Strindberg. Aber auch wissenschaftliche Strömungen treten auf, welche sich mehr oder weniger ablehnend gegen den Darwinismus verhalten, wenn sie nicht geradezu den „Verfall" des Darwinismus predigen. Ed. von Hartmann glaubt den Entwicklungsgang des Darwinismus summarisch folgendermaßen auffassen zu können: „In den sechziger Jahren des 19. Jahrhunderts überwog noch der Widerstand der älteren Forschergeneration gegen den Darwinismus, in den siebziger Jahren hielt dieser seinen Siegeslauf durch alle Kulturländer, in den achtziger Jahren stand er auf dem Gipfel seiner Laufbahn und übte eine fast unbegrenzte Herrschaft über die Fachkreise aus, in den neunziger Jahren erhoben sich erst zaghaft und vereinzelt, dann immer lauter und im wachsenden Chore die Stimmen, die ihn bekämpften; im ersten Jahrzehnt des 20. Jahrhunderts scheint sein Niedergang unaufhaltsam."

Wir fragen deshalb: in welcher Beziehung sind solche Aussprüche berechtigt? auf welche Tatsachen gründen sie sich?

Schon der flüchtigste Blick auf die neuere biologische Literatur vermag uns davon zu überzeugen, daß die gewaltige Mehrzahl aller selbständig denkenden und selbständig arbeitenden Naturforscher auf dem Boden der Deszendenztheorie steht, oder vielleicht richtiger: das Entwicklungsprinzip ist ihnen ein logisches Postulat bei ihren Forschungen geworden. Hierbei sehen wir natürlich von solchen ab, welche die Naturgegenstände a u s s c h l i e ß l i c h sammeln und beschreiben, jene, welche kaum mit wissenschaftlichen Prinzipien Fühlung bekommen, da es ihnen genügt, die Naturerzeugnisse äußerlich zu kennen, ohne das Bedürfnis zu haben, sie zu begreifen.

Wir könnten somit die Namen aller führenden biologischen Forscher als Anhänger des Deszendenzprinzips aufzählen. Aber selbstverständlich ist die Aussage noch so vieler Autoritäten kein entscheidender Beweis für die Wahrheit einer Lehre; Autoritäten können ja auf Irrwegen wandeln und haben den Bringer der Wahrheit nur zu oft „gekreuzigt und verbrannt". Die Frage, die wir hier zu beantworten haben, ist vielmehr die: hat man innerhalb der organischen Welt irgendeine Erscheinung angetroffen, welche mit der Deszendenztheorie unvereinbar ist? In der folgenden Darstellung werden wir ja diese und mit ihr zusammenhängende Fragen zu untersuchen haben. Hier mag nur folgendes betont werden:

1. Keine einzige sicher festgestellte biologische Tatsache widerspricht dem D e s z e n d e n z p r i n z i p, wie es in vorigen charakterisiert worden ist.

2. Ganze Reihen biologischer Erscheinungen können in befriedigender Weise n u r vom Standpunkt der D e s z e n d e n z t h e o r i e erklärt werden, während dieselben mit der Schöpfungslehre oder jeglicher andern Anschauung von der Entstehung der Lebewesen völlig unvereinbar sind.

Aber ich bitte zu bemerken: es ist hier die Rede nur von der Deszendenztheorie, von der Abstammungslehre, n i c h t vom Darwinismus. Es fragt sich dann: wie stellt sich das Resultat der Forschungsarbeit der letzten Jahre zum Darwinismus? Vielleicht ist der Darwinismus ein „wissenschaftlich überwundener Standpunkt?"

Bevor wir uns auf diese Frage einlassen, sind zwei Bemerkungen voraus zu schicken.

Da Darwins Name für immer mit der Deszendenztheorie verbunden ist, darf es nicht befremden, daß in der allgemeinen Auffassung und in Schriften populärer Art Darwins Lehre oder der Darwinismus oft ohne weiteres mit der Deszendenztheorie, der Abstammungs- oder Entwicklungslehre identifiziert wird. Es ist jedoch leicht einzusehen, daß prinzipiell diese Identifizierung unrichtig ist. Wie schon aus dem Vorhergehenden erhellt, hat sich der Darwinismus zur Aufgabe gestellt, die Deszendenz, die Entwicklung zu erklären, die Ursachen nachzuweisen, welche bei der Formenentwicklung in der organischen Welt wirksam sind und waren.

Ferner muß ich an einen Satz erinnern, der doch eigentlich selbstverständlich sein müßte: der Darwinismus will und soll kein Dogma, nichts Unfehlbares, ein für alle mal Abgeschlossenes sein. Die Form der Deszendenztheorie, welche den Namen Darwinismus erhalten hat, besitzt vielmehr selbst die Gabe der Weiterentwicklung, der Vervollkommnung — und un-

begreiflich wäre es, wenn dem nicht so wäre. Deshalb hat auch die Forschung während der letzten fünfzig Jahre — d. h. seit dem Erscheinen von
Darwins erstem Werke über die Entstehung der Arten — sich nicht in
erster Linie mit der Frage o b , sondern w i e , nach welchen Gesetzen
diese Entwicklung vor sich gegangen ist und vor sich geht, beschäftigt.

So sind auch die Bedeutung und Tragweite derjenigen Faktoren,
durch deren Wirken Darwin die Entwicklung zu erklären suchte, von spätern
Forschern sehr verschieden beurteilt worden. Während einige darwinisti-
scher als Darwin selbst sind und dem Kernpunkte seiner Lehre, der Naturzüchtung, eine Allmacht bei der Entwicklung des Lebens zuschreiben, reden andere von der „Ohnmacht" desselben Faktors. Eine Berichterstattung und Abschätzung der hierher gehörigen Literatur liegt völlig außerhalb des Rahmens dieser Darstellung und würde außerdem die Geduld derjenigen Leser, für welche diese Zeilen besonders bestimmt sind, auf eine ungebührlich harte Probe setzen. Demjenigen, der tiefer in die Streitfragen einzudringen und eine Übersicht über die gegenwärtige Stellung des Darwinismus zu er-

Fig. 15. August Weismann (geb. 1834),
Professor der Zoologie in Freiburg i. B.

halten wünscht, kann ich auf die kritische und lichtvolle Darstellung von
L. Plate in seinem neuerdings erschienenen Buche: „Selektionsprinzip und
Probleme der Artbildung (Leipzig, Engelmann, 3. Aufl. 1908) verweisen. Ich
muß mich hier mit einigen Bemerkungen über die beiden Hauptrichtungen,
in welche der Darwinismus sich geteilt hat, beschränken. Unser spezielles
Thema, die Menschenentwicklung, wird uns in den folgenden Kapiteln Gelegenheit bieten, einigen hierher gehörigen Fragen näher zu treten.

Wie schon gesagt: der Kernpunkt in Darwins Lehre ist, daß die Ent-
wicklung der Organismen v o r z u g s w e i s e durch den Kampf ums
Dasein und die durch diesen bedingte natürliche Zuchtwahl geleitet wird.
Nun hat man im Laufe der letzten Jahrzehnte viel darüber gestritten, in-

wieweit die natürliche Auslese, wie sie Darwin auffaßte, für sich allein
schon ein artbildendes Prinzip ist. Die Abweichungen von dieser Zucht-
wahltheorie gehen, wie schon angedeutet, wesentlich in zwei Richtungen.

Fig. 16. Darwins Arbeitszimmer in Dover; nach einer Radierung von Axel Hägg.

Einerseits hat sich auf Grundlage des Darwinismus der sog. „Neo-
Darwinismus" entwickelt, dessen bedeutendster Vertreter, August Weismann, einer der scharfsinnigsten Denker der Jetztzeit ist.   Ohne den Einfluß der äußeren Faktoren auf das Individuum zu bestreiten, verneint
diese Richtung, daß die vom Individuum an seinem Körper erworbenen Eigenschaften vererbt werden können, so daß neue Formen, neue erbliche Anpassungen auf diesem Wege nicht zustandekommen.

Während also Weismann die Allmacht der natürlichen Zuchtwahl proklamiert und dadurch dieser eine noch größere Bedeutung als Darwin zuschreibt, ist der „Neo-Lamarckismus" eine Ausbildung des Darwinismus in entgegengesetzter Richtung. Die Anhänger des Neo-Lamarckismus suchen nämlich darzutun, daß die Beschaffenheit der Umgebung, das Klima, die Nahrungsmittel, die Lebensweise, der Gebrauch oder Nicht-Gebrauch der verschiedenen Organe einen ausschließlichen oder jedenfalls weit größeren Einfluß auf die Artbildung als die natürliche Zuchtwahl ausüben. Im Gegensatz zu Weismann und den Neo-Darwinisten nehmen sie die Vererbung erworbener Eigenschaften an.

Wenn wir auch noch weit davon entfernt sind, eine entscheidende Lösung dieser Streitfrage erreicht zu haben, so sind doch die Resultate, welche aus den durch diese Gegensätze hervorgerufenen Untersuchungen hervorgehen, von größter Bedeutung für die Ausbildung der Deszendenztheorie gewesen. Jedenfalls haben die Neo-Darwinisten nachgewiesen, daß die früher oft gemachte Annahme, daß alle diejenigen erworbenen Eigenschaften, welche als Verstümmelungen bezeichnet werden können, erbliche Folgen haben, entschieden unrichtig ist. Ferner ist festgestellt, daß es bei Pflanzen und Tieren große Gruppen von Anpassungen gibt, welche nur durch ihre Gegenwart nützlich sind und weder durch Gebrauch oder Übung hervorgerufen, noch durch sie verbessert werden können. Solche Anpassungen, welche man als passive bezeichnet hat, sind z. B. die Dornen, Borsten, Brennhaare bei Pflanzen, alle Farben und Zeichnungen bei Pflanzen und Tieren, die Stacheln am Panzer vieler Gliedertiere usw. Alle solche Bildungen dürften ausschließlich der natürlichen Zuchtwahl ihre Entstehung zu danken haben.

Anderseits lassen sich Tatsachen nachweisen, welche ohne die Annahme der Vererbung erworbener Eigenschaften unerklärbar sind. So ist z. B. durch wiederholt an mehreren Arten vorgenommene Experimente festgestellt, daß durch Einwirkung von Kälte auf Schmetterlingspuppen Eigenschaften hervorgerufen werden, welche auf die Nachkommen übertragen werden können. Auch das Vorkommen rudimentärer Organe ist kaum einer andern Deutung fähig. Daß mehrere der hervorragendsten Paläontologen der Gegenwart sich zum Neo-Lamarckismus bekennen, hängt jedenfalls damit zusammen, daß man gegenwärtig eine sehr große Anzahl ausgestorbener Tierformen genau kennt, welche Serien bilden, an denen sich solche stufenweise vor sich gegangene Umbildungen nachweisen lassen, welche kaum anders als durch Vererbung von Gebrauchswirkungen erklärt werden können. Allerdings muß zugegeben werden, daß wir uns hier auf einem Gebiete bewegen, wo eine scharfe Beweisführung sehr erschwert ist.

Aus den vorstehenden Andeutungen dürfte somit zu entnehmen sein, daß weder die natürliche Zuchtwahl allein, noch das neo-lamarckistische

Prinzip allein das Problem der Artbildung vollständig zu lösen vermag — nur bei der Annahme b e i d e r Faktoren klärt sich diese Kardinalfrage. Und das ist zu betonen: der Gründer der Zuchtwahllehre, Darwin, hat dies selbst sehr gut erkannt und beide Prinzipien angenommen. Es läßt sich deshalb auch nicht in Abrede stellen, daß sich die Forschung über die Artbildung andauernd auf dem von Darwin geebneten Boden bewegt, wobei wir selbstredend absehen von jener Forschungsrichtung, welche mit nackter Verneinung oder mit Universal-Skepsis abschließt.

II.

Der Mensch und die Wirbeltiere.
Die Ausbildungsstufen der Wirbeltiere.

A ls eine unbestreitbare Tatsache haben wir feststellen können, daß
das Deszendenzprinzip als solches nicht abhängt von der Annahme oder
Zurückweisung des Darwinismus. Es ist schon angedeutet worden, wie die
Theorie der Auslese, der eigentliche Kernpunkt des Darwinismus, nach
verschiedenen Richtungen modifiziert worden ist, wie über die Frage, ob
Darwins Theorie für sich allein ausreicht, um die Entstehung neuer beständiger Formen zu erklären, verschiedene Meinungen von namhaften
Biologen der Gegenwart ausgesprochen sind. Aber zugleich ist gezeigt
worden, daß das Deszendenzprinzip ein logisches Postulat der Forschung
unserer Zeit geworden ist.

Damit nun die Tatsache, auf welche sich dieser letzte Ausspruch
stützt, bei keinem meiner Leser etwa den Verdacht erregen möge, daß die
moderne Biologie durch ein Dogma regiert werde — fast der schlimmste Verdacht, der meiner Meinung nach eine wissenschaftliche Richtung treffen
kann —, will ich daran erinnern, daß, wie im vorigen Kapitel bereits erwähnt, es ganze Reihen von Tatsachen aus allen Gebieten der Biologie
gibt, welche n u r begreiflich werden, wenn man sie im Lichte des Ent-
wicklungsprinzips anschaut. In der Tat würde somit auch ein Bericht über
die Forschungsresultate der modernen Biologie in wesentlichen Punkten
mit einer Beweisführung für die Wahrheit der Deszendenztheorie zusammen-
fallen. Eine solche Beweisführung liegt aber außerhalb des Rahmens meiner
Aufgabe. Diese ist ihrem Umfange nach viel beschränkter, wenn auch
kaum bescheidener: sie will den gegenwärtigen Standpunkt unserer Erkenntnis e i n e s Lebewesens, des Menschen, darlegen.

Die Frage nach der Entstehung und dem Wesen des Menschen ist,
wie bereits erwähnt, bloß ein Spezialfall der Entwicklungslehre. Ist es
wahr, daß alle Organismen genetisch untereinander zusammenhängen,

und ist der Mensch ein Organismus in demselben Sinne wie alle übrigen, so kann offenbar der Fall Mensch durch eine einfache Schlußfolgerung, eine Deduktion aus dieser Tatsache entschieden werden. Dieser Auffassung hat schon vor mehr als 25 Jahren der bekannte Straßburger Zoologe Oscar Schmidt in folgender robuster Weise Ausdruck verliehen; „Die Alternative, ob der Mensch erschaffen ist oder sich entwickelt hat, ist bei uneingeschränktem Gebrauch des Verstandes überhaupt nicht mehr aufzuwerfen". Wie logisch nun auch an und für sich ein solcher Ausspruch ist, könnte er doch möglicherweise dem einen oder andern als ein Versuch erscheinen, ein unmodern gewordenes Dogma durch ein neueres zu ersetzen. Das ganze Problem ist ja gar zu delikat und zu tief eingreifend, um a u s s c h l i e ß - l i c h durch Logik gelöst werden zu können; hier sind vielmehr vor allem logisch behandelte Tatsachen vonnöten.

Wenn es darzulegen gilt, nicht nur d a ß der Mensch entwickelt ist, sondern auch w i e diese Entwicklung vor sich gegangen ist, so haben wir zunächst die Organismenwelt zu mustern, deren Mitglied er nach der oben vorgetragenen Auffassung sein soll. Aber auch hier könnte uns mit rügendem Unterton die Frage entgegengehalten werden, ob wir überhaupt berechtigt sind, auf den Menschen dieselbe Betrachtungsweise, dieselbe Untersuchungsmethode, wie auf andere Lebewesen anzuwenden. Nimmt nicht der Mensch infolge seiner unbestreitbaren Überlegenheit auf geistigem Gebiete eine Ausnahmestellung in der organischen Natur ein?

Selbstverständlich darf ein solcher Einwurf nicht mit einem nackten Hinweis auf naturwissenschaftliche Autoritäten abgefertigt werden, mit einer Erinnerung daran, daß bereits Linné, der sich zur Lehre der strenggläubigen schwedischen Staatskirche bekannte, in seinem „Systema naturac" den Menschen zu den Säugetieren gezählt und in dieselbe „Ordnung" wie die Affen gestellt hatte; daß Broca, einer der bedeutendsten Anthropologen der Neuzeit, die Anthropologie als die „Zoologie des Menschen" definiert. Wir dürfen jedenfalls niemandem zumuten, sich mit einem Autoritätsdekret zu beruhigen, von welcher Seite dies auch ausgestellt sein mag; nur objektive, aus Tatsachen hervorgehende Gründe können befriedigen.

Selbstverständlich beabsichtigt die gesamte folgende Darstellung durch Beantwortung dieser Fragen solche Zweifel aus dem Wege zu räumen. Nur in bezug auf die Frage nach der Superiorität des Menschengeistes glaube ich schon hier bemerken zu müssen, daß, falls wir in einem streng naturwissenschaftlichen System den Menschen auf Grund seiner höheren Intelligenz von den Säugetieren trennen wollten, würden z. B. die Ameisen mit demselben Rechte Anspruch auf eine privilegierte Stellung unter der Mehrzahl der übrigen Insekten machen können.

Vorläufig und versuchsweise eignen wir uns aber die Berechtigung an, die menschliche Gesamtorganisation von demselben Gesichtspunkte

aus zu beurteilen und dieselbe nach denselben Methoden zu untersuchen,
welche bei der Erforschung der übrigen Lebewelt ausgebildet und erprobt
worden sind; wir müssen uns — wenigstens einstweilen — für befugt halten,
seinen Körperbau ohne irgendeinen mystischen oder metaphysischen Vor-
behalt mit dem anderer Wesen zu vergleichen. Und wir müssen dieses
Vorgehen so lange als das einzige ansehen, welches uns eine wirkliche und
brauchbare Einsicht in das Wesen des Menschen zu gewähren vermag, bis
Tatsachen zutage befördert werden, welche imstande sind, die Unzuläng-
lichkeit der Methoden oder ihre Unanwendbarkeit auf den Menschen be-
griffsmäßig darzulegen.

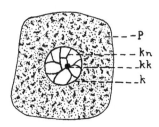

Fig. 17. Ein Zelle. k Kern,
kk Kernkörperchen, kn Kernnetz,
p Protoplasma.

Die erste hier zu berücksichtigende und
mit dieser Methode gewonnene, bedeutungsvolle
Erkenntnis ist, daß der Mensch ganz wie alle
übrigen, über den einzelligen Urtieren stehenden Organismen aufgebaut wird aus einer
außerordentlich großen Anzahl verschiedenartiger Zellen, d. h. Elementarorganen, in
welchen alle für die Erhaltung des Lebens erforderlichen Erscheinungen sich abspielen.
Die wesentlichsten Bestandteile, welche in
jeder normalentwickelten Zelle (Fig. 17) ent-
halten und im allgemeinen nur mit stärkerer Vergrößerung (unter dem
Mikroskop) erkannt und studiert werden können, sind das Protoplasma (p) und der Kern (k). Das Protoplasma stellt eine feinköringe,
dickflüssige Masse dar, welche zum überwiegenden Teile aus Eiweiß-
körpern besteht, und in welchen man oft eine Menge faden- oder
netzförmiger Gebilde nachweisen kann. Im Protoplasma findet sich der
Zellkern (k), ein meist helles, scharf begrenztes Bläschen, das von einem
Häutchen umgeben wird und ein Netzwerk feiner Fädchen enthält; die
Maschen dieses Netzwerkes sind von einer weichen Substanz ausgefüllt;
außerdem enthält der Kern ein oder mehrere sog. Kernkörperchen (kk).
Im übrigen herrscht sowohl in bezug auf den Bau der Zellen wie auf ihre
Form und Größe große Verschiedenheit. Was letztgenannte Eigenschaft
betrifft, sei hier nur erwähnt, daß, obgleich die Zellen des Menschen- und
Tierkörpers im allgemeinen sehr klein („mikroskopisch") sind, es doch solche
gibt, welche recht bedeutende Dimensionen erreichen, wie z. B. der Dotter
des Vogeleis; speziell der Dotter im Straußenei stellt die größte tierische
Zelle dar.

   Bau und Anordnung der Zellen ist verschiedenartig je nach den ver-
schiedenen Lebensäußerungen, mit denen sie betraut sind. So werden
Nerven-, Muskel-, Knochen-, Bindegewebe-, Drüsenzellen usw. unterschieden.
Diese Zellarten und ihre Abkömmlinge bilden durch gesetzmäßige Vereinigung

Werkzeuge oder O r g a n e , also höhere Einheiten, welche bestimmte Arbeiten, die notwendig für den Bestand des Ganzen sind, auszuführen haben.

Dieselben Elementarteile, dieselbe Anordnung der Zellen im Dienste der verschiedenen Lebensfunktionen wie im Tierkörper finden wir im menschlichen Körper wieder. Auch die verschiedenen Organe u n s e r e s Körpers sind aus Zellen oder aus Teilen, welche aus diesen hervorgegangen sind, aufgebaut. Hierbei ist zu bemerken: während der Zoologe mit seinen stark vergrößernden Instrumenten die  Zellen und Organteile, welche z. B. einem Fische entnommen sind, im allgemeinen leicht von entsprechenden Teilen aus dem

Fig. 18a. Lanzettfisch; natürliche Größe.

menschlichen Körper zu unterscheiden vermag, so sind dieselben Elementarbestandteile beim Menschen und den Säugetieren entweder vollkommen übereinstimmend oder doch einander außerordentlich ähnlich. Eine Darstellung der verschiedenen Zellenarten des Menschenkörpers würde also im wesentlichen gleichlautend mit einer solchen sein, welche dieselben bei den Säugetieren zum Gegenstand hätte. Wir können somit feststellen, daß in bezug auf die intimsten Bestandteile unseres Körpers die Ähnlichkeit zwischen uns und anderen Geschöpfen gewisse Abstufungen darbietet: diese Ähnlichkeit ist geringer mit niederen Tieren wie z. B. mit

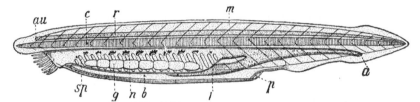

Fig. 18b. Lanzettfisch (vereinfacht und vergrößert) au Auge, c Rückenseite, r Zentrales Nervensystem, m Muskeln, o Mundöffnung, sp Kiemenspalten, a After (nach R. Hertwig).

Fischen, größer bis zur Übereinstimmung mit den höheren, den Säugetieren. Hier erwähnen wir nur diese Tatsache, in folgendem soll sie ausgenutzt werden.

Wir sprachen soeben von höheren und niederen Tieren. Um eine schärfere Vorstellung von dem, was mit höheren und niedrigen· Geschöpfen gemeint ist, zu erhalten und um einen Ausgangspunkt für die Beurteilung, welcher Art die Beziehungen zwischen Menschen und allen übrigen Geschöpfen sind, zu gewinnen, ist es erforderlich, eine Auswahl der verschiedenen Ausbildungsstufen, in welchen der höchste Tiertypus, die sog. Wirbeltiere, sich offenbart, Revue passieren zu lassen. Für unsere Zwecke können wir diese Auswahl auf einige der Kategorien, welche in dem System der Zoologie als Klassen und Ordnungen bezeichnet sind, beschränken.

Unter Wirbeltiere versteht man diejenigen Tierformen, welche sich sowohl durch den Besitz eines inneren Skelettes als auch dadurch auszeichnen,
daß das zentrale Nervensystem (Gehirn und Rückenmark) die Rückenseite
des Tieres, die Mehrzahl der übrigen Organe wie Darmkanal, Herz, Nieren
usw. dessen Bauchseite einnehmen.   Innerhalb dieses Tiertypus erreicht
das Leben nicht nur nach seiner körperlichen, sondern nach seiner geistigen
Seite hin seine höchste Vollendung.

Daß diese Höhe keineswegs mit einem Male erreicht wurde, daß vielmehr ein Vertreter des Wirbeltierstammes viel einfacher gebaut sein kann
als manche wirbellosen Tiere, beweisen der L a n z e t t f i s c h und seine
nächsten Verwandten. Denn wenn wir unserer Phantasie die Zügel schießen
ließen und derselben überlassen wollten, ein „Urwirbeltier“, d. h. die einfachste Lebeform, in welcher ein Wirbeltier sich überhaupt manifestieren
kann, auszugrübeln, so würde diese Schöpfung unserer Phantasie in bezug
auf Einfachheit und Ursprünglichkeit in der Organisation schwerlich mit
dem konkurrieren können, was die Natur selbst im Lanzettfische zustande

Fig. 19. Flußneunauge; verkleinert.

gebracht hat.   Dieser ist deshalb auch eins der wichtigsten „Haustiere“
in unsern zoologischen Laboratorien geworden.   Wie aus Fig. 18a hervorgeht, ist der Körper gestreckt, an beiden Enden zugespitzt, also lanzett-
förmig — daher der Name; er erreicht eine Länge von 5—7 Zentimeter
und lebt an mehreren europäischen Meeresküsten.   In seinem Äußern verrät
derselbe so wenig Ähnlichkeit mit einem Wirbeltiere, daß sein Entdecker
ihn zu den Weichtieren stellte.   In der Tat suchen wir auch beim Lanzettfische vergebens nach mehreren derjenigen Merkmale, welche wir gewöhnlich mit dem Begriffe der Wirbeltiere verbinden.   So fehlen Kopf, Kiefer,
paarige Gliedmaßen, Herz, Gehörwerkzeuge; die Ausbildung eines Gehirns
ist nur angedeutet, und von den höheren Sinnesorganen sind nur ein (zweifel-
haftes) Geruchsorgan und Augen einfachster Art vorhanden.   Ist somit der
Ausbildungsgrad des Lanzettfisches ein sehr tiefer, so besitzt er doch gerade
einige derjenigen Eigenschaften, welche alle Wirbeltiere den wirbellosen
gegenüber auszeichnen.   Doch treten die fraglichen Eigenschaften — und
dies ist von Bedeutung — beim Lanzettfische uns auf einer Entwicklungsstufe entgegen, welche den Befunden bei den Embryonen höherer Wirbeltiere, nicht denen beim erwachsenen Individuum, entspricht.   Zwischen
dem zentralen Nervensystem (Fig. 18r) und dem Darmkanale (o, a) liegt
ein zylindrischer vorn und hinten zugespitzter elastischer Strang, die sog.

Rückensaite (c). Eine solche Rückensaite, ihrer Entstehung und Lage nach der beim Lanzettfische entsprechend, ist beim Embryo aller übrigen Wirbeltiere — mit Einschluß des Menschen — die zuerst auftretende Anlage des Skelettes; oder mit anderen Worten der Lanzettfisch ist bezüglich des Skelettes auf einer Entwicklungsstufe stehen geblieben, die einem sehr frühen Embryonalstadium des Menschen und der höheren Wirbeltiere entspricht.

Ähnlich verhält sich das zentrale Nervensystem beim Lanzettfische; es besteht aus einer zylindrischen Röhre mit der Andeutung eines Gehirns und gewährt zum Teil dasselbe Bild wie das Nervensystem der höheren Wirbeltiere auf früher Embryonalstufe. Dasselbe gilt vom Darmkanal, welcher sehr einfach gebaut ist: sein vorderster Teil ist ein Kiemensack (also ein Atmungswerkzeug, sp), welches sich in ein Rohr fortsetzt, an dem ein deutlicher Unterschied zwischen Magen, Dünn- und Dickdarm noch nicht ausgebildet ist.

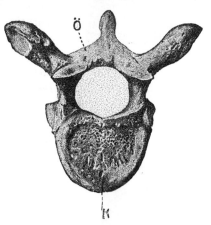

Fig. 20. Menschlicher Rückenwirbel; k Wirbelkörper, ö oberer Wirbelbogen.

Der nächste Schritt aufwärts in der Vervollkommnung des Wirbeltiertypus wird in der Gegenwart von einer kleinen Gruppe fischähnlicher Geschöpfe getan, welche den Namen R u n d m ä u l e r führen. Ein Vertreter dieser Gruppe das N e u n a u g e (Fig. 19), welches wenigstens im geräucherten oder marinierten Zustand vielen meiner Leser bekannt sein dürfte, hat ein kreisrundes Saugmaul mit Hornzähnen und viele kleine Kiemenöffnungen an jeder Körperseite, welche in je eine Kiementasche führen; Rücken und Schwanz sind mit unpaaren Flossen ausgerüstet. Der Fortschritt dieses Tieres dem Lanzettfisch gegenüber ist augenscheinlich; er offenbart sich unter anderem in der Ausbildung eines Kopfes mit Gehirn und Sinnesorganen, wenn auch diese Teile im Vergleich mit dem Verhalten bei höheren Tieren noch recht einfacher Art sind. Daß die Rundmäuler eine viel niedrigere Organisation als die übrigen Wirbeltiere haben, geht auch daraus hervor, daß eine wirkliche Wirbelsäule noch fehlt: an Stelle der Wirbelkörper (Fig. 20 K) ist noch die ungegliederte Rückensaite vorhanden, und nur bei einigen Rundmäulern ist die Wirbelbildung durch das Auftreten unvollständiger oberer (Fig. 20 ö) und unterer knorpeliger Bogen, von denen die ersteren in unvollständiger Weise das Rückenmark umschließen, eingeleitet; in dieser Beziehung sind auch die Rundmäuler auf einem Stadium stehen geblieben, welches einem Embryonalstadium der höheren

Wirbeltiere entspricht. Ebensowenig wie der Lanzettfisch haben die Rundmäuler paarige Gliedmaßen, deren Vorkommen die übrigen Wirbeltiere
kennzeichnet, erworben; wenn bei den letzteren, wie z. B. bei den Schlangen,
paarige Gliedmaßen fehlen, ist dies nicht der
ursprüngliche Zustand, sondern nachweisbar
von einer rückschreitenden Entwicklung abhängig, wovon später noch die Rede sein wird.
Schließlich besitzen die Rundmäuler keine
wirklichen Kiefer, die die Mundöffnung um-
rahmen, ebensowenig wie wirkliche Zähne,
Organe, welche dem festen Bestande der übrigen
Wirbeltiere angehören.

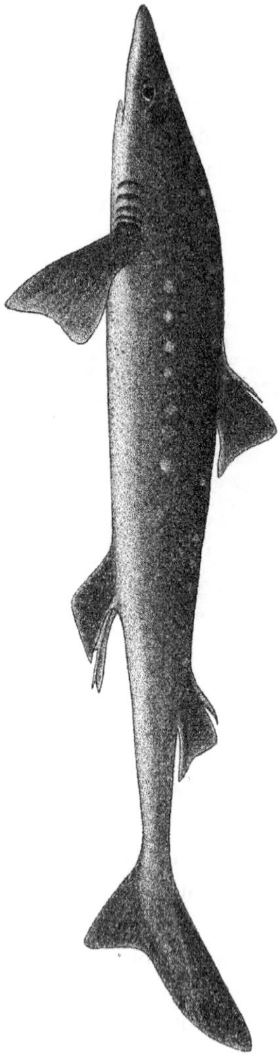

Die nächsthöheren Wirbeltiere, die F i s c h e,
haben einige Organe erworben, dank• deren
diese Tiere einen wesentlichen Fortschritt
repräsentieren, nämlich Kiefer, welche Zähne
tragen, und paarige Gliedmaßen. Bei den
Fischen treten letztere in Anpassung an das Leben
im Wasser als Flossen (Brust- und Bauchflossen)
auf, wobei aber die vom Lanzettfische und von
den Rundmäulern erworbenen unpaaren Flossen
noch als die wichtigsten Fortbewegungsorgane
erhalten blieben. Alle Sinnesorgane und das
Gehirn, das Skelett, der Darmkanal, die Fort-
pflanzungsorgane usw. sind bei den Fischen
viel zusammengesetzter, viel mehr „differenziert". Die Differenzierung auf dem organischen Gebiete ist ein entsprechender Vorgang
wie die Arbeitsteilung auf dem industriellen:
in einer höher ausgebildeten Industrie kann
e i n Arbeiter nicht länger alles leisten, es sind
mehrere erfahrene Personen erforderlich, um
die verschiedenen Arbeitsleistungen auszuführen.
In entsprechender Weise passen sich auch auf
einer höheren organischen Entwicklungsstufe
verschiedene Teile desselben Organs verschiedenen Funktionsarten an;
der Darmkanal z. B. differenziert sich in verschiedene Teile (Schlund,
Magen, Dünndarm, Dickdarm), jeder mit seiner besonderen Aufgabe; die
verschiedenen Zähne erhalten verschiedene Aufgaben und damit immer
mehr und mehr verschiedene Form usw. Es tritt also eine Lokalisation
der Funktionen ein, welche eine Differenzierung im Körperbau und dadurch
eine höhere Vollkommenheit mit sich bringt.

Fig. 21. Haifisch (Acanthias vulgaris).

Innerhalb des Fischtypus können wir zunächst zwei Hauptgruppen unterscheiden, welche ebenso vielen Ausbildungsstufen entsprechen, nämlich die tiefere, die K n o r p e l f i s c h e , zu denen die Haie (Fig. 21) und Rochen gehören, und die höhere, die K n o c h e n f i s c h e , welche die meisten europäischen Süßwasser- und Meeresfische umfaßt. Die Knorpelfische unterscheiden sich von den Knochenfischen unter anderem dadurch, daß ihr Skelett aus Knorpel, einer elastischen Substanz von milchweißer oder gelblicher Färbung, besteht. Das Knorpelskelett ist als ein

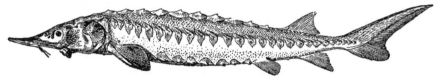

Fig. 22. Stör (nach Boas).

Vorläufer des knöchernen aufzufassen. Denn während der ersten Embryonalperiode besteht das Skelett aller Wirbeltiere von den Knochenfischen an bis hinauf zum Menschen zum größten Teil aus Knorpel, welcher erst allmählich durch Knochensubstanz ersetzt wird („verknöchert"). Wir sehen also, daß die Knorpelfische in diesem wichtigen Punkte auf einer Ausbildungsstufe stehen bleiben, welche einem vorübergehenden Zustande

Fig. 25. Lungenfisch (Protopterus annectens, nach Boas).

während des embryonalen Lebens der höheren Wirbeltiere entspricht, so daß wir somit berechtigt sind, sie als niedriger, ursprünglicher als die Knochenfische aufzufassen.

Eine dritte Fischgruppe, die G a n o i d e n — ihre bekanntesten Vertreter sind die Kaviar produzierenden Störe (Fig. 22) — stehen in gewissen Beziehungen vermittelnd zwischen Knorpel- und Knochenfischen. Besonders in bezug auf die Entwicklung des Skelettes geben uns einige hierher gehörende Fische eine gute Vorstellung davon, wie der Knorpel durch Knochen verdrängt wird.

Andere Ganoiden nähern sich einer Tiergruppe, welche uns deshalb ein größeres Interesse einflößt, weil sie das nasse Element wenigstens periodisch zu verlassen und zum Landtiere zu werden vermag, was wiederum eine unerläßliche Voraussetzung ist, um eine höhere Ausbildung zu erreichen.

Diese Gruppe sind die L u n g e n f i s c h e. Die für diese Tiere in erster
Linie charakteristische Eigenschaft ist schon im Namen ausgedrückt: es
sind Fische, welche wie alle ihresgleichen mit Kiemen ausgerüstet sind,
aber außerdem auch mit Lungen atmen. Die Lungenfische (Fig. 23) bewohnen in den Tropen die Flüsse und Sümpfe, welche während der heißen
Jahreszeit ganz oder teilweise austrocknen. So lange die Beschaffenheit
des Wassers es zuläßt, werden die Kiemen als Atmungswerkzeuge benutzt;
verdunstet das Wasser, oder wird es trübe und für die Atmung untauglich,
so werden die Kiemen einstweilen außer Funktion gesetzt, und die Tiere
atmen atmosphärische Luft vermittelst der Lungen, d. h. vermittelst weiter
unpaarer oder paariger Säcke, welche durch einen kurzen, häutigen Gang
in offener Verbindung mit dem vordersten Teile des Darmkanals stehen,
und auf deren Innenfläche zahlreiche Falten ein reiches Blutgefäßnetz
tragen, in welchem der Gasaustausch,
die Abgabe von Kohlensäure und die
Aufnahme von Sauerstoff, stattfindet.

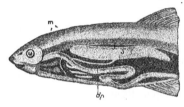

Fig. 24. Knochenfisch; die eine Seite
der Körperwand ist entfernt um die
Schwimmblase (S) und den Luftgang (dp)
zu zeigen; m Schlund.

Aber woher haben die Lungenfische
ihre Lungen bekommen? Um diese Frage
beantworten zu können, müssen wir eine
Eigentümlichkeit in der Organisation der
Knochenfische und Ganoiden etwas näher
ins Auge fassen. Die Mehrzahl dieser
Fische ist mit einer Schwimmblase ver-
sehen, einem mit Luft gefüllten Sack, welcher unmittelbar unterhalb
der Wirbelsäule gelegen ist und oft durch einen Kanal („Luftgang") mit
dem Darmkanal in Verbindung steht (Fig. 24).

Bei der Mehrzahl der Fische ist die hauptsächlichste Aufgabe der
Schwimmblase, Verschiedenheiten im spezifischen Gewicht des Fischkörpers
hervorzubringen: wird ihr Luftinhalt zusammengedrückt, so wird der
Körper spezifisch schwerer und sinkt tiefer ins Wasser, umgekehrt wird er
beim Nachlassen des Druckes leichter und steigt in die Höhe. Die Schwimmblase bewirkt also das Schweben im Wasser und steht dadurch im Dienste
der Fortbewegung. Bei manchen Fischen jedoch hat das Innere der Schwimmblase ein etwas anderes Aussehen erhalten: zahlreiche Falten sind mit einem
reichen Blutgefäßnetz bekleidet und die wesentlichste Aufgabe der Schwimmblase ist deshalb auch nicht länger als Fortbewegungswerkzeug zu fungieren, sondern sie hat vornehmlich respiratorische Funktionen auszuführen. Zahlreiche Zwischenformen sind bekannt, welche den Übergang
von der gewöhnlichen Schwimmblase der Fische zu der Lunge der Lungenfische vermitteln.

Der Unterschied im Bau der Lunge bei den Lungenfischen und bei
den höheren luftatmenden Geschöpfen ist allerdings sehr bedeutend. Aber

teils treten bei mehreren Lurchen und Kriechtieren Übergangsformen auf,
teils haben frühe Embryonalstufen z. B. vom Menschen unverkennbare
Übereinstimmungen mit der Lunge der Lungenfische und somit auch mit
der Schwimmblase mancher Fische aufzuweisen. Wir können bei sehr
jungen Vogel- und Säugetierembryonen sowie auch bei 3—4 Millimeter
langen menschlichen Embryonen beobachten, wie von der Vorderwand des
Schlundes eine kleine sackförmige Ausstülpung hervortritt, welche durch
eine weite Mündung mit der Darmröhre in Verbindung steht. Bald bildet
sich ein Unterschied zwischen dieser sackförmigen Blase und dem röhren-
förmigen Teil aus, welcher diese mit dem Schlunde verbindet, wodurch die
Blase, aus der während des weiteren Verlaufes der Entwicklung die Lunge
hervorgeht, und die Röhre, welche die Anlage der Luftröhre darstellt, eine
unleugbare Übereinstimmung mit der Schwimmblase und dem Luftgange
der Fische darbieten. In einem etwas späteren Embryonalstadium stimmt
die Menschenlunge in allem wesentlichen mit der Froschlunge, wie sich
diese während des ganzen Lebens erhält, überein. Die stufenweise vor sich

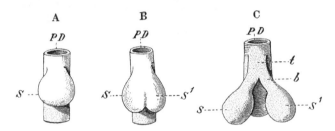

Fig. 25. Vereinfachte Darstellung der Lungenentwicklung.
PD Anlage des Darmrohrs, S, S¹ das anfangs unpaare, später aber paarig
werdende Lungensäckchen, t Luftröhre (nach Wiedersheim).

gehende Entwicklung der Lunge spiegelt sich somit vollkommen klar in
der Embryonalentwicklung ab. (Fig. 25).

Die bis jetzt bekannt gewordenen Beziehungen zwischen der Schwimmblase der Fische und der Lunge der höheren Geschöpfe z. B. des Menschen, lassen keinen Zweifel darüber bestehen, daß Schwimmblase
und Lunge als Ausstülpungen des vordersten Teiles des Darmkanals entstanden sind, daß sie somit homologe, d. h. anatomisch gleichwertige Organe sind. Für die logisch naheliegende Auffassung, daß die Lunge eine
umgebildete Schwimmblase sei, sind dagegen bisher keine einwandfreien
Belege erbracht worden.

Die Lungenfische haben also Lungen, und damit das Vermögen, auch
außerhalb des Wassers zu atmen, erhalten. Aber bezüglich anderer wesentlicher Teile ihrer Organisation sind sie noch zu sehr Fische und zu wenig
umbildungsfähig, als daß sie wirkliche Landtiere werden könnten.

Der Versuch, das Wasserleben aufzugeben und sich eine Heimat auf
dem Trocknen zu gründen, wurde unter den Wirbeltieren zuerst von einer
andern Gruppe, nämlich den L u r c h e n oder A m p h i b i e n , mit
Erfolg ausgeführt; die bestbekannten Vertreter derselben sind die Wassermolche, Frösche und Kröten. Obgleich unsere Kenntnisse von den „vor-
sintflutlichen" Schicksalen dieser Tiere keineswegs ausreichen, um einen
befriedigenden Einblick in ihre Beziehungen zu den nächst niederen Tierformen, den Lungenfischen und Ganoiden, zu gewähren, so geben uns dagegen sowohl der innere Bau als die Keimesgeschichte der Lurche vollkommen unwiderlegliche Beweise dafür, daß sie die ursprünglichsten, die
am wenigsten umgebildeten unter allen heutigen landbewohnenden Wirbeltieren sind.

Fig. 26. Landsalamander.

Eine unerläßliche Bedingung dafür, daß ein Wassertier Aussicht haben
kann, auf dem Lande fortzukommen, ist offenbar, daß dasselbe befähigt
ist, eine Umwandlung in wenigstens zwei Stücken seiner Organisation
zu erleiden: die Atmungsorgane müssen Sauerstoff aus der Luft anstatt
aus dem Wasser aufnehmen können — oder mit anderen Worten die Kiemen müssen durch Lungen ersetzt werden —, und die Gliedmaßen müssen
für die Bewegung auf einer festen Unterlage geeignet sein. Es ist den Lurchen, gelungen, diese beiden Bedingungen zu erfüllen, wenn auch Lungen
und Gliedmaßen einfacher, weniger ausgebildet als bei allen übrigen landbewohnenden Wirbeltieren sind. Aber noch mehr: die Amphibien verraten
ihre niedrige Herkunft und ihre intimen verwandtschaftlichen Beziehungen
zu Wassertieren auch dadurch, daß sie außer Lungen auch Kiemen entweder
während des ganzen Lebens oder wenigstens während ihrer Jugendzeit (als
Larven) besitzen; auch bringen alle Amphibien mit kaum nennenswerten Ausnahmen ihre Larvenperiode im Wasser zu. Das Wasserleben ist somit nicht
mit einem Schlage und ganz unvermittelt aufgegeben worden; erst nach und
nach ist es dem Lurche gelungen, sich dem Leben auf dem Lande anzu-

passen. Dies wird nicht nur durch den Gang ihrer individuellen Entwicklung, sondern auch durch die verschiedenen, noch heute lebenden Amphibiengruppen, welche ebenso vielen Stufen in einem allmählich vollzogenen Übergang vom Wasser- zum Landleben entsprechen, bewiesen.

Man kennt zwei Hauptabteilungen von lebenden Lurchen: die S c h w a n z l u r c h e , zu denen unter andern die Wassermolche und Landsalamander (Fig. 26) gehören, und die F r o s c h l u r c h e , allgemein bekannt in der Gestalt der Frösche und Kröten.

Innerhalb der ersten Abteilung ist die stufenweise Veränderung der Lebensweise in ihren drei systematischen Gruppen fixiert. Die niedrigste Gruppe wird von den am vollständigsten an das Wasser gebundenen Formen gebildet, die das ganze Leben hindurch die Kiemen behalten und nie das Wasser verlassen (Fig. 27). Ob alle in dieser und der folgenden

Fig. 27. Furchenmolch (Menobranchus lateralis).

Gruppe vereinigten Tiere als ursprüngliche Wassertiere oder als Formen zu deuten sind, welche zeitlebens auf dem Larvenstadium stehen geblieben sind und somit als Larven Geschlechtsreife erlangten und sich fortpflanzten, ist noch unentschieden.

In der zweiten Gruppe verschwinden allerdings die Kiemen beim ausgebildeten Tiere, aber die Kiemenspalten bleiben erhalten, während in der dritten und höchsten Gruppe, zu denen die Wassermolche und Salamander (Fig. 26) gehören, beim geschlechtsreifen Tiere sowohl Kiemen als Kiemenöffnungen vollständig verloren gehen. Die letztgenannten Schwanzlurche atmen mit Lungen und leben auf dem Lande; nur während der Fortpflanzungszeit halten sich die meisten Arten im Wasser auf.

Aber auch in bezug auf andere Eigenschaften bekunden solche Amphibien wie der Salamander, daß sie eine höhere Lebensstufe als die übrigen Schwanzlurche erreicht haben. Bei den niedern Gruppen erhält sich nämlich die Rückensaite etwa in demselben Maße wie bei den meisten Fischen, und große Partien des Skeletts gelangen niemals über das knorpelige

Stadium hinaus, während die Wassermolche und Landsalamander sowohl in diesen als andern Teilen ihres innern Baus einen höhern Reifegrad erlangen. In diesem Zusammenhange mag auch an die bemerkenswerte Erscheinung erinnert werden, daß unsere gewöhnlichen Wassermolche, falls ihre Kiemen-tragenden Larven durch irgendeinen Umstand daran verhindert werden, aufs trockene Land zu kommen, das ganze Leben hindurch ihre Kiemen beibehalten und somit in bezug auf die Atmungswerkzeuge auf dem früheren, beziehentlich auf dem Larvenstadium beharren.

Von allen Amphibien haben die Froschlurche sich am vollständigsten dem Landleben angepaßt. Das ausgebildete Tier trägt niemals Kiemen, die Wirbelsäule ist stark verkürzt, die Rückensaite verschwunden, ein frei vorstehender Schwanz fehlt, die Gliedmaßen sind stärker und höher aus-gebildet als bei den Schwanzlurchen. Als Larven ist dagegen ihre Über-

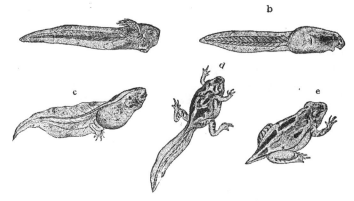

Fig. 28. Entwicklungsstadien des Frosches,
a—c vergrößert, d, e in etwa naturlicher Größe.

einstimmung mit den letzteren auffällig. Die jungen Froschlarven (Fig. 28) leben im Wasser, haben eine gestrecktere Körperform, besitzen Kie-men und einen langen Schwanz. Bevor die Larve das Wasser verläßt, ver-kürzt sich der Körper, Kiemen und Schwanz verschwinden.

Fassen wir die eben skizzierten Entwicklungsvorgänge zusammen, so gelangen wir zu folgendem Ergebnisse: innerhalb der Klasse der Am-phibien läßt sich eine fast ununterbrochene Reihe von im Wasser lebenden und mehr oder weniger „Fisch"-ähnlichen Formen bis zu vollkommenen Landtieren verfolgen.

Vollständige Emanzipation vom Wasserleben und von der durch diese Lebensweise bedingten Organisation zeichnen die drei höchsten Tierklassen, die Kriechtiere, Vögel und Säugetiere aus. Selbst wenn einzelne Mitglieder dieser Gruppen sekundär, d. h. durch erneuerte Anpassung wieder in das Wasser einwandern, erwerben sie niemals Kiemen; die Atmungswerkzeuge verbleiben bei diesen Wassertieren (Meeresschildkröten, Krokodile, Wale) Lungen; i m Wasser können sie nicht atmen.

Hiermit steht in Zusammenhang, daß diese höchsten Tierformen sich durch den Erwerb einiger Organe auszeichnen, welche im Gegensatz zu den Körperteilen, welche auch beim erwachsenen Individuum wirksam und nützlich sind, als Embryonalorgane bezeichnet werden können, da sie lediglich [Bedeutung — und zwar eine große — für den Embryo haben. Im folgenden werden wir uns etwas eingehender mit diesen Organen zu beschäftigen haben; hier mag nur bemerkt werden, daß sie dem jungen Tiere

Fig. 29. Alligator aus China (nach P. Smit).

eine vollständige Ausbildung im Eie oder innerhalb des mütterlichen Körpers ermöglichen, bevor es hinaus in das Leben tritt. Also: das Larvenstadium, d. h. die unvollkommene, sozusagen provisorische Erscheinung, in welcher die niedern Wirbeltiere im allgemeinen den Kampf ums Dasein beginnen müssen, fällt — von vereinzelten Ausnahmen abgesehen — hier weg.

Von den genannten Tierklassen besitzen die K r i e c h t i e r e oder Reptilien den einfachsten Körperbau. Während kein heute lebendes Kriechtier einen intimeren Anschluß an die Amphibien aufzuweisen hat, kennt man einige ausgestorbene Formen, welche einigen ebenfalls seit langen Zeiten aus dem Leben geschiedenen Amphibien sehr nahe stehen; diese werden uns später beschäftigen.

Die vier Gruppen, welche heutzutage die Kriechtierklasse vertreten: Eidechsen, Schlangen, Schildkröten und Krokodile (Fig. 29) sind dürftige

Reste eines in längst entschwundenen, geologischen Zeiträumen reichen
und mächtigen Tierstammes und können demnach nur ein recht unvoll-
kommenes und wenig charakteristisches Bild des Kriechtiertypus in seiner
Gesamtheit geben. Wir werden in einem folgenden Kapitel Gelegenheit
haben, die historische Bedeutung dieses Tierstammes abzuschätzen; ihre
Glanzperiode liegt weit zurück.

Was die Organisation der Reptilien betrifft, erinnern wir uns, daß sie
in fast allen Beziehungen eine höhere Ausbildungsstufe als die Amphibien
erklommen haben. Dies steht wiederum zu nicht geringem Teil in Zusammenhang damit, daß sie sich dem Leben auf dem Lande und seinen höheren
Anforderungen vollständiger angepaßt haben: im Skelett ist der Knorpel
viel vollständiger von Knochen verdrängt worden, Gehirn und Sinnes-

Fig. 30. Brückenechse (Hatteria punctata),
die letzte Überlebende der Urechsen; verkleinert.

organe sind gemäß ihrer höheren Leistungen höher ausgebildet, Lungen,
und im Zusammenhang mit ihnen Herz und Gefäßsystem sind mehr kompliziert und deshalb auch von größerer funktioneller Bedeutung als selbst
bei den in dieser Beziehung am besten ausgerüsteten Amphibien; dasselbe
ist mit Nieren und Darmkanal der Fall.

Die am wenigsten einseitig ausgebildeten Kriechtiere sind die E i -
d e c h s e n , und besonders gilt dies von einer heute nur noch auf Neu-
Seeland vorkommenden Form (Hatteria Fig. 30), welche in ihrem Äußeren
mit den andern Eidechsen übereinstimmt, aber infolge ihres inneren Baus,
besonders des Skelettes, meist als die letzte Überlebende einer altmodischen,
mit einigen ausgestorbenen Schwanzlurchen verwandten Reptiliengruppe
aufgefaßt wird.

Den Eidechsen sehr nahe stehen die S c h l a n g e n , der nachweislich jüngste Sproß des Reptilienstammes. Wir können uns eine Vorstellung
davon machen, wie eines der am meisten charakteristischen Eigentümlichkeiten in der Organisation der Schlangen, nämlich der langgestreckte gliedmaßenlose Rumpf, entstanden ist, wenn wir die Veränderungen in der

Körperform, welche miteinander verwandte Arten innerhalb gewisser Eidechsengattungen aufzuweisen haben, einer Durchmusterung unterwerfen. So gibt es von der Eidechsengattung Lygosoma, welche eine sehr weite Verbreitung hat und mehr als 160 Arten umfaßt, mehrere Serien von Arten, die mit solchen anfangen, welche mit normal ausgebildeten Gliedmaßen ausgerüstet sind, und mit Formen endigen, welche entweder stark verkümmerte oder gar keine Gliedmaßen besitzen; diese beiden Extreme

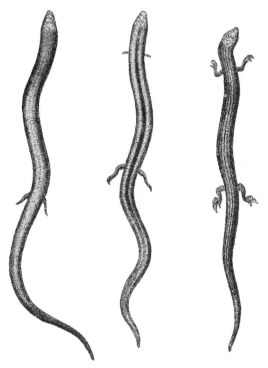

Fig. 31. Drei Arten der Eidechsengattung Lygosoma, welche die allmähliche Verlängerung des Rumpfes und die Verkümmerung der Gliedmaßen darlegen (nach Boulenger).

werden durch eine zusammenhängende Reihe von Zwischenformen verbunden (Fig. 31).

Aus den hier mitgeteilten Abbildungen erhellt, daß die abnehmende Ausbildung der Gliedmaßen in unmittelbarem Ursachenverhältnis zur Rumpflänge steht; sobald der Rumpf eine gewisse Länge erreicht hat, können die Gliedmaßen den Körper nicht länger tragen, sondern werden zu einer Art Nachschiebewerkzeuge degradiert, werden also funktionell minderwertig oder gradezu unbrauchbar und infolge dessen schwächer und kürzer. Und sind die Gliedmaßen erst einmal unbrauchbar und funktionslos geworden, so ist ihr vollständiges Verschwinden meist nur eine Zeitfrage.

Deshalb sind bei denjenigen Arten, welche sich durch den **verhältnismäßig**
längsten Rumpf auszeichnen, die Gliedmaßen entweder stark verkümmert
oder fehlen gänzlich, wie letzteres der Fall bei der gewöhnlichen Blind-
schleiche ist, die, wie bekannt, keine Schlange, sondern eine **fußlose** Eidechse
ist.   In demselben Grade wie der gliedmaßenlose Rumpf sich verlängert,
wird er immer mehr geeignet die Fortbewegung zu übernehmen, welche
bei diesen Eidechsen in ähnlicher Weise wie bei den Schlangen stattfindet.
Die Eidechse kann somit die Gestalt einer Schlange annehmen.

Während selbst bei denjenigen Eidechsen, welchen jede Spur einer
äußern Gliedmaße abgeht, stets im Innern des Rumpfes mehr oder weniger
bedeutende Reste vom Schultergürtel und Becken erhalten sind, fehlen dem
größten Teil der Schlangen auch diese.   Durch eingehende anatomische Untersuchungen ist es nachgewiesen worden, daß das Fehlen der Gliedmaßen
bei den Schlangen ebensowenig wie bei allen andern über den Rundmäulern
stehenden Tieren etwas Ursprüngliches ist, daß vielmehr die Schlangen

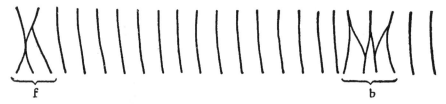

Fig. 32.   Vereinfachte Darstellung der Rückenmarksnerven bei einer Schlange;
f und b Nervengeflechte (Plexus), welche denjenigen entsprechen, aus den Nerven zu den
Vorder- (f) und Hintergliedmaßen (b) hervorgehen (nach A. Carlsson).

früherer Zeiten — somit die Urväter dieser Abteilung — mit zwei Paar
Gliedmaßen ausgerüstet gewesen sein müssen.   Dies geht nicht nur daraus
hervor, daß mehrere Schlangenarten wie z. B. die Riesenschlangen noch heutigen Tages mit verkümmerten und umgeblideten hintern Gliedmaßen versehen sind, sondern auch aus der interessanten Tatsache, daß bei Schlangen,
denen jede äußere Spur einer Gliedmaße fehlt, die Rückenmarksnerven
derjenigen Körperstellen, an denen bei den Eidechsen die Gliedmaßen
ihren Platz haben, dieselbe Anordnung aufweisen wie diejenigen Nerven,
welche wirkliche Gliedmaßen versorgen, d. h. sie verbinden sich in verschiedener Weise zur Bildung von sogen. Plexus oder Nervengeflechten ganz,
als ob Gliedmaßen vorhanden wären (Fig. 32).   Hier liegt also ein Verhalten
vor, das völlig unsinnig und paradox unter j e d e r andern Voraussetzung
sein würde als der, daß auch die Schlangen einstmals mit in gewöhnlicher
Weise funktionierenden Gliedmaßen begabt gewesen sind, von denen jetzt
nur die für Gliedmaßennerven charakteristische Anordnung erhalten geblieben ist.   Die Nerven gehören nämlich zu den konservativsten Organen
des Körpers.

Daß die V ö g e l mit ihren von allen andern Wirbeltieren so stark abweichenden äußeren Eigentümlichkeiten mit größerer Berechtigung als die Mehrzahl anderer Tierformen Anspruch darauf erheben können, als selbständige „Klasse" aufgeführt zu werden — das ist ein Satz, in welchem der Laie mit dem zoologischen Systematiker seit alters einig war. Und dennoch ist durch eine mehr kritische Wertschätzung und vergleichend-anatomische Untersuchung der wesentlichen Charaktere dieser Tiere nunmehr bewiesen worden, daß trotz der augenfälligen äußeren Verschiedenheit, welche zwischen einem Vogel und einem Reptil besteht, sich kaum eine einzige Eigentümlichkeit im Körperbau des ersteren findet, welche nicht ihre Wurzel in Organisationszuständen bei den Reptilien hat und von diesen abgeleitet werden kann. Vom rein anatomischen und embryologischen Standpunkte ist somit der zuerst von dem schon früher erwähnten genialen Biologen Huxley gemachte Vorschlag, Reptilien und Vögel in eine mit den übrigen Wirbeltierklassen gleichwertige Kategorie zu vereinigen, als der entsprechendste Ausdruck für die Stellung der Vögel in der Entwicklungsreihe der Wirbeltiere anzusehen.

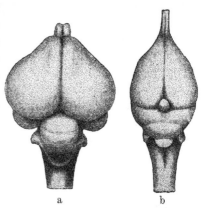

Fig. 33. Gehirn a eines Vogels, b einer Eidechse.

Die Vögel sind nämlich in der Tat nichts anderes als Kriechtiere, welche Flugvermögen erworben haben. Somit ist der Vogeltypus nur eine, durch dieses Vermögen hervorgerufene Modifikation des Kriechtiertypus, da es wesentlich die abweichende Art der Fortbewegung: der Flug, ist, welche die Abweichungen von der Kriechtierorganisation bedingt. Das Flugvermögen hat den gesamten Körperbau der Vögel auf eine funktionell höhere Stufe erhoben. So hat das Studium der Embryonalentwicklung uns belehrt, daß die wohl am meisten ins Auge fallende Eigentümlichkeit, die Federn, eigentlich nichts anderes als eine Weiterbildung der Reptilienschuppen ist. Mit dem Erwerbe des Federkleides steht die höhere Körpertemperatur im Zusammenhange: zum Unterschied von den Kriechtieren sind die Vögel Warmblüter; die Wärmeproduktion ist so bedeutend und die federbekleidete Haut vermag eine stärkere Wärmeausstrahlung so zu verhindern, daß die Körpertemperatur sich einigermaßen konstant hält. Die hiermit zusammenhängende vollständige Sauerstoffaufnahme des Blutes wird dadurch ermöglicht, daß gewisse Anordnungen der Kreislauforgane, des Herzens und der Gefäße, welche die Kriechtiere darbieten, bei den Vögeln eine höhere Differenzierung erlangen. Als eine Folgeerscheinung

der höheren Forderungen, welche eine kompliziertere Lebensweise — die
Sorge für die junge Brut, das lebhaftere Geschlechtsleben und das Flugvermögen — an das Gehirn stellt, hat auch dieses, besonders Groß- und
Kleinhirn, eine viel höhere Aus-
bildung als bei den Kriechtieren erreicht (Fig. 33).

Aber kaum ein anderes
Organsystem ist stärker von
der den Vögeln eigentümlichen
Art der Fortbewegung beeinflußt als das Skelett (Fig. 34).
In Übereinstimmung mit der
Bewegungsweise der Vögel bieten die Gliedmaßen eine sehr
bemerkenswerte Arbeitsteilung
dar: nur die hinteren Gliedmaßen tragen den Körper in
ruhender Stellung oder beim
Gehen, Klettern usw., während
die vorderen — mlt wenigen
Ausnahmen — ausschließlich

Fig. 34. Skelett eines Seeadlers.

35. Ameisenigel,
von der Bauchseite gesehen.

Flugwerkzeuge sind. Daß die Mehrzahl der Knochen mit Luft gefüllt,
wodurch der ganze Körper ein ge-
ringeres spezifisches Gewicht erhält,
steht selbstredend ebenfalls in unmittelbarer Beziehung zum Flugvermögen. Aber trotz dieser und anderer
Umbildungen, welche die durch das
Flugvermögen bedingte Lebensweise
hervorgerufen hat, haben das Skelett
ebenso wie die anderen Organsysteme
viel größere Übereinstimmung mit dem
Verhalten bei Reptilien als mit anderen Wirbeltieren aufzuweisen.

Diese auf anatomische und embryologische Tatsachen begründete
Auffassung der Beziehungen der Vögel
zu den Kriechtieren hat nun durch
eine Reihe geologischer Funde eine glänzende Bestätigung erhalten, weshalb wir in einem folgenden Kapitel zu dieser Frage zurückkommen werden.

Seit alters sind die S ä u g e t i e r e als diejenigen Geschöpfe aufgefaßt worden, welche in mehr als einer Hinsicht die höchste Offenbarung organischen Daseins darstellen. Einen intimeren Einblick in gewisse Züge ihrer Organisation und Entwicklung werden wir erhalten, wenn wir dem eigentlichen Gegenstande unserer Untersuchung, dem Menschen, näher-treten. Hier nur einige orientierende Gesichtspunkte!

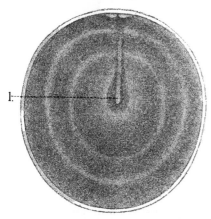

Fig. 36. Ei des Ameisenigels (nach Semon).

Wenn auch den Säugetieren eine höhere, privilegierte Stellung unter den Tieren eingeräumt wird, so muß doch im Auge behalten werden, daß es Säugetiere gibt, welche sich den niederen Wirbeltieren nähern. Be-kanntlich unterscheiden sich alle unsere gewöhnlichen Säugetiere da-durch von der großen Mehrzahl nie-derer Wirbeltiere, daß sie lebende Junge gebären, während die letzteren Eier legen. Der Säugetierembryo muß aber seine Nahrung aus dem mütterlichen Körper beziehen, wel-cher auch die Atmung desselben ver-mittelt — alles durch ein besonderes Organ, den sogen. Mutterkuchen, mit welchem wir uns in folgendem noch zu beschäftigen haben werden. Wir werden uns dann auch überzeugen, daß gerade diese intime Verbindung von Mutter und Kind, welche nicht einmal nach der Geburt des letzteren gelöst wird, sondern durch den Säuge-akt aufrechterhalten wird, zu den Erwerbungen ge-hört, welchen die Säugetiere ihre höhere Ausbildung verdanken.

Und doch gibt es in der höchsten Tierklasse Formen, die in bezug auf die Beziehungen zwischen Mutter und Nachkommenschaft viel näher mit niederen Wirbeltieren als mit den übrigen Säuge-tieren übereinstimmen. Im Jahre 1884 ging ein von Australien abgeschicktes Kabeltelegramm durch die Zeitungspresse, in welchem der britische Zoologe Cald-

Fig. 37. Etwas verein-fachte Darstellung des Vogeleies ohne Schale und Eiweiß.

well seine Entdeckung mitteilte, daß die niedrigsten Säugetiere, die K l o -a k e n t i e r e, deren heute lebende Vertreter der Ameisenigel (Fig. 35) und das Schnabeltier sind, Eier legen, nicht wie alle sonstigen Säuger lebendig-gebärend sind. Caldwell, welcher sich nach Australien begeben, vorzugs-weise um die Kloakentiere zu erforschen, verfügte über bedeutende Geld-mittel, so daß er seine Unternehmungen in großem Umfang betreiben konnte. Er stellte gleichzeitig 150 Eingeborene an, welche ihm allmählich ungefähr

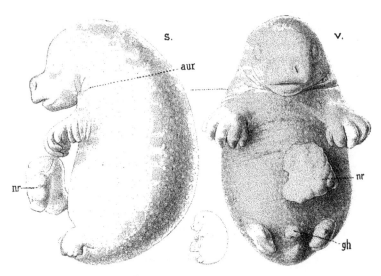

Fig. 38. Eben aus der Eischale geborenes Beuteljunges vom Ameisenigel;
aur Anlage des äußeren Ohres; gh Anlage der Geschlechtsteile; nr eingetrocknete
Reste der Embryonalhüllen (nach Semon).

Fig. 39. Känguruh mit seinem Jungen im Beutel.

1,400 Stück Ameisenigel und eine geringere Anzahl Schnabeltiere brachten. Diese Untersuchungen sind später von anderen Forschern weiter verfolgt worden, so daß wir nunmehr eine ziemlich befriedigende Kenntnis von der Entwicklung dieser niedrigsten Säugetiere haben.

Die mit lederartiger Schale umgebenen Eier sind viel größer (beim Ameisenigel sind sie oval, 12 und 15 Millimeter im Durchschnitt) als bei den übrigen Säugetieren, und hinsichtlich ihres inneren Baues stimmen sie mit den Eiern der Kriechtiere und Vögel überein (Fig. 36—37). Da es offenbar für das Muttertier mit manchen Übelständen ver- knüpft sein würde, so große Eier bis zur Reife des Jungen mit sich herum- tragen zu müssen, werden diese, ebenso wie es mei- stens bei den niederen Wir- beltieren der Fall ist, ge- legt, lange bevor der Embryo zum Ausschlüpfen reif ist. Wenn das Junge aus dem Ei kommt, ist es so wenig ausgebildet, daß es der mütterlichen Pflege und der Nahrung noch nicht entbehren kann (Fig. 38). Beim Ameisenigel kommt das Ei in einen Beutel, welcher sich zur Zeit der Fortpflanzung an der Bauchseite des Muttertiers bildet (Fig. 35); in diesem

Fig. 40. Linné (1707—1778)
nach dem von P. Krafft d. Ä. gemalten Porträt.

Beutel wird das Ei ausgebrütet, und das Junge von der Muttermilch, welche von in den Beutel mündenden Drüsen abgesondert wird, ernährt. Beim Schnabeltier kommt kein solcher Brutbeutel zustande, sondern das Ei wird in einem Neste ausgebrütet.

Die Säugetiernatur der Kloakentiere offenbart sich somit erst im letzten Momente der Mutterschaft, beim Säugegeschäft. Bezüglich der Embryonal- entwicklung, der Größe und des Baus des Eies, dessen erster Entwicklung, des Vorhandenseins eines ausgebildeten Dottersacks, des Fehlens eines Mutterkuchens, des Eierlegens — in allen diesen Punkten unterscheiden sich die Kloakentiere von den übrigen Säugetieren und nähern sich zu- gleich den Kriechtieren. Dasselbe gilt von mehreren wichtigen Befunden

im Körperbau der Kloakentiere, wie Teilen des Skelettes, der Geschlechtsorgane, des Kreislaufssystems, der Körpertemperatur usw.

Eine in gewisser Beziehung vermittelnde Stellung zwischen den Kloakentieren und den höheren, d. h. den mit Mutterkuchen ausgerüsteten Säugern
nehmen die B e u t e l t i e r e ein, deren Vorkommen gegenwärtig auf Australien
und Amerika beschränkt ist, und deren am meisten bekannte, in allen zoologischen Gärten vorkommenden Vertreter die Känguruhs sind. Bei der größen
Mehrzahl der Beuteltiere bildet sich kein Mutterkuchen aus, und die Jungen
werden in einem sozusagen unfertigen Zustande geboren, in einem Ent-
wicklungszustande, welcher einer Embryonalstufe der höheren Säugetiere
vergleichbar ist — das neugeborene Junge des manneshohen Riesenkän-
guruhs ist kaum 3 Centimeter lang —, und werden in einem an der Bauchseite des Muttertieres gelegenen sackförmigen Beutel von verschiedener
Ausbildung getragen, um in diesem ihre Entwicklung zu vollenden (Fig. 39).
Ein wirklich historisches Bindeglied zwischen Kloaken- und höheren Säugetieren dürften die Beuteltiere nicht bilden.

Die intimere Verbindung zwischen Mutter und Sprößling, welche, wie
schon hervorgehoben, als die wesentlichste Voraussetzung für die hohe Organisation der Säuger betrachtet werden muß, ist also jedenfalls nicht
mit einem Schlage gewonnen worden, sondern ist erst nach und nach
zustande gekommen.

In die Klasse der Säugetiere führte schon Linné den Menschen. Einen
sinnigen Ausdruck hat Goethe seiner Auffassung von den Beziehungen
zwischen dem Menschen und den Säugetieren verliehen; er nennt sie „unsere stummen Brüder".

III.

Die Aussage der ausgestorbenen Lebewesen.

Im vorigen Kapitel habe ich versucht, meinen Lesern eine allgemeine, und, wie ich meine, vollkommen objektive Vorstellung von den gegenseitigen Beziehungen der Hauptgruppen zu geben, in welche die Zoologie — ganz unabhängig von der Frage: Entwicklung oder Schöpfung — schon seit lange die jetzt lebenden Wirbeltiere aufgeteilt hat. Aber wie objektiv wir uns auch bemühen die Musterung dieser Formenreihe, in welcher sich der Wirbeltiertypus offenbart, vorzunehmen, es liegt doch gar zu nahe anzunehmen — und der eine oder andere Ausdruck hat dies vielleicht schon verraten —, daß diese allmählich nach verschiedenen Richtungen auseinandergehenden Formenserien, in denen dasselbe Grundelement verschiedenartige Kleider anlegen kann und in mannigfacher Weise variiert wird, so daß es durch immer vollkommenere Ausbildung zu immer vollkommeneren Leistungen befähigt wird — das Produkt eines historischen Vorganges ist.

Um aber eine solche Auffassung zu begründen: daß die verschiedenen Abstufungen in der Organisation der verschiedenen Wirbeltiergruppen das Resultat eines während des Laufes der Erdgeschichte stattgehabten Umbildungsvorganges seien, können und dürfen wir uns nicht mit der Berufung auf die im vorigen Kapitel vorgeführten Tatsachen begnügen. Wenn von einem historischen Vorgang die Rede ist, so haben wir das Recht zu fordern, daß dessen Wirklichkeit durch Zeugen, durch historische Aktenstücke festgelegt wird. Und in der Tat können solche auch in großer Menge namhaft gemacht werden. Und zwar entstammen sie der Schatzkammer, welche die Paläontologie, d. h. die Lehre von den Geschöpfen, welche in früheren Zeitaltern unsere Erde bevölkerten, uns erschlossen hat. Die Quellen dieser Wissenschaft bestehen somit aus Tier- und Pflanzenresten, welche in der Erdkruste (in verschiedenen Gesteinen, Sand, Lehm usw.) eingeschlossen sind und Versteinerungen, Fossilien oder Petrefakten genannt werden.

Schon frühe haben die Versteinerungen die Aufmerksamkeit denkender Menschen auf sich gezogen; ihre Deutung ist sehr verschiedenartig gewesen. Aus dem Mittelalter tritt uns die Vorstellung entgegen, daß die im Schoß der Erde angetroffenen Versteinerungen durch eine „vis plastica", entstanden sind: daß eine bildende Kraft sie aus Erde und organischen Bestandteilen erschaffen hat; im Innern der Berge war die Natur noch nicht stark genug, um ihren Produkten Leben einzuflößen; sie übte sich gleichsam nur, um ihnen ein um so vollkommeneres Dasein im Lichte der Sonne verleihen zu können. Neben dieser Auffassung der Fossilien als „eines Spieles" der Natur begegnet uns eine andere, die wohl ziemlich unmittelbar von der mosaischen Schöpfungsgeschichte inspiriert war, nämlich, daß dieselben Zeugen der Sündflut darstellen. Beide Anschauungen und die mit ihnen verwandten Erklärungen, sowie auch die Deutung der fossilen Muscheln als Mineralien und der Mammutknochen als Riesen aus der Vorzeit konnten lange auf Anhänger rechnen. Es war verhältnismäßig spät, als man die Sprache verstehen lernte, welche die „Steine" redeten. Denn wenn auch

Fig. 41. Richard Owen (1804—1892).
Englischer Anatom und Paläontologe.

schon im sechzehnten Jahrhundert Lionardo da Vinci, der Künstler-Gelehrte, welcher in so vielen Stücken seinen Zeitgenossen voraus war, richtige Ansichten über die ausgestorbenen Organismen aussprach, so konnte die Erklärung, daß auf Bergen vorkommende Meeresmuscheln oder in Steinen eingeschlossene Knochen wirkliche Reste von Tieren waren, schwerlich eine allgemeinere Annahme finden, so lange über die Geschichte der Veränderungen, welche mit der Erdrinde vorgegangen waren, keine nur einigermaßen annehmbare Theorie zustande gekommen war. Erst durch Lamarcks und Cuviers Wirken, somit erst zu Anfang des vorigen Jahrhunderts, erhielt die Paläontologie ihre grundlegende Bedeutung in der Biologie.

Hat somit die Wissenschaft die aus ihren Gräbern hervorgeholten Fossilien, indem sie ihre Beziehungen zu den jetzigen Lebewesen nachwies, dem Leben wiedergegeben, so haben die ersteren dieses Geschenk tausendfach heimgezahlt, denn ohne die Toten würden wir niemals die Lebenden völlig verstanden haben. Und doch stehen wir erst ganz im Beginne eines solchen Verstehens. Denn unter Rücksichtnahme auf die große Menge neuer Fossilien, welche jährlich entdeckt werden, sowie darauf, daß nur ein geringer Teil unserer Erde der paläontologischen Durchforschung zugänglich, und von diesem wiederum nur ein geringer Teil bisher durchforscht worden ist, ist es ohne weiteres klar, daß die Geologie — die Entwicklungsgeschichte unserer Erde — bisher nur einen winzigen Bruchteil von dem, was die Zukunft von dieser Wissenschaft zu erwarten hat, aufgedeckt hat. Während früher und bis zur Mitte des vorigen Jahrhunderts die europäischen Fundorte für fossile Tiere, welche geniale Dolmetscher in Owen, Rütimeyer, Gaudry, Waldemar Kowalewsky, Zittel u. a. fanden, die ergiebigsten waren, sind, wenigstens in bezug auf fossile Wirbeltiere,

Fig. 42. E. D. Cope (1840—1897). Amerikanischer Zoologe und Paläontologe.

während der letzten Jahrzehnte die Entdeckungen, welche in den fossilführenden Ablagerungen Nord- und neuerdings auch Süd-Amerikas gemacht worden sind, durch ihren ungeheuren Reichtum in den Vordergrund getreten. Mehrere amerikanische Forscher wie Cope, Marsh, Osborn, Scott, Matthew, Ameghino, haben uns durch ihre Arbeiten über fossile Wirbeltiere einen Einblick in eine verschwundene Welt von ungeahnter Mannigfaltigkeit gegeben und dadurch unsere Kenntnis der historischen Entwicklung des organischen Lebens mächtig erweitert.

Um die Bedeutung der Paläontologie im Dienste der Biologie richtig zu schätzen, rufen wir uns zuerst eine Tatsache ins Gedächtnis, welche die Geologie schon längst festgestellt hat, nämlich daß unser Planet keineswegs immer dieselbe Physiognomie wie in unseren Tagen gehabt hat, daß die Verteilung zwischen Land und Meer, die Höhen- und Temperaturverhältnisse usw. in verschiedenen Erdperioden verschieden gewesen sind. Ebenso wie man in neuerer Zeit hat beobachten können, wie große Landstrecken in einer allmählich vor sich gehenden Hebung begriffen sind, während an anderen Stellen der Erde das Land vom Meer überflutet worden ist, wie durch vulkanische Tätigkeit Inseln plötzlich aus dem Meere herauftauchen, so haben auch in früheren Erdperioden Hebungen und Senkungen des Bodens mehr oder weniger umfassende Veränderungen im Antlitz der Erde hervorgerufen. So hat die Geologie gezeigt, wie große Meeresbecken und Seen durch meistens allmähliche Hebungen trockengelegt sind — Ereignisse, von denen mächtige Ablagerungen, welche zahlreiche Reste von Wassertieren einschließen, ein beredtes Zeugnis ablegen.

Fig. 43. O. Ch. Marsh (1831—1899).
Amerikanischer Paläontologe.

Wir haben nun zuerst die Frage zu erledigen, wie es möglich ist, daß Reste von Organismen, welche während der Urzeit unserer Erde gelebt haben, in der Erdrinde eingeschlossen und erhalten werden konnten. Um diese Frage zu beantworten, erinnern wir uns zunächst, daß in allen Wasseransammlungen kleinere oder größere Partikel von Sand, Lehm, Kalk usw., welche im Wasser aufgeschlemmt oder aufgelöst waren, zu Boden sinken, und daß Massen dieser Stoffe von den Flüssen den Seen und Meeren zugeführt werden. Gleichzeitig mit diesen herbeigeschlemmten unorganischen Bestandteilen sinken auch Reste von Pflanzen und Tieren, welche im Wasser gelebt oder ins Wasser gespült worden sind, zu Boden und werden von Sand, Lehm oder Geröll bedeckt. Durch die Wirksamkeit verschiedener mechanischer und chemischer Kräfte werden diese anfangs losen Lager nach und nach zu festen Gesteinen wie Schiefer, Kalk-, Sandstein usw. Zu gleicher Zeit unterliegen auch die in ihnen eingeschlossenen organischen Reste, welche von solcher Beschaffenheit sind, daß sie sich überhaupt im Stein erhalten können, solchen Veränderungen, daß man sie in der Regel mit dem gemeinsamen Namen Versteinerungen bezeichnet.

In den Fällen, in welchen die im Wasser entstandenen versteinerungsführenden Ablagerungen nach und nach trockengelegt werden, werden diese Lagerstätten unserer Untersuchung zugänglich.

Aber die Natur kennt auch einige andere Methoden, um ihre organischen Schöpfungen der Nachwelt als Versteinerungen zu hinterlassen. So sind uns Insekten und Spinnen, die in Wäldern der Vorwelt gelebt und in dem Harz der Bäume, welches später zu Bernstein erstarrt ist, in gutem Zustande erhalten worden. Tiere und Pflanzen sind ferner in Lava, Kalk oder Kieselsäure, welche sich in warmen Quellen abgesetzt haben, eingeschlossen worden.

Da nun offenbar die tiefer liegenden Ablagerungen, sofern sie nicht durch spätere Erdrevolutionen aus ihrer ursprünglichen Lage verschoben sind, älter als die sie überlagernden sein müssen, und da ferner die Ablagerungen aus demselben Alter oft von ungefähr denselben Versteinerungen gekennzeichnet werden, hat man auf Grund dieser Tatsachen mehrere, aufeinander folgende Perioden in der Entwicklungsgeschichte der Erde unterscheiden können — ganz wie der Archäologe die ältere Geschichte des Menschengeschlechtes nach der Beschaffenheit der Kulturprodukte in verschiedene Abschnitte teilt. Aber die Geschichte der Erde ist ebenso gut wie diejenige, welche der Mensch in gewaltiger Selbstüberschätzung die „Weltgeschichte" nennt, die Erzählung von einer an keinem Punkte unterbrochenen Reihe von Ereignissen. Wenn der Geologe nichtsdestoweniger dem Beispiele des Geschichtsforschers folgt und sich veranlaßt sieht, den Abschnitt der Zeit, den er schildert, in eine Anzahl längerer und kürzerer Perioden zu teilen, so ist eine solche Maßregel nur aus rein praktischen, äußeren Gründen zu rechtfertigen; denn die Geschichte der Erde kennt ebensowenig wie diejenige der Menschheit scharf voneinander getrennte Perioden. Deshalb fallen notwendigerweise solche Einteilungen auch mehr oder weniger willkürlich aus.

Jedenfalls ist es leicht einzusehen, daß infolge nicht nur der Entstehungsart der geologischen Ablagerungen, sondern auch der Natur der Organismen das Bild vom organischen Leben aus früherer Zeit, welches uns das Studium der Versteinerungen gewährt, mit Notwendigkeit sehr unvollkommen sein muß. In der Tat hat auch nur ein äußerst geringer Bruchteil des Pflanzen- und Tierlebens, das in früheren geologischen Perioden existierte, Spuren in der Erdrinde hinterlassen können. Denn abgesehen von einigen ausnahmsweise günstigen Umständen, unter denen auch w e i c h e Pflanzen- und Tierteile sich im Gestein erhalten konnten, haben sich in der Regel nur Hartgebilde wie Knochen und Zähne der

Wirbeltiere, Schalen der Stachelhäuter und Weichtiere, das Kalkskelett der Korallen usw. bis in unsere Zeit erhalten können.

Aber wir dürfen nicht einmal von allen ausgestorbenen Tieren mit harten Teilen erwarten, Reste zu finden. Wir wissen ja, daß Knochen, welche der Luft ausgesetzt sind, gar bald verwittern, Risse bekommen und zerstört werden. Es haben somit die auf dem Lande lebenden Tiere in der Regel nur unter der Bedingung Spuren ihres Daseins hinterlassen können, daß ihre toten Körper auf die eine oder andere Weise in das Meer oder einen See gelangt, und dort von nach und nach erhärtetem Schlamm umgeben und geschützt worden sind. Um zu verstehen, wie viele günstige Faktoren zusammen wirken müssen, damit selbst so vergleichsweise widerstandsfähige Körperteile wie die Skelette während größerer Zeiträume erhalten bleiben, hat man darauf aufmerksam gemacht, wie viele Millionen Menschen nur während der historischen Zeit beerdigt worden sind, und wie verhältnismäßig wenige Knochenreste von diesen übrig sind; wenn auch nur ein Teil derselben erhalten geblieben wäre, wäre der Boden unserer Kulturländer ein einziger Totenacker!

Aber auch nachdem die Fossilien in ein für ihre Erhaltung günstiges Gestein eingebettet sind, können sie der Vernichtung anheimfallen. Sie können teilweise oder ganz durch chemische Kräfte aufgelöst, sie können durch Druck oder durch Berührung mit Lavamassen bis zur Unkenntlichkeit entstellt oder vollständig zerstört werden. Durch solche oder ähnliche Faktoren dürften besonders die ältesten fossilienführenden Ablagerungen so stark beeinflußt sein, daß von den ersten Organismen wohl schwerlich jemals Reste entdeckt werden.

Erinnern wir uns schließlich, daß der größte Teil der Erdoberfläche Meeresboden ist und somit die zahllose Menge der Organismen, welche diese birgt, vielleicht für immer unsern Blicken entzogen ist, sowie ferner, daß bisher nur ein kleiner Teil des Festlandes geologisch untersucht worden ist, so dürften wir eine Ahnung davon erhalten, wie unvollkommen unser Wissen von den ausgestorbenen Tier- und Pflanzenformen tatsächlich sein muß. Und da, wie oben angedeutet, es geradezu als ein Ausnahmefall zu bezeichnen ist, daß ein Organismus im fossilen Zustande erhalten wird und unserer Untersuchung zugänglich wird, so haben wir keine Veranlassung, über die Unvollständigkeit der geologischen Urkunden zu staunen, sondern mit weit größerem Recht darüber, daß wir t r o t z a l l e d e m schon so viel von der Tier- und Pflanzenwelt verschwundener Zeit wissen, wie es wirklich der Fall ist.

Wenn man deshalb auch mit Recht die Paläontologie mit einer geschichtlichen Urkunde, von welcher nur einzelne und aus ihrem Zusammenhang gerissene Blätter auf uns gekommen sind, hat vergleichen können, so ist jedenfalls dennoch der Inhalt dieser Blätter von unschätzbarem Werte für den Aufbau unserer Weltauffassung. Denn auf kaum einem anderen biologischen Gebiete sind während der letzten Jahrzehnte so überraschend bedeutungsvolle Entdeckungen gemacht worden, als auf dem der Paläontologie, und kaum eine andere Disziplin hat uns so viele und so unwiderlegliche Beweise für die Wahrheit der Deszendenztheorie gegeben. Und dies gerade deshalb, weil die Paläontologie der im eigentlichsten Sinne

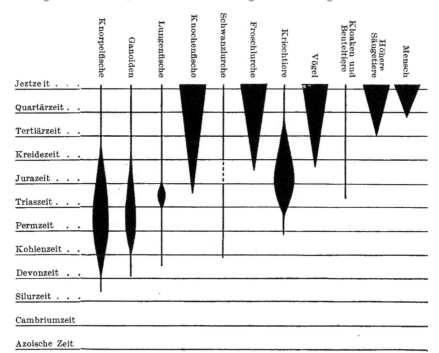

Fig. 44. Übersicht der geologischen Perioden.
Die verschiedene Dicke der Striche deutet den wechselnden Reichtum der Wirbeltiergruppen während der verschiedenen Perioden an.

historische Zweig der Biologie ist und uns deshalb auch bindende oder mit anderen Worten historische Beweise bezüglich des historischen Entwicklungsverlaufes zu geben vermag. Und nur unter der Voraussetzung, daß tatsächlich eine historische Entwicklung in der Organismenwelt stattgefunden hat, werden die Resultate, zu denen die Schwesterwissenschaften, Anatomie und Embryologie, gelangt sind, begreiflich.

Die erste Lehre, welche die Paläontologie uns einschärft, ist, daß organisches Leben auf unserem Planeten in für unser Denken unfaßbar langen Zeiträumen existiert hat — Zeiträume so gewaltig, daß man von ihnen hat sagen können, daß sie in demselben Verhältnisse zu unserer Zeiteinheit, dem Jahre, stehen, wie die Entfernungen zwischen der Erde und den Fixsternen zu unseren irdischen Maßen. Es fehlt nicht an Versuchen, den

Zeitraum in Jahren auszurechnen, welcher verflossen ist, seitdem die ersten
Lebewesen auf unserer Erde erschienen, wenn auch, der Natur der Sache
gemäß, die Resultate solcher Versuche wenig Vertrauen einflößend ausfallen. Der bekannte Physiker Lord Kelwin hat die Existenz des Lebens
auf der Erde auf 24 Millionen Jahre geschätzt. Das Alter der Erde selbst
wird von einigen zu 10, von andern zu 700 Millionen Jahre berechnet! Daß
solche Zahlen keinen Anspruch darauf erheben können den Ausdruck einer
„exakten Wissenschaft" vorzustellen, braucht nicht betont zu werden.

Ferner hat man aber seit Cuviers und Lamarcks Zeiten gewußt, daß
die überwiegende Mehrzahl der fossilen Pflanzen und Tiere ganz anders
als die heute lebenden gebaut sind, so wie daß sie den letzteren um so un-
ähnlicher sind, ein je höheres Alter sie haben.

Schließlich hat die paläontologische Forschung ein allgemein gültiges
Resultat, welches von allergrößter Bedeutung in deszendenztheoretischer
Beziehung ist, ergeben. In den ältesten Erdschichten, welche während
der sog. azoischen Periode (siehe Fig. 44) gebildet worden, sind bisher keine
sicher deutbaren Reste von lebenden Wesen aufgefunden. Während der
darauf folgenden kambrischen Zeit treten die ersten Geschöpfe auf, aber
— wohl zu bemerken! — keine Wirbeltiere, sondern ausschließlich wirbel-
lose Tiere: niedrig organisierte Krebstiere sowie Weichtiere waren die höchsten lebenden Wesen jener Zeit. Wie aus der hier mitgeteilten Tabelle
(Fig. 44) über die verschiedenen geologischen Zeitalter hervorgeht, traten
die Wirbeltiere erst in der nächst folgenden, der Silurperiode auf der Erde
auf. Und ferner: ihr Erscheinen auf der Weltbühne geschieht in der Ordnung, welche man nach Kenntnisnahme der Organisation der verschiedenen
Wirbeltiere hätte voraussagen können, oder mit anderen Worten: innerhalb jeder Wirbeltiergruppe sind die ältesten gleichzeitig die am niedrigsten, einfachsten organisierten, ihnen folgen im allgemeinen immer höhere,
immer differenziertere Formen je mehr wir uns der Jetztzeit nähern. Ein
Blick auf die obenstehende Tabelle wird uns hiervon überzeugen können.

In Hinblick auf die oben gegebenen Erörterungen betreffs der Aussichten und Bedingungen dafür, daß Tierkörper Spuren in der Erdkruste
hinterlassen können, dürfen wir kaum erwarten, jemals von den oben besprochenen, niedrigsten Wirbeltieren, dem Lanzettfisch oder seinen Vorfahren, fossile Reste zu erhalten, da dieselben sicherlich einen Körperbau
ohne Hartgebilde besaßen, welcher nur unter ganz ausnahmsweise günstigen Umständen sich in „versteinertem" Zustande erhalten konnte. Auch
die nächst höheren Tierformen, die Rundmäuler, sind nicht mit Sicherheit
als fossil bekannt, denn inwiefern eine Fischform aus der Devonperiode
(Palaeospondylus) hierher zu zählen ist, muß noch festgestellt werden.
Die ältesten bekannten Wirbeltiere aus der Silurzeit sind Fische jener
Gruppe, welche wir laut der oben gegebenen Musterung als die niedrigsten

anzusehen haben, nämlich Knorpelfische. In dem nächsten Zeitalter,
der Devonperiode, treten diejenigen Fische auf, welche sich, wie wir gesehen,
ihrem Bau nach den Knorpelfischen zunächst anschließen, nämlich die
Ganoiden. Etwas später offenbaren sich die Vorfahren der Lungenfische
in Formen, welche von den Ganoiden noch kaum zu trennen sind, während
die am höchsten differenzierten Fische, die Knochenfische, welche, wie
die vergleichende Anatomie überzeugend darlegt, aus Ganoiden hervorgegangen sind, erst in der Triaszeit auftreten. Entsprechend verhalten
sich die übrigen Wirbeltiere; die ältesten in jeder natürlichen Gruppe sind
gleichzeitig die einfachsten, am wenigsten differenzierten.

Die Paläontologie bestätigt somit in glänzender Weise unsere oben nur
als Hypothese vorgetragene Annahme, daß die Skala von niedrigeren zu
höheren Organisationen, welche das Tiersystem darstellt, das Resultat
eines geschichtlichen Vorganges ist. Bekanntlich wurde in der vor-darwi-
nistischen Periode das System meistens nur als ein mehr oder weniger über-
sichtlich geordnetes Inventar über den Tierbestand betrachtet.

Selbstverständlich räumen wir ohne weiteres ein, daß die erwähnte
paläontologische Erscheinung an und für sich keinen B e w e i s dafür abgibt, das ein Entwicklungsprozeß wirklich stattgefunden hat; unmittelbar
b e w e i s e n können wir nur, daß die verschiedenen Organisationsstufen
einigermaßen regelmäßig aufeinander gefolgt sind, nicht daß die jüngeren
und höheren von den älteren und niedrigeren abstammen. Aber erinnern
wir uns, daß a l l e Zeugen, welche die Paläontologie aufgerufen hat, dieselben Aussagen machen, daß alle paläontologischen Tatsachen — falls
wir uns innerhalb der Grenzen des naturwissenschaftlichen bon sens halten
— f ü r das Deszendenzprinzip, keine gegen dasselbe spricht, so dürften
die Ergebnisse dieser Wissenschaft sich tatsächlich kaum von einem wirklichen Beweise unterscheiden. So kennt man — trotzdem daß die geologischen
Urkunden, wie wir gesehen, notwendigerweise sehr unvollständig sind —
nicht nur ganze Reihen von Zwischenformen, welche den Übergang von
verschiedenartigen Formen älterer und jüngerer geologischer Perioden
vermitteln, sondern auch zahlreiche Kollektivformen d. h. Tiergestalten,
welche Eigenschaften vereinigen, die bei jüngeren oder heute lebenden
Arten nicht mehr zusammen vorkommen. Ja, zu wiederholten Malen hat
die Geologie gerade solche Zwischenformen zutage befördert, deren Vorhandensein die Zoologie, von der Deszendenztheorie ausgehend, voraus-
gesagt hatte.

Wir haben betont, daß die Tierwelt der ältesten geologischen Perioden
eine andere und weniger hoch organisierte als die Fauna der Jetztwelt ist.
Diese Auffassung steht aber offenbar nicht im Widerspruch mit der Tatsache, daß einzelne niedere Tiergattungen sich von der Urzeit der Erde bis
auf den heutigen Tag im wesentlichen unverändert erhalten haben. Dies

ist z. B. der Fall mit den Armfüßler-Gattungen Discina und Lingula (Fig. 45),
welche schon im Kambrium auftraten. Solche Fälle besagen weiter nichts,
als daß die Bedingungen, unter denen diese Tiere lebten, sich nicht der-
artig veränderten, daß sie eine Umbildung oder Höherentwicklung veranlaßten.

Während somit alle von der Paläontologie bisher entdeckten Tatsachen
zugunsten der Deszendenztheorie sprechen oder wenigstens niemals mit
derselben in Widerstreit geraten, sind sie sämtlich, soviel mir bekannt, mit

Fig. 45. Lingula anatina, ein Armfußler, welcher gegenwärtig an den Küsten der Philippinen u. Molukken vorkommt; Vertreter dieser Gattung lebten schon während der kambrischen Periode.

jeglicher Form von Schöpfungslehre absolut unvereinbar. Scharf hat der hervorragende britische Biologe
Romanes diese Tatsache gekennzeichnet: „Es wird niemand die launigen Verse von Burns im Ernst nehmen
wollen und sich etwa vorstellen, der Schöpfer habe eben
seine schülerhaft-ungelenke Hand erst an niederen Formen üben müssen, bevor er zur Erschaffung von höheren
übergehen konnte. Und doch ist es ohne eine derartige
Annahme einfach unmöglich vom Boden der Theorie
von besonderen Schöpfungsakten aus zu erklären, warum
dieses allmähliche Fortschreiten vom Wenigen zum
Vielen, vom Allgemeinen zum Besonderen, vom Niederen
zum Höheren stattgefunden hat".

Aber nicht nur in den großen allgemeinen Zügen,
sondern auch in Einzelheiten, in den spezielleren genealogischen Beziehungen hat die Paläontologie zu wiederholten Malen zugunsten der modernen Entwicklungslehre Zeugnis abgelegt, indem sie die Schlußsätze, zu
denen die Schwesterdisziplinen, Anatomie und Embryologie, aus i h r e m Materiale, dem Bau und der Entwicklung der heute lebenden Tiere, gezogen hatten, bald
bestätigen, bald vervollständigen konnte. Es wird demgemäß im folgenden unsere Aufgabe sein, einige Resultate
vorzuführen, welche aus der vereinigten Arbeit der verschiedenen Zweige der Biologie in bezug auf die Geschichte
der Wirbeltiere und damit auch des Menschen hervorgegangen sind. Wir
verknüpfen also einige paläontologische Tatsachen mit den von der Anatomie und Embryologie erlangten Resultaten, welche letztere die Grundlage des oben skizzierten Tiersystems bilden. Suchen wir dann dieses
System mit den Errungenschaften der Paläontologie zu vervollständigen,
so erhebt sich diese zu einem höheren wissenschaftlichen Niveau: sie wird
der Ausdruck für die G e n e a l o g i e   d e r   O r g a n i s m e n, einer Lehre,
welche unter der Bezeichnung P h y l o g e n i e oder S t a m m e s g e -
s c h i c h t e bekannt ist.

Eigentlich versteht es sich nach dem, was über die Beschaffenheit des paläontologischen Materials bereits gesagt ist, von selbst, daß das Dunkel, welches zahlreiche gerade der bedeutungsvollsten genealogischen Probleme einhüllt, durch die Paläontologie nicht im mindesten gelichtet worden ist, sowie daß die stammesgeschichtliche Bedeutung mehrerer paläontologischer Funde von verschiedenen Forschern noch sehr verschieden beurteilt wird. Zum Teil auf die Lückenhaftigkeit der paläontologischen Urkunden, zum Teil aber auch auf unser mangelhaftes Erkenntnisvermögen und fehlerhafte Forschungsmethode ist es zurückzuführen, daß nur in ganz wenigen, übrigens gut überlieferten Tiergruppen sich einwandfreie fossile „Urformen" haben nachweisen lassen. Dies ist ja eigentlich nur eine Bestätigung der trivialen Wahrheit, daß das biologische Wissen, wie alle andere Weisheit, Stückwerk ist. Immerhin ist es, um Mißverständnissen vorzubeugen, gut, sich dessen zu erinnern, bevor wir unsere oben angegebene Aufgabe in Angriff nehmen.

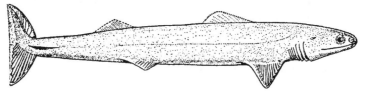

Fig. 46. Rekonstruiertes Bild von Cladoselache, einer der ältesten bisher bekannten Knorpelfische (nach Bridge).

Schon oben wurde betont, daß die niedrigsten Fische, die Haifische, auch zu den ältesten bekannten Wirbeltieren gehören; hier kann dieser Ausspruch dahin erweitert werden, daß von allen bisher bekannten Knorpelfischen die in den älteren geologischen Lagern gefundenen die am ursprünglichsten gebauten sind. Dies gilt vor allem von der Gattung Cladoselache (Fig. 46), welche in Europa, Indien und Nordamerika in Ablagerungen aus der Devonzeit gefunden ist. Anstatt daß wie beinahe bei allen jetzt lebenden Knorpelfischen der Kopf sich in einen schnabelartigen, als Wellenbrecher wirkenden Fortsatz verlängert ist, wodurch der Mund mehr oder weniger weit von dem vorderen Körperende entfernt an der Bauchseite zu liegen kommt, liegt bei Cladoselache — wie übrigens bei allen in dieser Beziehung mehr ursprünglichen Tieren — die Mundöffnung am Vorderende des Körpers, da der fragliche Wellenbrecher sich noch nicht ausgebildet hat. Auch die Brustflosse bietet einen viel ursprünglicheren und einfacheren Bau als bei den modernen Haien dar. Wie wir gesehen, treten bei den niedrigsten Wirbeltieren (Lanzettfische und Rundmäuler) nur unpaare Flossen auf, während paarige noch gänzlich fehlen; erstere sind somit die ursprünglicheren, älteren. Es ist deshalb von besonderem Interesse, daß die Brustflossen bei Cladoselache ganz wie bei unpaaren

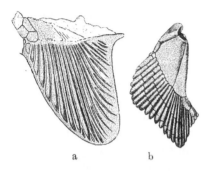

a   b

Fig. 47. Brustflosse, a von Cladoselache,
ein Knorpelfisch aus dem Devon (nach
Dean), b von einem heutigen Hai (Acanthias vulgaris).

Flossen aus einfachen parallellen Strahlen aufgebaut sind, während dieselben bei allen jetzigen Haien eine viel differenziertere Beschaffenheit zeigen (Fig. 47). Ob Climatius, ein anderer devonischer Knorpelfisch, mehr als zwei Flossenpaare hat, wodurch er mit manchen wirbellosen Tieren übereinstimmen und somit einen ursprünglicheren Zustand darbieten würde, muß noch dahingestellt bleiben. In der Wirbelsäule ist bei Cladoselache die Rückensaite (siehe oben Seite 38) vollständig erhalten, und nur in der Schwanzregion zeigen sich die ersten Spuren einer Wirbelbildung. Wenn auch in mancher Beziehung höher entwickelt, verdient ein anderer während der Permperiode aussterbender Knorpelfisch, Pleuracanthus, unsere Aufmerksamkeit, da er uns wichtige Aufschlüsse über die Herkunft der Kiefer geliefert hat; hierauf kommen wir im nächsten Kapitel zurück.

Erst später treten die für die Jetztzeit charakteristischen Haigattungen und noch später die modernsten aller Knorpelfische, die Rochen (Fig. 49) auf, welche während der Jurazeit sich aus Haien entwickelt haben. In der Tat sind Rochen nichts anderes als Haie, welche das bewegliche Leben in den oberen Wasserschichten aufgegeben und sich dem Leben auf dem Meeresboden angepaßt haben, wobei sich der ganze Körper, wie gewöhnlich bei Bodentieren, sowie die Brustflossen stark abgeplattet haben, so daß die Kiemenöffnungen auf die untere Körperfläche zu liegen kommen und der Schwanz mehr oder weniger verkümmert usw. Haie und Rochen sind denn auch durch Zwischenformen verbunden; es gibt sowohl haiartige Rochen (Fig. 48) wie rochenartige Haie (Fig. 50), also Tiere, welche, ohne die wesentlichsten Eigenschaften ihrer nächsten Verwandten aufzugeben, in verschiedenen Graden mit den Fischen der anderen Gruppe übereinstimmen. Für die uns vorliegende Aufgabe ist die Tatsache von Bedeutung, daß, da diese haiartigen Rochen (Fig. 48) von allen Rochen am besten mit den Haien über-

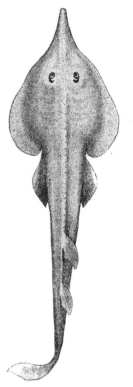

Fig. 48. Rhinobatus schlegelii,
eine Hai-ähnliche Roche.

einstimmen, und da die letzteren, wie bereits erwähnt, zugleich ursprünglicher gebaut und älter als die Rochen sind, gerade diese Zwischenglieder
zeitiger als die eigentlichen
Rochen auftreten, ganz wie
wir es vom Standpunkt der
Deszendenztheorie aus hätten
voraussagen können; die fraglichen haiartigen Rochen lebten nämlich schon in Jura,
während die eigentlichen Rochen (Fig. 49) erst in der
Kreideperiode auftreten.

Beiläufig mag hier einer
eigenartig organisierten Tiergruppe, welche gleichzeitig
mit den ältesten Haien lebte,
nämlich der Panzerfische
(Fig. 51) Erwähnung ge-
schehen, wenn auch ihre verwandtschaftlichen Beziehungen sowohl zueinander wie
zu andern Lebewesen noch in

Fig. 49. Eine Roche (Raja radiata).

Dunkel gehüllt sind. Von den Fischen unterscheiden sie sich durch die gleichartige Bepanzerung des Kopfes und des vorderen Rumpfabschnittes mit

Fig. 50. Rhina squatina, ein Hai, welcher den Übergang zu den Rochen bildet.

Knochenplatten, während das Innenskelett nicht oder nur mangelhaft verknöchert ist. Paarige Flossen fehlen noch, dagegen sind oft gepanzerte scheren-
ähnliche, ihrer Bedeutung nach völlig rätselhafte Anhänge in der Brustgegend
vorhanden. Neuerdings ist bei einigen am Seitenrande des Körpers ein Besatz

von Anhängen beschrieben, welche den Gliedmaßen der Gliedertiere entsprechen sollen, eine Auffassung, welche jedoch als sehr gewagt bezeichnet
werden muß. Wenn auch einige Panzerfische vielleicht mit Ganoiden verwandt
sind, so waren sie doch wohl zu einseitig differenziert, als daß sie sich veränderten Lebensbedingungen anzupassen vermochten, weshalb sie schon
im nächsten Zeitalter, im Devon, ausstarben.

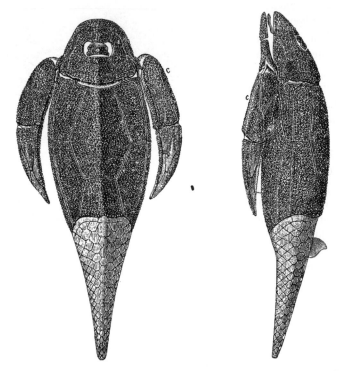

Fig. 51. Ein Panzerfisch (Pterichthys), rekonstruiert; von oben und von der Seite
gesehen c die sog. Brustflosse (nach Lütken).

In längst verflossenen Zeiten spielten dagegen die G a n o i d e n ,
von denen sich einige den Haien anschließen, die größte Rolle in der Welt
der Fische. Aber schon in der Kreideperiode war die Zeit ihrer Blüte dahin.
Ihre Nachfolger waren die K n o c h e n f i s c h e , welche, wie unbestreitbare Übergangsformen beweisen, aus Ganoiden hervorgegangen sind, und
welche in der Jetztzeit die vorherrschende Fischabteilung sind: von den
etwa 12 000 bekannten lebenden Fischarten sind mehr als 11 500 Knochenfische, während die Ganoiden heute nur noch durch einige wenige isolierte
Gattungen vertreten werden. Nur um nachzuweisen, daß die Reihenfolge
in dem historischen Auftreten auch in bezug auf die niederen Kategorien
unseres Tiersystems (so z. B. auch auf die sogen. Familien) von der Organi-

Fig. 52. Die historische Entwicklung der Lungenfische; a—d Lungenfische aus den verschiedenen Epochen der Devonperiode (a der älteste); e Lungenfisch aus der Kohlenperiode; f der noch heute in Australien lebende Ceratodus, welcher schon zur Triaszeit in Europa_auftrat (nach Dollo).

sationshöhe bedingt ist, mag hier erwähnt werden, daß die ältesten Knochenfische ausschließlich solche sind, welche zu den am einfachsten gebauten Knochenfischfamilien gehören.

Aus den Ganoiden ist noch eine andere Fischgruppe hervorgegangen: die L u n g e n f i s c h e. Die ältesten Lungenfische (aus dem Devon) haben sich nämlich noch nicht scharf vom Ganoidtypus abgesondert, und bestätigt somit die Paläontologie ein Ergebnis, zu dem uns, wie schon

im vorigen Kapitel erwähnt, das Studium der Anatomie der heutzutage lebenden Lungenfische bereits geführt hat. Auf der vorigen Seite sind einige der devonischen Lungenfische abgebildet (Fig. 52). Der unterste auf dem Bilde (a) ist der älteste und zugleich der am meisten ganoidenartige; von diesen ausgehend kommen wir zu immer jüngeren Formen (b—e), welche eine vollständige Reihe sich aneinanderschließenden Formen bildet, welche Reihe mit der noch heute lebenden Lungenfischgattung Ceratodus (Fig. 52f) abschließt. Letztgenannte Gattung trat schon in der Triasperiode auf und war dann und auch noch später wohl Kosmopolit — man hat nämlich Reste derselben in Europa, Indien und Südafrika, später auch in Nordamerika, Australien, Mittelafrika und Patagonien angetroffen —, während sie

Fig. 53. Panzerlurch aus der Permzeit
(nach Fritsch).

in unseren Tagen als „lebendes Fossil" nur in Australien sich erhalten hat.

Die Kluft, welche in der gegenwärtigen Tierwelt zwischen Fischen und Landwirbeltieren gähnt, hat auch die Paläontologie bisher nicht auszufüllen vermocht. Wenn es auch einzelne Tierformen gibt, die wohl die Vorstellbarkeit einer solchen Verbindung erleichtern, so sind doch eindeutige fossile Funde, welche Verbindungsglieder darstellen, noch nicht angetroffen worden. Von dieser Lücke abgesehen, wird auch die Geschichte der Landwirbeltiere von dem allgemeinen Entwicklungsgesetz beherrscht: die niedrigsten, die Schwanzlurche, sind zugleich die ältesten. Zum ersten Mal erscheinen sie in dem jüngeren Devon — etwas später als eine der ursprünglichen Fischgruppen — und zwar in einer Gestaltung, welche bedeutend von dem Habitus der heute lebenden abweicht. Dies sind die sogen. P a n z e r l u r c h e (oder Stegocephali), so genannt, weil zu den hervortretendsten Merkmale dieser Tiere der Panzer von Knochenplatten und Schuppen gehört — an die entsprechenden Gebilde gewisser Ganoiden erinnernd —, welche den ganzen Körper oder einen großen Teil desselben beschützen, während bei den Lurchen der Jetztzeit von einem Panzer höchstens schwache Spuren vorhanden sind. Ebenso wie bei allen Wirbeltieren der

früheren geologischen Zeitalter ist bei den ältesten Panzerlurchen die Rückensaite ziemlich unverändert stehen geblieben, so daß von den Wirbelkörpern nur erst eine schwache Anlage vorhanden ist, während bei den jüngeren (aus der Triaszeit) und größeren Formen die Rückensaite eingeschnürt ist, an das Verhalten bei den Fischen erinnernd (Fig. 54). Übrigens zeigt das Skelett sehr verschiedene Grade der Verknöcherung. Daß wenigstens einige als Junge mit Kiemen geatmet haben, geht aus den Funden hervor. Während der Triasperiode sterben die eigentlichen Panzerlurche aus, nachdem eine recht große Anzahl Formen von teilweise

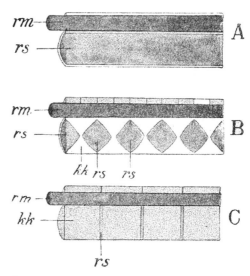

Fig. 51. Schematische Darstellung von drei Stadien aus der historischen Entwicklung der Wirbelsäule. A der Rundmäuler, der niederen Knorpelfische und Ganoiden, B der höheren Fische, einiger Panzerlurche, der älteren Kriechtiere u. a., C der Krokodile, Säugetiere u. a. Allen Figuren gemeinsame Bezeichnungen:

rm Rückenmark
rs Rückensaite
kk Wirbelkörper.

gewaltigen Dimensionen aus ihnen hervorgegangen war; es gab solche, welche einen über meterlangen Schädel besaßen.

Jedenfalls verschwanden die Panzerlurche nicht von der Erdoberfläche ohne Nachkommen zu hinterlassen. Es gibt nämlich unter den Wirbeltieren aus den Steinkohlen- und Permlagern einige Formen, welche von manchen Paläontologen zu den Panzerlurchen, von andern zu den niedern Kriechtieren gestellt werden. Und diese Meinungsverschiedenheit ist nicht durch die Mangelhaftigkeit des vorliegenden Materials bedingt — man hat von den fraglichen Tieren außerordentlich vollständig und gut erhaltene Exemplare (Fig. 55) gefunden —, sondern sie ist in der Natur der Sache selbst begründet: Zwischen- und Stammformen können nicht in das Fachwerk unseres zoologischen Systems eingepaßt werden, sie lassen sich nicht in unsere

gebräuchlichen Kategorien: Amphibien, Reptilien usw., welche vorzugsweise nach der heute lebenden Tierwelt zugeschnitten sind, einreihen. Falls
jemand einwenden wollte, daß, wenn mehr von den fraglichen Fossilien be-
kanut wäre als Skelett, Hautpanzer und Zähne, würden sie sich ohne weiteres
entweder als Lurche oder als Kriechtiere entpuppen, so ist hierauf zu antworten, daß bei den heutigen Lurchen und Kriechtieren die Skelette a l l e i n
so bestimmte Unterschiede darbieten, daß man keinen Augenblick in

Zweifel zu sein braucht, ob ein Skeletteil von einem
Mitgliede der einen oder der anderen Klasse herrührt,
während im Skelette der in Rede stehenden Fossilien
Amphibien- und Reptilien-Merkmale miteinander
vermischt auftreten. Eine neuerdings veröffentlichte
Untersuchung faßt ihre Resultate folgendermaßen
zusammen: die Panzerlurche lassen sich in zwei große
Gruppen teilen, nämlich in solche, die als Reptilien
oder Vorläufer davon zu gelten haben, und in echte
Amphibien; die modernen Schwanzlurche sind de-
generierte Panzerlurche.

Der unverkennbare Kriechtiertypus tritt uns zum
ersten Male bei den in den Perm- und Triasablage-
rungen gefundenen „Ur-Eidechsen" entgegen, obgleich
auch diese in einigen wichtigen Punkten, z. B. im
Bau der Wirbelsäule, sich den oben genannten Übergangsformen anschließen. Wie schon erwähnt, hat
eine einzige Ur-Eidechse (Hatteria Fig. 30, Seite 48)
ihre Verwandten überlebt, indem sie eine Freistatt
auf dem jetzt in tiergeographischer Hinsicht ver-
einsamten Neu-Seeland gefunden hat.

Die Blütezeit der Kriechtiere fiel in die Jura-
und Kreideperiode; zu jener Zeit erreichten sie den
Höhepunkt ihrer Ausbildung sowohl was Artenreich-
tum und vornehmlich was reiche mannigfaltige
Formengestaltung betrifft. Denn dazumal waren

Fig. 55. Hyloplesion, ein
lurch-ähnliches Kriech-
tier aus der Permzeit
(nach Fritsch).

die Kriechtiere die Beherrscher der Erde; durch ihre
Größe und Stärke vermochten sie alle andern Geschöpfe zu überwältigen. Von den Säugetieren hatten
sich nämlich erst einige kleine, schwache und niedrig organisierte Formen
entwickelt und erst zu Ende der Jurazeit traten die Vögel auf. Ebenso
wie einige Säugetiere die Riesengestalten der Gegenwart sind, so erreichten
während der Jurazeit mehrere Kriechtiere Dimensionen, welche Elefanten
und Waltiere, die größten unter allen jetzt lebenden Tieren, vollständig
in Schatten stellen. Man hat nämlich Reste von Kriechtieren entdeckt,

welche 35 Meter lang waren. Sie beherrschten das Land, das Meer, die
Luft; unter ihnen gab es sowohl Pflanzenfresser als Raubtiere; ganz wie
heute die Säugetiere nutzten sie alle für ein Wirbeltier zugänglichen
Existenzmöglichkeiten aus.

Fig. 56. Laclaps, ein Dinosaurier aus der Kreidezeit (Rekonstruktion nach Knight).

Eine hoch ausgebildete Gruppe, die D i n o s a u r i e r (Fig. 56—61),
hat eine weltumfassende Verbreitung gehabt (Europa, Asien, Afrika und
Amerika) und weist mehrere so bizarre und so ungeheuerlich ausstaffierte
Riesengestalten auf, daß sie viel mehr an die Drachen des Mittelalters
oder an Fabelwesen aus Tausend und Eine Nacht gemahnen als an Reptilien, welche nüchterne, hypermoderne Geologen aus dem Stein gemeißelt
haben. Dazu kommen sie in Amerika stellenweise in einem solchen Reich-

tum vor, daß sie wesentlich dazu beigetragen haben, einige der nordamerikanischen Museen zu Wallfahrtsorten der Paläontologen zu machen.

Da indessen diese, ebensowenig wie die übrigen der vorzeitlichen Riesen-
kriechtiere zur menschlichen Ahnenreihe gehören und somit außerhalb des
Rahmens unserer Aufgabe fallen, können wir sie hier übergehen.   E i n
Punkt dagegen: ihr Aussterben bietet eine Seite von allgemeinerer biologischer Bedeutung.   Daß so zahlreiche große und verschiedenen Lebensbedingungen angepaßte Kriechtiere vor dem Anfang der Tertiärzeit verschwanden, kann nicht davon bedingt gewesen sein, daß sie durch stärkere

Fig. 57. Stegosaurus, ein Dinosaurier aus der Jurazeit
(Rekonstruktion nach Knight).

oder höher begabte Geschöpfe ausgerottet worden sind, denn solche gab
es damals nicht.   Nur für den Untergang einiger Pflanzenfresser könnte
man etwa die fleischfressenden Kriechtiere und für den einiger im Meere
lebender Arten die am Ende der Kreideperiode auftretenden Riesenhaie
verantwortlich machen.   Obgleich unsere Kenntnis von den Faktoren, welche
während der fraglichen Zeitalter den Untergang der Dinosaurier verursacht
oder hierzu beigetragen haben, selbstverständlich sehr mangelhaft ist,
scheint es doch ganz unzweifelhaft, daß in vielen Fällen eine zu weit ge-
triebene Spezialisierung — und als solche muß auch die einseitige Ausbildung der Körperdimensionen betrachtet werden — das Bestehen der Art
bedrohen kann, indem das Tier hierdurch ungeeignet wird, sich auch ganz
wenig veränderten Lebensbedingungen anzupassen.   So sind Mammut,
Riesenhirsch, Riesenfaultier, Riesenschildkröten und andere vorweltliche
Riesen ausgestorben, während viele ihrer kleineren Verwandten bis auf

den heutigen Tag fortleben. Die Schwierigkeiten, genügend Nahrung für die gewaltige Körpermasse zu beschaffen, mag wohl in diesen Fällen ebenfalls eine verhängnisvolle Rolle gespielt haben, ganz abgesehen davon, daß bei einigen der letztgenannten Tiere jedenfalls auch der Mensch als Ausrotter in Betracht kommt. Von großer Bedeutung ist jedenfalls auch der Umstand, daß große Tiere sich langsamer fortpflanzen als kleinere. Die Wahrscheinlichkeit für das Auftreten vorteilhaftiger Variationen steht aber, wie Wallace hervorhebt, im direkten Verhältnis zum Individuenreichtum der Arten, und da die kleineren Tiere nicht nur im allgemeinen sehr viel zahlreicher als die größeren sind, sondern sich auch viel rascher vermehren als diese, sind sie imstande, dank der Variation und der natürlichen Zuchtwahl, sich rascher und vollständiger veränderten Lebensverhältnissen anzupassen.

In der im vorigen gegebenen Übersicht über das System der Wirbeltiere wurde nachgewiesen, daß die Vögel bezüglich Körperbau und Entwicklung eigentlich nichts anderes sind, als Kriechtiere, welche Flugvermögen erlangt haben. Diese Auffassung, zu welcher man auf vergleichendanatomischem Wege gelangt war, hat nun durch die Paläontologie die glänzendste Bestätigung erhalten.

Während, wie wir gesehen, die Blütezeit der Kriechtiere unwiederbringlich dahin ist, fällt dagegen die höchste Entfaltung der in anderer Weise einseitig ausgebildeten Vögel in die Gegenwart. Daß die letztgenannten tatsächlich eine glückliche Spezialität erwählt haben, geht schon aus der Tatsache hervor, daß die Anzahl der jetzt lebenden Vogelarten 12 000 übersteigt, während die Anzahl der heute lebenden Kriechtierarten nur etwa 3500, die der Säugetierarten etwa 5000 beträgt. So viel wir gegenwärtig wissen, zeichneten sich alle Vögel, welche während der Tertiär- und Quartärzeit lebten, also derjenigen geologischen Zeitalter, welche unserer eigenen am nächsten liegen, durch wesentlich dieselben Merkmale aus, welche den modernen Vogelformen zukommen. Erst wenn wir unsere Nachforschungen bis in die Kreidezeit zurückverlegen, finden wir Formen, welche wenigstens in e i n e m wichtigen Punkte von den Vögeln der jüngeren Perioden abweichen: sämtliche Kreidevögel sind nämlich mit Zähnen von derselben Beschaffenheit wie die bei vielen Kriechtieren vorkommenden ausgerüstet (Fig. 62), während die Hornscheiden des Schnabels fehlen oder unvollständig entwickelt sind. Bei manchen dieser Z a h n v ö g e l sind außerdem die Wirbelkörper nicht so beschaffen, wie bei den lebenden Vögeln, sondern dieselben sind sanduhrförmig wie bei einigen lebenden und zahlreichen ausgestorbenen Kriechtieren. Diese Zahnvögel stellen übrigens keine einheitliche, verwandtschaftlich eng zusammengefügte Vogelgruppe dar, sondern schließen sich vielmehr verschiedenartigen heute lebenden Vogelordnungen an. Der Besitz von Zähnen ist

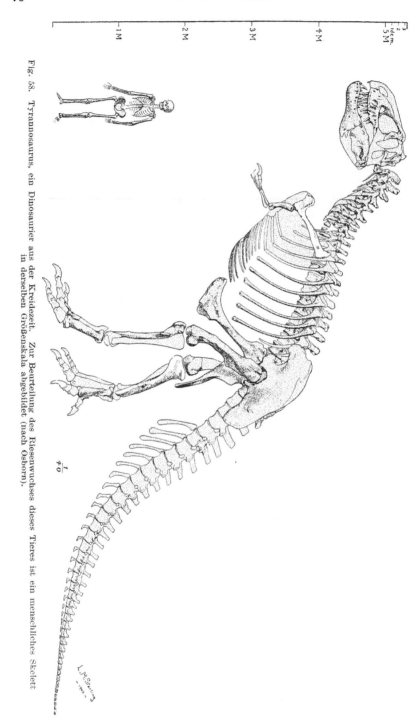

Fig. 58. Tyrannosaurus, ein Dinosaurier aus der Kreidezeit. Zur Beurteilung des Riesenwuchses dieses Tieres ist ein menschliches Skelett in derselben Größenskala abgebildet (nach Osborn).

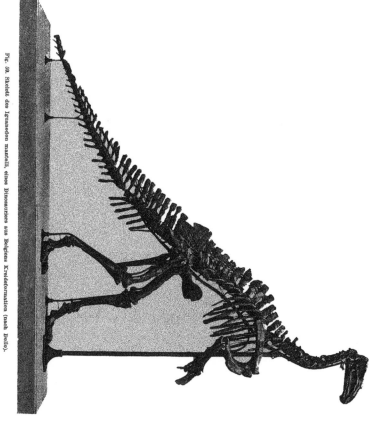

Fig. 59. Skelett des Iguanodon mantelli, eines Dinosauriers aus Belgiens Kreideformation (nach Boile).

ein gemeinsames Merkmal jener Zeit und bekundet keine nähere Verwandtschaft, und ebenso ist die Beschaffenheit der Wirbel mehrerer älterer
Kriechtiergruppen nichts anderes, als ein von gemeinsamen und ursprünglich gebauten Stammesformen überkommenes Erbstück.

Gehen wir noch einen Schritt weiter zurück in der Erdgeschichte,
so finden wir in der Juraperiode die Reste eines Vogels, welcher in noch
höherem Grade als die Zahnvögel von den jetzigen abweicht, im selben
Maße wie er sich den Kriechtieren nähert. Dies ist der U r v o g e l (Archaeopteryx lithographica, Fig. 63, 64) ein Vogel von der Größe einer Krähe,
von welchem man außer einigen losen Federn zwei Skelette mit Federkleid
in den jüngsten Juraschichten Bayerns entdeckt hat. Eines dieser Skelette

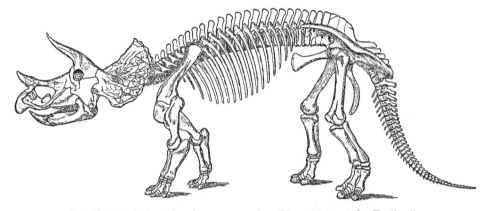

Fig. 60. Skelett des Triceratops prorsus, eines Dinosauriers aus der Kreidezeit
Nordamerikas. ¹/₄₀ natürlicher Größe (nach Marsh).

kam für die Summe von 20 000 Reichsmark in das paläontologische Museum
zu Berlin. Daß dieses Geschöpf ein wirklicher Vogel gewesen ist, geht unter
anderem aus dessen Federkleid und dem Bau der hinteren Gliedmaßen hervor. Die Federn stimmen mit denen unserer heutigen Vögel überein und
bekleiden den ganzen Körper mit Ausnahme des Kopfes, des Halses und
der Füße, welche letztere mit allen charakteristischen Merkmalen des
Vogelfußes ausgerüstet sind. Der Urvogel unterscheidet sich aber von den
modernen Vögeln und stimmt mit jenen der Kreidezeit darin überein, daß
die Kiefer mit Zähnen bewaffnet sind. Der Bau der Hals- und Brustwirbel
stimmt mit demjenigen gewisser Vögel der Kreidezeit und mancher älterer
Kriechtiere überein. Aber in andern wichtigen Eigenschaften seiner
Organisation steht der Urvogel tiefer als die Zahnvögel und schließt sich
Kriechtieren an. So sind alle drei Finger vollkommen frei und mit vollständig
ausgebildeten Krallen bewaffnet, während bei allen andern bekannten Vögeln
die Finger mehr oder weniger miteinander verwachsen sind, und die Krallen,

Fig. 61. Lagerstätte mit Dinosaurierskeletten in Wyoming, Nordamerika (nach Matthew).

welche manchmal an dem einen oder seltener an zwei Fingern auftreten, beinahe stets verkümmert sind und durch das Gefieder verdeckt werden. Es unterliegt keinem Zweifel, daß der Urvogel sich auch seiner Finger beim Klettern an Bäumen und Felsenwänden bedient hat, während bekanntlich bei den heutigen Vögeln ausschließlich die Füße hierbei in Anwendung kommen.

Also hat sich, im Gegensatz zu den übrigen Vögeln, bei diesem ältesten Vogel die im vorigen Kapitel besprochene Arbeitsteilung zwischen vorderer und hinterer Gliedmaße noch nicht vollständig vollzogen. Ferner hat der Urvogel einen langen Kriechtierschwanz (Fig. 63), und zwischen jedem der Schwanzwirbel sind ein paar Schwanzfedern befestigt, ein Verhalten, das von demjenigen bei unseren Vögeln wesentlich abweicht (Fig. 65). Schließlich ist die Form der Rippen von derjenigen der lebenden Vögel verschieden und stimmt ebenfalls mit Befunden bei Kriechtieren überein; ihnen fehlen die Hakenfortsätze, kleine Knochenspangen, welche bei den modernen Vögeln von dem Hinterrande der Rippen ausgehen und über die nächsthintern Rippen dachziegelartig übergreifen, wodurch sie das Gefüge des Brustkorbes befestigen helfen. Dagegen besitzt der Urvogel sogen. Bauchrippen, allen übrigen Vögeln völlig fremde Skeletteile,

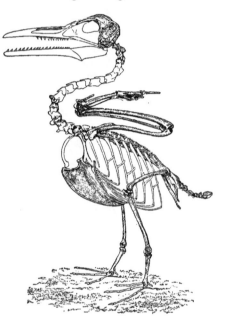

Fig. 62. Skelett eines Zahnvogels (Ichthyornis) (nach Zittel).

welche dagegen bei mehreren Kriechtieren angetroffen werden. Dreizehige Fährten aus dem lithographischen Schiefer von Solnhofen, zwischen denen eine Furche den langen, nachschleppenden Schwanz andeutet, sind dem Urvogel zugeschrieben worden und beweisen, falls diese Deutung richtig ist, daß der Urvogel in aufrechter Haltung am Meeresstrande einherschritt. Besonders bedeutungsvoll für die Beurteilung der Herkunft der Vogelklasse ist in Zusammenhang mit den schon erwähnten Tatsachen der Umstand, daß einige derjenigen Charaktere, durch welche sich Urvogel und Zahnvögel von den übrigen Vögeln unterscheiden aber mit den Kriechtieren übereinstimmen, bei den Embryonen der ersteren auftreten. So finden sich beim Vogelembryo zwar keine ausgebildeten Zähne, wohl aber unverkennbare Anlagen zu

solchen. Die Anzahl der freien Schwanzwirbel ist beim Embryo bedeutend
größer als beim ausgebildeten Vogel, also eine Annäherung an das Verhalten
beim Urvogel; die Finger der Vogelembryonen sind frei wie beim letzteren.

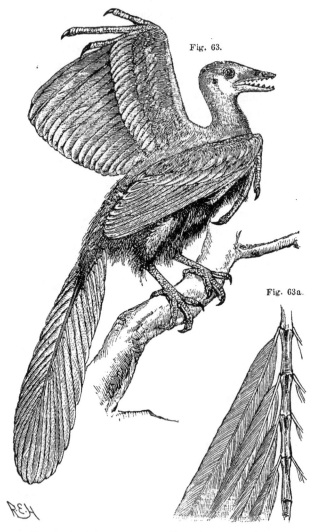

Fig. 63. Restauriertes Bild des Urvogels (Archaeopteryx);
Fig. 63a einige Schwanzwirbel mit ansitzenden Steuerfedern (nach Romanes).

Die oben besprochenen Tatsachen berechtigen uns zu dem Schlußsatze, daß der Urvogel, der älteste aller bisher bekanntgewordenen Vögel,
zugleich derjenige ist, welcher am meisten mit den Kriechtieren übereinstimmt, sowie daß die heutigen Vögel in ihrer Embryonalentwicklung

einige Kriechtiermerkmale, Andenken aus der Stammesgeschichte des Vogeltypus, bewahrt haben.

Der Urvogel ist, wie wir gesehen, schon ein Vogel, kein Kriechtier. Doch steht er der Grenze so nahe, daß er nur wenige Schritte rückwärts zu tun braucht, und das Kriechtier ist fertig. Es drängt sich uns also die Frage auf: gibt es Kriechtiere, welche so beschaffen sind, daß sie als Ur-stamm der Vögel gelten können?

Hierauf ist zu antworten: unter den lebenden Kriechtieren gibt es keine solche Form, aber unter den ausgestorbenen hat man einige Gattungen aufgefunden, welche sicherlich den Stammformen der Vögel nahe stehen.

Fig. 64. Skelett des Urvogels (Archaeopteryx); das Exemplar des Museums für Naturkunde zu Berlin (nach Dames).

Um eine richtige Fragestellung zu gewinnen, müssen wir uns zunächst erinnern, daß es zu den bezeichnendsten Eigenschaften der Vögel gehört, daß dem hintern Gliedmaßenpaare a l l e i n die Funktion, den Körper beim Gehen, Klettern usw. zu tragen, zukommt. Um dieser Aufgabe zu genügen, hat der Vogelfuß eine nicht nur von allen lebenden Kriechtieren, sondern auch von dem allgemein herrschenden Wirbeltiertypus überhaupt abweichenden Bau erhalten. Auf dem stark verlängerten Unterschenkel (Fig. 66), an dem das Schienbein stets der kräftigste Knochen ist, während das Wadenbein dünn und unten unvollständig ist, folgt ein langer Knochen, welcher an seinem untern Ende die Gelenkköpfe für die Zehen trägt. Nehmen wir an, daß die gewöhnliche Deutung des letztgenannten Knochens als „Lauf" oder Mittelfuß richtig ist, so haben wir die Frage zu beantworten, welcher Teil des Vogelfußes der Fußwurzel entspricht. Die Antwort auf diese, wie auf so manche ähnliche Fragen, gibt uns die Embryologie. Beim Vogelembryo (Fig. 67) ist die Anlage des Wadenbeins ebenso lang wie die des Schienbeins; diesem letzteren Knochen schließen sich zwei Reihen

kleiner Knorpelstücke an, welche der Fußwurzel entsprechen, welche die Anlagen von mehreren (bis fünf) getrennten Mittelfußknochen und Zehen
tragen. Wir finden aber, daß der embryonale Vogelfuß sich viel weniger
von der bei den Wirbeltieren gewöhnlichen Fußform unterscheidet, als
der ausgebildete Fuß, welcher aus jenem dadurch hervorgeht, daß während
des Embryonallebens das Wadenbein sich rückbildet, die obere Reihe der
Fußwurzelelemente mit dem Schienbein, die untere mit den Mittelfuß-
anlagen verschmilzt, welche letztere, mit Ausnahme derjenigen der hinteren Zehe, ihrerseits zu e i n e m Knochen, dem Lauf, verwachsen; nur
s c h e i n b a r ist deshalb beim erwachsenen Vogel keine Fußwurzel vorhanden.

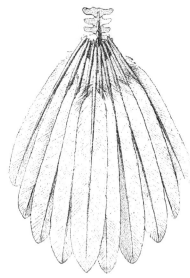

Fig. 65. Schwanzwirbel mit Steuerfedern
eines heute lebenden Vogels.

Unter den vorhin erwähnten
Dinosauriern gab es mehrere Gattungen
mit einer Körperhaltung, welche an
die der Vögel erinnerte; sie bewegten
sich hüpfend auf den Hinterfüßen.
In Zusammenhang hiermit weist auch
der Bau des Beckens und der Hinterfüße eine auffallende Übereinstimmung
mit dem der Vögel auf. Bei beiden
verhält sich das Becken in gleicher
Weise, abweichend von dem bei den
übrigen Wirbeltieren vorkommenden
Verhalten: das Darmbein ist sehr lang
und mit einer großen Anzahl Wirbel
verwachsen, Sitz- und Schambein sind
beim erwachsenen Tiere nach hinten
gerichtet (Fig. 68). Beim Vogelembryo
dagegen sind die beiden letztgenannten
Knochen nach unten gerichtet (Fig. 69),
und manche Dinosaurier stimmen in dieser Beziehung mit dem Vogelembryo überein, während andere außer dem bei den Kriechtieren in der
Regel nach unten gerichteten Teile des Schambeins auch einen nach
hinten gerichteten Schambeinast besitzen, wodurch eine wesentliche
Übereinstimmung mit dem erwachsenen Vogelbecken zustande kommt.
(Fig. 68—71.)

Der Bau des Hinterfußes bei den weniger differenzierten Dinosauriern
geht aus Fig. 72 hervor; bei anderen ist dagegen die starke Annäherung
an die Vögel auffallend. Ebenso wie bei diesen kann das untere Ende des
Wadenbeins rückgebildet sein. Ferner können wie bei den Vögeln auch
bei den Dinosauriern die Fußwurzelknochen mit dem Schienbein und
dem Mittelfußknochen verschmelzen. Die letzteren können verwachsen,

und bei dieser Verwachsung kann sogar die den ausgebildeten Vogelfuß kennzeichnende gegenseitige Lagerung der drei Mittelfußknochen auch bei den
Dinosauriern zustande kommen, so daß besagte Fußbildung bei den beiden
Tiergruppen zum Verwechseln übereinstimmen; man vergleiche die Fig. 73
und 74. Auch die für den Vogelfuß charakteristische Zahl der Zehenglieder
findet man bei manchen Dinosauriern wieder. Kommt hierzu noch, daß
der Schädel bei wenigstens einer dieser Kriechtiergattungen in hohem Grade
demjenigen der Vögel ähnelt, sowie daß auch bei den fraglichen Kriech-

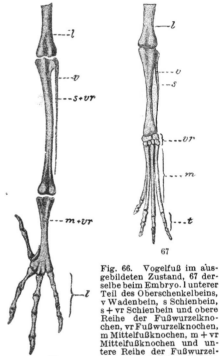

tieren ein größerer oder kleinerer
Teil des Skeletts mit Lufthöhlen
versehen ist, so haben wir eine Reihe
von Merkmalen kennen gelernt,
welche außer bei den Vögeln sonst
nur bei den Dinosauriern anzutreffen sind.

Und dennoch kann keiner der
bisher entdeckten Dinosaurier als
der Stammvater der Vögel angesehen werden! Dies geht schon
daraus hervor, daß die Organisation
aller Dinosaurier sich in einer andern Richtung als die der Vögel
spezialisiert hat. Wir haben deshalb — wenigstens bis auf weiteres
Grund, die Ähnlichkeit, beziehentlich die Übereinstimmung in dem
Bau des Hinterfußes bei den beiden
Tiergruppen als eine K o n v e r -
g e n z e r s c h e i n u n g aufzufassen,
d. h. die Übereinstimmung beruht
hier nicht auf einem unmittelbaren

Fig. 66. Vogelfuß im aus-
gebildeten Zustand, 67 derselbe beim Embryo. l unterer
Teil des Oberschenkelbeins,
v Wadenbein, s Schienbein,
s + vr Schienbein und obere
Reihe der Fußwurzelkno-
chen, vr Fußwurzelknochen,
m Mittelfußknochen, m + vr
Mittelfußknochen und un-
tere Reihe der Fußwurzel-
knochen, t Zehenglieder.

genetischen Zusammenhang, sondern auf einer Anpassung an dieselben oder an
sehr ähnliche Lebensbedingungen — somit in vorliegendem Falle zunächst
darauf, daß die Hinterfüße bei Vögeln und Dinosauriern mit denselben Funktionen betraut sind. Man könnte sich somit vorstellen, daß die ursprünglich
verschieden beschaffenen Hinterfüße bei den Ahnen beider durch die gleichartige Funktion eine immer größere, schließlich in Übereinstimmung über-
gehende Ähnlichkeit erworben hätten. Aber anderseits muß es als höchst wahrscheinlich angesehen werden, daß da, wo dieselben oder ähnliche Ursachen
nicht nur Ähnlichkeit, sondern auch Übereinstimmung von so spezieller
Natur, wie es mit einem Teile der oben besprochenen Skeletteile der Fall
ist, erzeugten, das Material, welches den Ausgangspunkt für diese Umbil-

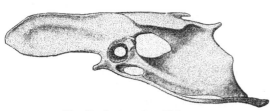

Fig. 68. Becken eines Huhnes.

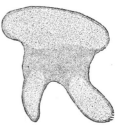

Fig. 69. Becken eines Vogelembryo (nach Mehnert).

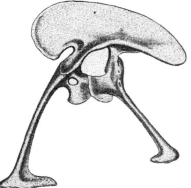

Fig. 70. Becken eines Dinosauriers
(Ceratosaurus, nach Marsh.)

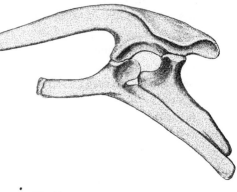

Fig. 71. Becken eines Dinosauriers
(Stegosaurus, nach Marsh).

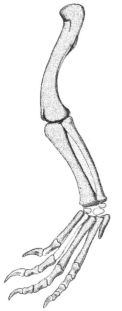

Fig. 72. Fuß eines
Dinosauriers (Anchisaurus,
nach Marsh).

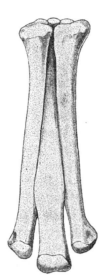

Fig. 73. Mittelfuß-
knochen eines Dinosauriers
(Ornithomimus, nach Marsh).

Fig. 74. Mittelfuß-
knochen eines Trut-
hahns (nach Marsh).

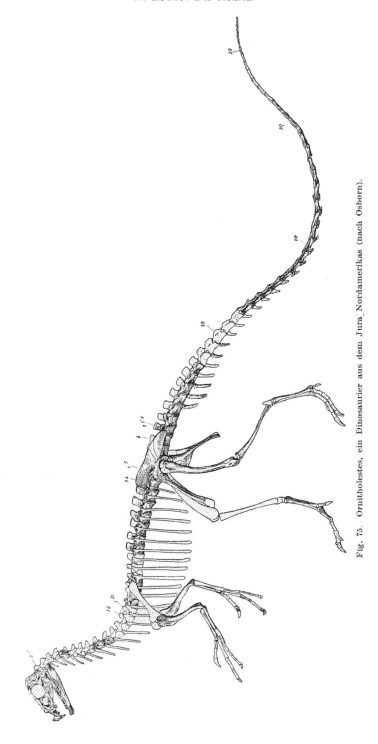

Fig. 75. Ornitholestes, ein Dinosaurier aus dem Jura.—Nordamerikas (nach Osborn).

dungen lieferte, von durchaus verwandtschaftlicher Art ·war — m. a. W.:
wir dürfen annehmen, die Dinosauriergattungen standen denjenigen Kriechtieren sehr nahe, unter welchen die Vögel ihren Stammvater zu verehren
haben. Diese Auffassung hat durch einen neuerdings beschriebenen Fund
eines Dinosauriers (Ornitholestes) aus der Juraperiode, bei dem auch die
Vorderbeine eine große Übereinstimmung mit dem Verhalten beim Urvogel darbieten, eine starke Stütze erhalten (Fig. 75).

Kann also diejenige Kriechtierform, von welcher die Vögel ausgegangen
sind, noch nicht demonstriert werden, so hat nichts destoweniger, wie wir
gesehen, die Paläontologie die Annahme der intimen genetischen Beziehungen zwischen Vögeln und Kriechtieren, welche die vergleichende Anatomie und Embryologie schon früher gemacht hatten, zu einer gesicherten
wissenschaftlichen Tatsache erheben können.

Im Anschluß an die geschichtliche Entwicklung der Vögel ·verdient
eine andere besonders lehrreiche Erscheinung innerhalb der ausgestorbenen
Kriechtierwelt erwähnt zu werden. Man weiß, daß vormals auch eine andere
Kriechtiergruppe sozusagen einen Versuch gemacht hat, Vögel zu werden
oder wenigstens sich in die Luft zu erheben und dadurch sich der Konkurrenz
mit ihren an den Boden gebundenen Verwandten zu entziehen. Dieser
Flugversuch ist mit Erfolg gekrönt worden, obgleich dessen Produkte:
die Flugechsen die Kreidezeit nicht überlebten. Diese ältesten
Wirbeltiere, welche das Flugproblem gelöst haben, und deren Aussehen,
was die jüngsten Formen betrifft, auch bezüglich ihrer Größe vollkommen
die „fliegenden Drachen" der Sagen verwirklichen, treten in der Triaszeit-
auf und entfalten einen großen Formenreichtum während der beiden folgenden geologischen Perioden.

Es unterliegt nicht dem geringsten Zweifel, daß die große Mehrzahl
der Merkmale die Flugechsen als wirkliche Kriechtiere erkennen läßt, wenn
sie auch keinen näheren Anschluß an eine besondere, bisher bekannte
Kriechtierordnung bekunden. Aber daneben sind einige Teile, wie das
Schulterblatt, das Brustbein, Partien des Schädels, das Gehirn, dessen
Form sich manchmal im Gestein erhalten hat, entschieden vogelähnlich.
Und noch mehr! Flugechsen und Vögel haben in der Hauptsache einen
parallelen historischen Entwicklungsgang durchgemacht: die ältesten
Flugechsen (Fig. 76) sind ebenso wie der Urvogel (vergleiche oben) mit
Zähnen und einem langen Schwanz versehen, während die jüngsten (Fig. 77)
aus der Kreideperiode ebenso wie unsere modernen Vögel einen ganz kurzen
Schwanz haben, und die Hornscheide des Schnabels hat wie bei diesen
die Zähne verdrängt und funktionell ersetzt.

Daß aber die Vögel sich nicht aus Flugechsen entwickeln konnten,
wird durch den Bau der Gliedmaßen bewießen. Die Flughaut, von der
man in einigen Fällen Abdrücke gefunden hat, und welche Ähnlichkeit mit

derjenigen der Fledermäuse gehabt zu haben scheint, wird von dem stark
verlängerten vierten Finger (dem kleinen Finger des Menschen entsprechend)
getragen und erstreckt sich von diesem längs den Seiten der vorderen Gliedmaße und des Rumpfes zu der hintern Gliedmaße — also ein Flugapparat,
welcher mit dem der Vögel nichts gemein hat. Die Hintergliedmaßen weisen
ein typisches Kriechtiergepräge auf und haben, im Gegensatz zu dem Verhalten bei den Vögeln, allein den Körper nicht fortbewegen können, so daß
die Flugechsen, ganz wie unsere Fledermäuse, beim Klettern und Gehen
auch die Vordergliedmaßen haben anwenden müssen.

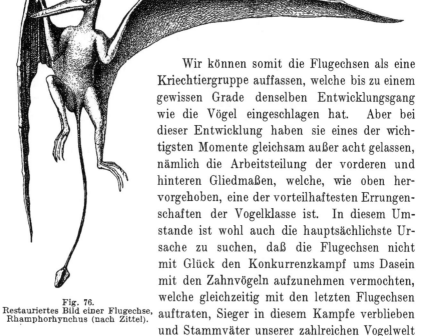

Fig. 76.
Restauriertes Bild einer Flugechse,
Rhamphorhynchus (nach Zittel).

Wir können somit die Flugechsen als eine
Kriechtiergruppe auffassen, welche bis zu einem
gewissen Grade denselben Entwicklungsgang
wie die Vögel eingeschlagen hat. Aber bei
dieser Entwicklung haben sie eines der wichtigsten Momente gleichsam außer acht gelassen,
nämlich die Arbeitsteilung der vorderen und
hinteren Gliedmaßen, welche, wie oben hervorgehoben, eine der vorteilhaftesten Errungenschaften der Vogelklasse ist. In diesem Umstande ist wohl auch die hauptsächlichste Ursache zu suchen, daß die Flugechsen nicht
mit Glück den Konkurrenzkampf ums Dasein
mit den Zahnvögeln aufzunehmen vermochten,
welche gleichzeitig mit den letzten Flugechsen
auftraten, Sieger in diesem Kampfe verblieben
und Stammväter unserer zahlreichen Vogelwelt
wurden, während die Flugechsen ausstarben, ohne Nachkommen zu hinterlassen. Jedenfalls hat ein anderer Umstand bei diesem Untergange mitge-
wirkt, nämlich die enorme Größe der letzten Flugechsen: einige erreichten
eine Länge von 6 Metern zwischen den Flügelspitzen — also dieselbe Über-
spezialisierung, an der, wie schon hervorgehoben, auch andere Reptilien zugrunde gegangen sind. In diesem Zusammenhange ist es der Erwähnung wert,
daß die Vögel auch in dieser Beziehung glücklicher organisiert sind und nicht
der Gefahr, in Folge der Erlangung größerer Dimensionen unterzugehen, ausgesetzt sind. Denn wenn die Vögel zu groß zum Fliegen werden, brauchen
sie nicht unterzugehen, sondern sie können — Strauße werden! Der gesamte Bau der straußenartigen Vögel beweist nämlich mit Sicherheit, daß

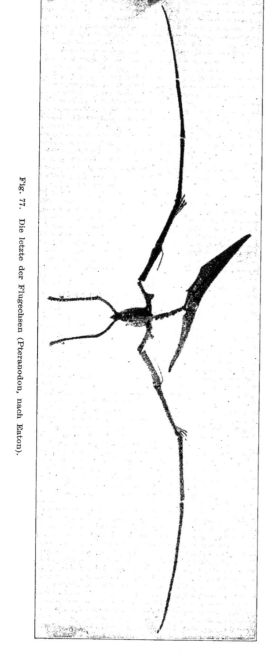

Fig. 77. Die letzte der Flugechsen (Pteranodon, nach Eaton).

ihre Vorfahren Flieger gewesen sind, sowie auch, daß sie keineswegs eine genetisch eng zusammengehörige, sogen. natürliche Vogelgruppe bilden, sondern auf verschiedene natürliche Gruppen von Flugvögeln zurückzuführen sind. Außer den straußenartigen Vögeln kennen wir übrigens noch andere, verschiedenen Vogelordnungen angehörige Gattungen, welche infolge ihrer Größe flugunfähig geworden sind, sich aber — dank der früher erworbenen Arbeitsteilung der Gliedmaßen — dem Leben auf dem Boden anpassen konnten.

Schon während der Trias- und Jurazeit erschienen die ersten schwachen Anfänge eines höheren Wirbeltiertypus als der, welchen die Kriechtiere repräsentieren. Diese, die ersten S ä u g e - t i e r e, waren einfach gebaute, ganz kleine, meistens sich von Insekten nährende Geschöpfe, welche bei ihrem ersten Auftreten jedenfalls nicht ahnen ließen, daß aus ihnen einstmals die Beherrscher der Welt hervorgehen würden. Wenn wir auch noch keine eindeutigen historischen Dokumente bezüglich ihrer Herkunft in Händen haben, so haben immerhin die geologischen Funde der letzten Jahrzehnte zusammen mit den neueren Untersuchungen über Anatomie und Embryologie der Kloakentiere die Kluft, welche zwischen den niederen Wirbeltieren und den Säugetieren gähnt, bis zu einem gewissen Grade auszufüllen vermocht.

Es lebte nämlich während der Perm- und Triasperiode eine Kriechtiergruppe mit weiter geographischer Verbreitung (Europa, Nordamerika und Südafrika), welche man mit Rücksicht auf sehr auffällige Übereinstimmungen mit den Säugern T h e r o m o r p h a , d. h. die Säugetierartigen benannt hat. Diese Übereinstimmungen beziehen sich in erster Reihe auf den Schädel, das Schulterblatt, Becken, die Fußwurzel und die Zähne (Fig. 78). So kennt man seit lange einen unvollständigen Schädel mit vollständigem Gebiß aus der Triasformation Südafrikas, betreffs dessen man sich noch nicht hat einigen können, ob dessen einstmaliger Inhaber ein säugetierähnliches Kriechtier oder ein tiefstehendes Säugetier war. Festgestellt ist mittlerweile, daß sich die meisten bisher bekannten Theromorpha zu den Säugern etwa in derselben Weise wie die früher besprochenen Dinosaurier sich zu den Vögeln verhalten, d. h. wenn auch die Säugetiere nicht unmittelbar von einer der bisher entdeckten Theromorphengattungen abgeleitet werden können, sondern

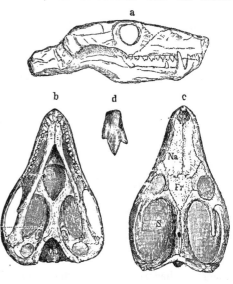

Fig. 78. Galesaurus aus Südafrikas Triasformation. Schädel a von der Seite, b von unten, c von oben; etwas verkleinert, ¹/₂ natürlicher Größe, d Backenzahn vergrößert (nach Owen-Zittel).

viele der übereinstimmenden Merkmale wohl als Anpassungen an ein entsprechendes Milieu aufzufassen sind, so sind auch hier manche Übereinstimmungen so intimer Art, daß man sich schwerlich der Annahme verschließen kann, daß ein gemeinsamer kriechtierartiger Ursprung, eine zeitlich und anatomisch nicht zu entfernt liegende Stammform die Ursache dieser Übereinstimmungen sein muß. Da sich aber die Theromorphen bis zu den früher erwähnten amphibienähnlichen Kriechtieren herab verfolgen lassen, und da anatomische und embryologische Befunde an die Hand geben, daß der Ursprung der Säugetiere in derselben Richtung zu suchen ist, so haben wir begründete Veranlassung zu hoffen, daß die Ausgangsform dieser Geschöpfe sich einmal in einer der vortriasischen Ablagerungen offenbaren wird.

Die historische Entwicklung der Säugetierklasse gehört zu den allerwertvollsten und lehrreichsten Kapiteln der Paläontologie. In kaum

einer andern Tiergruppe ist die stufenweise Entwicklung aller Organe
(Skelett, Zähne, Gehirn), welche uns überhaupt im fossilen Zustande
überliefert werden können, ist der Fortschritt von niedern, einfacheren
zum höheren, mehr spezialisierten deutlicher ausgeprägt — oder m. a. W.:
in kaum einem andern Tierstamm ist die Übereinstimmung der von der
Geologie tatsächlich aufgedeckten und der von der Deszendenztheorie geforderten Entwicklungsgeschichte vollständiger und klarer, als bei dieser,
der höchsten Tierklasse.

Hiermit ist selbstverständlich keineswegs behauptet, daß uns die
Paläontologie die historische Entwicklung aller Säugetiere offenbart hätte.
Die Dürftigkeit, welche, wie wir gesehen, mit Notwendigkeit den geologischen Urkunden anhaftet, läßt vielmehr die Annahme berechtigt erscheinen,
daß eine solche vollständige paläon-
tologische Genealogie niemals vorliegen
wird. Außerdem müssen wir darauf
gefaßt sein, daß die Entdeckungen
der Geologie nicht immer zu einer
Lösung der biologischen Fragen führen;
gar oft werden durch dieselben neue,
unerwartete Probleme aufgestellt.
Wir dürfen uns deshalb auch der
Einsicht nicht verschließen, daß das,
was uns die Geologie von vollständig
geschlossenen Stammreihen und von

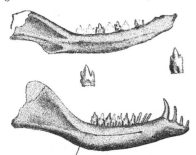

Fig. 79. Unterkiefer (vergrößert) der beiden
ältesten bekannten Säugetiere aus der Triasperiode (nach Osborn).

Übergangsgliedern zwischen den größeren Säugetierabteilungen gegeben
hat, nur ein Bruchteil von dem ist, was wir erwarten dürfen. Und daß
diese Erwartung nicht getäuscht werden wird, können wir, wie mir scheint,
dem Tempo des Entwicklungsganges unserer paläontologischen Kenntnisse entnehmen. Während man in den 1860er Jahren nur etwa 800 fossile
Säugetierarten kannte, war ihre Anzahl 1887 auf 2900 gestiegen, während
heute mehr als 5000 beschrieben sind. Wenn auch diese Zahlen wie es
in der Natur der Sache liegt, nur den bescheidenen Anspruch auf an-
nähernde Richtigkeit machen können, so berechtigen sie uns jedenfalls
zu der Hoffnung, daß durch die zielbewußten, intensiv und teilweise mit
großen Mitteln betriebenen Nachforschungen auf dem paläontologischen
Gebiete wenigstens die Umrisse der historischen Entwicklung des Säugetiertypus gar bald ein gesicherter wissenschaftlicher Schatz sein werden.

Zunächst können wir folgende nicht mißzudeutende Tatsache feststellen: alle die ältesten bisher bekannten Säuger, d. h. alle welche v o r
dem Beginn der Tertiärzeit gelebt haben, gehören derjenigen Abteilung
an, welche, wie wir gesehen, auf Grund ihres Baus und ihrer Embryonalentwicklung am tiefsten steht und sich am meisten den Kriechtieren nähert,

nämlich den Kloakentieren. Einer andern Deutung zufolge sollten unter diesen ältesten Säugern auch Angehörige der nächstniedern Säugergruppe, der Beuteltiere, vorkommen. Jedenfalls waren die meisten dieser vortertiären Säuger weniger differenziert als die heutigen. Beinahe alle waren winzig klein, meistens kleiner als eine gewöhnliche Maus (Fig. 79). Daß, wie angedeutet, noch einige Unsicherheit betreffs der Beziehungen genannter Säuger zu den modernen herrscht, ist hauptsächlich darauf zurückzuführen, daß die Mehrzahl der älteren Säugetiere — und dasselbe gilt auch für solche aus jüngeren geologischen Schichten — nur durch Unterkiefer und das Gebiß bekannt sind. Dieser Umstand dürfte so zu erklären sein, daß der Unterkiefer zu den widerstandsfähigsten Skeletteilen gehört und außerdem der Teil des Körpers ist, welcher bei der Verwesung im Wasser sich meist zuerst vom übrigen Körper ablöst. Man darf sich deshalb vorstellen, daß der Unterkiefer von dem toten Säugetierkörper abfiel, während dieser in dem Flusse dem Meere zugetrieben wurde, und in das Flußbett eingeschlossen wurde, während der übrige Körper meist hinaus in das Meer geführt wurde und entweder in den Magen eines Fisches gelangte oder auch in den Tiefen des Ozeans sein Grab fand — auf alle Fälle für den Paläontologen verloren ging. Immerhin sind diese vor-tertiären Unterkiefer sehr instruktiv: das Zahnsystem — eines der wichtigsten Dokumente für Beurteilung der Genealogie der Säugetiere — bietet mehrere Etappen der Ausbildung und Komplikation besonders der Backenzähne dar, und die Gestalt des Kiefers geht dementsprechend mehrere Umbildungen durch.

Das Schicksal dieser ältesten Säugetiere ist recht bemerkenswert. Wenn auch die ersten Säuger neben ihren Zeitgenossen, den bereits erwähnten, hoch und mannigfaltig ausgebildeten Kriechtieren, jedenfalls eine sehr bescheidene Rolle spielten, hatten sie doch vor Beginn der Tertiärzeit eine sehr weite Verbreitung erhalten: man hat sie bisher in Europa, Nord- und Südamerika sowie vielleicht auch in Südafrika angetroffen. Nach Anfang der Tertiärperiode lebten in diesen Teilen der Erde nur noch einige spärliche Reste derselben, welche hier bald ausstarben. Ihre modifizierten Abkömmlinge, die heutigen Kloaken- und Beuteltiere, bewohnen die letzteren Australien und Amerika, die ersteren ausschließlich Australien. Im letztgenannten Weltteile, wo ihnen keine höheren Säugetiere Konkurrenz machen, haben die Beuteltiere alle einem Säugetier zur Verfügung stehenden Plätze im Naturhaushalt besetzt und im Zusammenhang hiermit sich nach mannigfaltigen Richtungen hin ausgebildet — so gibt es unter ihnen Fleisch-Gras-, Frucht-, Insektenfresser, hüpfende, kletternde, schwimmende Formen —, während die am tiefsten stehenden Sänger, die Kloakentiere, sich nur in zwei voneinander sehr verschiedenen und stark umgebildeten Gattungen, dem Ameisenigel und dem Schnabeltiere, erhalten haben. Es ist

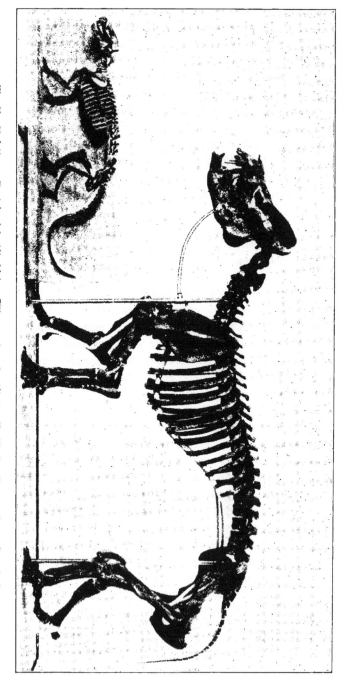

Fig. 80. Skelett von Pantolambda (die kleinere Figur), eines der ältesten Tertiärsäugetiere, und von Coryphodon, ein Huftier aus etwas späterer Zeit (nach Osborn).

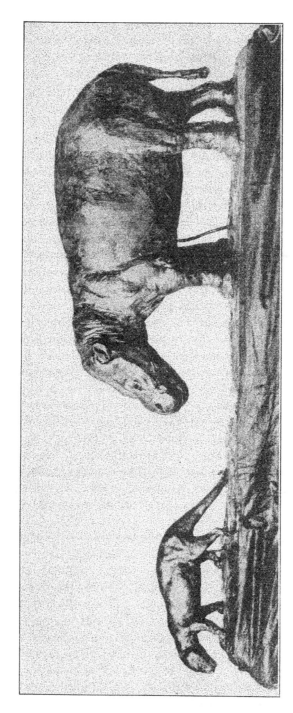

Fig. 81. Pantolambda und Coryphodon — vergleiche Fig. 80 — rekonstruierte Darstellungen (nach Osborn).

jedenfalls recht bemerkenswert und zugleich geologisch vollkommen verständlich, daß Australien die letzte Freistätte dieser altertümlichen, früher über einen großen Teil unserer Erde verbreiteten Geschöpfe geworden ist. Hier leben übrigens nicht nur diese ursprünglichsten Säugetiere, sondern auch, wie schon erwähnt, der während früherer Erdperioden kosmopolitische Lungenfisch Ceratodus fort.

Mit dem Beginn der Tertiärzeit treten die höheren, mit Mutterkuchen ausgerüsteten Säugetiere auf. Man hat mit Recht die Aufmerksamkeit darauf gelenkt, daß ihr Auftreten unvermittelt erfolgt, da kein d i r e k t e r Zusammenhang zwischen ihnen und den ältesten Säugetierformen nachgewiesen ist. Hier ist also zur Zeit in unserem Wissen eine Lücke, die nur durch eine Hypothese überbrückt werden kann. Da es in der fossilen Flora zwischen dem Ende der Kreide- und dem Anfange der Tertiärperiode keine solche Unterbrechung gibt, sondern ein vollkommen allmählicher Übergang zwischen den Pflanzen der beiden Zeitperioden stattfindet, können somit nicht alle zwischen Kreide- und Tertiärformation liegenden Schichten zerstört worden sein. Das plötzliche Auftreten der höheren Säugetiere im Anfang des Tertiärs dürfte somit kaum anders zu erklären sein, als daß sie zu Beginn dieser Periode aus andern Gegenden, in denen ihre Vorfahren (d. h. gerade die Zwischenformen zwischen ihnen und den niederen Säugern) lebten, eingewandert sind, während diese Vorfahren in noch nicht entdeckten oder nicht länger erhaltenen Ablagerungen begraben wurden. Die Annahme, daß die ältesten bekannten tertiären Sänger Immigrauten in dem Lande sind, in dem man ihre fossilen Reste findet, wird außerdem durch den Umstand gestützt, daß auf einem Gebiet, wo die gewaltigen Kriechtiere ihre ganze Macht und ihren Reichtum entfalteten, die Bedingungen und Aussichten für das Aufkommen höher organisierter und größerer Säuger entweder vollständig fehlten oder jedenfalls im höchsten Grade ungünstig waren. Erst als diese Kriechtiere ausgestorben waren, war Raum bereitet für die, welche ihnen als Beherrscher der Erde folgen sollten.

Den Titel „höhere Säugetiere" verdienen nun allerdings die alttertiären Säugetiere nur in dem Sinne, als sie weder Kloaken- noch Beuteltiere waren. Im übrigen unterscheiden sie sich, wenigstens der Mehrzahl nach, recht wesentlich von der Vorstellung, die man im allgemeinen von einem höhern Säugetier hat, wenn auch die klassifizierende Zoologie, als sie in den ältesten tertiären Säugern die Wurzelformen mehrerer lebenden Säugetierordnungen wiederzukennen glaubte, auch die ersteren auf die einzelnen Ordnungen verteilen zu können glaubte. Wäre es möglich, urteilt der bekannte Münchener Paläontologe Zittel, den Tiergestalten des ältesten Tertiärs Leben einzuhauchen und sie unter unsere heutige Säugetierfauna zu versetzen, so würde vermutlich jeder Zoologe fast alle damaligen Säuger in eine einzige, einheitliche Ordnung zusammenbringen, obwohl sie unzweifelhaft die primitiven Vorläufer von vier nachmals stark differenzierten Gruppen darstellen. „Dieses Zusammenwachsen verschiedenartiger Stämme in eine gemeinsame Wurzel bildet eins der stärksten Argumente zugunsten der Deszendenztheorie, zugleich aber auch eine nicht geringe Schwierigkeit für die Systematik." In einer jüngst erschienenen Arbeit hat allerdings der amerikanische Paläontologe Matthew nachgewiesen, daß gewisse Merkmale des Skelettes darauf deuten, daß die Trennung einiger der heutigen Säugetierordnungen schon in vor-tertiärer Zeit vollzogen war, wenn sie auch in anderen Eigenschaften — vor allem im Gebiß — im Alt-Tertiär ein recht einheitliches Gepräge darbieten. Doch standen nach Matthew während dieser Epoche die heute so scharf geschiedenen Ordnungen der Raub- und Huftiere in naher Verbindung mit den Insektenfressern. Jedenfalls waren unsere modernen Typen damals noch nicht ausgeprägt, nur angedeutet. Beinahe alle diese ältesten Tertiärsäugetiere sind sozusagen verallgemeinerte Geschöpfe: alle waren Sohlengänger und hatten an jedem Fuß fünf Zehen, welche mit einem Mittelding zwischen Huf und Kralle ausgerüstet waren; alle hatten einen niedrigen, ziemlich langgestreckten Schädel mit großer Gesichts- und kleiner Gehirnpartie; das Zahnsystem war sehr gleichförmig; die meisten waren von geringer Größe.

Die vorstehenden Bilder (Fig. 80, 81) geben zwei Skelette und die restaurierten Tiere wieder, von denen das kleinere zu diesen ältesten tertiären Säugern gehört, das größere ein regelrechtes Huftier aus späterer Zeit und wahrscheinlich ein Abkömmling des ersteren ist.

Wie wenig differenziert die Säugetiere damals noch waren, wird in drastischer Weise dadurch illustriert, daß eine Gruppe (Pleuraspidotheriidae Fig. 82) von einigen Paläontologen zu den Insektenfressern (also Tieren wie unsere Spitzmaus, Igel m. a.), während sie von anderen zu den Huftieren geführt werden. Die Lösung erscheint einfach: Pleuraspidotheriidae sind keines von beiden; sie sind Anfangsformen, welche sich noch nicht einseitig nach einer Richtung hin ausgebildet haben, noch nicht solche Spezialisten auf dem einen oder anderen Lebensgebiete geworden sind, wie es der Fall mit der Mehrzahl der modernen Säuger ist.

Schon bei den Säugetieren aus den nächst jüngeren Schichten der Tertiärformation treten die Charaktere der verschiedenen Ordnungen mehr ausgeprägt hervor, die Ordnungen trennen sich voneinander; Raubtiere, Huftiere, Halbaffen usw. sind als solche zu erkennen. Vertreter einiger der heutigen Säugetier g a t t u n g e n treten aber erst später — am Ende der sogenannten Eocänperiode — auf. In dem zu jener Zeit in Europa herrschenden tropischen Klima blühte hier eine üppige Fauna, wenigstens doppelt so reich an Arten wie die heutige europäische Säugetierwelt. Je mehr wir uns der Jetztzeit nähern, einen desto moderneren Zuschnitt erhalt die Säugetierfauna, und am Ausgang der Tertiärzeit (Pliocän) besteht sie hauptsächlich aus den noch lebenden Gattungen, während die ersten unserer gegenwärtig lebenden Arten nicht früher als in der Quartärperiode auftreten.

Wir können also eine allmählich vorsichgehende Umbildung der Säugetierwelt, während der verschiedenen Perioden der Tertiärzeit wahrnehmen; je näher diese der Gegenwart liegen, um so mehr stimmt die Tierwelt mit der unserer Tage überein.

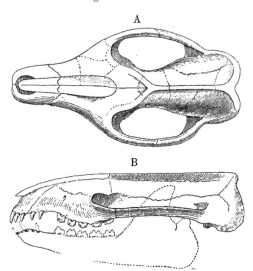

Fig. 82. Schädel von Pleuraspidotherium aus den ältesten europäischen Tertiärablagerungen bei Reims. A Schädel von oben, B derselbe von der Seite ²/₃ natürlioher Größe (nach Zittel).

Aber besser als ein flüchtiger Überblick des Entwicklungsverlaufes in seiner Gesamtheit vermag das Studium eines einzelnen konkreten Falles uns eine Vorstellung davon zu geben, auf welche Weise die Entwicklung und Umbildung des organischen Materials während des Laufes der Erdperioden erfolgt sind. Ich wähle hierzu ein oft vorgeführtes Beispiel: die Entwicklungsgeschichte des Pferdes und dies aus mehreren Gründen. Zunächst deshalb, weil die Mehrzahl meiner Leser von dem allgemeinen Bau und den Eigentümlichkeiten des Pferdes eine genauere Vorstellung als von dem anderer Säugetiere haben, und ich deshalb keine Zeit auf eine weitläufige Beschreibung dieses Tieres zu verwenden brauche. Zweitens deshalb, weil wir, dank einer Reihe geradezu staunenswert glücklicher paläontologischer Entdeckungen, zur Zeit besser von der Genealogie des Pferdes als von derjenigen der allermeisten andern Wirbeltierstämme unterrichtet sind; besonders in Nordamerika macht man den einen Fund nach dem andern, so daß jetzt in den dortigen Museen ein gewaltiges, gar nicht mißzuverstehendes Material zur Urgeschichte des Pferdes vorliegt. Schließlich habe ich gerade diesen Fall gewählt, weil er uns einen besonders klaren Einblick in einige Entwicklungserscheinungen, deren Kenntnis uns für die Entwicklungsgeschichte des Menschen von Nutzen sein wird, gewährt.

Man hat mit Recht hervorgehoben, daß das Pferd ein treffliches Beispiel einer der vollkommensten Mechanismen darbietet, welche es in der

organischen Welt gibt. „Die Werke des menschlichen Scharfsinnes haben
in der Tat keinen für seine Zwecke so vollkommen geeigneten Fortbewegungsapparat aufzuweisen, der so viel Arbeit mit so wenig Brennmaterial
leistet, wie diese Maschine aus der Werkstätte der Natur, das Pferd" (Huxley). Wir bewundern ja das vollkommene Ebenmaß
seiner Gestalt, den Rhythmus und die Kraft seiner
Bewegungen.

Falls es sich nun mit Hilfe einer ununterbrochenen,
und in streng geologischer Reihenfolge auftretenden
Formenreihe nachweisen läßt, daß das heutige Pferd,
welches — wie die triviale Phrase lautet — für seine
Lebensweise „wie geschaffen" erscheint, aus einem Wesen
hervorgegangen ist, welches sich dem ursprünglichen,
weniger spezialisierten Säugetiertypus nähert und nicht
mehr Ähnlichkeit mit einem Pferde besitzt, als etwa
der Bär mit dem Fuchse — wenn sich nun dieses
mit derselben Sicherheit, welche erforderlich ist, um
die Wirklichkeit eines historischen Geschehnisses darzutun, beweisen läßt, so werden wir wohl doch alle zu
dem Zugeständnis genötigt sein, daß die Natur durch
einen allmählich fortschreitenden, während langer geologischer Zeiträume wirkenden Entwicklungsprozeß imstande ist, Geschöpfe zu bilden, welche in gewisser Beziehung ebenso vollkommen sind, als wenn sie Produkte
eines persönlichen, nach einem bestimmten Plan
schaffenden Willens wären. Mögen meine Leser selbst
ihr Urteil fällen!

Das was in erster Linie das Pferd auszeichnet und
dasselbe von allen andern Säugetieren trennt, ist, wie
schon angedeutet, der Bau seiner Gliedmaßen. So unterscheidet sich der Unterarm des Pferdes von dem
typischen Verhalten (Fig. 83) dadurch, daß nur das
Speichenbein vollständig und zwar sehr stark ausgebildet ist, während vom Ellenbogenbein nur das obere

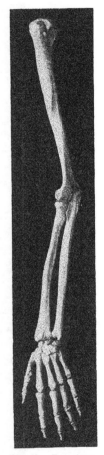

Fig. 83. Das Arm-
skelett des Menschen.

Ende, teilweise eng mit dem Speichenbein verbunden, erhalten ist. Entsprechend verhält sich der Unterschenkel: auch hier ist nur das Schienbein
vollständig, wogegen vom Wadenbein nicht viel mehr als das obere Ende
übrig ist. Von den fünf Zehen, welche sowohl am Vorder- wie am Hinterfuße
bei den in dieser Beziehung ursprünglichen Säugern vorhanden sind (Fig. 84),
ist beim Pferde nur die besonders kräftige, mittelste Zehe (der dritten des
Menschen entsprechend) vollkommen ausgebildet, während die zweite und
vierte Zehe durch den vollkommen funktionslosen und verkümmerten

Mittelhand- beziehentlich Mittelfußknochen ohne Zehenglieder vertreten werden. Das Pferd hat also seine eigentümliche, für seine Fortbewegungsweise aber zweckmäßige Fußform durch starke Ausbildung einiger Skeletteile wie Speichen- und Schienbein sowie dritte Zehe er-

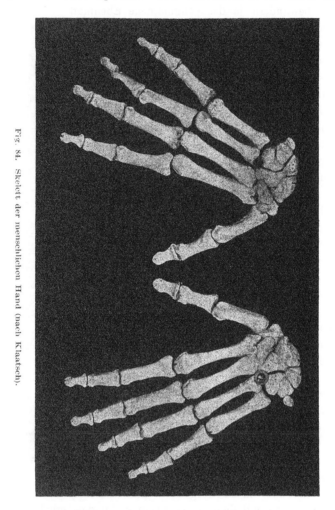

Fig. 84. Skelett der menschlichen Hand (nach Klaatsch).

worben, während gleichzeitig andere (Ellenbogenbein, Wadenbein, übrige Zehen) verkümmert oder ganz verschwunden sind.

Zu diesem Schlußsatze kommen wir tatsächlich schon durch einen Vergleich des Pferdes mit den übrigen Säugetieren. Falls wir diesen Schlußsatz nicht akzeptieren wollten, würde kaum etwas anderes als die Annahme übrig bleiben, daß das Pferd in seiner heutigen Gestalt mit seiner eigenartigen Fußbildung und seinen unbrauchbaren Skelettresten das Resultat eines unmittelbaren Schöpfungsaktes wäre — eine Annahme, welche ebenso sehr mit dem normalen Kausalitätsbedürfnis wie mit allen bekannten Tatsachen in Kollision kommen würde. Denn in diesem Punkte sind die Zeugnisse der Geologie vollkommen eindeutig.

Die Geschichte des Pferdes läßt sich bis zurück zum Beginn der Tertiärperiode verfolgen, ohne daß man irgendwo auf eine Lücke in der Überlieferung stößt. Während dieses langen Zeitraumes — beiläufig auf drei Millionen Jahre geschätzt — haben die Vorfahren des Pferdes wichtige Veränderungen in allen Teilen des Skelettes und Zahnsystems erfahren — von den Weichteilen können wir ja nichts wissen —, indem sie sich dem wechselnden Milieu, in welchem sie während dieses langen Zeitraumes lebten, anzupassen suchten. Wenn man von der Tierform, welche als Eohippus (siehe unten) bezeichnet wird, ausgeht, so sind nicht weniger als z w ö l f Stadien aus ebenso vielen, aufeinanderfolgenden geologischen Ablagerungen gefunden worden, und jedes dieser zwölf Stadien kennzeichnet die betreffende geo-

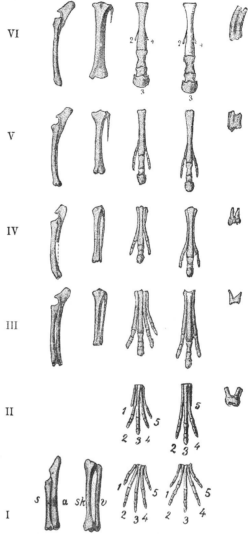

Fig. 85. Bau der Gliedmaßen und der Zähne bei einigen der Vorfahren des Pferdes; I Euprotogonia (ergänzt mit einigen Skeletteilen des Phenacodus); II Eohippus; III Pachynolophus; IV Mesohippus; V Protohippus; VI das heutige Pferd [Equus]. Die Abbildungen stellen dar von links nach rechts Unterarmbein (s Speiche, a Ellenbogenbein), Unterschenkel (sk Schienbein, v Wadenbein), die Zehen des Vorder- und Hinterfußes sowie einer der oberen Backenzähne. Die Zahlen 1—5 bezeichnen die Ordnungsnummer der Zehen, von innen an gerechnet (nach Cope, Marsh, Matthew und Scott).

logische Ablagerung.   Die große Mehrzahl dieser Tiere hat im nordwestlichen Amerika gelebt.   Der Unterschied zwischen den ältesten, bekannten Vorfahren des Pferdes und seinem heute lebenden Repräsen-

tanten ist so groß, daß, als vor mehr als vierzig Jahren einer dieser Vorfahren von einem der kenntnisreichsten Biologen seiner Zeit, dem oben
erwähnten Richard Owen, entdeckt und beschrieben wurde, dieser keinerlei genetischen Zusammenhang zwischen diesem Fossil und unserem Pferde
argwöhnte; erst viel später, nachdem Zwischenformen bekannt geworden,
wurde die Verwandtschaft konstatiert. Auch sind die ältesten Pferdeahnen nicht immer leicht und scharf von den gleichzeitigen Stammformen
anderer Huftiere zu unterscheiden, was ja zu erwarten ist, da, wie bereits
betont, alle höheren Säuger im Alt-Tertiär so viele gemeinsame Merkmale
aufweisen.

In der Fig. 85 sind einige Skeletteile und Zähne von fünf ausgestorbenen Huftieren in der Reihenfolge, in welcher sie in den geologischen Ablagerungen angetroffen wurden, wiedergegeben, so nämlich, daß das unterste
(Euprotogonia) das älteste und die hierauf nach oben folgenden (Eohippus,
Pachynolophus, Mesohippus, Protohippus) die nächst jüngeren Formen
darstellen. Die oberste Reihe stellt die entsprechenden Skeletteile des
modernen Pferdes dar.

Derjenige, welcher Zweifel und Verneinung als Spezialität betreibt,
würde einwenden können, daß sich zwischen Euprotogonia und Eohippus
eine noch nicht ausgefüllte Lücke befindet. Hierauf ist zu antworten, daß,
wenn man nach den Prinzipien der Deszendenztheorie die Urform des Pferdes
k o n s t r u i e r e n wollte, hierbei schwerlich etwas w e s e n t l i c h anderes
als gerade diese von der Natur selbst geschaffene Euprotogonia heraus-
kommen würde. Daß diese keine „P f e r d e c h a r a k t e r e" aufweist;
darf uns nicht wundernehmen, wenn wir uns erinnern, daß dieselbe zu der
früher erwähnten Säugetiergesellschaft aus der Alt-Tertiärzeit gehört, als
die Typen der Jetztzeit überhaupt noch nicht fertig waren. Euprotogonia
hat noch beinahe ebensoviel Ähnlichkeit mit einem Raubtier als mit einem
Huftier: Ellenbogen- und Wadenbein waren vollständig ausgebildet, sowohl am Vorder- wie am Hinterfuße waren alle fünf Zehen vorhanden und
gebrauchskräftig — doch war die mittelste (die dritte) Zehe etwas länger
als die seitlichen — und waren mit Nägeln bewehrt, welche die Mitte zwischen
Krallen und Hufen hielten; sie war beinahe Sohlengänger, hatte einen
langen Schwanz usw. Das eben Gesagte schließt selbstredend die Erwartung
und Hoffnung nicht aus, daß künftige Nachforschungen ein Huftier aufdecken werden, das sich dem Eohippus noch näher anschließt als Euprotogonia.

Bei Eohippus (II), von dem die Unterarm- und Unterschenkelknochen
noch unbekannt sind, ist insofern eine Veränderung eingetreten, als die
Seitenzehen rückgebildet sind: die erste Zehe der hintern Gliedmaße ist
ganz verschwunden, und von der ersten Zehe der Vorder- sowie von der
fünften der Hintergliedmaße sind nur Mittelhand- und Mittelfußknochen

im rückgebildeten Zustande vorhanden; gleichzeitig sind die Mittelhand-
und Mittelfußkochen der übrigen Zehen etwas verlängert, und die dritte
Zehe tritt schon als die am stärksten ausgebildete hervor. Der etwas jüngere
Pachynolophus (III) weicht besonders dadurch von dem vorigen ab, daß
die bei diesem schon verkümmerten und unbrauchbaren Mittelhand-
und Mittelfußknochen hier ganz verschwunden sind. Bei Mesohippus (IV)
tritt der Pferdetypus noch deutlicher hervor: die verschiedene Stärke
der Zehen läßt deutlich erkennen, daß schon hier beim Gehen und Laufen
die kräftig ausgebildete dritte Zehe allein den Körper trug, während die
beiden Seitenzehen nur eine sehr untergeordnete Rolle spielten; Ellen-
bogen- und Wadenbein sind sehr schwach. Noch mehr modernisiert ist
Protohippus (V), welcher am Ausgang des Tertiärs lebte: an jedem Fuße
sind drei Zehen vorhanden, aber die Seitenzehen (also die zweite und vierte)
sind so kurz geworden, daß sie nicht den Boden erreichen konnten und somit vollkommen unbrauchbar geworden waren; Ellenbogen- und Wadenbein sind fast ebenso stark rückgebildet wie beim modernen Pferde, von
dem Protohippus sich im Fußbau wesentlich nur dadurch unterscheidet, daß
beim ersteren von den Seitenzehen nur die völlig verkümmerten, unter der
Haut versteckten Mittelhand- und Mittelfußknochen als ein Andenken von
jener Zeit, da das Pferd, wie die überwiegende Mehrzahl anderer Wirbeltiere, mit mehreren Zehen ausgerüstet war, vorhanden sind. Übrigens
können auch beim heutigen Pferde ausnahmsweise vollständige, wenn auch
verkümmerte Seitenzehen auftreten.

Da von den jetzt bekannten zwölf Vorfahren des Pferdes hier nur fünf
wiedergegeben sind, ist somit in Wirklichkeit der Zusammenhang zwischen
den aufeinanderfolgenden Mitgliedern der Ahnenreihe noch inniger, die
genannte Entwicklungsreihe noch vollständiger als unser Bild darstellt. Um
jedoch dem Leser eine etwas zutreffendere Vorstellung der Ausbildungs-
geschichte des Pferdefußes zu geben, wird hier ein Bild nach einer Photographie mitgeteilt, welche das Fußskelett der fossilen Pferde, die im Naturhistorischen Museum zu New York aufgestellt sind, wiedergibt (Fig. 86).

Wir würden aber selbstredend nicht berechtigt sein, die eben angeführten Tiere als Stammformen des Pferdes anzusehen, falls nicht ihre
Organisation auch in andern Teilen als dem Fußbau mit den Forderungen,
welche wir an solche Stammformen stellen müssen, übereinstimmten. Es
verdient deshalb besonders betont zu werden, daß auch die übrigen, bisher aufgefundenen Skeletteile ebenso wie die Zähne bei den angeführten,
ausgestorbenen Tieren eine den Gliedmaßen vollkommen parallele Entwicklung durchlaufen haben, oder mit anderen Worten: auch der übrige
Körperbau nähert sich dem unserer heutigen Pferde in demselben Maße,
wie wir von den älteren Formen zu denen jüngeren Datums aufsteigen.
So sind z. B. die Backenzähne der modernen Pferde sehr kompliziert, in-

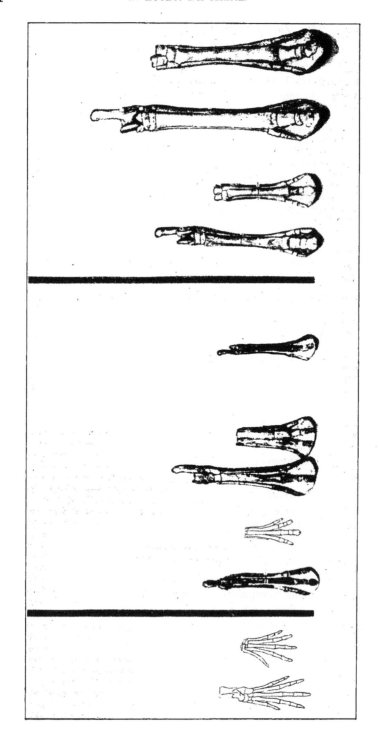

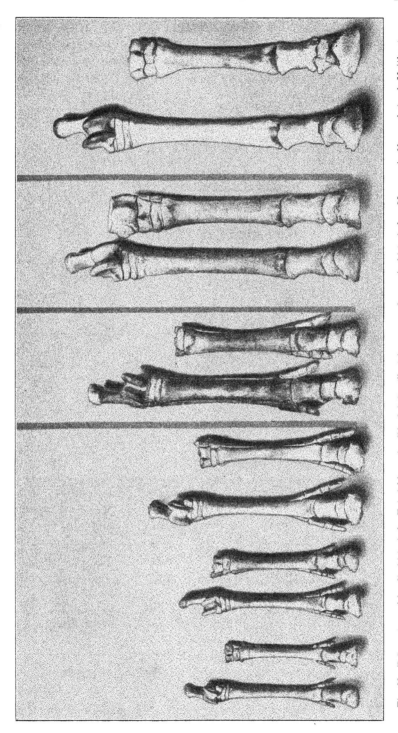

Fig. 86. Präparate, welche die historische Entwicklung des Pferdefußes illustrieren; aus dem naturhistorischen Museum in Newyork (nach Matthew).

dem die verschiedenen Zahnbestandteile (Zahnbein, Schmelz und Zement)
eigentümlich ineinander gefaltet sind, die Zahnkrone sehr hoch, und die
Wurzel unvollständig ist. Bei den ältesten Pferdeahnen stimmt der Zahnbau mit dem der ursprünglichen Säuger gewöhnlich überein; bei den

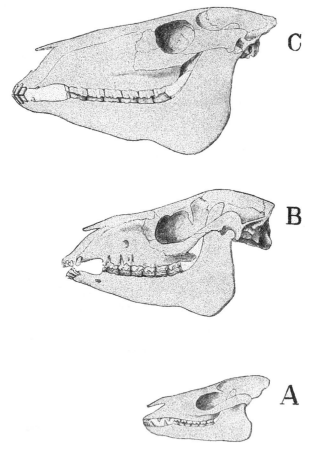

Fig. 87. Drei Stadien aus der historischen Entwicklung des Pferdeschädels.
A. Protorohippus venticolus (nach Cope), die älteste der hier abgebildeten
    Pferdeformen.
B. Mesohippus bairdi (nach Osborn).
C. Protohippus perditus (nach Matthew), die jüngste der hier abgebildeten
    Pfcrdeformen.

spätern nähert sich der Zahnbau schrittweise dem Verhalten des heutigen
Pferdes.

    Einige Stadien aus der Entwicklungsgeschichte des P f e r d e s c h ä -
d e l s lernen wir in den nebenstehenden Bildern (Fig. 87) kennen. Bemerkenswert ist auch, daß die K ö r p e r d i m e n s i o n e n im Laufe der
Zeit größere geworden sind. So war Eohippus nicht größer als ein Fuchs,

einige Mesohippus-Arten erreichten die Größe eines Schafes, während der jüngste der hier erwähnten Pferdeahnen etwa Eselgröße hatte.

Um dem Leser Gelegenheit zu geben, den Ausgangs- und Endpunkt in der geschilderten genealogischen Reihe miteinander zu vergleichen, geben wir hier eine Abbildung eines vollständigen Skelettes der Gattung Phenacodus (Fig. 88), welche der Ausgangsform Euprotogonia nahe steht, obgleich diese, von der noch kein vollständiges Skelett entdeckt worden ist, kleiner und etwas weniger umgebildet war; ferner ein Bild (Fig. 89) des Skelettes einer modernen Pferdeart, also des Schlußresultates der Entwicklungsserie. Fig. 90 stellt einen Versuch dar, einer der ältesten Pferdeformen lebende Gestalt zu geben.

Schließlich sei an eine für die richtige Auffassung der organischen Entwicklungsgesetze besonders bedeutsame Tatsache erinnert, da sie dartut, daß die historische Entwicklung der Organismen nicht wie nach einem im voraus entworfenen Plan gerade auf ein Ziel zuläuft, sondern auf langen Umwegen und mit vielem Materialverbrauch sich vorwärts tastet. Vom Stammbaum des Pferdes haben sich nämlich, wie zahlreiche geologische Funde beweisen, mehrere Äste abgezweigt, welchen neue Formen entsprossen, von denen sich jedoch keine bis heute forterhalten hat. E i n solcher Seitenzweig zeichnet sich durch Backenzähne aus, welche komplizierter sind als diejenigen des modernen Pferdes, wogegen er in bezug auf den Bau der Gliedmaßen stark zurückgeblieben ist. Eine andere dem Pferde ähnliche Form, welche ebenfalls vor unserer Zeit ausgestorben ist, hatte im Verhältnis zu Kopf und Rumpf zu kurze Gliedmaßen.

Auch die Ursachen der Veränderungen, welche die Pferdegruppe durchlaufen haben, sind bekannt. Am Anfang der Tertiärzeit lag der westliche Teil Nordamerikas — der Stammort des Pferdetypus — nicht so hoch über dem Meeresspiegel wie heute. Das Klima war sehr feucht und warm, wie aus den tropischen Pflanzen, welche man von jener Zeit kennt, hervorgeht. Später hob sich das Land immer mehr, und gleichzeitig wurde das Klima immer kälter und trockener. Die Wälder verschwanden und offene Grasebenen nahmen ihren Platz ein. Die Bewohner des tropischen Waldes starben aus, wanderten aus oder paßten sich den veränderten Lebensbedingungen an. Dem Pferdetypus glückte letzteres. Denn so gut wie alle die Veränderungen, welche seine Organisation erfahren hat, sind allmählich erfolgte Anpassungen an das Leben auf offenen grasbewachsenen Ebenen, welche den naturgemäßen Aufenthaltsort der heutigen wilden Pferdearten bilden. Während in sumpfigen Waldgegenden eine größere, von m e h r e r e n Zehen gebildete Trittfläche von Nutzen war, wurde für den Aufenthalt auf den weiten Grasflächen mit ihrem festeren Boden die Schnelligkeit eine wichtige Waffe im Kampfe ums Dasein; diese Schnelligkeit wurde durch Umbildung im Fußbau (Verlängerung, Ausbildung e i n e r

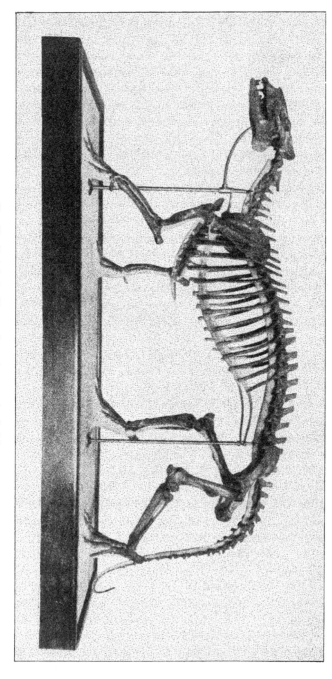

Fig. 88. Skelett des Phenacodus primaevus (nach Osborn).

starken Zehe usw.), welche der Pferdetypus durchgemacht, gewonnen. Die Größenzunahme war ebenfalls von Nutzen, da sich ein größeres Tier im allgemeinen leichter gegen Feinde zu verteidigen und Nebenbuhler zu bekämpfen vermag, als ein kleineres. Auch die Veränderungen, welche das Zahnsystem (Verstärkung und Komplikation der Zahnkrone), erfahren, werden durch das veränderte Milieu bedingt: das schwer kaubare Gras der trockenen Ebenen erfordert eine viel gründlichere Zermalmungsarbeit,

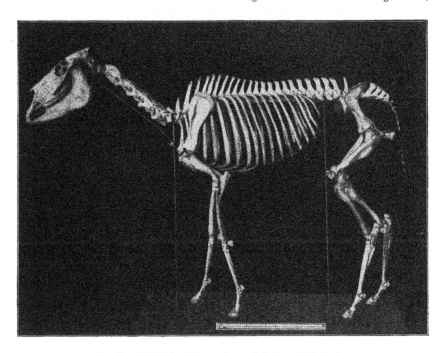

Fig. 89. Skelett des Kiang, eines asiatischen Wildpferdes.

ehe es ein gleich taugliches Nahrungsmittel wird, als das weichere Grünfutter der Sumpfgegenden und Wälder.

So hatte sich denn am Eingange der Quartärzeit die jetzige Pferdegattung (Equus) herausbildet und sich in mehreren Arten über den größern Teil des Erdballs (außer Australien) verbreitet. Was auch die Ursache gewesen sein mag: besonders rauhe Winter, gefährliche Konkurrenten bezüglich der Nahrungsmittel, vernichtende Eingriffe seitens des Menschen oder alle diese Ursachen im Verein — in ganz Amerika war das Pferd vor Ausgang der Quartärzeit ausgestorben, so daß in dem Erdteile, wo die Wiege des Pferdegeschlechts gestanden, von dem früher so blühenden Stamme höchstens einige wenige schon dem Untergange geweihte Individuen übrig waren, als die spanischen Eroberer die neue Welt betraten.

Denn die Pferdeheerden, welche heutzutage die südamerikanischen Pampas bevölkern, sind verwilderte Abkömmlinge der durch die Spanier einge- führten europäischen Pferde. Die Zähmung des Pferdes erfolgte in der alten Welt, wo die Nachkommen der Pferdearten aus der Quartärzeit sich erhalten hatten. So lebte während der letztgenannten Periode in Europa eine wilde Pferdeart, welche entweder identisch oder auf alle Fälle dem noch heute in Zentralasien lebenden, von dem russischen Forschungsrei- senden Przewalski entdeckten Wildpferde (Fig. 91) nahe verwandt war. In vollem Einklange mit diesen Tatsachen steht der Umstand, daß Prze-

Fig. 90. Rekonstruierte Darstellung von Protorohippus; eine Pferdeform, etwas größer als ein Fuchs (nach Osborn).

walskis Pferd in mancher Beziehung ursprünglicher gebaut ist, als andere heute lebende Pferde. Obgleich unser modernes zahmes Pferd vorwiegend asiatischen Ursprunges ist, findet sich doch in einigen Rassen auch Blut vom europäischen Wildpferde, welches nach einer Angabe noch so spät wie am Anfange des 16. Jahrhunderts im wilden Zustande in Europa ge- lebt haben soll.

Die Geschichte des Pferdes ist somit ein wenigstens in ihren Haupt- epochen bekannter und ungemein lehrreicher Vorgang, denn sie spielt sich genau so ab, wie wir, vom Entwicklungsgedanken geleitet, dieselbe würden voraussagen können: die ältesten geologischen Ablagerungen schließen die ursprünglichsten Formen ein, d. h. diejenigen, welche sich am wenigsten vom undifferenzierten Säugertypus trennen und zugleich am meisten von dem heute lebenden Pferde abweichen; diese werden in strenger Reihenfolge in den jüngeren Formationen durch mehr und mehr umgebildete Formen abgelöst, und die ganze Serie gipfelt in unserem modernen Haustiere.

Obgleich die obige Darstellung nichts anderes enthalten konnte als Andeutungen betreffend der Resultate, welche die Paläontologie in bezug auf die Geschichte der Wirbeltiere bisher zutage befördert hat, gebe ich mich dennoch der Hoffnung hin, daß der Leser daraus die Überzeugung gewonnen, daß die Paläontologie — trotz ihrer Lückenhaftigkeit — geeignet ist einen Kardinalschlußsatz teils zu bestätigen, teils zu erweitern, zu welchem uns die Untersuchungen der heutigen Organismenwelt geführt, und welcher

Fig. 91. Przewalski's Wildpferd (nach Smit).

folgendermaßen zusammengefaßt werden kann: die verschiedenen Gestalten, in welchen sich das Leben offenbart, sind das Ergebnis eines während der Ausbildung unserer Erde stattgehabten Entwicklungsprozesses.

Für uns, für den Menschen, hat die Entwicklungsgeschichte der höchsten Geschöpfe ein rein persönliches Interesse: sie enthält Kapitel aus unserer eigenen Urgeschichte. Denn in einer der jüngsten Phasen dieses Werdeganges, als die Mehrzahl der übrigen jetzt lebenden Wesen schon fertig ausgebildet war, erschien zusammen mit den letzten, den historisch jüngsten Geschöpfen der in gewisser Beziehung am meisten vollendete, am glücklichsten ausgerüstete Typus von allen: der M e n s c h.

IV.

Der Mensch im Lichte der vergleichenden Anatomie.

———

In den vorhergehenden Kapiteln haben wir mit Zuhilfenahme von Tatsachen, welche wir der Anatomie, Embryologie und Paläontologie entlehnten, uns eine Übersicht über die Entwicklungsgeschichte der höchsten Lebewesen, der Wirbeltiere, zu verschaffen versucht. Wir haben diese Untersuchung unternommen, um Ausgangspunkte und Richtlinien zu gewinnen für die Inangriffnahme unserer Hauptfrage: welche Stellung nimmt der M e n s c h nach dem Urteile dieser Wissenschaften ein? Welche Antworten haben dieselben auf die Frage nach dem Verhältnis des Menschen zu den übrigen Geschöpfen, nach seiner Herkunft zu geben?

Die erste Instanz, die wir in dieser Frage zu Rate ziehen, ist die vergleichende Anatomie. Es ist die Aufgabe dieser Wissenschaft, zum Zweck der Erkenntnis des Zusammenhanges der Organismenwelt, den Veränderungen der Organisation nachzugehen und in dem Veränderten, Umgewandelten das Gleichartige nachzuweisen.

Aus den in den vorhergehenden Kapiteln mitgeteilten Tatsachen erhellt, daß die verschiedenen Organisationsstufen, welche der Wirbeltiertypus vom Lanzettfisch bis zum höchsten Säugetiere aufweist, als Resultanten eines historischen Vorganges aufzufassen sind. Es ist die spezielle Aufgabe der vergleichenden Anatomie, diesem Vorgang bei den einzelnen Organen nachzuspüren und dadurch denselben unserem Verständnis zugänglicher zu machen. Mit Hilfe der vergleichenden Anatomie können wir für die verschiedenen Organe Formenreihen nachweisen, in welchen die Extreme voneinander bis zur Unkenntlichkeit verschieden sein können, aber durch Zwischenformen verbunden werden.

Bezüglich unseres besondern Untersuchungsobjektes, des Menschen, haben wir schon hervorgehoben, daß die Elementarteile, die Zellen, welche die verschiedenen Organe unseres Körpers aufbauen, beim Menschen und allen übrigen Geschöpfen einander homolog sind, d. h. daß sie dieselbe anatomische Bedeutung und dieselbe Entstehung haben. Es ist nun Aufgabe der vergleichenden Anatomie zu untersuchen, inwiefern dies ebenfalls von den verschiedenen Organen gilt, aus welchen der menschliche Körper besteht — festzustellen, ob der Zustand, welcher für die einzelnen

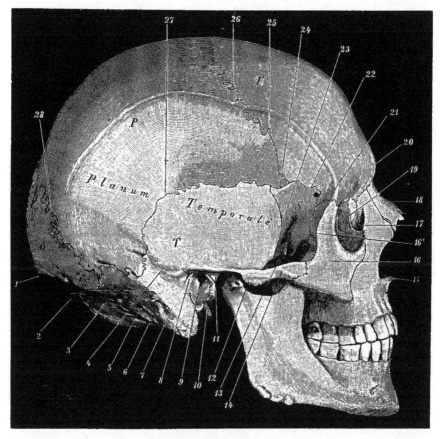

Fig. 92. Menschlicher Schädel (nach Graf Spee).

Organe des Menschen charakteristisch ist, sich von Zuständen bei andern niederen Organismen ableiten läßt.

Da die Aufgabe der vorliegenden Arbeit zugleich mehr umfassend und weniger weitläufig ist, als ein Handbuch der menschlichen Anatomie zu sein, welches unseren gesamten Körperbau zu beschreiben bezweckt, können wir uns hier darauf beschränken, einige wenige, aber als Zeugen einwandsfreie Organe zu untersuchen, die geeignet sind einen Satz zu illustrieren, den eine ausführlichere Darstellung der menschlichen Anatomie nur bestätigen wurde, namlich daß die Einheit, welche die übrige organische Welt darbietet, auch den Menschen umfaßt.

Wir fangen mit dem Skelette an, welches das Stützorgan des mensch‾lichen Körpers bildet. Eine neuerdings erschienene Arbeit über‾ einige

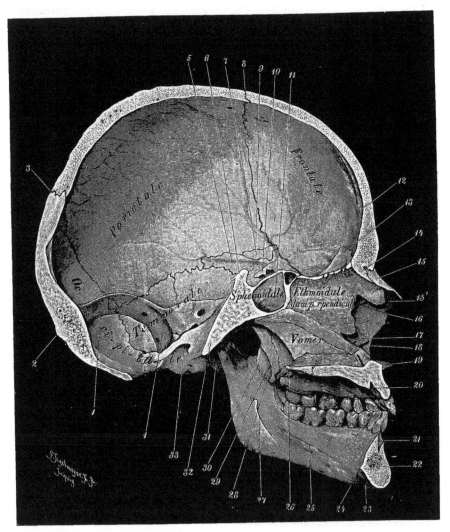

Fig. 93. Menschlicher Schadel; Langsschnitt durch die Mittellinie (nach Graf Spee).

Fragen betreffs der Knochenentwicklung wird mit folgenden Worten ein‾geleitet: „Man darf wohl sagen, ein Menschenalter würde für den kühnen Mann nicht genügend sein, der es unternehmen wollte, alles gründlich durch‾zulesen, was nur in den letzten 50 Jahren über die Biologie der Knochen veröffentlicht worden ist." Ich habe diesen Ausspruch, welcher sicher vollkommen berechtigt ist, nur deshalb zitiert, damit der Leser in der vorliegenden Darstellung nichts anderes als Bruchstücke aus der Geschichte dieses Organsystems erwarten möge.

In jedem zoologischen Museum können wir uns von der Einheit im Bau des Skeletts bei allen Wirbeltieren überzeugen. Bei Allen, von den Fischen durch die ganze Tierkette bis hinauf zum Menschen, treten nicht nur die drei großen Körperregionen: Kopf, Rumpf und Gliedmaßen auf, welche für die Gesamtgestaltung des Körpers bestimmend sind, sondern auch jede dieser Regionen ist bei allen — den Menschen eingerechnet — voneinander entsprechenden Elementen zusammengesetzt.

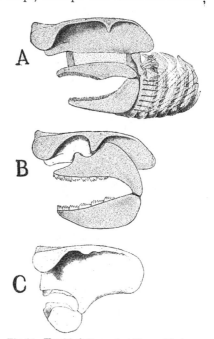

Fig. 94. Kopfskelett von drei Knorpelfischen; von A sind auch die Kiemenbogen wiedergegeben.

Der Schädel des Menschen (Fig. 92, 93) besteht aus zwei Teilen, einem größeren, welcher Hohlräume für das Gehirn und die höheren Sinnesorgane umschließt und aus einer Anzahl unbeweglich vereinigter Knochenstücke zusammengesetzt ist, und einem beweglichen Bogenstück, dem Unterkiefer. Man spricht auch vom Gesichtsteil und vom Gehirnteil, und zwar ist letzterer der obere gewölbte Teil des Schädels, welcher das Gehirn umschließt und dessen von außen sichtbare Teile die Stirn, der Scheitel, die Schläfen und das Hinterhaupt sind. Der Gesichtsteil liegt unter dem vorigen, nimmt an der Umhüllung des Geruchs- und Sehorgans teil und umschließt zusammen mit dem Unterkiefer den Eingang zu den Atmungs- und Ernährungsorganen. Diejenigen Knochen des Gesichtsteils, welche die Mundöffnung begrenzen, nämlich Ober- und Unterkiefer, tragen die Zähne. Außer dem Unterkiefer gibt es auch einen andern aber unvollständigen Knochenbogen, welcher den Schlund umfaßt und eine Stütze für den Kehlkopf und die Zunge abgibt, nämlich das Zungenbein (Fig. 106). Dieses besteht aus einem unpaaren Knochenstücke, dem Zungenbeinkörper, unmittelbar oberhalb des Kehlkopfes gelegen, und aus zwei Paaren Zungenbeinhörnern; die vorderen Zungenbeinhörner sind unvollständig verknöchert und mit dem Schläfenbein, die hintern mit dem Kehlkopf verbunden.

8*

Ebenso kompliziert wie die funktionelle Bedeutung des Menschenschädels ist somit auch sein Bau. Der vergleichenden Anatomie verdanken
wir eine einwandsfreie Erklärung des Zustandekommens dieses Baues.
Sie hat nachgewiesen, daß der Menschenschädel aus Elementen von ganz
verschiedener Herkunft zusammengesetzt ist.

Ohne uns hier auf Einzelheiten betreffs der verschiedenen Schicksale
des Schädels einlassen zu können, mustern wir einige derjenigen Schädelformen, welche geeignet sind, uns den Aufbau dieses Körperteils besonders
bei dem Menschen und den Säugetieren verstehen zu lassen.

Da das am tiefsten stehende Wirbeltier, der vorher besprochene Lanzettfisch, keinen Kopf hat, fehlt selbstverständlich auch das Skelett des
Kopfes. Dagegen tritt dieser Skeletteil bei den niedrigsten Fischen, den
Haifischen, in seiner ursprünglichsten und daher auch am leichtesten
verständlichen Form auf. Eine zusammenhängende, vollkommen einheitliche Knorpelkapsel umschließt das
Gehirn und gewährt außerdem den
Riech-, Seh- und Gehörwerkzeugen
Schutz; also entspricht diese Knorpelkapsel (Fig. 94) in Hinblick auf die
oben gegebene Darstellung des menschlichen Schädels hauptsächlich nur
dem Hirnteil des letzteren. Gänzlich
getrennt von diesem Hirnteil tritt
bei den Haifischen unter und hinter

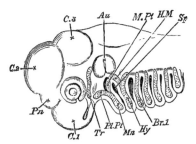

Fig. 95. Kopf eines jungen Haiembryo,
um die Ähnlichkeit zwischen Kiefer- und
Kiemenbogen in diesem Entwicklungsstadium zu zeigen (nach Balfour).

demselben eine Reihe paariger Bogen auf, welche den Mund und den vordersten Abschnitt des Darmkanales umfassen (Fig. 94 A). Von diesen fungiert
das erste Paar als Kiefer; jede Hälfte besteht aus zwei Knorpelstücken,
welche Zähne tragen. Die übrigen Bogen sind schwächer und tragen den
Atmungsapparat der Fische, die Kiemen, weshalb diese Bogen Kiemenbogen genannt werden. Daß auch die Kieferbogen ursprünglich — also
bei den Vorfahren der Haifische — Kiemenbogen gewesen sind, beziehentlich Kiemen getragen haben, wird durch Dokumente bewiesen, welche
die beiden historischen Fächer unserer Wissenschaft, die Entwicklungsgeschichte des Stammes und des Individuums, oder m. a. W. die Paläontologie und die Embryologie, uns in die Hand gegeben haben.

So hat bei einem der ältesten bekannten Haie, bei dem schon früher erwähnten Pleuracanthus, der Kieferbogen an seinem Hinterrande Kiemen
getragen. Anderseits hat die Embryologie nachgewiesen, daß der Kieferbogen bei sehr jungen Haifischembryonen wesentlich dieselbe Beschaffenheit wie die Kiemenbogen hat (Fig. 95), und daß er erst in einem späteren
Stadium einen abweichenden Bau erhält. Daß dieser abweichende Bau

und die bedeutendere Größe, welche beim ausgebildeten Tiere den ersten Bogen auszeichnen, dadurch hervorgerufen wurden, daß er die Zähne zu tragen bekam und somit Aufgaben übernahm, welche ihm ursprünglich fremd waren, hat die Embryologie ebenfalls bewiesen.

Bei den Haifischen ist die ganze Haut mit eigenartigen Bildungen, welche Hautzähne genannt werden, bekleidet, welche, abgesehen von der Größe, vollkommen mit gewöhnlichen Zähnen übereinstimmen. Da nun beim Embryo die Körperhaut sich in die Mundhöhle hineinerstreckt — und dies ist nicht nur bei den Haifischen, sondern bei allen Wirbeltieren, auch beim Menschen, der Fall —, wird selbstverständlich auch der Mund mit solchen Hautzähnen, beziehentlich mit den Anlagen solcher Gebilde ausgerüstet. Aber da, wo die Hauteinstülpung mit ihren Hautzähnen sich dem vordersten Bogen, welcher die Mundhöhle umrahmt, anlegt, kommen die Hautzähne unter andere mechanische Verhältnisse: sie werden dem Drucke seitens des besagten Bogens ausgesetzt; dieses bewirkt stärkere Blutzufuhr zu der gereizten Region, und diese wiederum hat stärkeres Wachstum zur Folge, so daß die von dem Bogen beeinflußten Hantzähne allmählich vergrößert und zu wirklichen Mundzähnen ausgebildet werden (Fig. 96), während die übrigen mit der Körperhaut in die Mundhöhle eingeführten Hautzähne durch Wirkung des Nichtgebrauchs rückgebildet werden und bei vielen Haien völlig verschwinden. Auf diese Weise sind also ursprüngliche Hautgebilde zu Zähnen, somit zu Ernährungswerkzeugen geworden. Aber je kräftiger die Ausbildung der Zähne auf dem vordersten Bogen

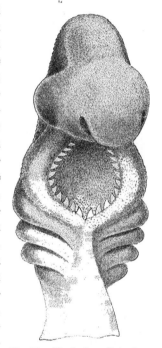

Fig. 96. Kopf eines Haiembryo (etwas vereinfacht), von unten gesehen, um Haut- und Mundzähne zu zeigen.

ist, desto stärker wirken sie ihrerseits auf denselben zurück, welcher ebenfalls allmählich größer wird, stärkere und mehr differenzierte Muskulatur erhält und dadurch immer geeigneter wird, als Kiefer Dienste zu tun, als Greif- und auf einer höheren Ausbildungsstufe auch als Kauorgan. In je höherem Grade der erste Bogen sich diesen neuen Aufgaben anpaßt, desto mehr entfernt er sich in seiner Gestalt von den hinter ihm stehenden kiementragenden Bogen. Paläontologie und Embryologie sind also vollkommen einstimmig in diesem Punkte: der Kieferbogen ist ursprünglich ein Kiemenbogen gewesen, wie dieses noch heute bei dem ursprünglichsten der bekannten Wirbeltiere, beim Lanzettfische, der Fall ist.

Wie seine Herkunft es mit sich bringt, steht der Kieferbogen ursprünglich in einem sehr losen Zusammenhange mit dem Hirnteile. Der als Oberkiefer fungierende Teil ist nämlich nur durch Bindegewebe mit dem letzteren verbunden (Fig. 94A). Im Zusammenhange damit, daß die Zähne
bei einigen Haifischen größer und funktionell wertvoller ausgebildet werden,
wird auch der Kiefer größer, und der Oberkiefer tritt in unmittelbare
Gelenkverbindung mit dem Gehirnteile (Fig. 94B), was offenbar von Vorteil ist, da hierdurch eine festere Stütze gewonnen wird, und die Zähne
mit größerer Kraft wirken können. Werden die Zähne und infolgedessen auch
die Kiefer besonders massiv, dann verschmilzt der Oberkiefer vollständig
mit dem Hirnteil (Fig. 94C), wodurch im Prinzip schon bei den Knorpelfischen der Zustand in der Ausbildung des Schädels
erreicht ist, welchen wir beim Menschen und allen
höheren Wirbeltieren wiederfinden, bei denen der
Gesichtsteil mit Ausnahme des Unterkiefers mit dem
Hirnteile zu einem einheitlichen Ganzen verschmolzen ist.

Fig. 97. Schädel vom
Stör, von oben gesehen.
Die punktierte dunkle
Linie ist der Umriß des
Knorpelschädels.

Wir können somit feststellen, daß der Gesichtsteil des Schädels einen vom Hirnteil vollkommen
getrennten Ursprung hat. Rein mechanische Verhältnisse sind es, welche anfangs ihre Verbindung
bewirkt haben.

Während, wie schon früher erwähnt, das Skelett
der Knorpelfische ausschließlich aus Knorpel besteht, wird bei den höheren Fischen dieser in geringerem oder größerem Umfange durch Knochen
ersetzt. Den Anfang dieses Vorganges können wir
bei einigen Ganoiden, welche, wie wir gesehen, die
nächst höhere, über den Knorpelfischen stehende Tier-
gruppe darstellen, beobachten. Bei diesen wird allerdings der Hirnteil ebenfalls von einer Knorpelkapsel, wie bei den Knorpelfischen gebildet, aber
die Hautzähne der letzteren sind hier umgebildet und zu kleinern oder
größern Knochenplatten, welche sich der Außenfläche dieser Knorpelkapsel
unmittelbar anlegen, verschmolzen (Fig. 97). Diese Knochenplatten, welche
von der Haut abstammen, und deren Ursprung somit gänzlich unabhängig
von der Knorpelkapsel ist, sind die zuerst im Schädel auftretenden Knochen.
Aber während dieselben bei den fraglichen Ganoiden noch völlig auf der
Oberfläche des Körpers liegen, erhalten sie bei den Knochenfischen eine
tiefere Lage und werden von der Haut bekleidet. Nun schwindet am
Schädeldache der Knorpel, welcher durch das Auftreten des Knochenge-
webes überflüssig geworden ist, in demselben Maße, als die Knochen in das
Schädeldach eintreten; diese, ursprünglich nur Hautverknöcherungen,

sind also unter die Haut gerückt und zu Teilen des Schädels geworden. Dies ist der Fall mit den Schädelknochen, welche in der menschlichen Anatomie als Stirn-, Scheitel-, Schläfenknochen usf. figurieren (Fig. 98).

Aber außer diesen von der Haut kommenden Skeletteilen werden bei höheren Ganoiden und bei Knochenfischen andere Schädelknochen gebildet, welche die Stelle des Knorpels, der aufgelöst wird, einnehmen. Diese aus der Schädelkapsel selbst hervorgegangenen Knochen bilden vorzugsweise die Basis und die Seitenwände des Schädels. Sie treten mit den in der Haut entstandenen und in die Tiefe gewanderten Knochen in Verbindung, so daß man im völlig ausgebildeten Schädel des Menschen und der höheren Tiere nicht mehr die verschiedene Herkunft der einzelnen Schädelknochen nachweisen kann.

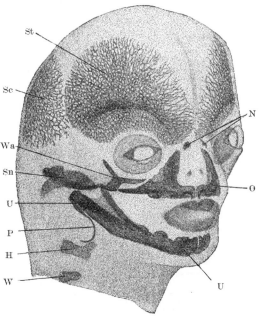

Fig. 98. Knöchernes Kopfskelett des menschlichen Embryo vom Ende des dritten Monates (nach O. Schultze). H Hinterhauptsbein. N Nasenbein. P Paukenring. St Stirnbein. Sc Scheitelbein. Sn Schläfenbein. O Oberkiefer. U Unterkiefer. W Wirbel. Wa Jochbein.

Dagegen verrät sich die verschiedene Abstammung der Schädelknochen noch beim Menschenembryo.

Das Skelett des Menschen und aller Säugetiere macht während der Embryonalentwicklung drei verschiedene Stadien durch: die erste Anlage des Skeletts ist häutig; aus dieser geht das knorpelige Stadium hervor, welches allmählich vom knöchernen ersetzt wird. Nur der Schädel macht teilweise eine Ausnahme von dieser Entwicklungsart.

Während der ersten Wochen des Embryonallebens besteht der ganze Schädel wie erwähnt, aus einer weichen Bindegewebesubstanz. Später gehen, wie bei allen andern Skelettelementen, die Basis und die Seitenteile des Schädels in eine zusammenhängende Knorpelpartie über, während abweichend das Dach, die „Schädelkalotte", häutig bleibt und nie knorpelig wird.

Erst im späteren menschlichen Embryonalleben treten die Schädelknochen auf und zwar auf verschiedene Weise. Während die die Basis und die Seitenteile der Gehirnkapsel bildenden Knochen ganz wie die

Knochen des Rumpfes und der Gliedmaßen auf knorpeliger Grundlage
entstehen, entbehren andere dieser Grundlage. Und dieses letztere ist
gerade mit allen den Knochen der Fall, betreffs welcher wir nachweisen
können, daß sie bei den Fischen von der Haut abstammen, also Stirn-,
Scheitel-, Schläfenbein, oberer Teil des Hinterhauptbeins u. a. (Fig. 98).
Noch beim Neugeborenen findet sich an der Stelle des Schädeldaches, wo
in der Mitte die Scheitel- und Stirnbeine zusammenstoßen, eine große nur
durch weiche Substanz gebildete Stelle; zwischen dem Hinterhauptbein
und dem hinteren Winkel der Scheitelbeine besteht eine ähnliche aber
kleinere (Fig. 99). Sie sind von phantasievollen älteren Anatomen als Fontanellen bezeichnet (von Fons = Quelle) worden, weil sich hier, einer Quelle
ähnlich, eine pulsierende Bewegung —
der fortgeleitete Puls der Hirngefäße —
wahrnehmen läßt. Schon das Vorkommen dieser Fontanellen und das
gänzliche Fehlen von Knorpel an den
Knochen, welche dieselben begrenzen,
beweist somit, daß sich diese Knochen
ohne Mitwirkung des Knorpels entwickelt haben. Wir sehen auch ein,
daß diese von dem Verhalten bei allen
anderen Knochen vollkommen abweichende Bildungsart absolut unbegreiflich wäre, wenn wir nicht wüßten,
daß die fraglichen Knochen, zum

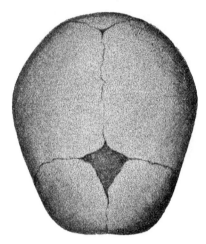

Fig. 99. Schädel des neugeborenen menschlichen Kindes (von oben gesehen), um die
Fontanellen zu zeigen.

Unterschied von den übrigen Schädel-
elementen von der Haut eingewandert
wären.

Die vergleichende Untersuchung des menschlichen Schädels hat festgestellt, daß alle seine Bestandteile unmittelbar aus Zuständen bei den
niederen Wirbeltieren hervorgehen. Da ich den Leser nicht durch gar zu
ausgedehnte Exkurse in dieses Gebiet ermüden möchte, will ich hier nur
auf ein besonders lehrreiches Detail aufmerksam machen.

Der Schädel des Menschen und der Säugetiere unterscheidet sich von
dem der niederen Wirbeltiere unter anderem dadurch, daß, während bei
den ersteren der Unterkiefer unmittelbar mit dem Schläfenbein gelenkt,
die Gelenkverbindung bei den letzteren durch ein Skelettstück, Quadratbein genannt, welches anderseits mit dem Unterkiefer sich verbindet, hergestellt wird. Derjenige Teil des Unterkiefers, welcher mit dem Quadratbein
gelenkt, wird bei den niederen Wirbeltieren ebenfalls durch ein besonderes
Knochenstück, das Gelenkbein, repräsentiert. Wir haben also die Frage
zu beantworten: wo sind beim Menschen und bei den Säugetieren diese

beiden Skelettstücke, das Quadrat- und Gelenkbein, welche bei allen übrigen Wirbeltieren zum Unterkiefergelenk gehören, hingekommen? Sind sie, da dieses Gelenk ohne ihre Beihilfe zustande kommt, spurlos verschwunden? Um diese Frage beantworten zu können, müssen wir auf ein anderes Organsystem des Menschen, nämlich auf jene Bestandteile des Gehörorganes, welche Gehörknöchelchen genannt werden, Rücksicht nehmen. Dies sind drei kleine Knochen: der Hammer, der Amboß und der Steigbügel (Fig. 100), die beim Menschen ungefähr die Form haben, welche ihre Namen andeuten. Sie liegen in dem Mittelohr oder der sogen. Paukenhöhle und sind zu einer Kette, welche sich zwischen dem Trommelfell und dem innern Ohr (dem Labyrinth) ausspannt, gelenkig vereinigt. Die Anordnung der Gehörknöchelchen ist eine derartige, daß die Schallwellen, welche das Trommelfell in Bewegung setzen, durch dieselben auf das Labyrinth übertragen werden.

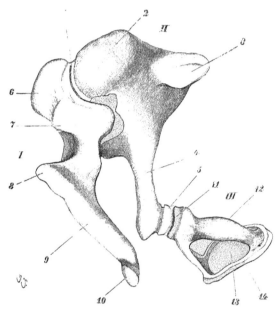

Fig. 100.   Gehörknöchelchen des Menschen (nach v. Bardeleben).

Die Embryologie hat uns Aufschluß über den Ursprung der Gehörknöchelchen gegeben. Durch die Untersuchung des menschlichen Embryo ist nämlich nachgewiesen worden, daß zwei dieser Knochen, der Hammer und der Amboß, nichts anderes als das umgebildete Gelenk- und Quadratbein der niederen Tiere sind: die letzteren entwickeln sich nämlich als Verknöcherungen eines Teiles des Kieferbogens in völlig entsprechender Art wie Hammer und Amboß beim Menschen und bei den Säugetieren; und zwar entspricht der Hammer dem Gelenkbein, der Amboß dem Quadratbein. Das dritte der Gehörknöchelchen, der Steigbügel, ist schon als solches (als Gehörknöchelchen) bei den niederen Tieren, von den Amphibien an aufwärts, vorhanden. Die hier gegebenen Bilder (Fig. 101—106) dürften geeignet sein, diesen Entwicklungsgang zu verdeutlichen.

Aus diesen Tatsachen geht also hervor, daß zwei Skeletteile, Gelenk- und Quadratbein, welche bei den niedern Wirbeltieren dem Kieferapparat

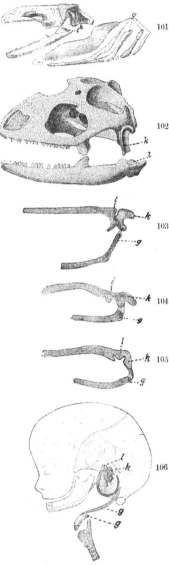

Fig. 101—106 haben zur Aufgabe zu
zeigen, wie das Gelenk- (l) und Quadratbein (k) der niederen Wirbeltiere
bei den Säugetieren zum Hammer (l)
und Amboß (k) geworden sind. Fig. 101
Schädel eines Schwanzlurches (Meno-
poma, nach Wiedersheim); 102 Schädel
einer Eidechse (Iguana); 103—105 Entwicklung der Gehörknöchelchen beim
Säugetierembryo (nach Salensky);
Fig. 106 Schädel eines vier Monate
alten Menschenembryo (nach Wiedersheim). g Kiemenbogen beim Lurche,
Zungenbein beim Menschen und beim
Säugetiere.

angehören, bei den höchsten einen Funktionswechsel durchgemacht haben, d. h.
sie sind in den Dienst einer ihnen ursprünglich völlig fremden Funktion getreten: sie sind umgebildet und Teile des
Gehörorgans geworden. Eine Konsequenz
dieser Auffassung ist ferner, daß das
Kiefergelenk des Menschen und der Säugetiere eine Neubildung und nicht identisch
mit demjenigen der niederen Wirbeltiere ist.

Wie aus früher mitgeteilten Beobachtungen hervorgeht, bestand derjenige Teil
des Schädels, welcher bei höheren Wirbeltieren als Gesichtsteil dient, ursprünglich
aus vom Hirnschädel völlig getrennten
Knorpelteilen (Kieferbogen) und ver-
schmolz erst bei einigen Knorpelfischen
zu einem Ganzen mit dem Hirnschädel.
Bei den höher ausgebildeten Fischen wird
der Knorpel der Kieferbogen ganz oder
zum Teil durch eine Anzahl Knochen ersetzt, welche ihrerseits in nähere Beziehungen zu den Knochenstücken des Hirnschädel treten, so daß schließlich bei der
Mehrzahl der höheren Wirbeltiere Gesichts-
und Hirnteil ein mehr oder weniger innig
verbundenes Ganzes darstellen.

Auch in der gegenseitigen Lage der
beiden Abschnitte des Schädels zeigen
sich bemerkenswerte Unterschiede bei den
verschiedenen Wirbeltieren. Während bei
allen Nicht-Säugetieren der Gesichtsteil
v o r dem Hirnteil gelegen ist, lagert sich
bei den Säugetieren, wie aus den Figuren
107—110 erhellt, der letztere allmählich
immer mehr über den ersteren. Diese
Umlagerung erreicht ihren höchsten Grad
beim Menschen, denn hier liegt der stark
ausgebildete Gehirnteil vollständig über
dem sehr kurzen Gesichtsteil. (Fig. 110).
Wie dieses Überwiegen des Hirnschädels

bei dem Menschen entstanden, ist eine Kardinalfrage, zu welcher wir zurückkommen werden, wenn wir die Beziehungen des Menschen zu den ihm nächststehenden Lebewesen zu beurteilen haben werden.

Schon in einem früheren Kapitel ist nachgewiesen worden, daß der
Teil der W i r b e l s ä u l e, welcher bei den höhern Wirbeltieren den
Wirbelkörpern entspricht, bei dem niedrigsten, dem Lanzettfische, durch
einen zylindrischen, einheitlichen Strang, die Rückensaite, vertreten wird.

Die Rückensaite erhält sich unverändert
bei den Rundmäulern und einigen der
ursprünglicheren Fischgattungen, wird
bei anderen durch knorpelige und bei
den höheren durch knöcherne Wirbelkörper ersetzt. Von eminenter Bedeutung
ist es nun, daß bei allen höheren Wirbeltieren — mit Einschluß des Menschen —
die Wirbelsäule im Verlaufe der Embryonalentwicklung dieselben verschiedenen
Ausbildungsstufen von den niedern zum
höheren Typus durchmacht, auf welchen
die niederen Tierformen stehen geblieben
sind. Somit wird die Wirbelsäule bei
ganz jungen menschlichen Embyronen von
einer Rückensaite, von welcher häutige
Teile ausgehen, gebildet — also entsprechend dem Zustande, welcher sich
beim Lanzettfische zeitlebens erhält.
Während des zweiten Embryonalmonates
hebt beim Menschen die Knorpelbildung
an; an getrennten Punkten in der Substanz, welche die Rückensaite umgibt,
entstehen Knorpelpartien, die Anlagen
der Wirbelkörper, welche die Rücken-

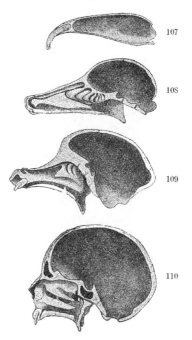

Fig. 107. Längsschnitt durch den
Schädel vom Landsalamander, 108
vom Rehe, 109 vom Pavian, 110 vom
Menschen. Die Bilder veranschaulichen die verschiedenen Beziehungen zwischen Gesichts- und Ge-
hirnschädel.

saite umwachsen. Hiermit hat die embryonale Wirbelsäule diejenige
Entwicklungsstufe erklommen, welche etwa derjenigen entspricht, auf
welcher die Mehrzahl der Knorpelfische und einzelne Ganoiden stehen
bleiben. Schon vor Ende des zweiten Embryonalmonats fängt beim
Menschen die Verknöcherung der Wirbelsäule an. Mit dem Auftreten
selbständiger Wirbel hat die Rückensaite beim Menschen ihre Rolle als
die hauptsächliche Stütze der Körperachse ausgespielt und geht bis auf
einen kleinen Rest ihrem Untergang entgegen. Denn später schwindet
die Rückensaite i n n e r h a l b des Wirbelkörpers gänzlich, während dieselbe noch beim erwachsenen Menschen z w i s c h e n den Wirbelkörpern

in den sogen. Zwischenwirbelknorpeln fortbesteht. Die Zwischenwirbelknorpel (Fig. 111), das wichtigste Verbindungsmittel der Wirbel untereinander, sind feste, elastische Scheiben, welche zwischen je zwei Wirbelkörpern liegen, an deren einander zugekehrten Flächen sie sich anheften,
und deren Form sie entsprechen. Sie sind von großer funktioneller Bedeutung, indem sie dadurch, daß sie sich zusammendrücken und wieder
ausdehnen lassen, das Bewegungsvermögen unserer Wirbelsäule vermitteln
sowie die Erschütterung, welche sich beim Sprunge vom untern Teil des
Körpers zum Kopfe fortpflanzt, abschwächen. Hat die Last des Körpers
längere Zeit auf sie eingewirkt, dann werden sie niedriger wie des Abends
— und im Alter.

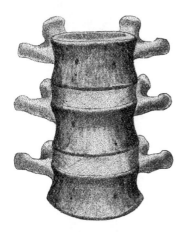

Fig. 111. Die Verbindung der Wirbel
durch Zwischenwirbelknorpel.

Ein solcher Zwischenwirbelknorpel besteht aus zwei Teilen, welche sich in bezug
sowohl auf Bau wie Funktion verschiedenartig verhalten. Während der äußere Teil
ein aus faserigen, glänzenden Bindegewebe
gebildeter Ring ist, wird der Kern von
einer weichen, gallertigen Masse, welche
im Grunde nichts anderes als die stark
veränderte Rückensaite ist, gebildet.

Das Schicksal der Rückensaite ist
somit ein recht eigenartiges: während sie
bei dem ursprünglichsten bekannten Wirbeltiere fast als das einzige Skelettelement
anzusehen ist, wird sie von Stufe zu Stufe
durch immer wertvolleres Skelettmaterial
ersetzt, zuerst durch Knorpel, dann
durch Knochen und tritt schließlich nur noch während des Embryonallebens auf, um bei den höchsten Wirbeltieren in stark veränderter Gestalt als Teil eines elastischen Apparates fortzubestehen.

Das B r u s t b e i n des Menschen weicht recht beträchtlich von dem
der meisten Säugetiere ab. Es ist ein breiter, platter Knochen, an dem man
drei übereinander liegende Teile unterscheiden kann, von denen der mittlere
der größte ist und die Form einer rechteckigen Platte hat (Fig. 112). Bei
den allermeisten Säugetieren besteht das Brustbein dagegen aus mehreren
kleineren Knochenstücken, mit welchen die Rippen in Verbindung treten
(Fig. 113). Steigen wir zu noch tiefern Tierstufen herab, so begegnet uns
bei den Eidechsen eine dritte Form des Brustbeins (Fig. 114, 115). Durch
eine vergleichende Untersuchung, deren Resultate durch die Embryologie
bestätigt wird, kommt man zu der Auffassung, daß das breite, knorpelige
Brustbein der Eidechsen, welches mit den gleichfalls knorpeligen Rippenenden in Verbindung steht, seine Entstehung und seinen Zuwachs dem

Umstande zu verdanken hat, daß die Rippenenden sich in der Korpermitte aneinanderlegen und allmählich verschmelzen. Das unpaare Brustbein ist also durch die Verschmelzung der paarigen Rippenenden entstanden.

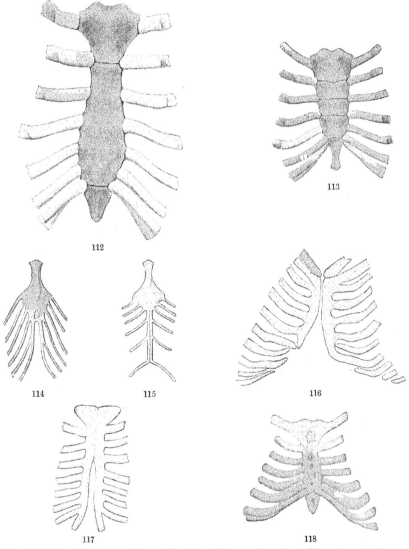

Brustbein Fig. 112 vom erwachsenen Menschen, 113 vom alten Orang-Utan, 114 und 115 von zwei Eidechsen-Arten (nach Gegenbaur), 116 von einem sehr jungen menschlichen Embryo, 117 von einem etwas älteren menschlichen Embryo (116—117 nach Ruge), 118 von einem neugeborenen Kinde.

Dieser Entwicklungsprozeß spiegelt sich nun im Embryonalleben des Menschen ab. Noch im Anfang des dritten Embryonalmonats fehlt ein Brustbein; die 5—7 obersten Rippen sind jederseits an der Bauchseite des Embryo zu einer knorpeligen Längsleiste verbunden (Fig. 116). Diese Längsleisten nähern sich einander und verschmelzen allmählich von oben nach unten zu einem unpaaren Stücke (Fig. 117) — ein Vorgang, dessen verschiedene Stufen wir bei verschiedenen Eidechsen wiederfinden.

Nachdem beim menschlichen Embryo die Rippenenden sich durch Gelenke vom knorpeligen Brustbein abgegrenzt haben, fängt im sechsten Embryonalmonat die Verknöcherung an, indem eine wechselnde Anzahl Knochenkerne auftreten, so daß das Brustbein in diesem Stadium und später (Fig. 118) mit dem Verhalten, welches die Mehrzahl der Säugetiere kennzeichnet, übereinstimmt. Erst im Laufe des 4.—12. Lebensjahres nimmt das Brustbein des Kindes durch Verschmelzung der Knochenkerne zu den genannten drei großen Stücken die Gestalt an, welche dem erwachsenen Menschen eigen ist.

Die Entstehung des Brustbeins aus paariger Anlage gibt uns auch die Erklärung einer sogenannten Mißbildung, welche unter dem Namen der Brustbeinspalte (Fissura sterni) zuweilen beim Menschen angetroffen wird (Fig. 119). Eine solche Spalte kommt dadurch zustande, daß die beiden oben geschilderten Rippenleisten aus irgendeiner Veranlassung beim Embryo nicht zur völligen Verschmelzung gelangen, sondern größere oder

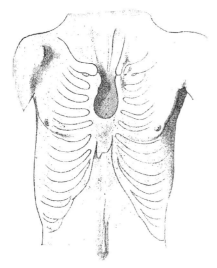

Fig. 119. Brustbeinspalte beim Menschen (nach O. Schultze).

kleinere Lücken als Überreste der ursprünglichen großen Lücke zwischen den Rippen vorkommen, und in der Brustmitte sich nur die Haut als Bedeckung findet, durch welche hindurch die Pulsationen des Herzens unmittelbar gesehen werden können.

Das Studium des Gliedmaßenskelettes ist besonders geeignet, uns von der Einheit der Organisation, welche bei den Wirbeltieren herrscht, zu überzeugen.

Wie sehr auch immer durch den Einfluß verschiedener Faktoren die Gliedmaßen umgemodelt uud spezialisiert worden sind, um den besonderen, von der Lebensweise der Tiere geforderten Aufgaben wie Fliegen, Schwimmen, Graben, Klettern usw. zu genügen, stets können wir an den Gliedmaßen eines Wirbeltieres dieselben Elemente wie bei allen andern nachweisen, stets wird dasselbe Thema variiert.

Da man bezüglich der speziellen Homologien zwischen den paarigen Flossen der Fische und den Gliedmaßen der übrigen Wirbeltiere noch nicht zu einer einheitlichen Auffassung gelangt ist, so lassen wir hier die ersteren beiseite. Aber von den ursprünglichsten Lurchen an die ganze Reihe aufwärts bis zum Menschen kann man keinen Zweifel über die Homologien der einzelnen Teile hegen, wie sehr auch die Anpassung an verschiedenartige Lebensweisen die Übereinstimmung verdeckt haben mag. Auch die Vorder- und Hintergliedmaßen enthalten stets dieselben einander streng entsprechenden Bestandteile, wie aus folgender Übersicht hervorgeht:

Vordergliedmaße:	Hintergliedmaße:
Oberarmbein,	Oberschenkelbein,
Speichenbein,	Schienbein,
Ellenbogenbein,	Wadenbein,
Handwurzelknochen,	Fußwurzelknochen,
Mittelhandknochen,	Mittelfußknochen,
Fingerknochen,	Zehenknochen.

Eine Musterung der hier mitgeteilten Abbildungen (Fig. 120—127) dürfte ohne weitere Erklärung uns davon überzeugen, daß das Gliedmaßenskelett bei allen verschiedenen Tierformen in seinen Grundzügen übereinstimmt, d. h. stets die eben aufgezählten Teile enthält und durch Umbildung in der einen oder andern Richtung sich verschiedenen Funktionen angepaßt hat.

Von besonderem Interesse ist in dieser Beziehung der Vergleich zwischen der Vordergliedmaße des Vogels (Fig. 123), der Fledermaus (Fig. 124) des Wales (Fig. 125), des Maulwurfs (Fig. 126) und des Menschen (Fig. 127). Bei den beiden ersteren ist die Gliedmaße auf zwei verschiedene Arten zu einem Flugwerkzeug umgebildet worden, beim Wale ist sie ein Schwimm-, beim Maulwurf ein Grab- und beim Menschen ein Greifwerkzeug geworden — aber bei allen sind es d i e s e l b e n Elemente, welche in verschiedener Weise umgebildet sind.

Als ein bedeutungsvoller Unterschied zwischen dem Menschen und der Mehrzahl der Säuger einer- und den übrigen Wirbeltieren anderseits ist betont worden, daß bei den letzteren das S c h u l t e r b l a t t durch einen besondern, an der Brustseite gelegenen Skeletteil, den Rabenschnabelknochen (Coracoideum), mit dem Brustbein verbunden ist, während bei den ersteren dieser Knochen und damit auch diese Verbindung fehlt. Das Schulterblatt ebenso wie die von ihm getragene vordere Gliedmaße erhalten hierdurch bei den höhern Säugetieren eine größere Beweglichkeit, das erstere außerdem eine starke Vergrößerung.

Was ist nun aus dem Rabenschnabelknochen geworden? Die niedrigsten aller Säugetiere, die schon früher mehrmals erwähnten Kloakentiere, stim-

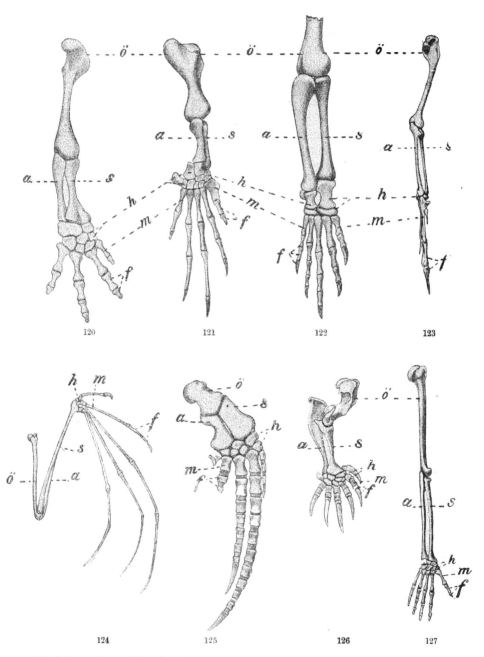

Skelett der vorderen Gliedmaße Fig. 120 vom Landsalamander, 121 von einer Meeresschildkröte,
122 vom Krokodil, 123 vom Vogel, 124 von der Fledermaus, 125 vom Wale, 126 vom Maulwurf,
127 vom Menschen.
ö Oberarmbein, s Speichenbein, a Ellenbogenbein, h Handwurzelknochen, m Mittelhandknochen,
f Fingerknochen.

men in dieser ebenso wie in vielen anderen Beziehungen mehr mit den Kriechtieren als mit den übrigen Säugetieren überein. Bei ihnen hat sich nämlich der Rabenschnabelknochen in seiner Verbindung mit dem Brustbein erhalten. Bei den nächst höheren Säugern, den Beuteltieren, ist allerdings der fragliche Knochen in einer sehr frühen Entwicklungsperiode noch nachweisbar, aber seine Größenzunahme erfolgt nicht in demselben Maßstabe wie die der übrigen Teile des Schultergürtels, so daß er beim erwachsenen Beuteltiere nur als ein kleiner, mit dem Schulterblatt verwachsener Knochenfortsatz vorhanden ist. Dieser kleine Rest, der Rabenschnabelfortsatz der beschreibenden Anatomie, findet sich auch beim Menschen und dient einigen Muskeln als Ansatzfläche. Seine frühere Bedeutung und Selbständigkeit offenbart aber der letztgenannte Knochenfortsatz beim Menschen noch dadurch, daß seine Verknöcherung stets von einem besonderen Knochenkern ausgeht, welcher in der Regel erst im 16.—18. Lebensjahre mit dem Schulterblatt verschmilzt; bei manchen Menschen — nach einer Angabe bei 7% — verbleibt er während des ganzen Lebens selbständig.

„Welche Vorstellung man auch von dem Wesen der Seele und ihren Beziehungen zum Körper haben mag, so ist man jedenfalls genötigt zuzugeben, daß irgendein Teil unseres Körpers das Werkzeug sein muß, durch welches die Seele selbst teils Kenntnis von dem, was in der Außenwelt geschieht, erhält, teils ihren unverkennbaren Einfluß auf das Tun und Lassen des Körpers ausübt. Denn jeder in Worten ausgesprochene Gedanke, jeder zur Handlung gewordene Beschluß setzt als eine unerläßliche Bedingung voraus, daß die Organe des Körpers den Befehlen der Seele Folge leisten; ebenso setzt jeder Sinneseindruck, welcher zum Bewußtsein gelangt, mit Notwendigkeit voraus, daß die rein materiellen Prozesse, welche der auf das Sinnesorgan ausgeübte Reiz auslöst, auf die Seele einwirken können. Alles dies wäre undenkbar ohne die Annahme, daß die Seele in einem oder in mehreren Organen des Körpers eine materielle Unterlage hätte. Eine Menge untereinander übereinstimmender Tatsachen beweisen, daß es das G e h i r n ist, welches die materielle Unterlage der Seele bildet."

Mit diesen Worten leitet einer der führenden Physiologen der Gegenwart, Robert Tigerstedt, seine Darstellung von dem „Gehirn als Organ des Gedankens" ein. Die — h i e r darf man wohl sagen: unumstößliche — Wahrheit, welcher dieser Ausspruch in konzentrierter Form Ausdruck verleiht, dürfte uns von der Bedeutung überzeugen, welcher ein Einblick in die Entstehung und Entwicklung unseres Gehirns haben muß. Die Menschenwerdung ist ja auf das innigste mit der Um- und Ausbildung gerade dieses Organs verknüpft.

Um zu zeigen, daß das Menschenhirn, wie hoch seine Ausbildung auch gelangt ist, kein Gebilde für sich ist, sondern wie alle übrigen Organe des

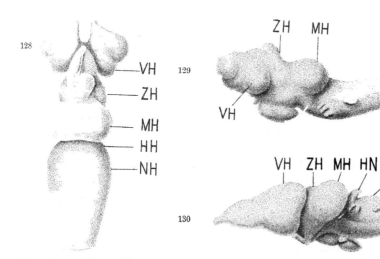

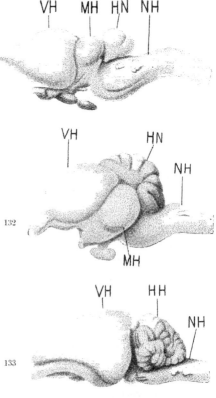

Menschen sich von Zuständen bei niedern Organismen und zwar in d i e s e m Falle als eine höhere Differenzierung ableiten läßt, werfen wir zuerst einen Blick auf die Gehirnformen einiger niederen Wirbeltiere, um später Bekanntschaft mit einigen Entwicklungsstadien des menschlichen Embryonalgehirns zu machen.

Selbstverständlich müssen wir von dem Hirnbau ausgehen, wie er bei den niedrigsten Wirbeltieren, wo überhaupt ein Gehirn in uns verständlicher Form ausgebildet ist, nämlich bei den Rundmäulern, auftritt; man ist sich nämlich nicht darüber einig, ob das allerdings ungemein einfache Gehirn des Lanzettfisches einen ursprünglichen Zustand darstellt oder bereits teilweise rückgebildet ist. Bei dem zu den Rundmäulern gehörigen Nennauge besteht das Gehirn aus

Gehirne Fig. 128—129 vom Flußneunauge, 130 vom Frosche, 131 vom Krokodil, 132 von der Taube, 133 vom Kaninchen. Fig. 128 von oben, 129—133 von der Seite gesehen.

mehreren, hintereinander liegenden, mehr oder weniger bläschenförmigen
Abteilungen, welche bezeichnet werden als Großhirn (VH), Zwischenhirn (ZH),
Mittelhirn (MH) und die hier nur unbedeutend voneinander getrennten
Hinterhirn oder Kleinhirn (HH) und Nachhirn (NH); mit dem Großhirn
stehen die Riechkolben, von denen die Riechnerven ausgehen, in Ver-
bindung. Aus den Abbildungen ist zu ersehen, daß sowohl Mittel- als
Nachhirn jedes für sich größer sind als das Großhirn, welches also hier
noch nicht diesem Namen entspricht.

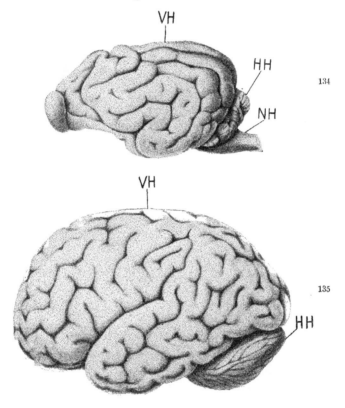

Gehirne Fig. 134 vom Hunde, 135 vom Menschen; von der Seite gesehen.

Ein Vergleich des Gehirns des Neunauges mit dem anderer Wirbeltiere
ergibt, daß wir bei allen ohne Ausnahme dieselben fünf eben genannten
Hirnabteilungen wiederfinden, nur ihre Ausbildung ist bei verschiedenen
Tieren verschieden. So hat sich das Großhirn bei dem Frosche, der ja in
jeder Beziehung viel höher als das Neunauge steht, stark vergrößert sowohl
im Verhältnis zu dem Gehirn als Ganzen, als zu den andern Hirnabschnitten.

Während beim Neunauge und im großen und ganzen auch noch beim
Frosche alle Hirnteile hintereinander liegen, erlangt bei den nächst höhern

Wirbeltieren, den Kriechtieren, das Großhirn eine so starke Ausbildung, daß es das Zwischenhirn vollkommen überlagert (Fig. 131).

In noch höherem Grade macht sich die Überlegenheit des Großhirns bei den Nachkommen der Kriechtiere, den Vögeln (Fig. 132), bemerkbar, wovon schon früher die Rede gewesen ist.

Seine höchste Entwicklung erreicht das Großhirn bei den höchsten Organismen, den Säugetieren. Wir wählen drei Beispiele, um die stufenweise

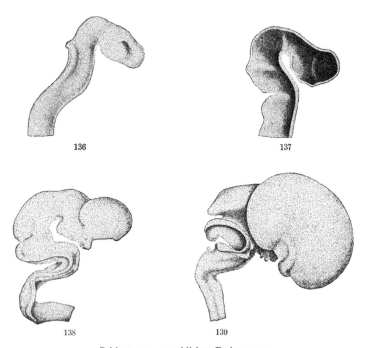

Gehirne von menschlichen Embryonen:
Fig. 136. 3 Wochen alter, 4,2 mm. langer Embryo.
„ 137. 4 Wochen alter, 6,9 mm langer Embryo (das Gehirn ist der Länge nach aufgeschnitten).
„ 138. 5 Wochen alter, 13,6 mm langer Embryo.
„ 139. 3 Monate alter, 50 mm langer Embryo.
(Unter Benutzung der Figuren von His nach Wachsmodellen gezeichnet.)

Ausbildung innerhalb dieser Tiergruppe zu veranschaulichen. Während es beim Kaninchen (Fig. 133) noch nicht so weit nach hinten gewachsen ist, daß es das Mittelhirn vollständig bedeckt hat, ist dies bei dem auf höherer Organisationsstufe stehenden Hunde erfolgt (Fig. 134). Beim Menschen endlich (Fig. 135) sind a l l e anderen Hirnteile vom Großhirn überlagert; dieses hat hier unbedingt den Höhepunkt seiner Entwicklung in der Jetztzeit erreicht.

Die Resultate dieser Untersuchung können wir also folgendermaßen zusammenfassen: das Großhirn bietet im gewissen Sinne eine mit der Gesamtorganisation der Wirbeltiere parallel verlaufende Ausbildung dar, bei den niedrigsten ist es am schwächsten, bei den höchsten ist es am stärksten entwickelt.

Aus den hier mitgeteilten Abbildungen geht außerdem hervor, daß, während die Oberfläche des Großhirns bei allen Nicht-Säugetieren ebenso wie bei vielen niederen und vor allen bei den meisten kleineren Säugetieren (Fig. 133) vollkommen glatt ist, dieselbe bei den höheren und größeren Säugern (Fig. 134) durch eine Anzahl Windungen bedeutend vergrößert ist. Da wir im folgenden auf die Frage nach der Bedeutung der Hirnwindungen für die Lebensfunktionen zurückkommen, möchte ich in diesem Zusammenhange nur betonen, daß a l l e Naturforscher darüber einig sind, daß es das Großhirn und speziell dessen Oberfläche ist, welche die materielle Unterlage der Seelentätigkeit bildet. Hieraus folgt wiederum, daß je höher ausgebildet das Großhirn ist, desto reicher muß sich auch das Seelenleben gestalten.

Bei allen Wirbeltieren, auch bei den höchsten, besteht das Gehirn während der frühesten Embryonalzeit aus einer Reihe von zusammenhängenden, mehr oder weniger bläschenförmigen Teilen — also im wesentlichen eine Wiederholung des Verhaltens, welches wir als kennzeichnend für die niederen Wirbeltiere im völlig reifen Zustande angetroffen haben. Es ist nämlich das Gehirn eines 3—4 Wochen alten menschlichen Embryo aus fünf einfachen Hirnblasen (Fig. 136—137) zusammengesetzt; ebenso wie bei niederen Wirbeltieren ist die Grenze zwischen Kleinhirn und Hinterhirn noch undeutlich. Indessen besteht ein Unterschied zwischen dem Gehirn der niedern Wirbeltiere im erwachsenen Zustande und dem menschlichen Embryonalgehirn: während bei den ersteren die verschiedenen Hirnteile in derselben Ebene liegen, beschreiben sie beim letzteren einen Bogen, wobei das Mittelhirn das Vorderende des Gehirns bildet. Dieser Unterschied ist jedoch ausschließlich von mechanischen, vom Embryonalleben verursachten Verhältnissen abzuleiten: beim Embryo erfolgt das Wachstum des Gehirns und besonders des Hirndaches in rascherem Tempo als seine Umhüllung, weshalb es sich nach unten, wo es den schwächsten Widerstand findet, krümmt. In einem spätern Stadium, beim fünf Wochen alten menschlichen Embryo (Fig. 138), fängt die Anlage der beiden Hälften des Großhirns an nach oben und hauptsächlich nach hinten zuzuwachsen. Im dritten Monat hat dieser Hirnteil eine solche Ausbildung erreicht, daß er die Sehhügel völlig überlagert und schon seine Überlegenheit über den übrigen Hirnteil offenbart (Fig. 139). Und im fünften Monate sind nicht nur das Zwischenhirn (die „Sehhügel"), sondern auch der größere Teil des Mittelhirns (die „Vierhügel") von ihnen bedeckt; das Großhirn hat somit jetzt etwa die Stufe erreicht, auf welcher es bei manchen niederen Säugetieren (z. B. beim Kaninchen Fig. 133) zeitlebens stehen bleibt. Diese Übereinstimmung ist um so vollständiger, als die Oberfläche des Großhirns beim Kaninchen und beim Menschenembryo auf dieser Entwicklungsstufe vollkommen glatt ist, noch der Windungen entbehrt, welche beim Menschen erst später, beim Kaninchen niemals auftreten.

Denselben Parallelismus in dem Entwicklungsverlaufe des einzelnen Individuums (somit in der Embryonalentwicklung) und des ganzen Tierstammes, den wir schon oben bezüglich einiger anderer Organe beobachten konnten, weist also auch das wichtigste Spezialmerkmal des Menschen, das Gehirn, auf. In einem folgenden Kapitel wird sich Gelegenheit bieten, das Gehirn des Menschen, verglichen mit dem der höheren Tiere, zu untersuchen.

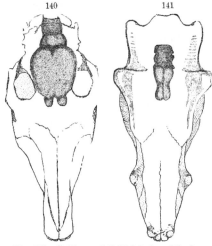

140 141

Fig. 140. Gehirn und Schädel eines Pferdes;
141 dieselben Teile von Dinoceras, einem Huftiere
aus dem Alt-Tertiär (nach Marsh.)

Daß aber das zunehmende Übergewicht des Großhirns, von dem die vergleichende Anatomie und die Embryologie ein völlig einstimmiges Zeugnis ablegen, in der Tat der Ausdruck eines nicht bloß gedachten, sondern eines wirklichen, historischen Vorganges ist, beweisen mehrere fossile Funde. Da das Gehirn der Säugetiere das Schädelinnere so vollständig ausfüllt, daß ein Ausguß der Hirnhöhle eine genaue Vorstellung von der Gestalt des Gehirns zu geben vermag, können wir demgemäß auch recht befriedigende Aufschlüsse über die Gehirne ausgestorbener Säugetiere gewinnen. So ist die sehr bemerkenswerte Tatsache festgestellt worden, daß bei den ältesten tertiären Säugetieren das Gehirn im allgemeinen und besonders das Großhirn kleiner als bei den später auftretenden Säugetieren gewesen ist (Fig. 140, 141). Und dies gilt nicht nur von Formen, welche, ohne Nachkommen zu hinterlassen, ausgestorben sind — vielleicht steht das Aussterben mancher derselben geradezu im ursächlichen Zusammenhange mit ihrer Unfähigkeit, eine höhere Hirnausbildung zu erlangen — sondern auch von solchen, welche Stammformen heute lebender Säuger geworden sind.

Eine eigentümliche Vorgeschichte hat die Schilddrüse.

Beim Menschen wie bei der Mehrzahl der Säugetiere liegt dieses Organ dem oberen Teil der Luftröhre an, seitlich sich bis zum Schildknorpel („Adamsapfel") erstreckend, und besteht meist aus zwei seitlichen durch ein schmäleres Mittelstück verbundenen, abgerundeten und länglichen Lappen (Fig. 142).

Von gewöhnlichen Drüsen unterscheidet sich die Schilddrüse durch das
Fehlen von Ausführgängen. Lange hat man angenommen, daß dieselbe
ohne wesentlichen Einfluß auf unser Wohlbefinden, daß sie mehr oder
weniger funktionslos sei. Aber abgesehen von ihrer recht beträchtlichen
Größe beim Menschen und
den Säugetieren und von
dem Umstande, daß dieselbe
sehr reichlich mit Blutgefäßen versehen ist, kann
durch unmittelbare Be-
obachtungen, mit denen uns
die medizinische Wissen-
schaft der letzten Jahrzehnte
bekannt gemacht hat, un-
widerleglich bewiesen werden, daß die Schilddrüse mit
äußerst wichtigen Verrich-

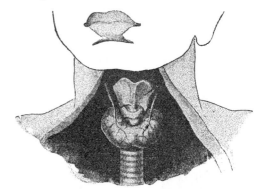

Fig. 142. Schilddrüse vom Menschen.

tungen betraut ist. Man weiß jetzt, daß vollständige Entfernung oder krankhafte Veränderungen derselben verhängnisvolle Störungen zur Folge haben.
Zunächst ist festgestellt worden, daß die Entfernung der Schilddrüse beim
Hunde, mit welchem Tier eingehende Experimente angestellt sind, in der Regel
innerhalb einiger Tage oder Wochen zum Tode führt, daß sie beim Menschen

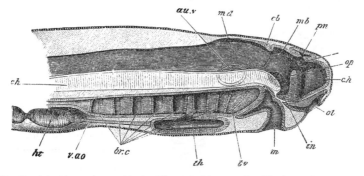

Fig. 143. Vereinfachter und vergrößerter Längsschnitt durch den Kopf einer Larve vom Neunauge. ch, mb, cb, md die verschiedenen Abteilungen des Gehirns, m Mund, brc Kiemen-
taschen, th Schilddrüse, ht Herz, ch Rückensaite (nach Balfour).

sehr erhebliche Nahrungsstörungen verursacht, sowie daß jüngere Individuen nach dieser Operation schneller als ältere zugrunde gehen; außerdem ist zu bemerken, daß sich verschiedene Tierarten verschieden gegen
diese Operation verhalten. Die vollständige Ausschaltung derselben, welche
man bei ihrer chronischen Entartung und Anschwellung (unter dem Namen
Kropf bekannt) vorgenommen hat, zieht ferner eine Schwächung der In-

telligenz, sowie Veränderungen in der Haut nach sich. Dasselbe Krankheitsbild ist in den Fällen, wo die Drüse durch Krankheit zerstört worden ist, beobachtet worden. Anderseits ist es gelungen, die schädlichen Wirkungen, welche die vollständige Ausschaltung der Schilddrüse nach sich zieht, durch Einspritzung von Schilddrüsenextrakt in das Blut oder durch Verzehren von Schilddrüsenpräparaten zu begegnen. Auf Grund dieser und ähnlicher Befunde nimmt man jetzt allgemein an, daß die Schilddrüse vermittelst sogenannter innerer Sekretion auf den Körper einwirkt; d. h. dadurch, daß sie einen Stoff, der für die normale Tätigkeit des Nervensystems notwendig ist, absondert und unmittelbar an das Blut abgibt.

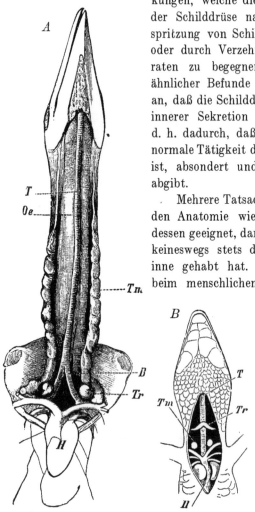

Mehrere Tatsachen sowohl der vergleichenden Anatomie wie der Embryologie sind indessen geeignet, darzulegen, daß die Schilddrüse keineswegs stets die eben erwähnte Funktion inne gehabt hat. Schon der Umstand, daß beim menschlichen Embryo die Anlage der Schilddrüse in offener Kommunikation mit dem vordersten Teile des Darmkanals steht, welche Kommunikation später im Laufe der embryonalen Entwicklung aufgehoben wird, gibt der Annahme Raum, daß die Tätigkeit des fraglichen Organs ursprünglich in irgendwelcher Beziehung zum Darmkanale, also wohl zunächst im Dienste der Ernährung gestanden hat. Die Funde, welche die vergleichende

Fig. 144. Schilddrüse A von der Eidechse, B von einem jungen Storchen. Tr Schilddrüse, Tm Thymus, T Luftröhre, H Herz, Oe Speiseröhre (nach Wiedersheim).

Anatomie aufgedeckt hat, bestätigen durchaus diese Auffassung. Die Schilddrüse ist ein sehr altes Organ, da es vollkommen kenntlich schon bei wirbellosen Tieren auftritt. Bei den ursprünglichsten der bisher bekannten Wirbeltiere, dem Lanzettfische, kommt eine Schilddrüse als eine offene, von umgebildeten Zellen begrenzte Rinne vor, welche den

Boden der vordersten Teile des Darmkanals bildet. Höchst wahrscheinlich spielt die Rinne die Rolle einer Drüse, deren Absonderungs-
produkte unmittelbar in den Darm entleert werden, um an der Verdauungs-
arbeit teilzunehmen, oder sie umhüllen die Nahrungsteilchen mit Schleim,
um sie dadurch sicher dem Magen zuzuleiten. Diese Funktion kommt ganz
sicher auch dem Organe bei dem nächsthöheren Wirbeltiere, dem Neunauge,
zu. Hier hat nämlich die Rinne insofern die Form einer mehr selbständigen
Drüse angenommen, als sie sich vollständiger vom Darmkanal getrennt hat,
mit dem sie bei dem jungen Tiere nur durch einen als Ausführgang dienenden
Kanal in Verbindung steht (Fig. 143). Beim vollkommen ausgebildeten, geschlechtsreifen Neunauge dagegen ist der Ausführgang und damit die Verbindung der Schilddrüse mit dem Darmkanal verschwunden; sie kann somit nicht länger als gewöhnliche „Drüse" dienen, ganz abgesehen davon, daß die Drüsensubstanz eine Rückbildung erfährt. Bei Fischen, Amphibien, Kriechtieren und Vögeln steht die Schilddrüse nur im Embryonalzustande mit dem Darmkanal in Verbindung, indem sie als eine Ausstülpung desselben entsteht und somit dem Zustande bei der Neunaugenlarve
entspricht. Im ausgebildeten Zustande aber ist die Schilddrüse bei den genannten Tieren ein paariger oder unpaarer, stets kleiner, vom Darme völlig
getrennter und vielleicht funktionsloser Körperteil (Fig. 144). Erst bei
den Säugern tritt ein anderer Zustand auf: wie schon erwähnt, hat sich die
Schilddrüse hier zu einem relativ großen, sehr blutreichen Organe mit für
die Lebenstätigkeit äußerst wichtigen Funktionen entwickelt.

Die Schicksale der Schilddrüse in der Reihe der Wirbeltiere sind somit recht seltsam. Dieselbe entsteht bei den wirbellosen Tieren als eine
auf besondere Art umgebildete Darmpartie, welche sich bei der Larve des
Neunauges zu einer mehr begrenzten Drüsenmasse mit Ausführgang in den
Darm umgestaltet. Sodann hört die Schilddrüse, indem die Verbindung
mit dem Darm gelöst wird, auf, Drüse in eigentlichem Sinne des Wortes zu
sein, wird ein Organ von wahrscheinlich minderwertiger Bedeutung, rettet
sich aber bei den höchsten Organismen vom völligen Untergange durch
Übernahme von ihr ursprünglich fremden, aber äußerst bedeutsamen Funktionen. Wir stehen also auch hier vor einer Erscheinung in der organischen
Entwicklungsgeschichte, welche als Funktionswechsel zu bezeichnen ist.

Im vorigen haben wir eine Reihe Organe durchmustert, deren Beschaffenheit für den Körperbau des Menschen besonders bezeichnend ist,
wie der Schädel, das Brustbein, das Gehirn u. a. Durch Vergleichung mit
den entsprechenden Körperteilen bei niederen Organismen und — gegebenen
Falles — durch Untersuchung der Befunde während des embryonalen
Lebens haben wir uns davon überzeugen können, daß, in wie hohem Grade
die Befunde beim erwachsenen Menschen auch von dem Verhalten bei den
Tieren abweichen mögen, sie nicht nur aus denselben Grundelementen auf-

gebaut sind, sondern auch durch Mittelstufen hindurch sich von Zuständen
bei niederen Geschöpfen herleiten lassen. Zu ganz denselben Schlußsätzen
würde uns das Studium des menschlichen Körpers in seiner Gesamtheit
führen. Da aber, wie schon bemerkt, unsere Aufgabe nicht darin besteht,
eine Darstellung der Anatomie des Menschen zu geben, sondern vielmehr
seinem Ursprunge nachzuspüren, können wir uns auf das obige um so mehr
beschränken, als wir Veranlassung haben werden, noch einige andere Züge
seiner Organisation in einem folgenden Abschnitte, wo seine intimeren
Verwandtschaftsverhältnisse untersucht werden sollen, zu studieren.

Zuvor wird es notwendig sein, einem der bedeutungsvollsten und vielleicht auch der verlockendsten Gebiete der Biologie, der Embryologie,
näherzutreten; schon in den vorhergehenden Ausführungen haben wir hier
und da, wo es für das Verständnis anatomischer und paläontologischer
Befunde ersprießlich erschien, Tatsachen aus dieser Wissenschaft zu Hilfe
genommen.

V.

Das Ergebnis der Embryologie.

Die Veränderungen, welche der Organismus vom Ei bis zum ausgebildeten Individuum erfährt, bilden den Gegenstand der Wissenschaft, der unter dem Namen der E m b r y o l o g i e oder O n t o g e n i e — zu deutsch: Lehre von der Keimesentwicklung — bisweilen die ausschlaggebende Stimme zuerkannt wird, wenn die höchsten Fragen des Lebensprozesses zur Erörterung gelangen.

Die Embryologie in ihrem gegenwärtigen Umfange ist ziemlich jungen Datums. Erst um die Mitte des 17. Jahrhunderts gelang es nachzuweisen, daß das neue Geschöpf aus dem Ei entsteht, und erst 1827 entdeckte einer der Begründer der modernen Embryologie, K. E. von Baer, das wirkliche Säugetierei. Auch betreffs der Art und Weise, wie der Embryo oder der Fötus sich aus dem Ei entwickelt, hegte man in früheren Zeiten ganz andere Vorstellungen als heute. Noch bis zur zweiten Hälfte des 18. Jahrhunderts herrschte eine Theorie vor, welche lehrte, daß der ausgewachsene Organismus mit allen seinen verschiedenen Teilen schon in dem befruchteten Ei, beziehungsweise in der Samenzelle vorhanden sei; daß man ihn in dem Ei oder in der Samenzelle nicht entdecken könne, beruhe teils auf seiner Kleinheit, teils auf seiner Durchsichtigkeit. Der Embryo war also nach dieser Vorstellung nur ein Miniaturbild des ausgewachsenen Individuums. Eine „Entwicklung" in dem Sinne, wie wir diesen Prozeß verstehen, sollte demnach gar nicht stattfinden, nur ein Wachstum und eine „Evolution', ein' Entfalten verschiedener Hüllen, in welche der fertiggebildete Organismus eingehüllt war. Unverzagt zog man aus dieser „P r ä f o r m a t i o n s - t h e o r i e" die unvermeidliche Schlußfolgerung: da keine Neubildung stattfindet, müssen also zu einem gegebenen Zeitpunkt in der zukünftigen Mutter die Miniaturbilder nicht nur von Kind, sondern auch von Kindeskind, Kindeskindeskind usw. ins Unendliche eingeschlossen sein; und geht man auf den „Anfang" zurück, so müssen natürlich alle Menschen, die gelebt haben, leben und leben werden, in Miniatur in dem Eierstock der Stammutter aus dem Paradies, bei Eva, eingeschlossen gewesen sein!

Gegen diese Präformationstheorie, die sich auch mit der kirchlichen Orthodoxie gut vertrug, trat unter anderen der deutsche Biologe Caspar Friedrich Wolff (geb. 1733, gest. 1784) auf. In mehreren mit bewundernswertem Scharfsinn und seltener Genauigkeit ausgeführten Arbeiten hat er den Grund zu einer wissenschaftlichen Auffassung von der Entwicklung des organischen Individuums gelegt. Gestützt auf gute Beobachtungen, konnte Wolff behaupten, daß eine wirkliche Entwicklung stattfindet, daß der Organismus aus dem Ei durch eine Summierung zahlreicher kleiner Veränderungen hervorgeht. Erst lange nach dem Tode ihres Urhebers gelang es indessen dieser Lehre, die uns jetzt so selbstverständlich erscheint, durchzudringen.

Die Schuld an dem langsamen Tempo, in welchem die Embryologie fortschritt, lag indessen nicht nur daran, daß theologische und philosophische Dogmen ihr Steine in den Weg legten, sondern vor allem an der Beschaffenheit des Materials. Ein einigermaßen

Fig. 145. K. E. von Baer, geb. 1792 in Esthland, gest. 1876. Begründer der neueren Embryologie; hervorragender Anthropologe.

vollständiger und sicherer Einblick in den Bau so kleiner und so zarter Gegenstände, wie die ersten Entwicklungsstadien der meisten Tiere es sind, konnte nämlich kaum erlangt werden, ehe das zusammengesetzte Vergrößerungsglas, das Mikroskop, und einige andere technische Hilfsmittel einen gewissen Grad von Vollkommenheit erreicht hatten. So weit kam man aber erst im Anfang des 19. Jahrhunderts. Aus dieser Periode verdient in erster Linie genannt zu werden Karl Ernst von Baer, der ebenso wie Pander die Urorgane, die Keimblätter nachwies, von denen alle Organbildung im Tierkörper ausgeht.

Das Verdienst, in höherem Grade als jemand vor oder nach ihm zur Klärung der allgemeinen embryologischen Begriffe beigetragen zu haben, gebührt gleichfalls von Baer. Die verschiedenen Arten der Differenzierung des Embryo, die wir noch heute unterscheiden: die Furchung des Eies, die Keimblätterbildung und die Entwicklung der Organe, sind zuerst von ihm klar formuliert worden. Von Baer war es, der zuerst eine für das Verständnis der Entwicklung des Individuums höchst bedeutsame Erscheinung nachwies, die, um von Baers Ausdrucksweise modern zu umschreiben, kurz so ausgedrückt werden könnte: Vererbung und Anpassung sind die beiden Faktoren, welche die organische Formgestaltung bestimmen — ein Satz, dessen reale Bedeutung jedoch erst die Deszendenztheorie uns verstehen gelehrt hat.

Zahlreiche wertvolle Einzelentdeckungen auf den verschiedenen Gebieten der Embryologie und die Ausdehung der Forschungen auch auf eine Reihe niederer Tiere waren die Frucht der Arbeiten der Zeitgenossen und nächsten Nachfolger von Baers. Unter ihnen verdienen vor allem Erwähnung Chr. Pander, Heinrich Rathke, Robert Remak, Albert von Kölliker und Thomas Huxley. Einen mächtigen Hebel für die embryologische Forschung bildete auch

Fig. 146. Albert von Kölliker, geb. 1817, gest. 1905. Bedeutender Anatom und Embryologe.

der von Theodor Schwann als allgemeingültig festgestellte Satz, daß der Tierkörper aus Zellen besteht, was vor ihm nur in vereinzelten Fällen nachgewiesen war.

Ihre Großmachtstellung im Reiche der Wissenschaft erhielt jedoch die Embryologie gleich den anderen Zweigen der Biologie erst mit dem Durchbruch des Deszendenzprinzips. Die Tatsachen, die bereits vorlagen, erhielten nun neue Bedeutung als historisches Beweismaterial, die neuen zielbewußten Untersuchungen, zu denen die Deszendenztheorie den Anstoß gab, bahnten neue Wege zu neuen ungeahnten Eroberungen.

Unter den ersten, welche die Embryologie auf die moderne Deszendenztheorie gründeten und zeigten, daß der ganze Entwicklungsprozeß des Individuums nur durch das Deszendenzprinzip verständlich wird, befinden sich der bereits erwähnte Ernst Haeckel, der Engländer Francis Balfour und der Russe Alexander Kowaleski.

Haeckel versuchte durch seine Gasträatheorie zu zeigen, daß alle mehrzelligen Organismen von einer aus zwei Urorganen (Keimblättern) zusammengesetzten Stammform der Gasträa abstammen. Balfour veröffentlichte 1880 bis 1881 das erste zusammenfassende Handbuch der vergleichenden Embryologie das eine für seine Zeit mustergültige Darstellung seiner eigenen Untersuchungen und derjenigen anderer über die Embryonalentwicklung des ganzen Tierreichs gab und nachwies, welche Stütze diese Untersuchungen für die Deszendenztheorie lieferten.

Fig. 147. Francis Maitland Balfour, geb. 1851 in Edinburg, gest. 1882 bei einer Besteigung des Mont Blanc. B. hat ein Gesamtbild von der Embryologie im Lichte der Deszendenztheorie gegeben.

Auch die Embryologie des Menschen hat durch die Arbeiten des kürzlich verstorbenen, hervorragenden Forschers Wilhelm His und anderer während der letzten Jahrzehnte höchst wesentliche Fortschritte gemacht. Aus leicht einzusehenden Gründen ist jedoch unsere Kenntnis der ersten Stadien der menschlichen Embryonalentwicklung noch etwas mangelhaft. Was man weiß, hat man eher einem glücklichen Zufall als solchen planmäßig durchgeführten Untersuchungen zu verdanken, wie wir sie betreffs eines großen Teils anderer Geschöpfe besitzen. Da indessen die Entwicklung des Menschen und der höheren Säugetiere in den Stadien, die wir kennen, entweder übereinstimmt oder ähnlich ist, können wir mit einer an Gewißheit grenzenden Wahrscheinlichkeit annehmen, daß auch die allerersten, noch nicht beobachteten Entwicklungsstadien des menschlichen Embryo keine wesentlichen Verschiedenheiten von denen der höheren Säugetiere darbieten, sondern entweder vollständig oder der Hauptsache nach mit ihnen übereinstimmen.

Wenn wir also, um uns eine Vorstellung von der Befruchtung und den ersten Entwicklungserscheinungen zu bilden, von Beobachtungen bei den Tieren ausgehen, so können wir, da diese Erscheinungen in allem Wesentlichen die gleichen bei allen bisher untersuchten Wesen sind, mit Sicherheit annehmen, daß sie sich wenigstens in ihren Hauptzügen auch beim Menschen wiederfinden müssen.

Während, wie wir in einem früheren Kapitel gesehen haben, der Körper des Menschen wie der aller höheren Organismen in ausgebildetem Zustande

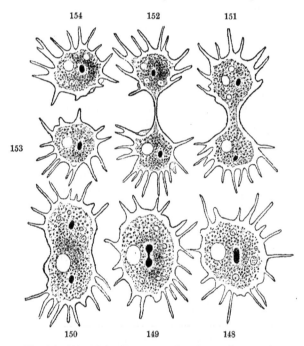

Fig. 148—154. Einige Phasen aus dem Leben einer Amöbe; starke Vergrößerung (nach Boas).

aus einer ungeheuer großen Anzahl verschiedener Zellen besteht, welche die Träger der Lebenstätigkeit sind, so findet sich doch eine Periode im Leben der Organismen, in welcher alle Organismen — einschließlich des Menschen — einzellig sind, aus einer einzigen Zelle bestehen. Dieses Stadium ist das Eistadium. Denn ein Ei ist nichts anderes als eine Zelle. Ein „Zellenstaat“, ein mehrzelliger Organismus, entsteht in der Weise, daß diese Zelle, das Ei, sich in zwei neue Zellen teilt, und die durch fortgesetzte Teilung entstandenen Zellen sich vereinigen und ihre besonderen Funktionen erhalten.

Eine große Anzahl Organismen bleibt indessen ihr ganzes Leben hindurch auf dem Einzellenstadium stehen, auf welchem also die Zelle das Individuum repräsentiert. Wir können demnach unter den Tieren zwei

große Hauptgruppen unterscheiden, die niedere: die einzelligen oder Urtiere, und die höhere: die mehrzelligen Tiere.

Untersuchen wir nun zunächst eines der einfachsten Wesen, das es
überhaupt gibt: ein Urtier, A m ö b a genannt (Fig. 148—154). Dieses
Tier, das gleich der großen Mehrzahl anderer Urtiere so klein ist, daß man
starke Vergrößerungen anwenden muß, um es studieren zu können, kommt
bisweilen zahlreich im Süßwasser vor. Legen wir eine Glasscheibe mit
einem Wassertropfen, der eine Amöbe enthält, unter das Mikroskop, so
können wir uns zunächst davon überzeugen, daß das kleine Geschöpf die
für die Zelle kennzeichnenden Bestandteile besitzt; das feinkörnige, dickflüssige Protoplasma, einen kugeligen oder ovalen Kern und einen Kernkörper. Beobachten wir unsere Amöbe hinreichend lange, so können wir

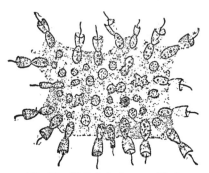

155. Eine Urtierkolonie; vergrößert.

auch ihr Bewegungsvermögen konstatieren; die Teilchen des Protoplasmas (Körnchen) sind in fast ständiger Bewegung, bald fließt dieser,
bald jener Teil des Protoplasmas in
unregelmäßige Verlängerungen oder
Fortsätze, sog. Pseudopodien („falsche
Füße"), aus, und mittelst dieser
gleitet oder kriecht die Amöbe im
Wasser vorwärts. Man hat berechnet,
daß die Amöbe im Laufe einer Minute
eine Weglänge von ½ Millimeter zu-
rückzulegen vermag. Aus dem Umstande, daß diese Bewegungen ohne jede
äußere Einwirkung vor sich gehen können, hat man schließen können,
daß die Amöbe mit willkürlichem Bewegungsvermögen begabt ist. Stößt
die Amöbe dagegen auf einen anderen Organismus, z. B. ein anderes Ur-
tier, oder wird es in irgendeiner Weise beunruhigt, so werden die Pseudopodien eingezogen. Sie besitzt also Gefühl.

Die Pseudopodien dienen aber nicht nur zur Fortbewegung, sondern
haben gleichzeitig eine andere Aufgabe. Kommt nämlich ein organischer
Stoff in die Nähe der Amöbe, so können sich die Pseudopodien um ihn
herum legen und ihn in die Protoplasmamasse hineinpressen, wo er allmählich die gleiche Beschaffenheit wie der Körper der Amöbe selbst annimmt; er wird demnach in einen Teil der Amöbe umgewandelt, während
die Stoffe, die möglicherweise von der Amöbe aufgenommen sind, aber
keine derartige Umwandlung erfahren können (wie Kieselkörner u. dgl.),
nach einiger Zeit wieder aus dem Protoplasma der Amöbe durch die Bewegung seiner Teilchen ausgestoßen werden.

Wir sehen demnach, daß die Amöbe Nahrungsstoffe aufzunehmen
und zu verdauen vermag. Außer festen Bestandteilen wird auch Wasser

und mit diesem Sauerstoff aufgenommen, der eine notwendige Bedingung für die Existenz der Amöbe bildet; der Sauerstoff verbindet sich mit einem Teil des Kohlenstoffes in dem Protoplasma zur Bildung von Kohlensäure, die dann ausgeschieden wird. Eine wichtige Rolle in diesem Atmungs- und Ausscheidungsprozess spielt zweifellos eine im Protoplasma eingebettete, mit Flüssigkeit gefüllte Blase, die das Vermögen besitzt, sich abwechselud zu erweitern und zusammenzuziehen, wodurch Flüssigkeit aufgenommen und wieder aus dem Zellkörper ausgetrieben wird.

Hat die Amöbe durch reichliche Ernährung eine gewisse Größe erreicht, so geht eine eigentümliche Veränderung in ihr vor: der Zellkern verlängert sich, schnürt sich in der Mitte ein (Fig. 149) und zerfällt in zwei Kerne (Fig. 150); eine ähnliche Teilung erfährt auch die oben erwähnte mit Flüssigkeit gefüllte Blase. Hierauf zieht sich auch der Zellkörper in die Länge und teilt sich in zwei Teile, mit je einem Zellkern und einer Flüssigkeitsblase (Fig. 151—154). Auf diese Weise erzeugt die Mutteramöbe durch Teilung zwei Tochteramöben, die der ersteren gleichen, abgesehen von der während der ersten Zeit geringeren Größe. Die Amöbe hat sich also fortgepflanzt. Da, wie erwähnt, die Fortpflanzung durch Teilung erst eintrifft, wenn die Amöbe durch Aufnahme von Nahrung

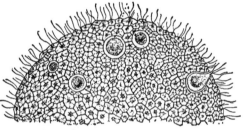

Fig. 156. Teil einer Volvox-Kolonie.

zu einer gewissen Größe angewachsen ist, so stellt also diese Art von Fortpflanzung in Wirklichkeit nichts anderes dar als ein Wachstum über das Maß des Individuums hinaus.

Aus den hier skizzierten Beobachtungen geht hervor, daß in dem Organismus des kleinen einzelligen Wesens, in der selbständig existierenden Zelle, alle für den Fortbestand des Individuums und der Gattung erforderlichen Verrichtungen vor sich gehen: sie besitzt das Vermögen des Gefühls, der Bewegung, Verdauung, Atmung, Ausscheidung und Fortpflanzung.

Den Ausgangspunkt für die mehrzelligen Geschöpfe haben wir wohl in der Koloniebildung der Urtiere zu suchen. Bei einigen Urtieren trennen sich bei der ebenerwähnten Fortpflanzung nicht die Teilungsprodukte, um je für sich ihr „einzelliges‟ Leben zu führen, sondern sie legen sich zur Bildung einer Kolonie aneinander.

In dieser Koloniebildung können wir mehrere Grade unterscheiden, die ebensoviele Stationen auf dem Wege zur Entstehung der mehrzelligen Organismen bezeichnen. So bilden sich Kolonien von Urtieren dadurch, daß eine größere oder geringere Anzahl dieser letzteren untereinander durch

eine gallertartige Substanz verbunden sind, die von den Zellindividuen
abgesondert wird (Fig. 155). Inniger kann der Zusammenhang zwischen
den einzelnen, die Kolonie bildenden Urtieren dadurch werden, daß die
Urtiere sich unmittelbar ohne Dazwischentreten eines verbindenden Stoffes
aneinanderlegen.

Fig. 157. Nahezu reifes Ei vom Menschen, umgeben von der Eihaut, oben das Keimbläschen mit dem Keimfleck. Vergrößerung 500:1 (nach Waldeyer — O. Hertwig).

Keines dieser Urtiere ist jedoch über das typische Koloniestadium
hinausgelangt: die einzelligen Organismen haben ihre Selbständigkeit
ziemlich unverkürzt bewahrt, und der Zusammenhang zwischen ihnen ist
wenigstens der Hauptsache nach nur ein äußerer. Anders liegt die Sache,
wenn eine Arbeitsteilung zwischen den verschiedenen Individuen der Kolonie
eintritt, d. h. wenn gewisse Urtiere, also gewisse Zellen in der Kolonie,
eine bestimmte Funktion übernehmen, die von den übrigen nicht ausge-

übt werden kann. Das ist der Fall z. B. bei Volvox (Fig. 156), einer Kolonie von zahlreichen Zellindividuen, die die Wand einer mit einem gallertigen Stoff angefüllten, ungefähr einen Millimeter großen Kugel bilden. Während die Mehrzahl dieser Zellindividuen gleichartig und wie andere verwandte Urtiere mit je zwei Flimmerhaaren versehen sind, erhält eine kleinere Anzahl von ihnen ein verschiedenes Aussehen. Die ersteren besorgen die Ortsveränderung der Kolonie sowie die Aufnahme und Ausnutzung der Nahrung, während letztere die Fortpflanzung besorgen und von zweierlei Art sind: teils Eizellen, die der Flimmerhaare entbehren, eine bedeutendere Größe erreichen und unbeweglich sind, teils Samenzellen, welche Gruppen von kleinen, äußerst beweglichen Zellen bilden. In einer solchen Volvoxkolonie haben sich demnach die Zellen in zwei verschiedene Richtungen ausgebildet: einige sind „Körperzellen“, andere „Geschlechtszellen“ geworden. Nicht mehr sämtliche Individuen (Zellen) der Kolonie können fortan alle die Verrichtungen ausführen, die zum Fortbestand der Kolonie erforderlich sind; nur ein Teil besitzt das Vermögen, die Kolonie fortzupflanzen. Da so die beiden Arten einzelner Individuen in einem notwendigen Lebenszusammenhang miteinander stehen, haben wir bei Volvox nicht mehr eine Kolonie von selbständigen Individuen im gewöhnlichen Sinne. Eine solche Urtierkolonie steht vielmehr auf der Grenze zu einem mehrzelligen Organismus, in welchen die Zellindividuen zugunsten der Gesamtheit einen Teil ihrer Individualität aufgegeben und verschiedene Funktionen übernommen haben.

Können wir auch zurzeit nicht mit Sicherheit eine bekannte Kolonie von Urtieren angeben, die als die unmittelbare Stammform der mehrzelligen Tiere anzusehen wäre, so gewährt uns doch eine solche Kolonie wie Volvox eine Vorstellung davon, auf welchem Wege die höheren, die mehrzelligen Organismen sich aus einzelligen Tieren entwickelt haben.

Kehren wir nun zu den mehrzelligen Organismen zurück, so erinnere ich zunächst an folgende Tatsache. Während bei den einzelligen Tieren ein und dieselbe Zelle alle Verrichtungen des Lebens auszuführen hat, findet sich bei den mehrzelligen eine mehr oder weniger scharf durchgeführte Arbeitsteilung unter den Zellen. Den ersten Schritt zu einer derartigen Arbeitsteilung können wir bei einer solchen Urtierkolonie wie Volvox beobachten: die Zellen haben sich in zwei verschiedene Richtungen, Körperzellen und Geschlechtszellen, ausgebildet. Bei den mehrzelligen Organismen erreicht diese Arbeitsteilung eine höhere Stufe dadurch, daß die verschiedenen Körperzellen verschiedene Funktionen erhalten: gewisse Zellen haben Nahrung aufzunehmen, andere die Atmung zu vermitteln, wieder andere die Bewegung usw. Aber auch bei den Geschlechtszellen beobachten wir, wie in der Volvoxkolonie, eine Arbeitsteilung: die weibliche Geschlechtszelle oder das Ei, und die männliche, die Samenzelle oder der Samenfaden. Erstere ist verhältnismäßig groß, unbeweglich, letztere klein, beweglich oder wenigstens in Luft und Wasser leicht transportabel. Wie jede Zelle bestehen auch die Geschlechtszellen wenigstens aus zwei verschiedenen Bestandteilen, nämlich Protoplasma und Kern. Von diesen ist aber das Protoplasma in sehr verschiedener Menge in den beiden Arten von Geschlechtszellen vorhanden, indem das Protoplasma der Samenzelle oft weit weniger als $^1/_{100\,000}$ von dem Protoplasma des Eies ausmacht. Welche Ursache liegt dieser Verschiedenheit der Geschlechtszellen und der Entstehung der beiden verschiedenen Geschlechter zugrunde?

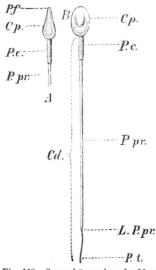

Fig. 158. Samenkörperchen des Menschen. A Profilansicht, B Flächenansicht, Cp Kopf, P.c Verbindungsstuck, Cd Schwanz. Starke Vergroßerung (nach Retzius-Waldeyer — O. Hertwig).

Die oben erwähnte einfachste und ursprünglichste Form der Fortpflanzung durch Zellteilung tritt wohl eigentlich nur bei den allerniedrigsten Organismen wie bei der vorher besprochenen Amöbe auf. Bei den höheren Urtieren hört diese Vermehrung durch Teilung früher oder später auf, sofern sie nicht von neuem durch eine Erscheinung angeregt wird, welche Befruchtung genannt wird, und deren wichtigstes Moment die Verschmelzung zweier Zellen verschiedener Herkunft ist. Das Produkt dieser Verschmelzung ist es, das den Ausgangspunkt für eine neue Periode der Zellteilung und damit für ein neues Individuum bildet.

Bei der Befruchtung machen sich zwei Momente geltend, die in einem gewissen Gegensatz zueinander stehen. Erstens müssen die beiden Zellen, aus deren Vereinigung ein neues Produkt hervorgehen soll, imstande sein, einander aufzusuchen. Zweitens ist es von Wichtigkeit, daß gleich von Anfang an hinreichend Nährsubstanz, welche die Neubildung ermöglicht, vorhanden ist. Um die erste Forderung erfüllen zu können, müssen die Zellen beweglich sein, während die andere die Anhäufung einer größeren Nahrungsmasse und demnach eine bedeutendere Größe voraussetzt, was wiederum natürlich das Bewegungsvermögen und die Leichtigkeit des Transportes vermindern muß. Die Natur hat, wie bereits angedeutet, diese einander widerstreitenden Aufgaben durch eine Arbeitsteilung zwischen den beiden an dem Befruchtungsakte teilnehmenden Zellen gelöst, von denen die eine, die männliche, sich aktiv und befruchtend, die andere, die weibliche, passiv und aufnehmend verhält.

Bei den niedrigsten Geschöpfen (den meisten Urtieren) sind gewöhnlich a l l e zu derselben Art gehörigen Individuen einander gleich. Die

Verschiedenheit zwischen den Geschlechtszellen ist erst allmählich durch Arbeitsteilung und Anpassung an die entgegengesetzten Aufgaben entstanden.

Noch später tritt der Geschlechtsgegensatz auch in anderen Eigenschaften als der bloßen Verschiedenheit der Geschlechtszellen hervor. Es geschieht nämlich im allgemeinen erst bei höheren, physisch und intellektuell entwickelteren Geschöpfen, daß die zu derselben Tierart gehörigen Individuen nicht nur die einen männliche, die anderen weibliche Geschlechtszellen hervorbringen, sondern auch gleichzeitig sich durch sog. sekundäre Geschlechtsmerkmale unterscheiden und als „Männchen" und „Weibchen" einander gegenüberstehen.

Das menschliche Ei (Fig. 157) ist, wenn es seine volle Ausbildung innerhalb des Eierstocks erreicht hat, ein kugelförmiger Körper von 0,2 mm Durchmesser. Das Protoplasma (hier Eidotter genannt) enthält ein Nährmaterial von zahlreichen feinen Körnchen. Der Kern (Keimbläschen) ist hell, groß, kugelförmig und hat eine exzentrische Lage; er schließt einen besonderen kleinen Körper, den Kernkörper (Keimfleck), ein. Das Ei wird von einer Hülle umgeben, die von zahlreichen Kanälchen durchbohrt ist; durch diese dringen feine Fortsätze der umgebenden Zellen in das Protoplasma des Eies ein, das auf diese Weise wahrscheinlich seine Nahrung erhält.

Die männliche Geschlechtszelle, die Samenzelle, hat sich durch Anpassung an ihre Funktion mehr von dem gewöhnlichen Zelltypus entfernt. Beim Menschen (Fig. 158) ist sie fadenförmig und ganz klein, 0,05—0,06 mm lang. Das eine Ende besteht aus einer Anschwellung, dem sog. Kopf, der von der Fläche gesehen oval, von der Seite gesehen birnenförmig ist (A). Dieser Teil ist durch ein Mittelstück (Pc) mit dem fadenförmigen, nach hinten zu sich stark verjüngenden Schwanz (Cd) verbunden, der durch sein Vermögen, schlängelnde Bewegungen auszuführen, den Fortbewegungsapparat der Samenzelle bildet. Während dieser letztere aus Protoplasma gebildet ist, besteht der Kopf zum allergrößten Teil aus dem Kern.

Wir wenden uns nun zu einer Untersuchung des Verhaltens der Geschlechtszellen bei der Fortpflanzung. Um aber diese zu verstehen, ist es notwendig, uns zuerst mit einigen Eigenschaften der Zelle vertraut zu machen, mit denen wir bisher uns zu beschäftigen keinen Anlaß gehabt haben.

Zunächst verdient bemerkt zu werden, daß so einfach wie bei der oben erwähnten Amöbe die Zellteilung bei den meisten anderen Zellen sich nicht gestaltet. Bei diesen ist nämlich die Teilung von einer Reihe Veränderungen und Umlagerungen der Zellbestandteile begleitet. So wird der Zellteilungsakt dadurch eingeleitet, daß ein in dem Protoplasma vorkommendes kleines Körnchen, das Zentralkörperchen (Fig. 159c), sich in zwei Körnchen teilt (Fig. 160). Hierauf wandern die Teilungsprodukte allmählich nach entgegengesetzten Seiten, so daß sie schließlich je an einem Ende des Kerndurchmessers zu liegen kommen (Fig. 161, 162). Zwischen den beiden Zentralkörpern bildet sich ein spindelförmiges Bündel feiner Fäden aus: die Kernspindel, während um jedes der beiden an den Enden der Kernspindel gelegenen Zentralkörperchen herum die Protoplasmateilchen der Zelle sich in einer Weise ordnen, die an die Lagerung der Eisenfeilspäne um den Pol eines Magneten erinnert: das Protoplasma bildet feine Fäden, die von jedem der beiden Zentralkörperchen ausstrahlen (Fig. 161). Die zunächst ganz kurzen Fäden werden schließlich so lang, daß sie sich durch die ganze Zelle hindurch erstrecken (Fig. 162). Diese und andere Beobachtungen sprechen zugunsten der Auffassung, daß die Formveränderungen der Zelle von dem Zentralkörperchen abhängen, daß dieses das Bewegungszentrum der Zelle ist.

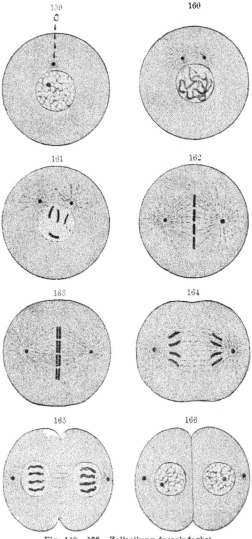

Fig. 159—166. Zellteilung (vereinfacht).
c Zentralkörperchen.

Während diese Erscheinungen in dem Protoplasma auftreten, hat auch der Bau des Kerns einige höchst bemerkenswerte Umbildungen erfahren. Durch eingehende Untersuchungen ist festgestellt worden, daß der Kern einen ganz anderen Bau als das Protoplasma besitzt und aus mehreren, in chemischer und anatomischer Hinsicht verschiedenartigen Bestandteilen zusammengesetzt ist. Als wichtigsten von diesen kann man das Netzwerk von feineren und gröberen Fäden betrachten, die den

ganzen Kern durchkreuzen und an seiner Peripherie meistens ein zusammen-
hängendes Häutchen, die Kernhaut (Fig. 159), bilden. Dieses Fadennetz wieder
besteht aus zwei verschiedenen Bestandteilen, nämlich dem Chromatin,
das intensiv von Farbstoffen gefärbt wird, die nicht oder in geringem
Grade auf den anderen Bestandteil des Fadennetzes, das Linin, einwirken.
Die Maschen des Fadennetzes sind mit einer Flüssigkeit angefüllt. Schließlich kommen in dem Kern ein oder mehrere runde Körperchen, Kernkörperchen, vor, die in chemischer Hinsicht etwas von dem Chromatin abweichen.

Bei der Teilung erfahren nun alle diese Substanzen des Kerns mehr
oder minder tief eingreifende Veränderungen und Umlagerungen und treten
mit dem Protoplasma der Zelle in nähere Verbindung. Dieses letztere wird
dadurch eingeleitet, daß die Kernhaut sich auflöst (Fig. 161). Der Kernkörper verschwindet. Das ganze Chromatin individualisiert sich, d. h.
während das Chromatin bis dahin mehr oder weniger gleichmäßig auf das
ganze Kernnetz verteilt gewesen, zerfällt es nun in eine bestimmte Anzahl Körperchen, die bei gewissen Tieren das Aussehen von V-förmig ge-
bogenen Fäden, bei anderen das von Stäbchen oder Körnchen von gleichförmiger Länge und Dicke haben, die sog. Chromosomen (Fig. 161). Eine
Reihe Beobachtungen sprechen dafür, daß diese bereits im Kernnetz ihre
Individualität haben, obgleich sie hier durch verbindende Fäden und
Körnchen verdeckt wird. Um die Bedeutung der Chromosomen richtig
zu verstehen, sei besonders betont, daß sie vollkommen gesetzmäßig auftreten, in derselben Anzahl bei a l l e n Zellen des Individuums — auf
eine bemerkenswerte, dieses Gesetz bestätigende Ausnahme kommen wir
weiter unten zu sprechen — und in derselben Anzahl bei derselben Tier-
und Pflanzenart, in sehr verschiedener Anzahl dagegen bei verschiedenen
Arten. So finden sich in den Zellen eines Borstenwurms (Ophryotrocha)
stets 4, eines Seeigels 18, der Hausmaus 24 Chromosomen usw.; beim Menschen wird die Anzahl der Chromosomen als 24 angegeben.

Diese Chromosomen kommen in die Mitte der oben erwähnten Kernspindel zu liegen (Fig. 162) und erfahren eine Längsspaltung, so daß jedes
Chromosom in zwei „Tochterchromosomen‟ geteilt wird, wodurch also
die doppelte Anzahl Chromosomen entsteht (Fig. 163). Die beiden aus
demselben Chromosom hervorgegangenen Tochterchromosomen rücken
danach, wahrscheinlich unter Einwirkung und Leitung der Spindelfäden,
die von dem Zentralkörper ausgehen und an den Chromosomen befestigt
sind, nach entgegengesetzten Seiten (Fig. 164). Gleichzeitig hiermit bildet
sich auch eine Kernhaut, und das Protoplasma schnürt sich an einer Stelle
entsprechend der Mitte der Kernspindel ein, welch' letztere danach verschwindet (Fig. 165). Ist schließlich das Protoplasma vollständig in zwei
Teile zerfallen, und haben sich die Chromosomen zu einem Kernnetz um-

gebildet, das mit dem des Ausgangsstadiums übereinstimmt, so sind aus
der ursprünglichen Zelle durch eine Reihe komplizierter Umbildungen
zwei neue Zellen entstanden (Fig. 166). Diese Zellen sind zunächst kleiner
als die Mutterzelle, können aber durch Aufnahme von Nahrung bald zu
demselben Umfange wie die letztere anwachsen.

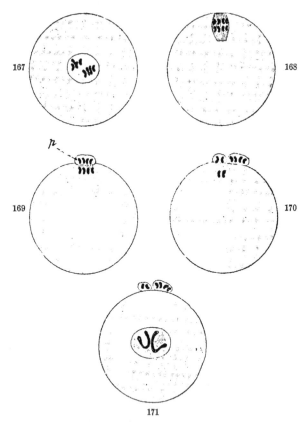

Fig. 167—171. Vereinfachtes Bild des Verlaufes der Eireife. p Polzelle.

Wenden wir uns nun einer Untersuchung der Entwicklung des E i e s
zu. Die Kenntnis der Erscheinungen, die der Befruchtung des Eies vor-
hergehen und sie begleiten, gehört zu den allerwichtigsten Errungenschaften
der Biologie. Die außerordentlich schwierigen und mühsamen Untersuchungen, denen wir diese Kenntnis verdanken, sind die Frucht der Forschungsarbeit der letzten Jahrzehnte, und immer noch ist eine große Anzahl der tüchtigsten Biologen unserer Zeit mit den verwickelten Pro-
blemen beschäftigt, die mit dem Befruchtungsphänomen zusammenhängen.
Als Bahnbrecher auf diesem Forschungsgebiet verdienen vor allen genannt

zu werden Edouard van Beneden, Theodor Boveri, die Brüder Oskar und Richard Hertwig sowie August Weismann.

Bevor das Ei befruchtet werden kann, muß es eine Reihe tief eingreifender Veränderungen durchmachen.

Zunächst rückt der Kern (das Keimbläschen) nach der Oberfläche hin, und die Bestandteile des Eies zeigen alle die Umbildungen, die wir eben als charakteristisch für den Beginn der gewöhnlichen Zellteilung geschildert haben: der Eikern verliert sein Häutchen und sein Kernkörperchen (Keimfleck), eine Kernspindel entsteht, und das Chromatin bildet

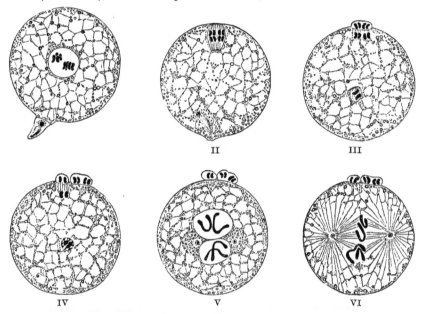

Fig. 172. Schema für die Bildung der Polzellen und die Befruchtung eines tierischen Eies (nach O. Hertwig).

sich zu der für die betreffende Tierart charakteristischen Anzahl Chromosomen um — wir wollen als Zahl derselben im vorliegenden Fall 4 annehmen. Aus diesen 4 Chromosomen entstehen durch Teilung 8 (Fig. 167). Die eine Hälfte der Spindel und die halbe Anzahl (4) der Chromosomen, alles von einer geringen Menge Protoplasma umgeben, schnürt sich von der Oberfläche des Eies als eine kleine Kugel ab (Fig. 168, 169 p). Die Produkte dieses soeben geschilderten Teilungsprozesses sind demnach sehr verschieden voneinander; das eine hat nahezu das Volumen des Eies beibehalten, während das andere, die sog. Polzelle (Fig. 169 p) ganz klein ist; beide enthalten jedoch dieselbe Chromosomenzahl.

Ohne daß die Chromosomen des Eies von neuem in das Kernnetz der ruhenden Eizelle übergehen, tritt unmittelbar nach der ersten Teilung eine

neue ein, wobei eine zweite Polzelle von ungefähr demselben Umfang wie
die erste gebildet wird. In e i n e r sehr wichtigen Hinsicht unterscheidet
sich jedoch die zweite Polzelle von der ersten: da die 4 in dem Ei zurück-
gebliebenen Chromosomen sich nicht durch Teilung verdoppelt haben,
fällt nur die Hälfte derselben (also 2) der zweiten Polzelle zu, und dieselbe
Anzahl (2) bleibt in dem nun reifen, befruchtungsfähigen Ei zurück, das
währenddessen auch seinen Zentralkörper verloren hat (Fig. 170, 171). Die
Polzellen scheinen keine weitere Rolle im Leben des Tieres zu spielen; sie
gehen früher oder später unter.

Durch diesen eigentümlichen Teilungsprozeß sind demnach die Chromosomen des reifen Eies auf die Hälfte der Anzahl vermindert worden,
die bei den übrigen Zellen der untersuchten Tierart vorkommt. Erwähnt
sei schließlich, daß auch die Samenzelle eine ähnliche Halbierung der Anzahl
der Chromosomen erfährt.

Welchen Zweck, kann man fragen, hat nun die Erscheinung, daß die
Chromosomen bei den reifen Geschlechtszellen auf die Hälfte der für alle
übrigen Zellen normalen Anzahl vermindert wird?

Die Antwort auf diese Frage erhalten wir durch die Untersuchung der
Erscheinungen bei der Befruchtung.

Welche Rolle die Samenzelle bei dem Befruchtungsvorgang spielt,
ist lange völlig unklar gewesen. Daß sie das Ei aufsucht und mit ihm in
Berührung kommt, ist leicht zu beobachten. Ob sie aber das Vermögen
besitzt, durch bloßen Kontakt das Ei zu befruchten, oder ob sie in das
Ei eindringt und durch Vereinigung mit diesem den Anstoß zur Entstehung
eines neuen Geschöpfes gibt, darüber konnten früher nur Vermutungen aufgestellt werden. Erst im Jahre 1875 geschah es, daß Oskar Hertwig bei den
Eiern der Seeigel im einzelnen den Befruchtungsverlauf verfolgte, der,
wie Untersuchungen an anderen Tieren gezeigt haben, der Hauptsache
nach der gleiche bei allen Tieren, höheren und niederen, ist.

In ihren wesentlichen Zügen gestaltet sich die Befruchtung folgendermaßen. Von den zahlreichen Samenzellen, die danach streben, das Ei zu
erreichen, gelingt es im allgemeinen nur e i n e r , in dasselbe einzudringen
(Fig. 172 I). Gewöhnlich sind nämlich besondere Schutzvorrichtungen
vorhanden, welche verhindern, daß mehrere Samenzellen hineingelangen,
da dies bei den meisten Tieren zur Entstehung abnormer Föten führt.

Die Samenzelle bohrt sich in das Protoplasma des Eies ein, worauf
der Schwanz sich auflöst und verschwindet, denn er hat nun seine Mission
als Bewegungsorgan erfüllt. Der Rest der Samenzelle: der Kopf und das
sog. Mittelstück (Fig. 172), dringen tiefer in den Eikörper ein, wobei
sie wichtige Veränderungen erfahren. Aus dem Mittelstück, das sich von
dem Kopf trennt, geht ein Zentralkörperchen hervor, um welches herum
die Substanz des umgebenden Eiprotoplasma sich strahlenförmig anordnet

und den Kopf mit sich zieht, der durch Aufnahme von Flüssigkeit aus dem
Ei zu einem Bläschen anschwillt, das mehr und mehr einem gewöhnlichen
Zellkern zu ähneln beginnt (Fig. 172 III). Dieser Samenkern und der Kern
des Eies ziehen sich gegenseitig an, eilen einander entgegen, um in der
Mitte des Eies zusammenzutreffen, wo sie zu einem einzigen Kern verschmelzen, dem sogen. Furchungskern (Fig. 172 VI), um welchen herum die
ganze Protoplasmamasse einen Strahlenkranz gebildet hat. Das mit der
Samenzelle in das Ei eingeführte Zentralkörperchen zerfällt in zwei, die nach
entgegengesetzten Seiten der Peripherie des neugebildeten Kerns wandern.
Dies bildet den ,Beginn einer Zellteilung von ganz derselben Art, wie sie
zuvor geschildert worden ist, und damit ist der Anfang zur Bildung eines
neuen Geschöpfes gegeben. An für die Untersuchung besonders günstigen
Eiern hat man die bedeutsame Beobachtung machen können, daß bei
der Teilung des Furchungskerns die gleiche Anzahl Chromosomen des
Samenkerns wie des Eikerns in die Teilungsprodukte, d. h. in die beiden
neuen Zellen, eintreten.

Auf Grund dieser und anderer Beobachtungen können wir behaupten,
daß die Befruchtung eine Vereinigung zweier Zellen ist, die von zwei verschiedenen Individuen herstammen. Das wesentliche bei dieser Vereinigung
ist aber zweifellos die Verschmelzung der K e r n e des Eies und der Samenzelle zu einem.

Nun verstehen wir auch die Bedeutung des obenerwähnten Verlustes
der halben Chromosomenanzahl im Ei und in der Samenzelle, eine Erscheinung, die die Reife der Geschlechtszellen kennzeichnet. Durch die
Vereinigung der beiden Kerne der Ei- und der Samenzelle entsteht ein
Zellkern, der die für die betreffende Tierart typische Anzahl Chromosomen
wieder erhalten hat. In dem von uns gewählten Beispiel hatten alle Zellen
des Körpers 4 Chromosomen: in der Samenzelle wie auch durch die Entstehung der Polzellen in der Eizelle wurde diese Anzahl auf zwei vermindert.
Durch Vereinigung des Ei- und des Samenkerns gewinnt das Ei die Anzahl Chromosomen wieder, die der Annahme gemäß der von uns untersuchten Art zukam, nämlich vier. Hätte bei der Reifung der Geschlechtszellen keine Halbierung stattgefunden, so würden bei der Befruchtung
4 + 4 Chromosomen vereinigt worden sein, also eine Verdopplung der
Chromosomenzahl über die normale hinaus stattgefunden haben; und im
Laufe von Generationen würde eine derartige Anhäufung von Kernsubstanz
und ein solches Mißverhältnis zwischen der letzteren und dem Protoplasma
entstehen, daß der Kern nicht mehr in einer gewöhnlichen Zelle Raum
fände.

Es verdient besonders betont zu werden, daß die hier geschilderten
Erscheinungen bei der Reifung der Geschlechtszellen und bei der Befruchtung allgemeingültiger Natur sind. Nicht nur alle bisher untersuchten Tier-

formen, niedere wie höhere, sondern auch die Pflanzen zeigen einen der Hauptsache nach gleichartigen Verlauf. Der Biologe kann demnach betreffs der Erscheinungen bei dem Werden des Organismus — wie vieles auch auf diesem Gebiete noch dunkel ist — mit demselben Recht von einem allgemeinen „Gesetz" sprechen, wie der Chemiker und Physiker es mit Bezug auf gewisse Erscheinungen in der unorganischen Natur tun.

Noch eine Erscheinung, die für den besonderen Gegenstand unserer Untersuchung wichtig ist, sei im Zusammenhang mit den eben geschilderten Tatsachen erwähnt. Obwohl die hier behandelten Verhältnisse bei der Reifung der Geschlechtszellen und bei der Befruchtung noch nicht beim Menschen haben studiert werden können, sind wir doch zu der Annahme berechtigt, daß er in dieser Hinsicht in keinem wesentlichen Moment von allen übrigen Geschöpfen abweicht, zumal eine Erfahrung, auf die wir im folgenden zu sprechen kommen werden, gezeigt hat, daß je jünger die Entwicklungsstadien verschiedener Organismen sind, sie um so mehr miteinander übereinstimmen.

Daß die Chromosomen eine außerordentlich wichtige Rolle bei unserer eigenen Entstehung und der aller anderen Geschöpfe spielen, daß sie Träger einer besonders bedeutungsvollen Lebensaufgabe sein müssen, dürfte bereits aus den obigen Beobachtungen hervorgehen. Welches ist nun diese Aufgabe?

Wenn man es ehemals überhaupt für der Mühe wert ansah, Betrachtungen über die Ursache einer so alltäglichen, so trivialen Tatsache anzustellen, wie daß Kindern ihren Eltern ähneln, daß die Eigenschaften der Eltern sich auf die Nachkommen übertragen, so müssen diese Überlegungen notwendigerweise einen sehr geringen Ertrag gehabt haben. Nunmehr besitzen wir einige sichere Erfahrungen als Unterlage für die Erklärung des Vererbungsproblems.

Bei der Prüfung einer größeren Anzahl Fälle zeigt es sich, daß die Kinder in demselben Grade den beiden Eltern nacharten, daß also Vater und Mutter im allgemeinen gleichviel Vererbungskraft besitzen müssen. Wir wissen aber auch, daß bei Tieren mit äußerer Befruchtung, wo also die Eier außerhalb des Muttertieres befruchtet werden, die Geschlechtszellen der einzige materielle Zusammenhang sind, der zwischen Eltern und Nachkommen existiert. Schon diese Tatsache läßt erkennen, daß es die Geschlechtszellen sein müssen, welche die Erblichkeit vermitteln. Da, wie wir bereits bemerkt, der Nachkomme im großen und ganzen ebenso viel vom Vater wie von der Mutter erbt, so muß natürlich die materielle Grundlage der Erblichkeit ein Bestandteil sein, der in ungefähr derselben Menge in den Geschlechtszellen des Vaters und der Mutter vorhanden ist. Das Protoplasma kann also unmöglich dieser Bestandteil sein, da es, wie wir bereits gesehen, in dem Ei in viel größerer Menge vorhanden ist, als in der Samenzelle. Es bleiben also nur das Zentralkörperchen und die Chromosomen übrig. Ersteres ist, wie schon erwähnt, höchst wahrscheinlich das Bewegungszentrum und gibt als solches den Impuls zur Teilung. Daß es nicht zugleich der Erblichkeitsträger sein kann, geht schon daraus hervor, daß das dem Ei zugehörige Zentralkörperchen vor dem Beginn der Eiteilung verschwindet. Es bleiben also die Chromosomen übrig, und diese dürften auch allen Ansprüchen genügen, die berechtigterweise an die Teilchen gestellt werden können, welche die Erblichkeit vermitteln. Vor allem sind die Chromosomen die einzige bekannte Substanz, die in gleicher Menge in der Ei- und Samenzelle vorhanden ist; denn um wieviel kleiner die Samenzelle auch ist, so kommen doch die Chromosomen in der gleichen Menge und der gleichen Größe in beiden Geschlechtszellen vor. Ferner sind die Chromosomen die einzige Substanz, die bei der Zellteilung beständig in gleicher Menge von Zelle zu Zelle übergeführt wird. Der ganze verwickelte Apparat, der bei der Zellteilung in Gang gesetzt wird, und dessen Hauptmomente wir oben geschildert haben: die Zweiteilung der Chromosomen, der Transport der Hälften nach den Enden der Kernspindel, ihre gleichförmige Verteilung auf die neugebildeten Zellen usw. — dieser ganze Apparat scheint nur die Aufgabe zu haben, eine völlig gleichförmige Verteilung der Chromatinmasse auf die Zellen zustande zu bringen.

Ist demnach die Annahme wohl begründet, daß die Chromosomen die materielle Grundlage für die Erblichkeit bilden, so sind wir auch einer anderen der bedeutungsvollsten Erscheinungen des Lebens näher gerückt, nämlich der Variabilität oder der Eigenschaft der Organismen, daß die Nachkommen in größerem oder geringerem Grade sowohl von den Eltern als untereinander abweichen können — diese allgemeine Erscheinung, die Darwin, wie wir gesehen, zu einem der Ausgangspunkte seines Lehrgebäudes machte. Dürfen wir nämlich voraussetzen, daß die Chromosomen, die beim Reifen der Geschlechtszellen, bei den Eiern in Form von Polzellen, ausgestoßen werden, nicht gleichwertig bei allen Geschlechtszellen sind, daß also verschiedenartige Chromosomen — d. h. Träger verschiedenartiger Eigenschaften — auf die Nachkommen übergehen, so muß dies ja die Möglichkeit in sich schließen, daß Kinder von demselben Elternpaar einander nicht völlig gleich werden, sondern „variieren".

Wie sehr diese Auffassung auch mit den bisher vorliegenden Forschungsergebnissen harmoniert, so können wir uns doch nicht verhehlen, daß ihr mehr als der Wert einer guten Hypothese noch nicht zugesprochen werden kann. Wir verlassen daher diese Frage, um die Zellteilung zu untersuchen, die die nächste Wirkung der Befruchtung ist. Als Ausgangspunkt für diese Untersuchung wählen wir das niedrigste aller jetzt lebenden Wirbeltiere, den bereits oben erwähnten Lanzettfisch, da er einen typischen Fall von Eifurchung darbietet, der uns zu einer biologischen Frage von grundlegender Bedeutung führt.

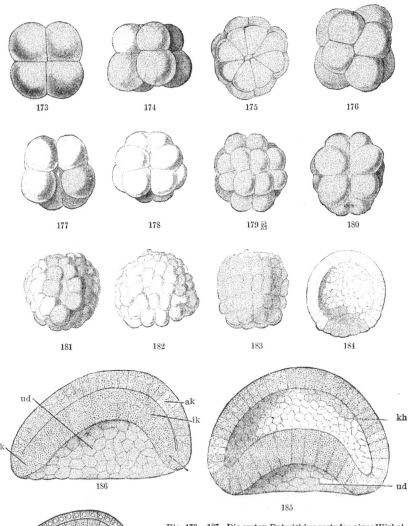

Fig. 173—187. Die ersten Entwicklungsstufen eines Wirbeltieres (Lanzettfisch). kh Keimblasenhöhle, ud Urdarm,
ak äußeres und ik inneres Keimblatt (nach Hatschek
und Wilson aus O. Hertwig).
184—187 in optischem Durchschnitt gesehen.

Nachdem das reife Ei im Wasser
abgelegt und befruchtet worden, teilt
es sich („furcht sich") in zwei ungefähr gleichgroße Zellen, jede von diesen
wiederum in zwei usw. (Fig. 173—183).
Das nächste Ergebnis der fortgesetz-
ten Furchung ist eine mit Flüssigkeit

gefüllte Kugel, deren Wand aus einer einfachen Zellschicht besteht (Fig. 183; in Fig. 184 ist dasselbe Stadium in optischem Durchschnitt gesehen).

Dieses Stadium der Entwicklung des mehrzelligen Tieres, die sogen. Blastula, ist von besonderem Interesse deshalb, weil es hinsichtlich der Entstehung und des Baues mit gewissen Kolonien einzelliger Geschöpfe übereinstimmt. Im Laufe seiner Entwicklung macht daher das höhere, das mehrzellige Tier ein Stadium durch, das das Endziel für die höchste Ausbildung der einzelligen Tiere darstellt.

An dieser Blase stülpt sich allmählich die eine Hälfte in die andere ein (Fig. 185—187), wodurch die Hohlkugel in einen Napf oder einen Sack mit doppelten Wänden umgewandelt wird (Fig. 187; diese Figur wie auch die nächstvorhergehenden in optischem Durchschnitt); diese Wände sind Keimblätter genannt worden, und man kann demnach zwischen einem äußeren (ak) und einem inneren (ik) Keimblatt unter-scheiden.

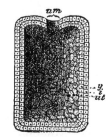

Fig. 188. Verein-fachter, optischer Durch-schnitt eines Hydra-ähn-lichen Tieres; ÿ äußeres und i inneres Keimblatt, um Urmund, ut Urdarm.

Während nun, wie wir ohne weiteres verstehen, alle höheren Wesen: Würmer, Insekten, Weichtiere, Wirbeltiere usw. im vollausgebildeten Zustande viel zusammengesetzter sind, d. h. eine viel höhere Ent-wicklung erreichen — es ist dies natürlich auch bei der Tierform, dem Lanzettfisch, der Fall, dessen Entwick-lung wir hier zum Ausgangspunkt unserer Untersu-chung gewählt haben —, so bleibt die Entwicklung der niedrigsten mehrzelligen Tiere in allem wesentlichen auf dem Stadium stehen, wo die beiden Keimblätter fertiggebildet sind, auf dem sogen. Gastrulastadium.

Ein mehrzelliges Tier auf diesem niedrigsten, einfachsten Stadium (Fig. 188) ist also aus zwei Häutchen gebildet, einem äußeren (y) und einem inneren (i), von denen jedes aus einer einfachen Zellschicht besteht und dem äußeren und inneren Keimblatt der Embryonen höherer Organismen entspricht. Das innere Häutchen begrenzt eine Höhle, die wir den Urdarm (ut) nennen, und die sich nach außen durch den Urmund (um) öffnet. Ver-gleichen wir die Zellen, welche die beiden Häutchen bilden, mit dem Ur-tier, so werden wir finden, daß die Zellen viel von ihrer Selbständigkeit ein-gebüßt haben; sie sind mehr oder weniger intim miteinander zur Bildung von Organen vereinigt, worunter man ja Körperteile versteht, die eine bestimmte, für den Fortbestand des Individuums oder der Art erforder-liche Arbeit (Funktion) ausführen. Es ist klar, daß, je größer die Anzahl verschiedenartiger Organe ist, die ein Organismus besitzt, in um so voll-kommenerer Weise er seine Funktionen auszuführen vermag. Und gleich-wie wir in dem Urtier den denkbar einfachsten und niedrigsten Organismus kennen gelernt haben, da bei demselben alle Funktionen des Lebens von

Fig. 189a. Hydra (vergrößert; nach Boas).

einer einzigen Zelle ausgeübt werden, so sind wir auch berechtigt, unter den mehrzelligen Tierformen höhere und niedere zu unterscheiden, je nachdem die Organbildung in höherem oder niederem Grade durchgeführt ist. Daß Organismen, bei denen die Entwicklung auf dem eben geschilderten Zweiblätterstadium stehen bleibt — welche Organismen demnach nicht mehr als zwei Organe besitzen, nämlich die beiden Häutchen, die dem äußeren und inneren Keimblatt entsprechen —, daß derartige Organismen, bei denen die Organbildung sozusagen noch in ihren Windeln liegt, die niedrigsten aller mehrzelligen Tiere sind, ist unschwer einzusehen (Fig. 188). Wegen seiner Lage versieht das äußere Häutchen (= das äußere Keimblatt, y) den Dienst als Schutzorgan und, da seine Zellen wie bei gewissen Urtieren mit Flimmerhaaren ausgerüstet sein können, auch als Bewegungsorgan; da dieses Häutchen in unmittelbarer Berührung mit der Außenwelt steht, muß es auch als Sinnesorgan fungieren. Das innere Häutchen (= das innere Keimblatt, i), das den Urdarm auskleidet, ist Verdauungsorgan; es nimmt die durch den Urmund aufgenommenen Nahrungsstoffe in seine Zellen auf und verändert sie, und zugleich schafft es auch diese Nahrung nach den Zellen des äußeren Häutchens, während die unverdaulichen Reste durch dieselbe Öffnung aus dem Körper entfernt werden, durch welche sie hineingelangt sind, nämlich durch den Urmund.

Als Beispiel für ein solches Geschöpf, dessen Organisation allen berechtigten Ansprüchen an Einfachheit genügt, und das sehr wohl als die Stammform der mehrzelligen Tiere gedacht werden kann, sei hier eine

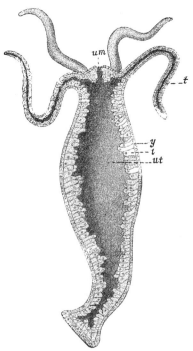

Fig. 189b. Längsschnitt durch eine Hydra; y äußeres und i inneres Keimblatt, ut Urdarm, um Urmund, t Fangarm.

Hydra erwähnt (Fig. 189a), ein 1—2 Centimeter langes Tier, das, mit dem einen Körperende an Wasserpflanzen u. dergl. befestigt, in frischem Wasser angetroffen wird und über ganz Europa verbreitet ist. Aus dem hier wiedergegebenen naturgetreuen Bilde eines Längsschnittes (Fig. 189b) geht hervor, daß der Bau dieses Tieres mit dem Gastrulastadium des Lanzettfisches (Fig. 186, 187) übereinstimmt. Die Hydra hat sich eigentlich nur dadurch über dieses Stadium erhoben, daß sich um den Urmund herum eine Anzahl Fangarme ausgebildet haben, mittelst welcher das Tier seine Nahrung, die aus ganz kleinen Wassertieren besteht, in den Urdarm hinein befördert. Diese Fangarme sind indessen nichts anderes als Ausstülpungen der beiden Keimblätter.

Wir wenden uns nun wieder dem Stadium in der Entwicklung der mehrzelligen Tiere zu, das Gastrula genannt worden und, wie wir gesehen, dadurch charakterisiert ist, daß die Wandung des Embryonalkörpers von den beiden Keimblättern gebildet wird. Bei allen höheren Tieren stellt dieser Zustand nur ein Übergangsstadium in der Embryonalentwicklung vor, denn bei ihnen bilden sich mittelbar oder unmittelbar aus eben diesen beiden Keimblättern durch allmählich geschehende Umwandlungen alle die verschiedenen Organe aus, aus denen der vollentwickelte Tierkörper besteht: Haut, Gehirn, Rückenmark, Sinnesorgan, Knochengerüst, Darmkanal usw.

Verbinden wir diese Tatsachen miteinander, so kommen wir zu einer Schlußfolgerung von grundlegender Bedeutung. Wir haben nämlich gesehen, 1. daß auch die höheren Organismen — einschließlich des Menschen — während ihrer frühesten Entwicklungsperiode (des Eistadiums) auf einem Einzellenstadium stehen, das also den einfachen Urtieren entspricht; 2. daß bei den höheren Tieren aus diesem Einzellenstadium eine Kugel oder eine Blase aus mehreren Zellen hervorgeht, die ihrer Entstehung und ihrem Bau nach mit gewissen Urtierkolonien übereinstimmt; 3. daß aus der genannten Blase bei den höheren Tieren das sogen. Zweikeimblätter- oder Gastrulastadium hervorgeht, also ein Stadium, daß in allem wesentlichen dem Bau entspricht, den die Hydra und ihre Verwandten während ihres ganzen Lebens aufweisen. Schon aus diesen Tatsachen können wir folgenden Schluß ziehen: die höheren Organismen machen im Laufe ihrer Embryonalentwicklung eine Reihe von Veränderungen durch, denen der Hauptsache nach Organisationsverhältnisse entsprechen, auf denen die niederen Tiere während ihres ganzen Lebens stehen bleiben. Es ist dies also dieselbe Erscheinung, die uns im Laufe unserer Untersuchungen schon wiederholt begegnet ist. Ich erinnere daran, wie der Schädel, das Brustbein, das Großhirn usw. auf einigen Embryonalstadien des Menschen einen auffallenden Parallelismus mit dem Ausbildungsgrade zeigen, der bei gewissen niederen Wirbeltieren der endgültige ist. Wir haben demnach gefunden, daß die Entwicklung des I n d i v i d u u m s in ihrer Gesamtheit wie auch mehrerer seiner Organe die Entwicklung der A r t , der G a t t u n g wiederspiegelt, daß in der Embryonalentwicklung jedes einzelnen Wesens wenigstens einige Spuren der Schicksale zurückgeblieben sind, welche seine Vorfahren durchgemacht haben.

Derartige Erscheinungen sind der Ausdruck für das, was man — vielleicht etwas zu pompös — das b i o g e n e - t i s c h e G r u n d g e s e t z genannt hat. Dieses ist von Haeckel folgendermaßen formuliert worden:

„Die Embryonalentwicklung (die Keimesgeschichte) ist ein Auszug der Stammesgeschichte; oder etwas ausführlicher: die Formenreihe, welche der individuelle Organismus während seiner Entwicklung von der Eizelle an bis zu seinem ausgebildeten Zustande durchläuft, ist eine kurze gedrängte Wiederholung der langen Formenreihe, welche die tierischen Vorfahren desselben Organismus oder die Stammformen seiner Art von den ältesten Zeiten der sogen. organischen Schöpfung an bis auf die Gegenwart durchlaufen haben.“

Gleichzeitig aber hat Haeckel scharf betont, daß die Entwicklung des Individuums (die „Ontogenese“) nicht nur eine a b g e k ü r z t e , sondern in mehreren Hinsichten auch eine e n t s t e l l t e , eine „gefälschte“ Rekapitulation der Entwicklungsgeschichte (der „Phylogenese“) der Gattung ist. Und daß dem so sein muß, ist leicht einzusehen. Der Embryo lebt sein eigenes Leben. Wechselnde Daseinsbedingungen müssen ebenso auf den Embryo wie auf den vollausgebildeten Organismus einwirken. Der Embryo muß daher durch Anpassung an die spezifischen Verhältnisse, die das Embryonalleben darbietet, sich umbilden können, gewisse Organe verändern, neue erwerben, demnach Eigenschaften erhalten können, welche die Vorfahren niemals im ausgebildeten Zustande gehabt haben — Organe, die also nicht ererbt sind.

Fig. 190. Rhizocrinus, eine im Atlantischen Ozean lebende Seelilie (nach Boas).

„Jede kritische Untersuchung und Schätzung der individuellen Entwicklung muß daher vor allem unterscheiden, welche von den embryologischen Tatsachen unverfälschte geschichtliche Dokumente sind.“ Je mehr die Erblichkeit in der embryonalen Entwicklung jedes Organismus (Ontogenese) überwiegt, um so treuer ist das Bild von der Stammesentwicklung (Phylogenese), das die Ontogenese skizziert. Je mehr andererseits eine Anpassung während des embryonalen Lebens stattgefunden hat, um so mehr ist dieses Bild verwischt und entstellt.

Gegen Haeckels Deutung des bereits vor dem Durchbruch der Deszendenztheorie beachteten Parallelismus zwischen gewissen embryologischen Stadien und niederen Tierformen in voll ausgebildetem Zustande sind einige Bedenken geäußert worden. So hat vor ganz kurzem Oskar Hertwig darauf hingewiesen, daß man in der Entwicklung des Individuums nicht von einer Wiederholung von Formen ausgestorbener Vorfahren sprechen sollte, sondern statt dessen von einer Wiederholung von Formen, die für die organische Entwicklung gesetzmäßig sind, und die vom Einfachen zum Zusammengesetzteren fortschreiten. Wir müssen, meint Hertwig, den Schwerpunkt darauf legen, daß sowohl in den embryologischen als in den ausgebildeten Entwicklungsformen die allgemeinen Gesetze der Entwicklung der organischen Lebenssubstanz zum Ausdruck kommen. So muß ja ein embryologisches Entwicklungsstadium jedes beliebigen höheren Tieres stets die Anlage zu späteren Stadien enthalten, welche hinzugekommen sind, nachdem das entsprechende geschichtliche (phylogenetische) Stadium ausgebildet worden war, und die demnach nicht in dem ersteren enthalten sind. Diese

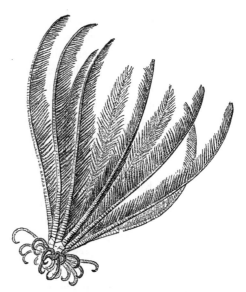

Fig. 191. Haarstern (Comatula) im ausgebildeten Zustande (nach Boas).

Kritik Hertwigs trifft jedoch nicht den Kern der Frage. Es ist zwar wahr, daß das Ei und das Samenkörperchen des Menschen die Anlagen zu allen Organen des vollausgebildeten Menschenkörpers enthalten. Die Hauptsache aber ist, daß der Ausgangspunkt für den Menschen mit dem Zustand zusammenfällt, auf welchem die Entwicklung der ursprünglichsten Wesen, der Urtiere, stehen geblieben ist, daß das Ei und das Samenkörperchen einfache Zellen sind, trotzdem sie eine Erbschaft in sich tragen, die die Urtiere nicht besitzen. Wesentlich ist ja doch, daß die individuelle Entwicklung der höheren Wesen sich nacheinander in Formen kleidet, die für auf tieferer Stufe stehende Geschöpfe in vollentwickeltem Zustande kennzeichnend sind. Ohne die Annahme eines ursächlichen Zusammenhanges, ohne anzunehmen, daß die Entwicklung des Individuums

11*

durch die der Vorfahrenreihe beeinflußt ist, wäre dieser ganze schlagende
Parallelismus ein Wunder, d. h. etwas absolut Unverständliches.

Auch auf die Gefahr hin, eine ungebührlich lange Parenthese und Abschweifung von dem eigentlichen Gegenstand der Untersuchung zu machen,
will ich hier wenigstens e i n Beispiel einer unbestreitbaren und sehr durch-

sichtigen Übereinstimmung zwischen dem Jugendstadium
einer Tierform und der Stammform desselben Tieres anführen. Wir sind dazu berechtigt, in diesem Fall mit großer
Sicherheit zu sprechen — weil wir die Genealogie der betreffenden Tierform kennen. Die Geschöpfe, um die es sich
handelt, sind die sogen. S e e l i l i e n , eine Gruppe unter
den Stachelhäutern. Diese Gruppe war während der älteren
Perioden unserer Erde sehr zahlreich vertreten. Nur eine
geringe Anzahl dieser Seelilien lebt noch in unserer Zeit.
Sie finden sich meistens in den größeren Meerestiefen und
zeichnen sich dadurch aus, daß das Tier mittels eines
Stieles an dem Meeresboden befestigt ist (Fig. 190). Reich
an Arten ist in der Gegenwart nur eine Familie unter den
Seelilien, welche Haarsterne (Comatulidae) genannt wird
und eines Stieles entbehrt; sie können umherkriechen
und schwimmen und halten sich vorzugsweise an den
Küsten auf (Fig. 191). Diese Haarsterne weisen die Eigentümlichkeit in ihrer Entwicklung auf, daß sie in ihrem
Jugendstadium nicht nur im übrigen den gestielten Seelilien
gleichen, sondern auch mit einem Stiel ausgerüstet sind,
mittels dessen sie sich an Gegenständen im Meere befestigen (Fig. 192). Erst nachdem die Larve eine Zeitlang in
diesem gestielten Zustande gelebt hat, trennt sie sich von
dem Stiel und bildet sich zu dem frei beweglichen, voll-
reifen Tiere aus, das auch im übrigen höher organisiert
ist als die gestielten Formen. Die modernen beweglichen
Haarsterne müssen demnach als ein von festsitzenden uralten Seelilien überkommenes Erb noch heutzutage ein ge-
stieltes Stadium durchlaufen!   e

Fig. 192. Haar-
stern (Comatula)
im Larvensta-
dium (nach Boas).

Schon im vorhergehenden haben wir ein nicht weniger
augenfälliges Beispiel eines Parallelismus zwischen individueller und geschicht-
licher (geologischer) Entwicklung kennen gelernt, als wir das geologische Auftreten der Vögel behandelten. Auch im weiteren Verlauf der Darstellung
werden wir andere und noch bemerkenswertere Fälle kennen lernen, die
nur begreiflich sind, wenn wir das biogenetische Grundgesetz annehmen.

Die beiden Keimblätter waren es, die diese Abschweifung von unserem
Thema veranlaßten. Diese Keimblätter sind von grundlegender Bedeu-

tung für das Verständnis der ganzen embryonalen Entwicklung. Sie sind
es, aus denen alle Organe des Körpers entstehen; sie sind wirkliche Urorgane.

Die Eifurchung geht zwar bei einer großen Anzahl Tiere auf etwas
andere Weise vor sich, als wir es beim Lanzettfisch kennen gelernt haben,
und im Zusammenhang hiermit können auch die beiden Keimblätter auf
etwas verschiedene Weise gebildet werden. Die Bilder Fig. 193 veranschaulichen dies für die Eifurchung bei den Säugetieren.

Indessen leidet es keinen Zweifel, daß die Keimblätter, trotz Abweichungen in ihrer Bildungsweise, bei allen Tieren gleichwertig sind. Es ist
nämlich festgestellt, daß — bis auf wenige Ausnahmen — dieselben Organe
aus demselben Keimblatt bei a l l e n Tierformen entstehen. So bilden

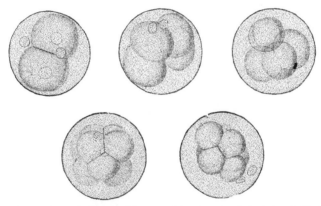

Fig. 193. Furchungsstadien des Eies eines Säugetiers (nach Assheton-O. Hertwig).

sich aus dem äußeren Keimblatt die Oberhaut, die Hautdrüsen, der vorderste und der hinterste Teil des Darmkanals, das ganze Nervensystem
und die wichtigsten Teile der Sinnesorgane aus. Aus dem inneren Keimblatt entwickeln sich Teile des Darmkanals, der Lungen, der Schilddrüse,
sowie die Leber, die Rückensaite usw. Einige andere Organe entstehen nicht
unmittelbar aus den beiden genannten Keimblättern, sondern durch Vermittlung eines dritten, des sogen. mittleren Keimblattes; seiner Entstehungsweise nach verhält sich dieses verschieden bei verschiedenen Tierarten, indem es bei einigen von dem äußeren, bei anderen vom inneren
Keimblatte und wieder bei anderen von beiden herstammt.

Wie bereits oben erwähnt, sind die frühesten Entwicklungsstadien,
wie Eifurchung und Keimblätterbildung, noch nicht beim Menschen bekannt. Ein näheres Eingehen auf den Verlauf derselben bei niederen Geschöpfen kann daher von keiner Bedeutung für die hier vorliegende Frage
sein.

Für das jüngste bisher bekannte normale Menschenei wird ein Alter von nicht mehr als 2—3 Tage angegeben. Außer diesem sind nur noch einige Menscheneier aus der ersten und dem Anfang der zweiten Embryonalwoche beschrieben worden, wobei jedoch bemerkt werden muß, daß die Altersbestimmungen vielleicht nicht völlig genau sind. Einer von diesen Embryonen findet sich in Fig. 197 abgebildet. Die Embryonalanlage ist 2 mm lang und hat die Form einer Schuhsohle. Am hinteren Ende sieht man die Öffnung eines Kanals, durch den das Rückenmarksrohr sich in den Urdarm öffnet und der auch bei allen niederen Wirbeltierembryonen vorkommt. Die nach vorn von dieser Öffnung liegende Scheibe mit einer längsverlaufenden Furche in der Mitte, der sogen. Rückenfurche, ist die Anlage zu Gehirn und Rückenmark. Auf die Bildungsweise dieser Teile kommen wir noch weiter unten zu sprechen. Hier sei nur hinzugefügt, daß

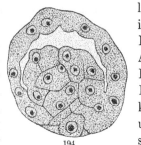

194

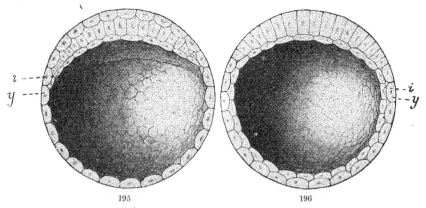

195   196

Fig. 194. Durchschnitt des Eies des Kaninchens in einem späteren Forschungsstadium; eine Höhlung ist in dem Ei entstanden (nach Assheton). Fig. 195—196. Vereinfachte Darstellungen der Entstehung der beiden Keimblätter beim Kaninchen im optischen Durchschnitt; 195 schließt sich an das in Fig. 194 dargestellte Stadium an. y äußeres und i inneres Keimblatt.

eine genaue Untersuchung dieses Embryo gezeigt hat, daß die Entwicklung des menschlichen Embryo auf diesem Stadium in allen wesentlichen Zügen mit der der Säugetiere übereinstimmt.

Der in Fig. 198 abgebildete menschliche Embryo, etwas älter als der eben erwähnte, hat eine Länge von 2,11 mm erreicht. Seine größere Reife zeigt sich unter anderem dadurch, daß die Ränder der Rückenfurche in der Mitte des Embryo miteinander verwachsen sind, wodurch ein Rohr, das Medullarrohr, entstanden ist. Am vorderen Ende, wo bereits die Anlage zu verschiedenen Teilen des Gehirns sichtbar ist, wie auch am hinteren Körperende, ist die Rückenfurche noch weit offen.

Ungefähr auf der gleichen Entwicklungsstufe steht ein anderer menschlicher Embryo, der der Berechnung nach 13—14 Tage alt und 2,4 mm lang ist. Bei diesem treten die verschiedenen Teile des Gehirns deutlicher hervor, und wie an dem vorigen sind beiderseits von dem Medullarrohr eine Anzahl viereckiger Stücke zu sehen, Ursegmente genannt, aus denen sich später Muskeln und Skeletteile entwickeln. Auch die Anlage des Herzens ist deutlich, und besonders ihre Lage ist bemerkenswert, denn das Herz sitzt in diesem frühzeitigen Stadium noch weit oben in der Halsgrube.

Die 12—15 Tage alten Embryonen, welche in Fig. 199 c—e abgebildet sind, unterscheiden sich von den vorhergehenden unter anderem dadurch, daß das Gehirn und das Rückenmark vollständig geschlossen sind, sowie durch das Vorkommen einiger Spalten an beiden Seiten des Halses (Schlundspalten), welche Spalten durch deutliche Bögen (Schlundbögen) voneinander getrennt sind; auf die Bedeutung dieser Bildungen werden wir noch im folgenden eingehen.

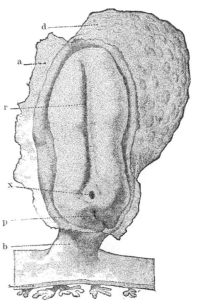

Fig. 197. **Menschlicher Embryo, 2 mm lang**, von der **Rückenseite aus** e ehen (nach Spee-Kollmann s a Amnion. b Bauchstiel. d Dottersack. p sog. Primitivrinne. r Rückenfurche. x Kanal, durch welchen die Rückenfurche mit dem Urdarm in Verbindung steht.

Keiner der bisher besprochenen Embryonen zeigt eine Spur von Armen oder Beinen. Diese treten in Form von kleinen Anschwellungen am Rumpfe erst bei den in Fig. 200 abgebildeten Embryonen hervor. Ein Blick auf die übrigen hier abgebildeten Embryonen zeigt, wie der ganze Charakter des Körpers mehr und mehr dem des ausgewachsenen Menschen zu ähneln beginnt. In den Abbildungen (Fig. 200 bis 204) gibt sich auch die bemerkenswerte Tatsache zu erkennen, daß der menschliche Embryo in diesen frühzeitigen Entwicklungsstadien mit einem deutlichen Schwanz ausgestattet ist — eine Eigentümlichkeit, mit der wir uns im folgenden Kapitel beschäftigen werden.

Das nächstliegende Ergebnis, zu dem uns die Untersuchung dieser Embryonen geführt hat, kann folgendermaßen formuliert werden: der menschliche Embryo ist keineswegs ein Mensch in Miniatur, ein Mensch in verkleinertem Maßstabe, sondern er ist durch eine Reihe Eigentümlichkeiten ausgezeichnet, die dem Kinde und dem erwachsenen Menschen abgehen, während er zugleich auf seiner frühesten Entwicklungsstufe ganz oder teilweise Organe entbehrt, die der Mensch im ausgewachsenen Zustande besitzt.

Seit lange haben die embryologischen Forschungen zwei wichtige Tatsachen festgestellt, nämlich einerseits, daß die Embryonen verschiedener Tierarten im allgemeinen einander mehr ähneln als die vollentwickelten Individuen, und andererseits daß, je jünger die Embryonen verschiedener Tierarten sind, sie um so mehr miteinander übereinstimmen. So haben z. B. Kriechtiere, Vögel und Säugetiere in frühen Embryonalstadien viel größere Ähnlichkeit miteinander als später. Der bereits erwähnte Begründer der modernen Embryologie, von Baer, berichtet in seinen Arbeiten: „Ich besitze zwei Embryonen im Weingeist aufbewahrt, deren Namen ich beizuschreiben vergessen habe, und nun bin ich ganz außerstande zu sagen, zu welcher Klasse sie gehören. Es können Eidechsen oder kleine Vögel oder sehr junge Säugetiere sein, so vollständig ist die Ähnlichkeit in der Bildungsweise von Kopf und Rumpf dieser Tiere. Die Gliedmaßen fehlen indessen noch. Aber auch wenn sie vorhanden wären, so würden sie auf ihrer ersten Entwicklungsstufe nichts beweisen; denn die Beine der Eidechsen und Säugetiere, die Flügel und Beine der Vögel nicht weniger als die Hände und Füße des Menschen: alle entspringen aus der nämlichen Grundform."

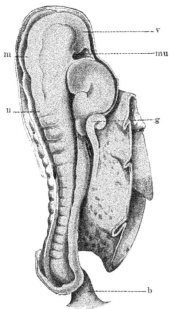

Fig. 198. Menschlicher Embryo, 13—14 Tage alt, schief von oben gesehen (nach Kollmann-Keibel). b Bauchstiel. g Blutgefäß. m Mittelhirn. mu Anlage des Mundes. n Nachhirn. v Großhirn.

In einer oft zitierten Arbeit hat His große Mühe darauf verwendet, zu zeigen, daß Embryonen verschiedener Tiertypen einander nur ähneln, nicht aber absolut identisch sind. Und wenn es uns schwer fällt, die Unterschiede zwischen ihnen zu sehen, so beruht dies nach His auf der Unvollkommenheit unserer Untersuchungsmethoden und auf unserem für derartige feine Unterschiede noch nicht hinreichend geschulten Auge, nicht aber auf der Abwesenheit von Unterschieden. Für jedermann mit gewöhnlichem Urteilsvermögen dürfte es wohl ohne weiteres selbstverständlich sein, daß aus absolut identischen Anlagen unter im übrigen gleichen Verhältnissen nichts anderes als absolut identische Produkte hervorgehen können. Und daß Embryonen verschiedener Tiertypen auf irgendeiner Entwicklungsstufe miteinander a b s o l u t übereinstimmten, habe ich nie einen urteilsreifen Biologen behaupten hören, ebensowenig wie jemand annehmen würde, daß Eier von zwei verschiedenen Tieren in jeder Hin-

sicht identisch gebaut sind, auch wenn wir mit unseren gegenwärtigen
Hilfsmitteln keinen Unterschied zwischen ihnen nachzuweisen vermögen.
His' ganze Argumentation würde auch ziemlich unerklärlich erscheinen,
wenn man sie nicht als eine Reaktion gegen gewisse von seinen Gegnern
begangene Übertreibungen auffassen dürfte.

Wie verhält sich nun die Sache? Um völlig unparteiisch zu sein, und
um meine Leser in die Lage zu versetzen, selbst eine Antwort auf diese
Frage abgeben zu können, teile ich hier Kopien von drei von His veröffentlichten Abbildungen mit, nämlich von einem Menschen-, einem Kaninchen-
und einem Hühnerembryo (Fig. 207). Diese sind gewählt, weil wir ja alle
imstande sind, die große Verschiedenheit zwischen einem Menschen, einem
Kaninchen und einem Huhn in vollentwickeltem Zustande zu erfassen.
Bei den abgebildeten Embryonen aber ist die Ähnlichkeit nicht weniger
augenfällig. Was dagegen die Unterschiede auf den abgebildeten Entwicklungsstufen betrifft, so hat auch His kaum einen anderen als den anführen
können, daß die Proportionen der Körperteile bei den verschiedenen Embryonen verschieden sind. Da indessen zugegeben werden muß, daß die
betreffenden Organismen in ihrem vollausgebildeten Zustande voneinander in sehr viel anderen und sehr viel wichtigeren Hinsichten als lediglich den Proportionen der Körperteile abweichen, so können wir — falls
es überhaupt nötig wäre — uns ruhig auch auf His als eine Autorität für
die Behauptung berufen, daß die Ähnlichkeit verschiedener Tiertypen
bedeutend größer im Embryonalstadium ist als im vollentwickelten Zustande.

Wir können aber, wie bereits erwähnt, noch weiter gehen und einen
wichtigen Satz hinzufügen, nämlich: je jünger die Embryonen verschiedener Tierformen sind, um so größer ist die Ähnlichkeit zwischen ihnen.
So kann man nicht unterscheiden, ob z. B. ein Hundeembryo auf einem
sehr frühen Stadium zu den Wirbeltieren gehört oder nicht. Erst später
treten solche Merkmale hervor, daß seine Zugehörigkeit zu einer der höheren
Wirbeltierklassen deutlich wird. Noch etwas später zeigt sich seine Säugetiernatur. Danach treten der Raubtiertypus und die für die Hundegattung
kennzeichnenden Züge hervor, während wir im allgemeinen nicht bestimmen
können, welche Art der Hundegattung wir vor uns haben, bevor das Tier
geboren ist. Hätten also His und wir jüngere Embryonen für unsere Vergleichung gewählt, so hätte sich auch die Übereinstimmung zwischen ihnen
als noch viel größer erwiesen.

Hätten wir statt eines Hundembryo einen menschlichen Embryo
zu untersuchen gehabt, so wären wir zu entsprechenden Schlüssen gelangt —
alles was in dieser Hinsicht von den übrigen Wirbeltieren gilt, gilt auch
im vollsten Maße von dem Menschen. Es möge genügen, auf die hier wiedergegebenen, völlig naturgetreuen Abbildungen (Fig. 208—213) zu verweisen.

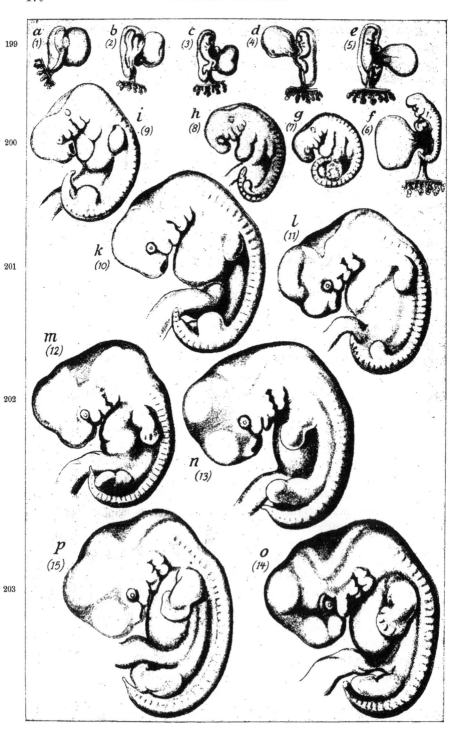

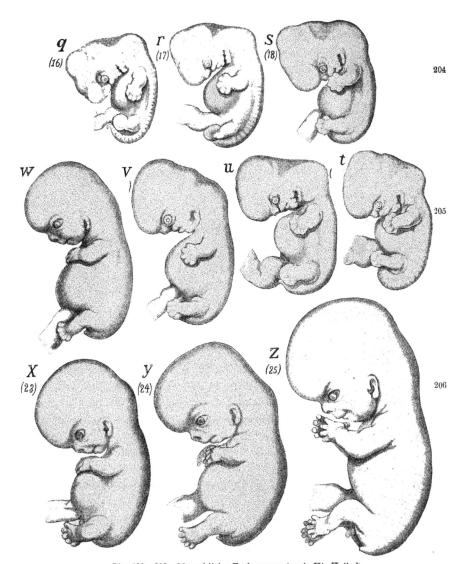

Fig. 199—206. Menschliche Embryonen (nach His-Keibel).

199 a—d Alter 12—15 Tage berechnet; 199 e 18—21 Tage berechnet. 200 f desgleichen; 200 g 23 Tage berechnet; 200 h 24—25 Tage berechnet; 200 i—202 m 27—30 Tage berechnet; 202 n bis 204 r 31—34 Tage berechnet; 204 s und 205 t etwa 35 Tage geschätzt; 205 u etwa 37—38 Tage geschätzt; 205 v etwa 42—45 Tage geschätzt; 205 w etwa 42—45 Tage geschätzt; 206 x 49—51 Tage geschätzt; 206 y 52—54 Tage geschätzt; 207 z 2 Monate veranschlagt.

Sie zeigen mit wünschenswertester Deutlichkeit, daß der Mensch keineswegs eine Ausnahme hinsichtlich der großen Übereinstimmung bildet, die zwischen den verschiedenen Wirbeltiergruppen in den Embryonalstadien herrscht.

Auf die besonderen und sehr ins Einzelne gehenden Übereinstimmungen, die zwischen den Embryonen des Menschen und der höchsten Säugetiere bestehen, kommen wir noch im folgenden zu sprechen. Wir haben nun zunächst einige der von dem vollentwickelten Menschen abweichenden Merkmale zu prüfen, die wir an den oben abgebildeten Menschenembryonen beobachtet haben.

Bekanntlich liegt beim Menschen wie bei allen anderen Wirbeltieren das Zentralnervensystem, d. h. Gehirn und Rückenmark,

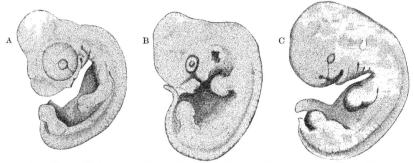

Fig. 207. A Embryo vom Huhn, B vom Kaninchen, C vom Menschen (nach His).

als gleichzeitig äußerst wichtige und äußerst empfindliche Körperteile, wohl eingebettet und geschützt in dem Innern des Körpers, von Gehirnkapsel und Rückgrat umgeben (Fig. 214). Bei seiner Entstehung aber und während des ersten Stadiums seiner Ausbildung nimmt das Nervensystem keineswegs diese Lage ein. Es wird von Zellen gebildet, die dem äußeren Keimblatt angehören, und befindet sich demnach bei seinem ersten Hervortreten vollständig an der Oberfläche des Embryokörpers. Das Zentralnervensystem wird nämlich als eine Längsfurche (Rücken- oder Medullarfurche) in der Mitte des äußeren Keimblattes angelegt. So finden wir es in einem gewissen Stadium bei allen' Wirbeltierembryonen; daß der Mensch keine Ausnahme bildet, geht aus dem oben erwähnten Embryo (Fig. 197) hervor. Durch Vermehrung der Zellen, welche die Rückenfurche bilden, wird diese immer tiefer, während sich gleichzeitig ihre Ränder oben (über der Furche) gegeneinander erheben und schließlich in der Mittellinie zusammenwachsen, so daß die Furche allmählich zu einem Rohr umgebildet wird (Fig. 198).

Bei dem Embryo liegt also das Zentralnervensystem in demselben Niveau wie die übrigen Zellen des äußeren Keimblattes, aus welchen die

Oberhaut hervorgeht; im Verlauf der Embryonalentwicklung aber wachsen die Anlagen zu Muskeln, Skelett usw. zwischen Oberhaut und Nervensystem empor und scheiden diese Teile voneinander. Gleichzeitig mit diesen Veränderungen werden auch die Zellen, die das Nervenrohr bilden, mehr und mehr verschieden von den früheren Kameraden in dem äußeren Keimblatt, um allmählich die Beschaffenheit anzunehmen, die für die Zellen des Nervensystems in ausgebildetem Zustande charakteristisch ist.

Um die Bedeutung dieser Tatsache, daß das Nervensystem bei allen höheren Organismen aus dem äußeren Keimblatt entsteht, m. a. W. von demselben „Urorgan" wie die Oberhaut herstammt, völlig verstehen zu können, brauchen wir nur einen Blick auf die niedrigsten mehrzelligen Tiere zu werfen. Bei diesen bildet nämlich das Nervensystem das ganze Leben des Tieres hindurch einen Teil der Haut. Da, wie wir vorher gesehen, diese niederen Tiere auf unserer Erde viel früher als die Wirbeltiere und der Mensch aufgetreten sind, so können wir verstehen, daß das Nervensystem ursprünglich einen Teil der äußeren Haut gebildet hat. Daß das Nervensystem auf diese Weise entstanden, ist begreiflich: die Haut ist es ja, die in unmittelbarer Verbindung mit der äußeren Welt steht und demnach zur Entstehung der Organe führen muß, durch welche diese wahrgenommen wird, durch welche der Organismus in Beziehung zu dieser tritt. Bei dem Embryo entsteht also das Nervensystem in demselben Körperteil (der Haut), wo es bei den niedrigsten und geschichtlich ältesten mehrzelligen Tieren während des ganzen Lebens verbleibt.

Verfolgen wir die Entwicklung des Nervensystems in der Tierserie, so können wir beobachten, wie es bei den höher stehenden Formen tiefer in den Körper hineingerückt ist. Wir haben hier wieder ein deutliches Beispiel des biogenetischen Grundsatzes vor uns. Aber schon e i n e derartige Tatsache: daß beim Menschen wie bei den übrigen Wirbeltieren das Nervensystem, also das spezifische Organ unserer S e e l e , immer wieder und wieder in dem Teil des Körpers angelegt wird, wo es bei den niedrigsten mehrzelligen Tieren das ganze Leben hindurch verbleibt — e i n e solche Tatsache würde allein hinreichend sein, die Notwendigkeit der Annahme eines wirklichen Verwandtschaftsverhältnisses zwischen den niedrigsten und den höchsten Organismen zu beweisen. Auf den Umstand, daß auch das menschliche Gehirn während seiner Entwicklung sich auf Bahnen bewegt, die den Entwicklungsstadien nahezu entsprechen, auf denen die verschiedenen niederen Wirbeltiere stehen geblieben sind, ist bereits oben hingewiesen worden (vgl. Fig. 136—139).

An den jüngeren menschlichen Embryonen beobachten wir eine Anzahl S p a l t e n , die, durch Bögen getrennt, zu beiden Seiten des Halses sitzen (Fig. 200—202). Derartige Spalten kommen nicht nur beim Menschen vor; sie bilden vielmehr eine gemeinsame Eigentümlichkeit a l l e r Wir-

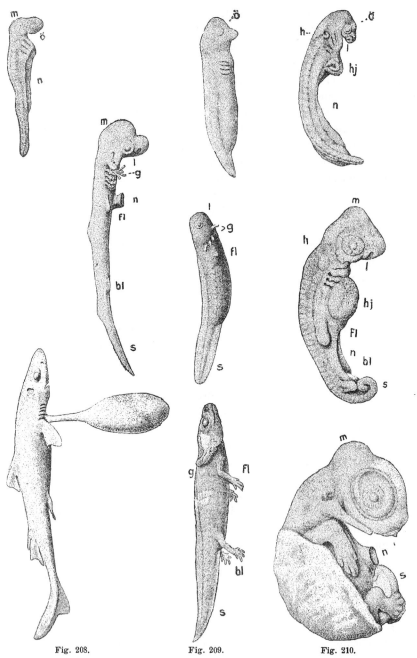

Fig. 208.   Fig. 209.   Fig. 210.

Embryonen von verschiedenen Wirbeltieren in drei ungefähr entsprechenden Entwicklungsstufen. a Allantois, bl hintere Gliedmaßen, fl vordere Gliedmaßen, g Kiemen, gb Dottersack,
ge Kiemenspalte, h inneres Ohr, hj Herz, t Darm, ö Auge.
Fig. 208 Dornhai.   Fig. 209 Wassermolch (nach E. van Beneden).   Fig. 210 Meerschildkröte
(nach Parker).

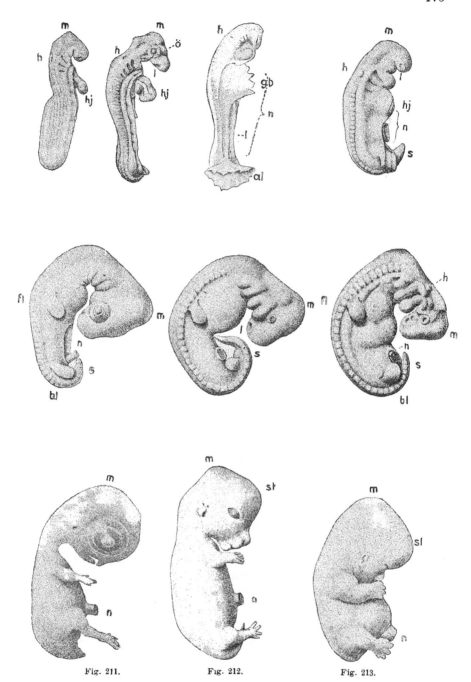

Fig. 211.   Fig. 212.   Fig. 213.

Fig. 211 Huhn. Fig. 212 Säugetier: in der obersten Reihe Schaf (nach Bonnet); in der zweiten und dritten Reihe Kaninchen. Fig. 213 Mensch (nach His und Ecker). Aus: Wirén, Zoologiens grunder.

beltiere während einer Periode ihres Lebens. Da durch die fraglichen
Spalten eine direkte Verbindung zwischen der Außenwelt und dem vordersten Teil des Darmkanals, dem Schlund, entsteht, sind sie Schlundspalten
und die zwischenliegenden Bögen Schlundbögen genannt worden. Zuerst,
d. h. während der frühesten Stadien des Embryonallebens, entwickeln
sich alle diese Bildungen bei allen, gleichgültig ob der Embryo Fisch, Vogel
oder Mensch ist, auf völlig dieselbe Weise, nur daß die Anzahl Schlundspalten und Schlundbögen verschieden sein kann. Es geht dies aus einem
Vergleich zwischen den hier abgebildeten, völlig naturgetreu wiedergegebenen Embryonen von
Mensch und Knorpelfisch
(Fig. 215, 216) hervor. Gleich
nach der Entstehung der
Bögen, finden sich zwischen
ihnen nicht eigentlich offene
Spalten, sondern nur Falten
oder Furchen, indem ein
dünnes Häutchen zwischen
den Bögen ausgespannt ist.
Bei den Embryonen der
Fische verschwindet jedoch
dieses Häutchen bald, so
daß eine Spalte und dem-
nach eine Verbindung zwi-
schen dem Schlund und der
Außenwelt entsteht. Bei
diesen Tieren entwickeln sich
danach aus der Haut, welche

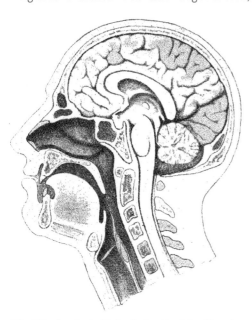

Fig. 214. Durchschnitt durch den Kopf des Menschen.

die Bögen bekleidet, zahlreiche Fortsätze (Hautfalten),
die während ihres Wachstums reichlich mit Blutgefäßen versehen und so befähigt werden, den Gasaustausch zwischen dem Blut des Fisches und dem
Wasser zu vermitteln. Diese den Schlundbögen aufsitzenden Hautauswüchse,
die als Atmungsorgane der Fische dienen, werden bekanntlich Kiemen genannt, weshalb man auch die oben erwähnten Schlundspalten als Kiemenspalten und die Schlundbögen, in denen sich allmählich Knorpel oder
Knochen entwickelt, als Kiemenbögen bezeichnet hat. Als für Wassertiere
unentbehrlich bleibt dieser gesamte Kiemenapparat bei den Fischen während
ihres ganzen Lebens bestehen. Bei allen Kriechtieren, Vögeln und Säugetieren aber, die während keiner Periode ihres Daseins im Wasser leben,
und für die als Lungenatmer dieser Kiemenapparat von keinerlei Nutzen
sein kann, entstehen nichts destoweniger, wie bereits erwähnt, bei dem

Embryo Bildungen, die vollkommen den Kiemenbögen und Kiemenspalten der kiemenatmenden Tiere entsprechen.

Daß es sich hier um keine zufällige oder außerliche Ähnlichkeit, sondern um eine grundwesentliche Übereinstimmung zwischen den Embryonalstadien der höheren Tiere und dem Zustande handelt, der bei den Fischen während des ganzen Lebens besteht, zeigt unter anderem ein Vergleich zwischen der Anordnung der Blutgefäße bei einem Fisch und bei einem Säugetierembryo (Fig. 217, 218). Bei beiden geht vom Herzen ein einfacher Gefäßstamm aus, der nach beiden Seiten Kiemenblutgefäße entsendet, deren Anzahl der der Kiemenbögen entspricht; nach der Rückenseite zu vereinigen sich diese zu der großen Körperpulsader (in Fig. 217 nicht sichtbar), die längs dem Rückgrat nach hinten verläuft.

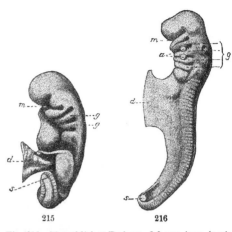

215   216

Fig. 215. Menschlicher Embryo, 2,6 mm lang (nach His). Fig. 216. Embryo vom Zitterrochen, etwas vergrößert (nach Ziegler). m Anlage des Mundes; g Kiemenbögen; a Kiemenanlagen; d Nabelblase (Dottersack, abgeschnitten); s Schwanz.

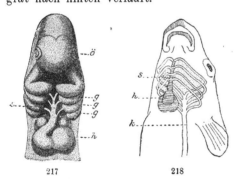

217   218

Fig. 217. Kopf und Hals eines Hundeembryo, 10 mal vergrößert (nach Bischoff). Fig. 218. Herz und Kiemengefäße beim ausgebildeten Fische; die umgebenden Teile sind durchsichtig gedacht (nach Owen). ö Auge; g Kiemenbögen; h Herz; s Gefäßstamm und von diesem zu den Kiemenbögen ausgehende Gefäße; k Körperpulsader.

Mit dem oben beschriebenen Stadium haben indessen bei den mit Lungen atmenden Tieren dieser ganze Kiemenapparat und die zu ihm gehörigen Gefäße den Höhepunkt ihrer Entwicklung erreicht. Anlagen zu Kiemen treten niemals auf. Dieser Kiemenapparat als Ganzes ist bei den höheren Tieren eine vergängliche Bildung und weist während des späteren Teils des Embryonallebens eine rückgängige Entwicklung auf: er verschwindet mehr und mehr, indem die Mehrzahl der Kiemenspalten sich vollständig schließt und die hinteren Kiemenbögen zum größten Teil lange vor der Geburt verschwinden. Vollständig geht jedoch dieser Kiemenapparat nicht zugrunde, sondern ein Teil — und dies ist das nicht zum

wenigsten Merkwürdige an diesem Vorgang — wird vor dem Untergang
durch einen sog. Funktionswechsel gerettet, d. h. dadurch, daß er
umgebildet wird und in den Dienst einer anderen, für ihn ursprünglich
fremden Lebensäußerung tritt. Durch Verfolgung der Embryonalentwicklung des Menschen können wir uns nämlich davon überzeugen, daß die beiden
oberen Kiemenbögen keineswegs vollständig verschwinden, sondern zu
den sog. Zungenbeinhörnern und dem Zungenbeinkörper umgebildet werden,
welche Skeletteile beim Menschen und den übrigen Säugetieren in den

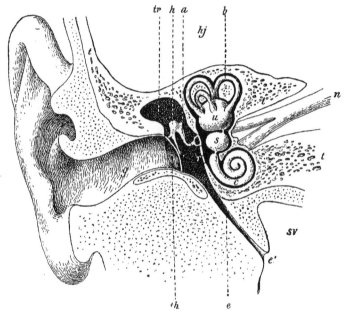

Fig. 219. Etwas vereinfachtes Bild des Gehörorgans beim Menschen. g äußerer Gehörgang,
tr Paukenhöhle, e Ohrtrompete, ha Gehörknöchelchen, th Trommelfell (nach Boas).

Dienst des Zungenapparates und des Kehlkopfes getreten sind. Neuere
Untersuchungen machen es wahrscheinlich, daß auch einige den unteren
Kiemenbögen entsprechende Teile bei den höheren Wirbeltieren vor voll-
ständigem Untergang dadurch gerettet worden sind, daß sie sich an der
Bildung des Kehlkopfes beteiligen.

Wie erwähnt, schließen sich die Schlundspalten vollständig während
des Embryonallebens (Fig. 200—202) mit Ausnahme der obersten, welche
bei den höheren Wirbeltieren (einschließlich des Menschen) das ganze Leben
hindurch bestehen bleibt, aber nicht mehr als ein Atmungsorgan, sondern
als ein Teil des — Hörapparates! An der Stelle dieser Kiemenspalte finden
sich nämlich bei dem vollentwickelten Individuum eine Reihe von Höh-
lungen, die die Verbindung zwischen der Außenwelt und dem Schlunde

vermitteln, und die wir unter den Bezeichnungen äußerer Gehörgang, Paukenhöhle und Ohrtrompete kennen, wobei die letztere denjenigen Abschnitt darstellt, welcher die Paukenhöhle mit dem Schlund in Verbindung setzt (Fig. 219). Außer diesem normalen Überbleibsel einer Kiemenspalte findet sich ausnahmsweise beim Kinde zur Zeit seiner Geburt ein enger Gang, der sich von der Halshaut aus (oft etwas oberhalb des Schlüsselbeins) in den Schlund hinein erstreckt. Er wird gewöhnlich unter dem Namen Halsfistel als eine krankhafte Bildung betrachtet und kann Gegenstand operativen Eingriffes seitens des Arztes werden. Diese Halsfistel ist indessen nichts anderes als ein Rest einer der unteren Kiemenspalten, die sich aus diesem oder jenem Anlaß während der Embryonalentwicklung nicht geschlossen hat.

Auch von den oben erwähnten Kiemenblutgefäßen, deren Existenz vom Gesichtspunkt der Zweckmäßigkeit aus während keiner Periode im Leben der lungenatmenden Tiere motiviert ist, bilden sich einige zurück, während aus anderen Blutgefäße hervorgehen, die bei dem Erwachsenen nach Kopf, Hals, Lungen usw. verlaufen.

Die Sprache, welche die im vorstehenden angeführten embryologischen Tatsachen sprechen, ist leicht zu verstehen. Das Vorkommen dieses ganzen Kiemenapparates bei den Embryonen aller lungenatmenden Wirbeltiere kann, wenn wir uns überhaupt an im Bereich der Möglichkeit liegende Erklärungen halten wollen, nicht anders denn als ein Beweis dafür gedeutet werden, daß die Vorfahren der lungenatmenden Tiere Kiemenatmer, d. h. in Wasser lebende Organismen gewesen sind. Logik und Tatsachen verbieten jede andere Deutung.

In diesem Zusammenhang verdient die Entwicklung noch eines anderen Organs beim Menschen kurze Erwähnung. Bei einigen der jüngsten menschlichen Embryonen, die wir oben untersucht haben (Fig. 199, 200), fanden wir, daß das H e r z nicht wie bei älteren Embryonen und beim vollentwickelten Menschen im Brustkorb eingeschlossen liegt, sondern seine Lage viel höher hinauf in der zukünftigen Halsregion hat. Es ist dies dieselbe Lage, die es das ganze Leben hindurch bei den Fischen beibehält. Die Übereinstimmung bleibt aber nicht hierbei stehen: auch der Bau des Herzens verhält sich bei dem jüngeren Menschenembryo und dem vollentwickelten Fisch auf eine entsprechende Weise. Statt eines vierkammerigen Herzens (zwei Kammern und zwei Vorkammern, die unser ausgebildetes Herz kennzeichnen) ist das Embryonalherz zunächst zweikammerig mit nur e i n e r Kammer und e i n e r Vorkammer, ganz wie bei dem ausgebildeten Fischherzen. Beim etwas älteren Menschenembryo hat das Herz einen Bau, der dem der Amphibien entspricht, welche, wie wir gesehen, diejenigen Tiere sind, die in der Stufenleiter der Lebewesen den nächst höheren Platz über den Fischen einnehmen: das Herz ist dreiteilig mit zwei Vor-

kammern und einer Kammer. Auf einem etwas späteren Stadium wieder
stimmt das Herz des menschlichen Embryo in e i n e r wichtigen Hinsicht mit dem einer noch etwas höher stehenden Tiergruppe überein, dem

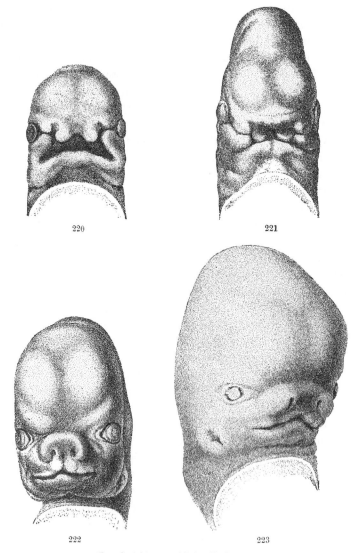

Das Gesicht menschlicher Embryonen,
Fig. 220 von 8 mm Körperlänge, Fig. 221 5 Wochen alt, Fig. 222 Ende des 2. Monats,
Fig. 223 Anfang des 3. Monats (nach His).

der Krokodile: es ist vierteilig, aber mit einer kleinen Kommunikations-
öffnung zwischen den beiden Kammern; erst während des späteren Embryonallebens verschwindet auch diese Kommunikation, und das Herz

erreicht seinen endgültigen Bau. Also auch unser Herz zeigt einen recht
vollständigen Parallelismus zwischen der Entwicklungsgeschichte des
Individuums und der des Stammes!

Von besonderem Interesse ist das Kapitel von der Entstehung und
Entwicklung des menschlichen G e s i c h t e s , der Physiognomie. Schon
früher haben wir gesehen, wie die Mundhöhle durch eine von dem äußeren
Keimblatt gebildete Einstülpung oder Vertiefung gebildet wird. Diese
Vertiefung wird oben von dem Stirnfortsatz (Fig. 200 f) begrenzt, dessen Entstehung mit der Entwicklung des Gehirns zusammenhängt, welche in diesem
frühen Stadium noch nicht durch andere Organe, wie Skeletteile u. dgl.,
von der Anlage der Mundhöhle geschieden ist. Auf den Seiten und unten
bilden die schon oben erwähnten Kieferbögen die Begrenzung der Mundhöhle. Der obere Teil jedes Kieferbogens (Oberkieferfortsatz) stößt an den
Stirnfortsatz, der untere Teil (Unterkieferfortsatz), ist auf dieser frühen
Entwicklungsstufe in der Mitte noch nicht mit seinem Gegenüber zusammen-
gewachsen. Die Ober- und Unterkieferfortsätze sind voneinander durch
einen Einschnitt geschieden, der dem Mundwinkel des fertigen Gesichts
entspricht.

In einem späteren Stadium (Fig. 220) bildet ein Paar Vertiefungen
zu beiden Seiten des Stirnfortsatzes die Anlage zu dem Geruchsorgan. Die
Augen treten deutlich zwischen den Stirn- und Oberkieferfortsätzen hervor.
Beiläufig sei bemerkt, daß, wie verschieden das Gesicht im voll ausgebildeten Zustande auch bei einem Menschen, einer Katze, einem Frosch und
einem Fisch ist, in den allerfrühesten Stadien doch die Gesichtszüge des
Menschen in allem wesentlichen mit denen anderer Wirbeltiere übereinstimmen.

Bei dem Embryo Fig. 221 hat durch höhere Ausbildung des Gehirns
die Physiognomie einen etwas imponierenderen Ausdruck erhalten. Die
Riechgruben sind vertieft, und die Oberkieferfortsätze haben sich an den
vergrößerten Stirnfortsatz angelegt, so daß die Zwischenräume zwischen
den Stirn- und Oberkieferfortsätzen auf schmale Spalten reduziert sind,
die von den Augen zum Munde hin verlaufen. Noch hat sich die Vorder-
spitze des Oberkieferfortsatzes nicht mit dem mittleren und hervorragenden
Teil des Stirnfortsatzes vereinigt. Dies ist bei dem beinahe 2 Monate alten
Embryo (Fig. 222) erfolgt, dessen Oberlippe fertiggebildet ist. Hier können
wir auch in der Mündung der Riechgruben die Nasenlöcher erkennen.
Noch sind diese durch den mittleren Teil des vorderen Stirnfortsatzes weit
voneinander getrennt. Das W a c h s t u m dieses letzteren hört jedoch frühzeitig auf, und er bildet sich allmählich zur Scheidewand der Nase um,
während aus den Seitenteilen des Stirnfortsatzes die Nasenflügel entstehen. Bei einem Embryo, der ungefähr 2½ Monate alt ist (Fig. 223),
hat sich auf diese Weise eine freilich noch nicht besonders zierliche Stumpf-

nase gebildet. Erst viel später tritt die äußere Nase stärker hervor, erhebt
sich über das Niveau des Gesichtes, und die Scheidewand zwischen den
Nasenlöchern wird schmäler, wodurch dieser für die menschliche Physiognomie
so charakteristische und für ihr Aussehen so bedeutungsvolle Körperteil die
Formen annimmt, die im allgemeinen dem ausgebildeten Gesicht zukommen.

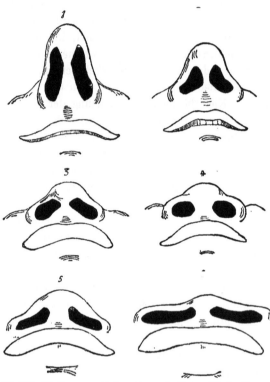

Fig. 224. Nasen, von unten gesehen. 1—2 europäischer Typus;
3—4 Typen bei den gelben Rassen; 5—6 Typen bei den Negern
(nach Topinard).

Es ist in diesem Zusammenhang von großem Interesse, daß die äußere Nase bei verschiedenen Menschenrassen in verschiedenem Grade sich von dem embryonalen Stadium entfernt. Ein französischer Anthropologe, Topinard, hat sechs verschiedene Nasenformen (Fig. 224) unterschieden, von denen No. 1—2 für die weiße Rasse, 3—4 für die gelbe und 5—6 für die schwarze Rasse kennzeichnend sein sollen. Es ist klar, daß eine Nasenform, wie sie den hier abgebildeten Afrikaner (Fig. 225) mit seinem plattgedrückten Nasenrücken und mit der breiten Scheidewand auszeichnet, noch etwas von ihren embryonalen Proportionen beibehalten hat. Wie genugsam bekannt, tritt zuweilen auch bei unseren eigenen Landsleuten beiderlei Geschlechts eine derartige „zurückgebliebene" Nasenform auf. Dies muß wohl als eine Hemmungsbildung aufgefaßt werden, eine Erscheinung, die darin besteht, daß aus irgendeinem Anlaß ein Körperteil sich nicht in normalem Tempo entwickelt, sondern, während der übrige Körper zu voller Ausbildung gelangt, in dieser oder jener Hinsicht in seiner Entwicklung gehemmt wird und auf einem früheren Embryonalstadium stehen bleibt.

Ist dieser Stillstand erst eingetreten, nachdem bereits eine respektable Plattnase entstanden ist, dann dürften die Betreffenden ihr Schicksal mit verhältnismäßigem Gleichmut ertragen können. Schlimmer ist es, wenn diese Hemmung der Gesichtsbildung sich in einem so frühen Embryonalstadium geltend macht, daß keine vollständige Verwachsung zwischen

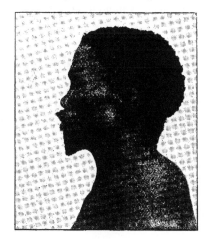

Fig. 225. Kopf eines alten Korana-Mannes (nach Stratz).

Stirn- und Oberkieferfortsätzen stattfindet, wodurch die Furche, die bei einem fünf Wochen alten Embryo vom Auge zum Munde verläuft, in größerer oder geringerer Ausdehnung bestehen bleibt (Fig. 226).

Die als Hasenscharte bezeichnete Entstellung des Gesichtes beruht gleichfalls auf einem Ausbleiben der Vereinigung der Oberkiefer- und Stirnfortsätze.

Es sei in diesem Zusammenhang erwähnt, daß die Nase auch bei den Affen auf verschiedenen Entwicklungsstufen stehen geblieben ist. Bis auf wenige, aber glänzende Ausnahmen (Fig. 227) haben die Affen keine aus dem Gesicht vortretende äußere Nase, sondern sie stehen in dieser Hinsicht, verglichen mit dem Menschen, auf einem mehr embryonalen Standpunkt. Bezüglich der Bildung der N a s e n l ö c h e r erinnern die Affen der Alten Welt, die, wie wir im folgenden sehen werden, auch in anderen Hinsichten höher stehen als die der Neuen

Fig. 226. Rechtsseitige Gesichtsspalte eines 13jährigen Mädchens (nach Kraske-O. Schultze).

Welt, im allgemeinen hauptsächlich an das Verhältnis beim Menschen, indem die Scheidewand der Nase gewöhnlich schmal und die Nasenlöcher nach unten gerichtet sind (Fig. 228). Dagegen ist bei den Affen der

Neuen Welt die Nasenscheidewand sehr breit und die Nasenlöcher sind nach außen gerichtet, so daß also dieses Organ hier auf jener früheren Embryonalstufe stehen geblieben ist, wo der mittlere Teil des Stirnfortsatzes noch voluminöser ist und seine Seitenteile sich noch nicht zu Nasenflügeln entwickelt haben (Fig. 229).

Werfen wir schließlich noch einen Blick auf die Entwicklung unserer Gliedmaßen. Erst verhältnismäßig spät treten, wie aus den oben mitgeteilten Bildern zu ersehen ist, die Anlagen zu Gliedern hervor; in der dritten Embryonalwoche (Fig. 200) bilden sich zwei Paar schwache Erhebungen, die im Laufe der vierten Woche zu kurzen, später längeren Fortsätzen (Fig. 201, 202) auswachsen, an welchen während der fünften Woche (Fig. 203) Glieder sichtbar

Fig. 227. Kopf des auf Borneo lebenden Nasenaffen (Nasalis larvatus).

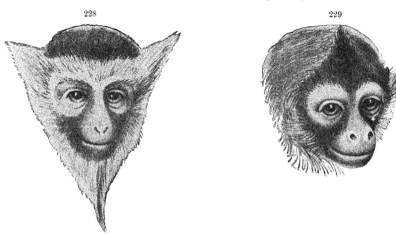

228   229

Fig. 228—229. Kopf (228) eines Affen der Alten Welt (Cercopithecus) und (229) eines Affen der Neuen Welt (Ateles).

werden, so daß man an der Vordergliedmaße Oberarm, Unterarm und die flossenförmige breite Anlage der Hand, an der Hintergliedmaße Oberschenkel, Unterschenkel und Fuß unterscheiden kann. An der Hand treten allmählich (Fig. 205) aus der gemeinsamen Anlage die Anfänge von Fingern hervor, der Rest der Anlage bildet eine schwimmhautähnliche

Membran, die diese verbindet. Die Finger wachsen dann frei aus, während das erwähnte Häutchen an ihrer Basis zurückbleibt, wo es auch die beim Erwachsenen vorkommende Bindehaut zwischen den Fingern bildet. In entsprechender Weise entwickelt sich der Fuß. Die Bindehaut kann bei

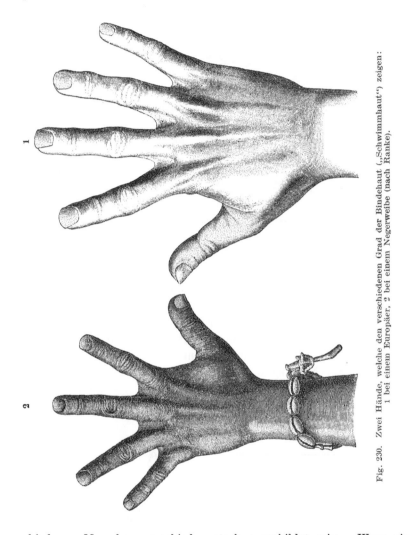

Fig. 230. Zwei Hände, welche den verschiedenen Grad der Bindehaut („Schwimmhaut") zeigen: 1 bei einem Europäer, 2 bei einem Negerweibe (nach Ranke).

verschiedenen Menschen verschieden stark ausgebildet sein. Wenn sie, wie es nicht selten bei Negern der Fall ist, eine besonders große Länge aufweist, so daß die Finger an der Basis vollständiger als gewöhnlich miteinander verbunden sind, so müssen wir diesen Zustand natürlich als ein Stehenbleiben auf einem Stadium betrachten, das bei anderen Individuen während der Embryonalperiode zurückgelegt wird (Fig. 230).

Einige andere Züge aus der Embryonalentwicklung des Menschen studieren wir am zweckmäßigsten in einem anderen Zusammenhange. Hier háben wir uns dagegen mit ·solchen Organen zu beschäftigen, die im Gegensatz zu den Körperteilen, die sich bei dem erwachsenen Menschen in Funktion befinden, als E m - bryonalorgane bezeichnet werden können, da sie ausschließlich für den Embryo Bedeutung haben und nur bei diesem vorhanden sind. Einige davon sind Schutzorgane, andere Ernährungs- oder Atmungsorgane.

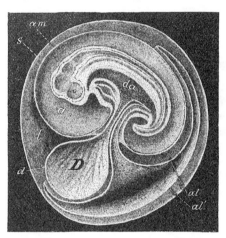

Fig. 231. Vereinfachtes Bild der Embryonalhüllen beim Vogel im Längsdurchschnitt. D Dottersack; al Allantois; a Hulle, den Embryo direkt umschließend (Amnionsack); s außere Hulle (nach Kennel).

Wir erinnern uns, daß das Ei beim Menschen wie bei den meisten übrigen Säugetieren ganz klein ist, nicht größer als ungefähr 0,2 mm im Durchmesser. Dagegen erreichen die Eier der Kriechtiere und der Vögel bekanntlich bedeutendere Dimensionen. Dieser Größenunterschied beruht darauf, daß die Eier der Kriechtiere und der Vögel außer dem verhältnismäßig sehr geringen Teil, aus dem der Embryo entsteht, einen sehr bedentenden Materialvorrat (Nahrungsdotter) enthalten, der dazu bestimmt ist, dem jungen Tier während seines Aufenthaltes im Ei zur Nahrung zu dienen. Ein Nahrungsdotter in demselben Sinne wie bei Kriechtieren und Vögeln findet sich nicht in dem Säugetierei, sondern hier wird das ganze Ei unmittelbar zur Bildung der Zellen des jungen Geschöpfes verwendet.

Um die Bedeutung der Embryalorgane des Menschen und der Säugetiere zu verstehen, ist es notwendig, zunächst einen Blick auf die Verhältnisse bei den Kriechtieren und Vögeln zu werfen.

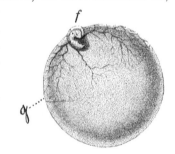

Fig. 232. Hühnerembryo nach viertägiger Bebrutung. f Embryo; g Dottersack mit Blutgefäßen.

Bei den Eiern dieser Tiere imponiert der D o t t e r s a c k durch seine Größe. Dieser kommt dadurch zustande, daß der Nahrungsdotter, der auf der Bauchseite des Embryo liegt, von Häutchen umschlossen ist, die von dem Körper des Embryo auswachsen (Fig. 231, 232). Da die Wände des Dottersacks reichlich mit Blutgefäßen, die mit dem Herzen des

Embryo in Verbindung stehen, versehen sind, verstehen wir leicht, wie das Dottermaterial (der Nahrungsdotter) allmählich von diesen Gefäßen aufgenommen und in den Embryonalkörper übergeführt werden, d. h. diesem zur Nahrung dienen kann. Da außerdem im Frühstadium der Embryonalentwicklung der Dottersack mit seinen Gefäßen unmittelbar der porösen Hülle des Eies (Schalenhaut und Eischale) anliegt, kann ein ungehinderter Gasaustausch zwischen dem Blute und der Luft stattfinden, so daß der Dottersack auch als Atmungsorgan fungiert. Je mehr Dottermasse aber von den Blutgefäßen aufgenommen wird, um so kleiner wird natürlich der Dottersack; zu Ende der Brütezeit ist nur noch ein kleiner Rest von ihm vorhanden. Dadurch wird der Dottersack allmählich unbrauchbar als Werkzeug für die Atmung, weshalb diese Funktion schon frühzeitig von einem anderen Embryonalorgan, der Allantois (Fig. 231, 233) übernommen wird. Diese entsteht als eine Ausstülpung des hintersten Teiles des Darmkanals und entwickelt sich allmählich zu einem großen, abgeplatteten, mit einem reichen Blutgefäßnetz versehenen Sack, der den größeren Teil des Embryo und des Dottersacks umgibt (Fig. 231). Außerdem fungiert die Allantois während des Embryonallebens als Behälter für die Ausscheidungsprodukte der Nieren (also als

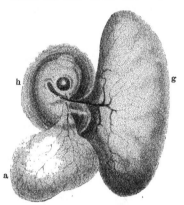

Fig. 233. Hühnerembryo nach sieben-
tägiger Bebrütung. h Amnionsack;
a Allantois; g Dottersack.
Fig. 232 und 233 sind unter Benutzung
von Duvals Abbildungen gezeichnet.

Harnblase), und schließlich zu Ende der Brütezeit dienen ihre Blutgefäße dazu, den übrig gebliebenen Rest des Eiweißes aufzusaugen. Der Allantoissack ist also während des Embryonallebens mit vielen Verrichtungen beauftragt.

Als drittes Embryonalorgan ist die Hülle zu erwähnen, die in Form einer mit Flüssigkeit gefüllten Blase den Embryo umgibt und ihm zum Schutze dient: der Amnionsack (Fig. 231, 233). Er findet sich bei allen Kriechtieren, Vögeln und Säugern (den Menschen einbegriffen), jedoch zeigt er bei verschiedenen Säugetieren eine verschiedene, noch nicht völlig verständliche Entstehungsweise. Wir können ihn hier ohne Schaden übergehen.

Um die Rolle, welche die Embryonalorgane bei den Säugetieren spielen, richtig zu erfassen, müssen wir uns zunächst daran erinnern, daß diese Tiere — wenn wir vorläufig von den niedrigsten Säugetierformen absehen — lebendige Junge gebären, während alle Vögel und die Mehrzahl der Kriechtiere Eier legen. Die Säugetiere — und das gleiche gilt vom Menschen — müssen

demnach während des Embryonallebens ihre Nahrung dem Körper des
Muttertieres entnehmen, und dieser muß auch die Atmung des Embryo
vermitteln. Diese beiden Funktionen werden von einem besonderen, sehr
zusammengesetzten Organ, das als M u t t e r k u c h e n bezeichnet wird,
versehen.

Wir erinnern ferner daran, daß bei den Säugetieren der innige Zusammenhang zwischen Mutter und Nachkomme auch nach der Geburt des
jungen Tieres nicht gelöst wird; auch dann ist es ja die Mutter, die während längerer oder kürzerer Zeit für den Unterhalt desselben sorgt, indem
das junge Tier mit der Milch der Mutter ernährt wird.

Dieser innige Zusammenhang, der zwischen Mutter und Nachkomme
sowohl vor als nach der Ge-
burt des letzteren besteht,
ist als einer der charak-
teristischsten und bedeut-
samsten Züge der Säuge-
tiere gegenüber Kriech-
tieren und Vögeln zu be-
trachten. Dieser Zusam-
menhang gehört nämlich
ohne Zweifel zu den Mo-
menten, denen die Säuge-
tiere in erster Linie die
höhere Ausbildung ver--
danken, die sie erreicht
haben. Die Vögel und die
meisten Kriechtiere machen
ihre ganze Entwicklung

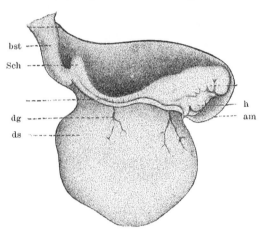

Fig. 234.   Menschlicher Embryo, ungefähr 15 Tage alt;
stark vergrößert, am Amnion, bst Bauchstiel, Sch Schwanz-
ende, dg Dottergefäße, ds Dottersack, h Herz (nach Coste-
O. Hertwig).

innerhalb des Eies durch, wohin keine Nahrung dem Embryo von außen
her zugeführt werden kann. Für sie ist die Nahrung streng auf den in
dem Ei eingeschlossenen Nahrungsdotter beschränkt, wohingegen die Nahrungszufuhr des Säugetierembryo nicht im voraus abgemessen ist, sondern
die Nahrung je nach Bedarf von der Mutter bezogen wird. Wir sehen
also, daß der Säugetierembryo, geschützt und ernährt von der Mutter,
unter sonst gleichen Verhältnissen imstande sein muß, eine vollkommenere
Ausbildung aller seiner Organe zu erreichen, bevor er den unmittelbaren
Kampf ums Dasein aufzunehmen braucht.

Unter solchen Umständen wird es natürlich meine Leser überraschen
zu hören, daß bei dem menschlichen Embryo wie bei allen anderen Säugetierembryonen ein Dottersack auftritt, seit Alters her unter der Bezeichnung
„Nabelblase“ bekannt (Fig. 234), der sich vollständig wie der Dottersack
bei Kriechtieren und Vögeln verhält. Die Nabelblase wird von derselben

Art von Hüllen wie dieser umgeben, sie ist mit einem Blutgefäßnetz entsprechend dem des Dottersackes bei den niederen Wirbeltieren ausgerüstet, sie enthält aber — und das ist das Merkwürdige — kein oder jedenfalls eine so geringe Menge Nährmaterial, daß sie nie dieselbe Rolle hier wie bei den niederen Wirbeltieren spielen kann. Dagegen zeigt sie bei gewissen, besonders einigen niederen Säugetieren, wie Beuteltieren, Insektenfressern u. a., eine Art Funktionswechsel; sie übernimmt eine ihr ursprünglich fremde Rolle. Die blutgefüllten Wände der Nabelblase kommen nämlich bei den genannten niedriger stehenden Säugetieren während eines frühen Embryonalstadiums in so intime Berührung mit der Gebärmutter, daß sie höchstwahrscheinlich während dieser Periode eine ähnliche Funktion ausübt wie der Mutterkuchen in einem späteren Stadium des Embryonallebens, d. h. daß sie dem Embryo aus dem Blute der Gebärmutter Nahrung zuführt und seine Atmung vermittelt. Dies ist aber eine Funktion, die die Nabelblase später übernommen hat, und die mit ihrer Entstehung nichts zu schaffen hat; denn diese ist an das Vorhandensein einer reichlichen Dottermasse gebunden, die ja bei den Säugetieren fehlt. Also: das Vorkommen des Dottersacks wird nur durch die Annahme verständlich, daß der Mensch und die Säugetiere von Tierformen herstammen, welche Eier mit wirklichem Nahrungsdotter gehabt haben, somit von eierlegenden Tieren. Diese vom embryologischen Gesichtspunkt aus berechtigte Annahme hat denn auch in glänzender Weise durch die im zweiten Kapitel mitgeteilten Entdeckungen eine Bestätigung erfahren, wonach die niedrigsten Säugetiere, die Kloakentiere, noch heutzutage keine lebendigen Jungen gebären und keinen Mutterkuchen besitzen, sondern Eier mit großem Nahrungsdotter legen. Trotz Bedenken, die man neulich erhoben hat, muß wohl zugegeben werden, daß das Vorkommen eines oft vollständig nutzlosen Dottersacks bei Geschöpfen, die ein so ausgezeichnetes Ernährungsorgan wie den Mutterkuchen besitzen, nur als Erbschaft aus der Periode verständlich wird, wo die Vorfahren der höheren Säugetiere noch keinen Mutterkuchen erworben hatten, sondern wie die Kriechtiere und die niedrigsten Säugetiere, die Kloakentiere, während des Embryonallebens ihre Nahrung einem Dottersack entnahmen.

Bei dem Menschen bilden sich die Embryonalorgane der Hauptsache nach auf folgende Weise. Nachdem das befruchtete Ei in die Gebärmutter hineingekommen, wirkt es, neueren Untersuchungen nach zu urteilen, auf den Punkt, an dem es sich befestigt, geradezu wie ein Parasit. Das Ei zerstört nämlich die oberflächlichen Teile der Schleimhaut um in die tieferen Schichten der Gebärmutterwand hinein zu gelangen, wonach seine freie Oberfläche von einem Häutchen umgeben wird, das sich aus der Schleimhaut der Gebärmutter bildet. So liegt schließlich das Ei in einer Kapsel. Es wird größer und erhält schon sehr früh (während der zweiten Woche) eine Bekleidung aus zahlreichen fransenähnlichen Fortsätzen. Zunächst ist die g a n z e Oberfläche des Eies mit derartigen Fortsätzen versehen, im Laufe des zweiten Fötalmonats haben sich jedoch die Fortsätze, die an dem der Gebärmutterhöhle zugekehrten Teile des Eies sitzen, verkleinert, so daß dieser Teil der Eioberfläche nahezu glatt geworden ist. Dagegen vergrößern sich die Fortsätze an dem der Gebärmutter anliegenden Teil des Eies beträchtlich, werden baumartig verzweigt und senken sich in die Schleimhaut der Gebärmutter ein, mit welcher sie zur Bildung eines scheibenförmigen Organs, des Mutterkuchens („Placenta") verwachsen. Der Mutterkuchen ist demnach aus zwei Partien zusammengesetzt, die eine aus einem Teil der Gebärmutter, die andere aus Fötalorganen gebildet (Fig. 235). Die oben erwähnten, in die Gebärmutterschleimhaut eindringenden Fransen sind reichlich mit feinen Blutgefäßen versehen, die mit dem Blut der Mutter in der Schleimhaut der Gebärmutter in innige Berührung kommen. Das Blut des Embryo und das der Mutter geht

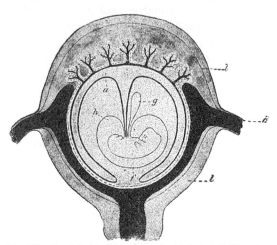

Fig. 235. Vereinfachte Darstellung der Embryonalhüllen eines Säugetierembryo im Durchschnitt. f Embryo; h Amnionsack; g Nabelblase (= Dottersack); a Allantois; ä Eileiter (abgeschnitten).

jedoch in geschlossenen Bahnen, so daß keine Mischung ihrer Blutströme stattfindet. Dagegen vollzieht zwischen ihnen sich ein reichlicher Austausch von Gasen und flüssigen Bestandteilen. Aus dem Blute der Mutter nimmt das Embryoblut seinen Sauerstoffbedarf und seine Nahrungsstoffe auf und gibt an dasselbe verschiedene Produkte (Kohlensäure usw.) ab. Der Mutterkuchen ist demnach sowohl das Atmungs- als Ernährungsorgan des Embryo.

In e i n e m wichtigen Punkt weicht jedoch der Mutterkuchen beim Menschen von dem der meisten anderen Säugetiere ab. Während bei diesen — wie auch bei niederen Wirbeltieren — die Allantois eine freie, mit einem reichen Blutgefäßnetz ausgestattete Blase ist, die zusammen mit den oben erwähnten Fransen den bei den verschiedenen Säugetieren verschieden beschaffenen Mutterkuchen bildet, tritt die Allantois beim Menschen nie als freie Blase auf, sondern liegt als ein kleiner, enger Kanal in dem sogen. Bauchstiel. Letzterer ist ein kurzer und dicker Strang, der von dem unteren

und hinteren Körperende des Embryo zur Embryonalhülle und ihren Fortsätzen geht, welch letztere er mit Blut versieht (Fig. 234). Ohne uns hier auf
einen Bericht über die Entstehung dieses Bauchstiels einlassen zu können,
wollen wir nur erwähnen, daß er als ein wesentlicher Bestandteil in dem
Nabelstrang enthalten ist, der während der späteren Embryonalstadien die
Verbindung zwischen dem Mutterkuchen und dem Embryokörper bildet.

Der Amnionsack, der zunächst sehr klein ist, nimmt rasch an Umfang zu und füllt sich
mit einer alkalischen
Flüssigkeit, die den Em-
bryo umspült. Da das
Wachstum des Amnion
rascher geschieht als
das der Eihülle, legt es
sich bereits gegen Ende
des dritten Fötalmonats
dicht an letztere an
und verwächst mit ihr
(Fig. 237—238).

Einen entgegenge-
setzten Entwicklungs-
gang zeigt der Dotter-
sack. Während das
Amnion im Laufe des
embryonalen Lebens
immer größer wird, wird
der Dottersack immer
kleiner. Während so bei

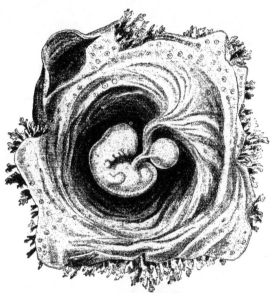

Fig. 236. Menschlicher Embryo, 27—30 Tage alt, mit aufge-
schnittenen und auseinandergelegten Embryonalhüllen, Nabelblase usw. (nach einem Präparat im Zootomischen Institut
zu Stockholm).

dem 2—5 Wochen alten Menschenfötus der Dottersack, der hier noch mit dem
Darmkanal in Verbindung steht, etwas mehr als die Hälfte der Höhle des
ganzen Eies einnimmt (Fig. 234), wird er bald zu einer länglichen kleinen
Blase (Nabelblase), die mittelst eines Stiels oder Ganges mit dem nun zu
einem Rohr zusammengewachsenen Darmkanal in Verbindung steht (Fig.
236). Schließlich vereinigt sie sich mit dem Bauchstiel, um an der Bildung
des oben erwähnten Nabelstranges teilzunehmen. Bei der Geburt ist sie zu
einem ganz kleinen, kaum erbsengroßen Bläschen verkümmert. Auch auf
der Höhe ihrer Ausbildung ist die Nabelblase beim Menschen höchstwahrscheinlich von k e i n e r Bedeutung; Nahrung enthält sie jedenfalls nicht,
obwohl sie im übrigen mit dem inhaltsreichen Dottersack von Kriechtieren und Kloakentieren übereinstimmt.

Bis vor kurzem glaubte man zu der Behauptung berechtigt zu sein,
daß das Embryonalleben des Menschen in mehreren wichtigen Punkten

bemerkenswerte Unterschiede von dem aller anderen Geschöpfe aufweise.
Der menschliche Embryo sollte sich demnach von den übrigen Wirbeltieren durch eine ganze Reihe Eigentümlichkeiten unterscheiden, wie durch
den Mangel einer freien Allantoisblase, das Vorkommen eines Bauchstiels,
die Beschaffenheit der von der Schleimhaut der Gebärmutter gebildeten
Kapsel, welche das junge befruchtete Ei nach seinem Eintritt in die Gebär-

Fig. 237. Gebärmutter vom Menschen, von vorne eröffnet, mit drei Monate altem Embryo.
V Gebärmutterhöhle, C Hülle des Embryo (eröffnet), Amnionsack von innen (nach Strahl-
O. Hertwig).

mutter umgibt, die eigentümliche Einbuchtung des Rückgrats, welche besonders stark an dem in Fig. 199 c, d abgebildeten Embryo ist, sowie durch das
Verhalten des Dottersacks. Und dies ist wirklich der Fall: diese Eigenheiten, die lange als Steckenpferd von denen gebraucht worden sind, die
dem Menschen eine Ausnahmestellung haben reservieren wollen, unterscheiden den Menschen schon als Embryo von allen Tiergruppen — von
allen mit Ausnahme e i n e r einzigen: den A f f e n! Dank den ziel

bewußten Untersuchungen der letzten Jahre — besonders denen des vor
einigen Jahren verstorbenen deutschen Zoologen Emil Selenka — können
wir im einzelnen und mit aller wünschenswerten Genauigkeit diese Tatsache nachweisen, deren Bedeutung für die Auffassung der Genealogie des
Menschen kaum überschätzt werden kann.

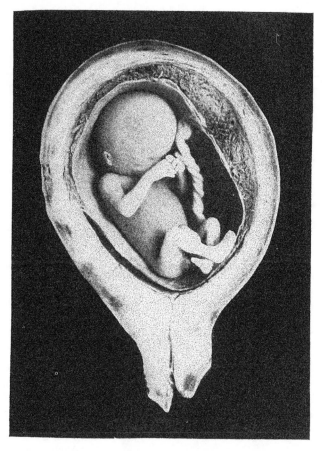

Fig. 238. Gebärmutter vom Menschen aus dem vierten Monat, geöffnet um den Embryo
sichtbar zu machen (nach Strahl-O. Hertwig).

So ist es festgestellt, daß auch den Affen eine freie Allantoisblase
fehlt, und daß es auch bei ihnen ein Bauchstiel — dieses bei anderen Wesen
vollkommen unbekannte Organ — ist, welcher die Verbindung zwischen dem
Embryokörper und dem Mutterkuchen herstellt. Wie beim Menschen wird
auch bei den Affen das junge befruchtete Ei durch eine Hülle ganz anderer
Art geschützt, als wie sie bei einigen anderen Säugetieren (gewissen Nagern,
dem Igel) vorkommt. Auch bezüglich des rudimentären Zustandes der

Nabelblase stimmen die Affenembryonen vollkommen mit dem menschlichen Embryo überein, dagegen nicht mit den Embryonen der übrigen

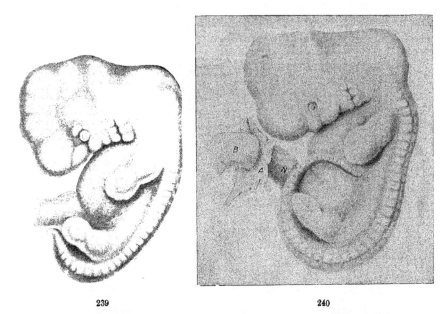

239   240

Fig. 239. Menschlicher Embryo, 12,5 mm lang, 31—34 Tage alt (nach His-Keibel).
Fig. 240. Embryo des Makaken (Macacus cynomolgus (nach Selenka).

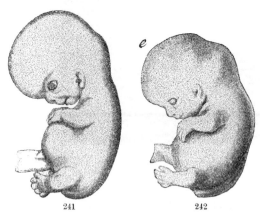

241   242

Fig. 241. Menschlicher Embryo, 17,5 mm lang, 47—51 Tage
alt (nach His-Keibel). Fig. 242. Embryo des Gibbons
(Hylobates concolor; nach Selenka-Keibel)

Säugetiere. Ebenso wei-
chen in einigen anderen
Punkten, die wesentlich
darauf ausgehen, die Nah-
rungszufuhr zu dem Em-
bryo zu vervollkommnen,
der Mensch und die Affen
gemeinsam von allen an-
deren Säugetieren ab.

Auch in gewissen
Einzelheiten der Em-
bryonalentwicklung tritt
uns größere Übereinstim-
mung zwischen dem Men-
schen und den Affen als
zwischen den letzteren
und anderen Geschöpfen entgegen. So hat man nur beim Affenembryo
die eigentümliche Einbuchtung der Rückseite beobachten können, die
einem bestimmten Embryonalstadium des Menschen charakteristisch ist, und

die sich bei beiden — dem Menschen und dem Affen — während späterer Perioden wieder ausgleicht.

Selbst in noch späteren Embryonalstadien ist die Übereinstimmung zwischen dem Menschen und den Affen, auch niedriger stehenden wie dem gewöhnlichen Makak (Macacus cynomolgus), schlagend. Der Leser kann sich hiervon durch einen Vergleich der hier mitgeteilten naturgetreuen Bilder eines ungefähr 33 Tage alten menschlichen Embryo (Fig. 239) und eines Embryo des genannten Affen in entsprechendem Ausbildungsgrade (Fig. 240) überzeugen: kaum etwas anderes als die verschiedene Länge des Schwanzes unterscheidet sie! Überhaupt können wir auf Grund von Selenkas Untersuchungen feststellen, daß, wenn man behufs bequemerer Vergleichung für die Affen die Zeitangaben zugrunde legt, die für die Entwicklungsperioden des menschlichen Embryo gelten, eine augenfällige Gleichförmigkeit in der Ausbildung des Embryonalkörpers bei Menschen und beim Affen bis ungefähr zur sechsten Fötalwoche herrscht. Nach dieser Zeit trennen sich die Wege des Menschen und der n i e d e r e n Affen mit jedem Schritt und jedem Tag mehr und mehr, während der Mensch und die h ö h e r e n Affenformen noch ein weites Stück des Weges zusammengehen. Fig. 241 und 242 lassen die ausgesprochene Gleichförmigkeit erkennen, die zwischen einem menschlichen Embryo, der bereits ein Alter von 47—51 Tagen erreicht hat, und einem Gibbon auf entsprechender Entwicklungsstufe besteht. Nur die schon deutlich ausgeprägten Verschiedenheiten der Hand und vor allem des Fußes schützen diese kleinen Wesen davor, miteinander verwechselt zu werden. Ich bemerke ausdrücklich, daß, da die hier mitgeteilten Bilder verschiedenen Arbeiten entnommen sind, jeder Verdacht, die Ähnlichkeit könnte irgendwie auf Absicht beruhen, vollständig ausgeschlossen ist.

In einem wichtigen Punkt weicht indessen die Entwicklung der meisten niederen Affen von dem Menschen ab: bei den ersteren finden sich zwei scheibenförmige Mutterkuchen (Fig. 243), während beim Menschen (Fig. 238) nur e i n Mutterkuchen gebildet wird. Dieser Unterschied gilt aber nicht für die höheren Affen, die Gibbons und die menschenähnlichen; diese stimmen auch in dieser Hinsicht mit dem Menschen überein, sie haben nur e i n e n Mutterkuchen, der wenigstens während der zweiten Hälfte des Fötallebens in seinem Bau eine bis ins einzelne gehende Übereinstimmung mit dem des Menschen zeigt.

Daß bei den Embryonen des Menschen und der Affen in älteren Stadien, neben einer auffallenden Übereinstimmung, Abweichungen in gewissen Einzelheiten angetroffen werden, ist selbstverständlich.

Mit Rücksicht auf das Gewicht, das wir dem Zeugnis der Embryologie in genealogischen Fragen zuzuerkennen berechtigt sind, müssen die gemeinsamen, von allen anderen Wirbeltieren abweichenden Eigenschaften, welche Menschen und Affen während ihrer embryonalen Entwicklung auszeichnen, entschieden als ein Beweis dafür angesehen werden, daß wir Menschen den Affen viel näher stehen als anderen Geschöpfen.

Das Ergebnis der embryologischen Untersuchungen, die in diesem Kapitel zur Behandlung gekommen sind, ließe sich folgendermaßen zu-

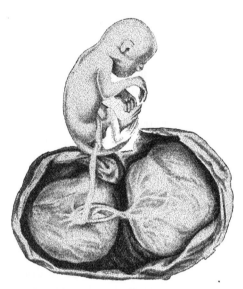

sammenfassen. Die Embryologie bestätigt und vertieft die Erkenntnis, zu welcher die vergleichende anatomische Untersuchung uns zuvor geführt hat: ebensowenig wie im Körperbau des Menschen findet sich in seiner embryonalen Entwicklung etwas, was außerhalb des Rahmens der Tierklasse fällt, die wir als Säugetiere bezeichnen. Außerdem haben wir uns von dem Auftreten einer ganzen Reihe von Erscheinungen in der embryonalen Entwicklung des Menschen überzeugen können, die von naturwissenschaftlichem Gesichtspunkt aus durchaus unverständlich

Fig. 243. Embryo eines Affen der Alten Welt (Semnopithecus maurus) mit doppeltem Mutterkuchen (nach Selenka-Strahl).

sind, sofern man nicht annimmt, daß ein w i r k l i c h e s Verwandtschaftsverhältnis zwischen dem Menschen und der eben erwähnten höchsten und jüngsten Tierklasse besteht.

Wenn wir aber bei dem menschlichen Embryo gleichwie bei allen Säugetierembryonen auf frühen Entwicklungsstufen einen wirklichen Kiemenapparat antreffen, wie er nur für in' Wasser lebende Tiere anwendbar ist, und einen Dottersack, der nur bei eierlegenden Tieren von Nutzen ist; wenn wir den menschlichen Embryo in späteren Stadien auch alle für die niederen Säugetiere kennzeichnenden Merkmale aufweisen sehen, und wenn wir schließlich die bis ins einzelne gehenden Übereinstimmungen berücksichtigen, die gewisse Stadien des Menschen- und des Affenembryo aufzuweisen haben, so dürften diese Tatsachen genügen, um einen jeden, der überhaupt naturwissenschaftlichen Tatsachen eine Beweiskraft zuerkennt, davon zu überzeugen, daß die fraglichen Eigenschaften, die den menschlichen Embryo auszeichnen und wenigstens teilweise bei dem vollentwickelten Menschen verschwunden sind, Erbschaften aus einer Zeit darstellen, wo der Mensch noch nicht Mensch war, sondern — etwas anderes. Von diesem anderen werden wir in einem folgenden Kapitel versuchen, uns mit Hilfe einer anderen Reihe von Tatsachen und auf anderen Wegen eine klarere Vorstellung zu bilden.

VI

Die rudimentären Organe des menschlichen Körpers.

———

Den Naturforschern vergangener Zeiten erschien alles in der Natur, alles in unserem eigenen Körperbau und dem unserer Mitgeschöpfe vollkommen zweckmäßig: alle die verschiedenen Organe des Menschen- und Tierkörpers haben ihre Aufgabe „im Haushalte der Natur" zu erfüllen; sie arbeiten auf die denkbar zweckmäßigste Weise. Stieß man bei seinen Forschungen einmal auf ein Organ oder einen Organteil, dessen Nutzen und Bedeutung man nicht klarzustellen vermochte — dann taten wenigstens die vorsichtigeren unter den Forschern jener Zeit dasselbe, wie unsere Juristen tun, wenn sie auf einen besonders verzwickten Rechtsfall stoßen: sie verschoben die Entscheidung, bis neue Momente einträfen. Und das war klug gehandelt, denn einer Naturbetrachtung, die auf dem Standpunkt der Schöpfungshypothese stand, welche die verschiedenen organischen Formen alle aus der Hand eines Schöpfers hervorgegangen betrachtete, mußte eine ganze Reihe Erscheinungen in der lebenden Welt vollkommen unbegreiflich bleiben.

Ich denke hier zunächst an die rudimentären Organe, deren Dasein offenbar jeder Schöpfungslehre Hohn spricht, während es gleichzeitig einen glänzenden Beweis für die Wahrheit des Deszendenzprinzips bildet.

Als rudimentäre oder verkümmerte Organe werden im allgemeinen solche Organe bezeichnet, die sich bis zu dem Grade zurückgebildet haben, daß sie nur geringen oder gar keinen nachweisbaren Nutzen für ihren Besitzer haben können. Rudimentäre Organe sind also Werkzeuge ohne oder mit mangelhafter Funktion — sie zeugen von einer D i s h a r m o n i e zwischen Bau und Verrichtungen unseres Körpers.

Schon hier will ich jedoch betonen, daß es sich für einige Organe oder Organteile, die früher wegen ihres mangelhaften Baues für funktions- und nutzlos erklärt wurden, durch spätere, besonders durch experimentelle

Untersuchungen gezeigt hat, daß sie eine wenn auch bescheidene Aufgabe im Dienste irgendeiner Lebensäußerung zu erfüllen haben. Neben solchen Fällen aber, betreffs welcher künftige Untersuchungen vielleicht noch dar-

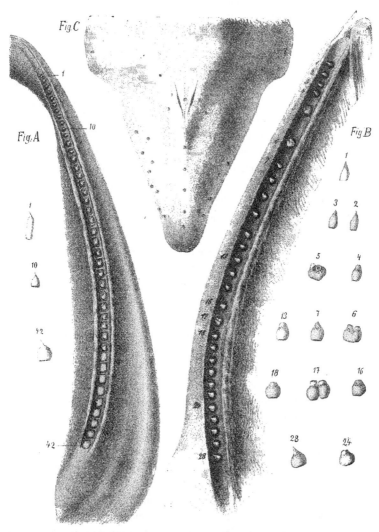

Fig. 244. Kieferhälften des Embryo eines Bartenwales (Megaptera boops) mit Zähnen und Zahnanlagen; neben dem Kiefer sind einige herausgenommene Zähne abgebildet (nach Eschricht).

legen werden, daß sie eine funktionelle Bedeutung besitzen, finden sich zahllose andere rudimentäre Organteile, bezüglich deren wir mit absoluter Sicherheit behaupten können, daß sie für den Organismus vollkommen nutzlos sind. Nur zwei schlagende Beispiele für derartige Organe! Bei den jetzt

lebenden W a l e n unterscheidet man zwei Hauptgruppen: zahntragende
Wale und Bartenwale. Die ersteren, zu denen der in unseren Meeren lebende
gewöhnliche Tümmler gehört, sind mit einer oft sehr bedeutenden Anzahl
einfach gebauter Zähne versehen, während die Bartenwale im vollausgebildeten Zustande statt der Zähne mit Barten: dünnen, quergestellten,
hornartigen, am inneren Rande gefransten Platten, die am Gaumen befestigt sind, ausgerüstet sind. Es ist dies eine Anpassung an ihre Ernäh-
rungsweise. Die Bartenwale ernähren sich nämlich nicht von größeren
Tieren, wie das gewöhnlich bei den Zahnwalen der Fall ist, sondern von
allerhand kleinen Tieren, die in unzähligen Scharen die Meere bevölkern.
Damit aber solche Riesen wie die Wale von so kleinen Geschöpfen leben
können, müssen diese in ungeheuren Massen vertilgt werden. In die Mundhöhle gelangt, bleiben sie, während das Wasser abrinnt, an den Fransen
auf der Innenseite der Barten hängen und werden von der großen Zunge
in den engen Schlund geschoben. Daß Zähne

Fig. 245. Europäischer Maulwurf
mit Augenlidspalten.

für Tiere mit einer solchen Lebensweise unnütz
sein müssen, ist selbstverständlich; wie erwähnt, fehlen sie auch vollständig bei dem
erwachsenen Wal. Bei dem Bartenwal - E m -
b r y o dagegen, findet sich in den Kiefern
eine vollständige Zahngarnitur, die im wesentlichen mit der der Zahnwale übereinstimmt
(Fig. 244). Diese Zähne des Embryo aber
durchbrechen n i e das Zahnfleisch, sie lösen
sich auf, verschwinden vor der Geburt des
Waljungen und kommen auf diese Weise niemals in die Lage, irgendwelche
Funktion auszuüben. Die Zähne der Bartenwale sind demnach typische
rudimentäre Organe ohne den geringsten Nutzen für ihren Besitzer.

Eine Erscheinung ähnlicher Art sind die Augen bei einer großen Anzahl unterirdisch, also im Dunkeln lebender Tiere. Bei Tieren dieser Lebensweise kann man alle Übergänge von Formen mit völlig funktionsfähigen
Augen bis zu solchen, welche von der Haut überwachsen worden sind und
kein Sehvermögen mehr besitzen, nachweisen. Als ein sprechendes Beispiel sei der in Europa gemeine Maulwurf angeführt (Fig. 245). Früher glaubte
man zwei verschiedene A r t e n von Maulwürfen unterscheiden zu müssen,
beide mit sehr kleinen, unter den Haaren versteckten Augen; während man
aber der nord- und mitteleuropäischen Art eine winzige Augenlidspalte zu-
schrieb, sollte diese der südeuropäischen gänzlich fehlen. Nach neueren
Untersuchungen gibt es nur eine einzige Maulwurfsart in Europa; von
dieser aber haben einige Individuen Augen mit einer kleinen Augenlidspalte,
während andere diese entbehren, d. h. bei ihnen sind die Augen vollständig von der Haut bedeckt, demnach absolut funktionslos: diese Individuen

sind blind. Wir haben also im europäischen Maulwurf eine Tierart, bei
welcher sich infolge der unterirdischen Lebensweise völlige Blindheit an-
bahnt. Bei einigen außereuropäischen Maulwurfsarten scheinen durch den
Verschluß der Augenlidspalte a l l e Individuen blind zu sein.

Auch die Mehrzahl der Tiere, welche Grotten bewohnen, sind blind.
Es brauchen kaum besondere Beweise dafür angeführt zu werden, daß
diese Tiere wirklich von sehenden Vorfahren abstammen; man weiß, daß
die fraglichen Grotten (die Adelsberger Grotte in Krain, die Mammutgrotte
in Kentucky) in einer geologisch sehr späten Periode entstanden, und daß
die jetzt in ihnen lebenden Tiere dort eingewandert — also einmal sehend
gewesen sind. Mehrere von den nächsten Verwandten dieser blinden Tiere
leben in der Nähe der Grotten und sind sehend.

Im Zusammenhang hiermit verdient betont zu werden, daß man nicht
selten bei einer vergleichenden Untersuchung eines Organs bei verwandten
Tierformen alle Übergänge nachweisen kann von einem Zustand, wo dieses
Organ voll ausgebildet und gebrauchsfähig ist, zu einem solchen, wo die verkümmerte Beschaffenheit des Organs von vollständiger Funktionslosigkeit begleitet ist. Diese Beobachtung kann man auch so ausdrücken, daß dasselbe
Organ, das bei diesem oder jenem h ö h e r e n oder mehr differenzierten Organismus verkümmert und nutzlos sein kann, bei verwandten niedriger stehenden Wesen mehr ausgebildet und mit einer entsprechenden Funktion auftritt.

Schließlich will ich darauf hinweisen, daß es unter den höher stehenden
Wesen keines gibt, das sich nicht mit einer größeren oder geringeren Anzahl rudimentärer Organe herumzuschleppen hat. Dies gilt in eminentem
Grade auch vom Menschen, dessen Körper nach der Berechnung des bekannten Freiburger Anatomen Wiedersheim ungefähr 100 mehr oder weniger
rudimentäre Organe oder Organteile beherbergen soll. A l l e Organsysteme
des Menschen (Skelett, Muskulatur, Nervensystem, Verdauungs-, Geschlechtsorgane usw.) enthalten derartige unnütze Teile.

Schon oben habe ich bemerkt und ich wiederhole es hier: nur unter
der Voraussetzung, daß die verschiedenen Organismen das Produkt einer
Umbildung, einer Entwicklung sind, werden die rudimentären Organe begreiflich. Ja, auch wenn wir keinen anderen Beweis für die Deszendenztheorie als diese Tatsache: das Vorhandensein rudimentärer Körperteile, besäßen, so wäre dieser allein hinreichend, um die Wahrheit dieser
Theorie zu erweisen. Daß ein Geschöpf, dessen Körper mit einer ganzen
Reihe nicht gebrauchsfähiger, zweckloser, ja schädlicher Organe behaftet
ist und daher eine offenbare Disharmonie zwischen Bau und Funktion
aufweist — daß ein solches Geschöpf e r s c h a f f e n sein sollte — diese
Lehre erscheint fast als eine Verhöhnung des Schöpfers.

Völlig verständlich werden diese unzweckmäßigen Organe n u r unter
der Annahme, daß sie Reste von Organen darstellen, die einstmals bei dem

betreffenden Organismus, beziehungsweise bei seinen Vorfahren funktio-
uiert haben.

Auch die Entstehungsweise der rudimentären Organe läßt sich von
speziell darwinistischem Gesichtspunkt aus verstehen. Sobald ein Organ
aus dem einen oder anderen Anlaß für seinen Besitzer wertlos oder minderwertig wird, verliert es auch seinen Wert für die natürliche Zuchtwahl.
Wenn also das Auge bei im Dunkeln oder unterirdisch lebenden Tieren
von keinem Nutzen mehr ist, hört die natürliche Zuchtwahl auf, Individuen
mit schlechteren Augen auszumerzen; der verschiedene Grad der Sehschärfe
spielt ja weiter keine Rolle in dem Kampf ums Dasein, denn bei der fraglichen Lebensweise sind bezüglich des Nahrungserwerbs, bei der Fortbewegung usw. Individuen mit schlechteren Augen nicht schlechter gestellt
als solche mit besseren und haben daher ebenso gute Aussichten, Nachkommen zu hinterlassen, wie die scharfsichtigeren. Als notwendige Folge
hiervon ergibt sich aber eine allgemeine Verschlechterung der Augen bei
den betreffenden Tierformen, da ein so kompliziertes Organ wie das Auge
viel größere Möglichkeiten hat, in ungünstiger als in günstiger Richtung
zu variieren, denn ersteres läßt sich auf vielen, letzteres nur auf sehr wenigen Wegen erreichen. Wenn also in einem Körperteil Variationen auftreten, die nicht unter der Aufsicht der natürlichen Auslese stehen, so ist
die Folge die, daß das Organ sich verschlechtert.

So kann Verkümmerung eines Körperteils dadurch hervorgerufen
werden, daß er mehrere Generationen hindurch nicht in Gebrauch gewesen ist, wodurch er sich von Generation zu Generation verschlechtert;
oder auch dadurch, daß er für den Besitzer schädlich wird, und daß die
natürliche Zuchtwahl solche Individuen begünstigt, bei denen das schädliche Organ a m s c h l e c h t e s t e n ausgebildet ist („umgekehrte Zuchtwahl)." Verkümmerung kann auch durch erbliche Einwirkung ungünstiger
äußerer Faktoren entstehen (z. B. Rückbildung der Fortbewegungs- und
Sinnesorgane bei Parasiten; Verlust der Hautfärbung bei in Grotten
lebenden Tieren infolge Mangels an Licht).

Ein anderes Kennzeichen, das den wirklich nutzlosen rudimentären
Organen gemeinsam ist, besteht darin, daß sie mehr als andere Organe
variieren. Der Umstand, daß sie innerhalb derselben Tierart bei einigen
Individuen mehr, bei anderen bedeutend weniger verkümmert sind, erhält
gleichfalls eine ungezwungene Erklärung dadurch, daß die funktionslosen
Organe nicht weiter Gegenstand der Einwirkung seitens der natürlichen
Zuchtwahl sind.

Ohne es zu wagen, meine Leser noch weiter mit theoretischen Überlegungen zu ermüden, will ich nur darauf hinweisen, daß die rudimentären
Organe, von denen wir bisher gesprochen haben, die Zähne der Bartenwale, die Augen der unterirdisch lebenden Tiere wie auch die rudimentären

Bildungen, die infolge einer parasitären Lebensweise entstehen — daß alle diese rudimentären Bildungen durch r e i n r e g r e s s i v e (rückgängige) Entwicklung entstehen, d. h. infolge veränderter Lebensweise ist eine bestimmte Funktion (z. B. das Sehen) überflüssig geworden und der Träger dieser Funktion (das Auge) hat sich zurückgebildet.

Diese rein regressive Entwicklung kann, wenn sie gleichzeitig mehrere Organsysteme ergreift, zu einer wirklichen Degeneration führen. Ein interessantes Beispiel hierfür bildet eine Tiergruppe, die man S e e s c h e i d e n genannt hat, von denen mehrere Arten an den europäischen Küsten leben (Fig. 246). Die L a r v e der Seescheide ist ein kleines, frei umherschwimmendes Geschöpf, das wie ein Wirbeltier gebaut ist: es hat eine Rückensaite, oberhalb welcher Gehirn und Rückenmark liegen; mit dem ersteren stehen höhere Sinnesorgane in Verbindung. Das freie Leben der Larve dauert aber nur einige Stunden. Sie heftet sich an irgendeinen Gegenstand im Meere an, und innerhalb kurzer Zeit verschwinden alle die Organe, die für die bewegliche Larve von Bedeutung waren, die aber ein festsitzendes Tier ohne Schaden entbehren

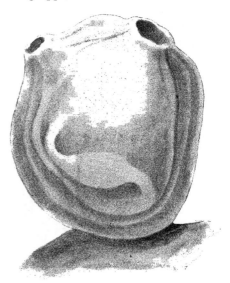

Fig. 246. Eine Seescheide (Corella paralellogramma), natürliche Größe.

kann; die Rückensaite und die Sinnesorgane lösen sich vollständig auf, von dem Nervensystem bleibt nur ein kleiner Nervenknoten zurück. Dagegen bilden sich die Verdauungs- und Geschlechtsorgane aus. Das Tier hat somit im erwachsenen Zustande alle Funktionen des höheren und freieren Lebens verloren; es bringt den Rest seiner Tage damit zu, spießbürgerlich die für Individuum und Gattung u n e n t b e h r l i c h s t e n Bedürfnisse zu befriedigen: zu fressen und sich fortzupflanzen. Die Seescheide beginnt also ihren Lebenslauf als ein echtes Wirbeltier, sinkt aber als reifes Individuum auf ein Organisationsstadium hinab, das sie zu einem wirbellosen Tier stempelt. Wir stehen hier vor einer wirklichen D e k l a s s i e r u n g — die Parallele zwischen der organischen Welt und unserem sozialen Leben, wo eine derartige Versetzung aus einer höheren in eine niedrige Gesellschaftsschicht während des Lebens des Menschen so gewöhnlich ist, liegt zu nahe, als daß ich sie mehr als anzudeuten brauchte.

Wenn auch keineswegs immer scharf von der rein regressiven Entwicklungsart geschieden, verdient eine andere Form der Entstehung der rudimentären Organe erwähnt zu werden, diejenige nämlich, die bei der Entwicklungsform auftritt, welche wir bereits oben als Entwicklung der Qualität auf Kosten der Quantität bezeichnet haben. In einem früheren Kapitel haben wir bei dem Studium der Umbildung der Glieder beim Pferde Gelegenheit gehabt, zu beobachten, wie im Laufe der geologischen Perioden gewisse Teile des Fußskeletts (die Mittelzehe) sich immer mehr ausgebildet haben, während andere (die Seitenzehen) eine fortschreitende Rückbildung erfahren haben, bis sie bei dem jetzt lebenden Pferde zu typisch rudimentären, vollkommen unbrauchbaren Körperteilen herabgesunken sind. In diesem Falle ist also während der historischen Entwicklung der Pferdegattung das Organ als solches, der Fuß, keineswegs überflüssig geworden, nur die Art seiner Funktion hat eine Veränderung erlitten, wodurch gewisse Teile auf Kosten anderer entwickelt worden sind, deren letzte Reste noch heute als Abfallprodukte des Entwicklungsprozesses vorhanden sind.

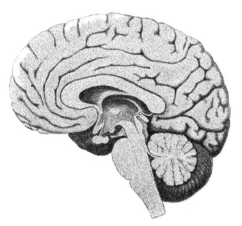

Fig. 247. Längsschnitt durch das Gehirn des Menschen.

Gehen wir nun zu unserem besonderen Gegenstande, den rudimentären Organen des menschlichen Körpers, über, so können wir auch hier zunächst ein rudimentäres Organ, ähnlicher Art wie das zuletzt angeführte studieren. In einem früheren Kapitel haben wir gesehen, wie das Großhirn beim Menschen und bei den Säugetieren infolge seines Wachstums allmählich andere Gehirnteile überlagert, deren Ausbildung im allgemeinen nicht gleichen Schritt mit der des Großhirns gehalten hat — ein Prozeß, der, wie bereits gezeigt, sowohl durch embryologische als vergleichend-anatomische Tatsachen nachweisbar ist. Unter den durch das Großhirn verborgenen Gehirnteilen findet sich auch ein kleiner rundovaler Körper, der in dem Längsschnitt durch das menschliche Gehirn (Fig. 247) wahrzunehmen ist. Die phantasiereichen Anatomen älterer Zeiten gaben dieser Bildung wegen der Form und in dem Glauben, es sei eine Drüse, den Namen Z i r - b e l d r ü s e. Daß sie keine Drüse war, erkannte man bald; auch war sie nicht der „Sitz der Seele", wie der Philosoph Cartesius angenommen hatte. Alle Bemühungen, der Zirbeldrüse eine Funktion zuzuweisen, haben sich als fruchtlos erwiesen aus dem einfachen Grunde, weil sie keine solche hat: sie ist ein rudimentärer Körperteil, der letzte Rest eines Sinnesorgans. Zu diesem Schluß berechtigen uns folgende Tatsachen.

Bei vielen Eidechsen kann man auf der Oberseite des Kopfes in der Scheitelgegend eine Stelle wahrnehmen, eine Schuppe, die im Gegensatz zu den anderen ungefärbt ist (Fig. 248). Untersucht man einen solchen Eidechsenkopf an einem Längsschnitt, der durch die erwähnte helle Schuppe geführt ist (Fig. 249), so zeigt es sich, daß letztere eine Lücke, eine kleine Öffnung im Scheitelbein, bedeckt, und in diese Lücke ragt von dem Teil des Gehirns, den wir oben als Sehhügel be- zeichnet haben, ein größerer oder kleinerer, augenähnlicher Körper empor. Dieser Körper verdient in jeder Hinsicht seinen Namen: S c h e i t e l a u g e, denn er hat einen ähn- lichen Bau wie die (stets viel größeren) paarigen Augen, und in den Punkten, in denen er von diesen abweicht, nähert er sich dem Auge gewisser wirbelloser Tiere. Daß dieses Scheitel- auge bei den Eidechsen, wo es am besten ausgebildet ist — bei den meisten ist es mehr oder weniger rückgebildet — eine mit Licht- oder Wärmeempfindungen verbundene Funktion zu erfüllen hat, ist sehr wahrscheinlich, wenn wir auch die spezifische Beschaffenheit dieser Funktion nicht klarzustellen vermögen. Von besonderem Interesse ist es, daß ein solches oder ähnliches Scheitelauge in verflossenen Perioden sehr viel allgemeiner vorgekommen ist als jetzt. So hat man seine Existenz nicht

Fig. 248. Kopf einer Eidechse (Varanus), von oben gesehen.

nur bei einer großen Anzahl ausgestorbener Kriechtiere, sondern auch bei den ältesten bekannten Amphibien und bei einigen ausgestorbenen Fischen nachweisen können. Außer den Eidechsen weisen von jetzt lebenden Wirbeltieren ein Scheitelauge nur einige Vertreter der niedrigst stehenden Tierformen auf, nämlich die Neunaugen und einige Fische.

Da nun die Zirbeldrüse des Menschen (und der übrigen Säugetiere) in enger Verbindung mit dem Gehirnteil steht, der dem mit dem Scheitel- auge zusammenhängenden bei dem Neunauge, den Fischen und Eidechsen entspricht, kann es keinem Zweifel unterliegen, daß auch die Zirbeldrüse ein Rest eines ähnlichen Organs ist, daß also die Vorfahren des Menschen einmal mit einem solchen ausgerüstet gewesen sind. Weshalb wir dieses Organ verloren haben, ist unschwer einzusehen. Wie bereits erwähnt, ist es die höhere Ausbildung des Großhirns, wodurch die Säugetiere eine ge-

waltige Überlegenheit über andere Wirbeltiere erlangt haben. Aber durch
die Ausbildung des Großhirns ist auch dieses Sinnesorgan gleich den übrigen
Teilen des Gehirns von jenem überlagert und von dem Schädeldach weg-
gedrängt worden, wodurch es natürlich jede Existenzberechtigung als Sinnesorgan verloren hat und verkümmert ist. Wie wir später erfahren werden,
sind im Laufe der Entwicklung des Menschen auch noch andere Fähigkeiten auf dem Altar des Intelligenzorgans geopfert worden.

Alle im folgenden behandelten rudimentären Organe sind zu jener
Art zu rechnen, die wir oben als rein regressiv bezeichnet haben, d. h. als

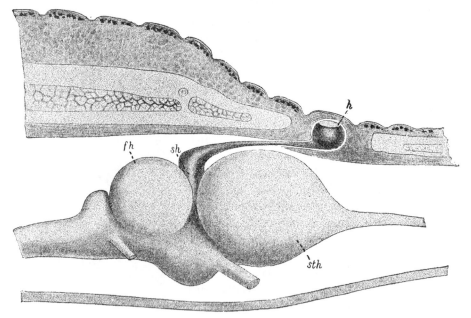

Fig. 249. Längsschnitt durch die Schädeldecke einer Eidechse mit eingezeichnetem Gehirn.
h Scheitelauge; fh Vierhügel; sh Sehhügel; sth Großhirn (unter Benutzung einer Zeichnung
von Baldwin Spencer).

solche, die wegen ihrer Nutzlosigkeit für das gegenwärtige Lebensmilieu
des Menschen zurückgebildet worden sind, ohne durch andere ersetzt zu
werden.

In dem inneren Augenwinkel beim Menschen findet sich ein kleines
blaßrotes Häutchen, die sogen. h a l b m o n d f ö r m i g e F a l t e (Fig.
250) — eine Bildung, der keinerlei Funktion oder Nutzen zugeschrieben
werden kann. Aber bereits bei anderen Säugetieren und in noch höherem
Grade bei der Mehrzahl niederer Wirbeltiere ist dieses Organ so stark entwickelt, daß es als „drittes Augenlid" oder Nickhaut hat bezeichnet werden
können, da es, wie wir z. B. bei den Vögeln (Fig. 251) beobachten können,
eine große Beweglichkeit besitzt und über die ganze vordere Fläche des

Auges gezogen werden kann.   Die kleine halbmondförmige Falte beim
Menschen, die der Beweglichkeit vollständig entbehrt, ist demnach nichts
anderes als ein verkümmerter und funktionsloser Abkömmling der Nickhaut der niederen Tiere.   Bemerkenswert ist, daß sie der Angabe nach bei
einigen Naturvölkern (Negern, Malaien) besser entwickelt ist als bei Europäern.

Ein anderes, wenig beachtetes rudimentäres Organ sind die G a u m e n -
f a l t e n , d. h. die mehr oder weniger stark entwickelten Querleisten,
die in einer Anzahl von 2—4 auf dem vorderen Teil des menschlichen Gaumens vorhanden sind (Fig. 252 A).   Beim Embryo (Fig. 252 B) und beim
neugeborenen Kinde sind diese Leisten sowohl stärker ausgebildet als auch
zahlreicher, so daß sie einen größeren Teil des Gaumens bekleiden.   Während des Wachstums gleichen sich die hinteren Falten mehr und mehr
aus, die vorderen werden oft unregelmäßig und unterbrochen, und bei
älteren Personen können sämtliche
Falten verstrichen sein.   Berücksichtigen wir nun, daß bei den
meisten anderen Säugetieren (Fig.
252 C) die Gaumenfalten eine starke
und oft für verschiedene Arten
verschiedene Ausbildung zeigen,
die sie zu wirksamen Hilfsmitteln
oder Werkzeugen beim Kauen und
Festhalten der Speise macht, so

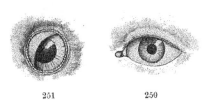

251   250

Fig. 250 Augen des Menschen und 251 eines Vogels,
um die Nickhaut (die halbmondförmige Falte)
zu zeigen (teilweise nach Romanes).

sieht man ohne weiteres ein, daß wir hier ein Organ vor uns haben, das
beim Menschen ein nutzloses Erbe von Vorfahren ist, bei welchen es in
voller Funktion stand.

Dieses wie auch die im folgenden zu erwähnenden Organe (bis auf
e i n e n Fall) zeigen eine Eigenschaft, welche die große Mehrzahl der rudimentären Organe kennzeichnet, daß sie nämlich besser ausgebildet, weniger
verkümmert bei dem Embryo als bei dem ausgewachsenen Individuum
sind.   Für jeden, der von dem biogenetischen Gesetz, das wir im vorhergehenden untersucht haben, Kenntnis genommen hat, liegt hierin ja nur
eine Bestätigung und eine Erweiterung des Satzes: während der Embryonalentwicklung treten Charaktere, die die Stammformen ausgezeichnet haben
und demnach einer verflossenen geschichtlichen Periode der Entwicklung
der betreffenden Tierart angehören, in stärkerer Ausbildung auf als bei
dem geschlechtsreifen Individuum.

Die Gegner der Anwendung der Abstammungstheorie auf den Men-
schen haben oft den Umstand als äußerst wichtig hingestellt, daß wir im
Gegensatz zu den meisten Wirbeltieren eines S c h w a n z e s entbehren.
Ohne hier aus der Tatsache Kapital schlagen zu wollen, daß auch die höchst‑

organisierten Affen in der genannten Hinsicht mit dem Menschen übereinstimmen, kann es angebracht sein, kurz diesen Einwand auf seinen Gehalt

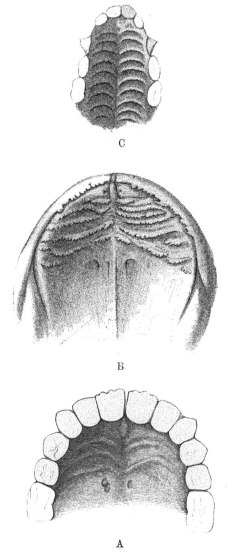

C

B

A

Fig. 252. Gaumenfalten A beim erwachsenen Menschen, B bei einem 16 cm langen menschlichen
Embryo, C bei einer Meerkatze (nach Gegenbaur).

hin zu prüfen. Die Wirbelsäule
des erwachsenen Menschen besteht aus 33 bis 34 Wirbeln; die
vier oder fünf untersten sind die
stark verkümmerten und unter
der Haut verborgenen Schwanzwirbel (Fig. 253). In früheren
Embryonalstadien findet sich
dagegen regelmäßig auch beim
Menschen ein wirklicher, frei
und   deutlich   hervortretender
Schwanz, der sich in nichts anderem als möglicherweise der
Länge von demselben Körperteil
bei anderen Säugetierembryonen
unterscheidet (Fig. 254, 255).
Dieser embryonale Schwanz enthält Anlagen zu 6—8 Schwanzwirbeln, also zu mehr, als nor-
malerweise bei dem erwachsenen
Menschen vorkommen.   Auch
Blutgefäße, denen entsprechend,
die bei Tieren mit ausgebildetem
Schwanz vorkommen, sind in
diesem Schwanzanhang nachgewiesen worden. Vom dritten,
mindestens vierten Embryonalmonat an ist jedoch der Regel
nach jede Spur von diesem
Schwanz verschwunden; der
Schwanzfortsatz ist in den Rumpf
aufgenommen worden, die Blutgefäße haben sich zurückgebildet und die Anzahl der Wir-
belanlagen ist durch Verwachsung
reduziert worden.

In der Literatur finden sich
zahlreiche Angaben darüber, daß dieser Schwanzanhang, statt sich zurückzubilden, ausnahmsweise eine Entwicklung in entgegengesetzter Richtung
erfahren und auch beim Menschen sich zu einem respektablen Schwanz

ausbilden kann. Der größere Teil dieser Angaben ist indessen nicht auf
so genaue Untersuchungen gegründet, daß man daraus schließen kann, die
untersuchte Bildung habe wirklich den Anspruch auf die Bezeichnung
„Schwanz" machen können; der leicht ersichtliche Grund ist der, daß der
Inhaber des fraglichen Körperteils im allgemeinen nicht geneigt ist, sich
einer „anatomischen" Untersuchung auszusetzen.

Von den Fällen von Schwanzbildung beim Menschen, welche genauer
untersucht worden sind, mögen folgende erwähnt werden. Granville Har-
rison fand bei einem neugeborenen Kinde einen Schwanz, der, nach der
Spitze zu sich allmählich verjüngend, 4,4 cm lang war; er besaß Bewegungsvermögen, was sich zeigte, wenn das Kind schrie. Als das Kind sechs Monate
alt geworden war, wurde der Schwanz, der nun eine Länge von 7 cm erreicht
hatte, durch Operation entfernt. Eine Untersuchung zeigte, daß er Bindegewebe, Gefäße, Nerven und Muskeln,
aber keine Anlagen zu Wirbeln
enthielt.

Ein anderer Fall wird von Howes
mitgeteilt und betrifft ein 10 Jahre
altes Moi-Kind, das sich des Besitzes
eines über 25 cm langen Schwanzes
erfreute. Auch dieser Schwanz dürfte
keine Skeletteile enthalten haben
(Fig. 256).

Da es jedoch in allen bisher beschriebenen Fällen zweifelhaft sein

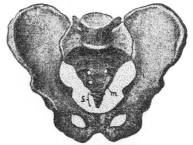

Fig. 253. Becken, Kreuzbein und Schwanzwirbel (s) beim Menschen. m rudimentärer
Schwanzmuskel.

dürfte, ob der beim Kinde oder erwachsenen Menschen auftretende Schwanz
eine Weiterbildung der Embryonalanlage oder nur eine durch abnorme
Verhältnisse während des Embryonallebens verursachte Mißbildung darstellt, dürfen wir dieser Erscheinung nicht allzu großes Gewicht beimessen.

Von größerer theoretischer Bedeutung als diese Schwanzmenschen ist
die Tatsache, daß an den Schwanzwirbeln des erwachsenen Menschen sich
mehrere, mehr oder weniger rudimentäre Muskeln befestigen (Fig. 253),
für die der Mensch offenbar ebensowenig Anwendung haben kann wie für
die verkümmerten Schwanzwirbel selbst, während die entsprechenden Muskeln bei den mit Schwanz versehenen Säugetieren in vollausgebildetem
und funktionsfähigem Zustande auftreten. Wir haben hier demnach ein
typisches Beispiel eines rudimentären Organs vor uns: bei dem Embryo
des Menschen kommen Anlagen zu einer Schwanzbildung vor, welche Anlagen jedoch, da bei ihm ein Schwanz weder als nützlich noch als kleidsam
angesehen werden kann, der Regel nach keine weitere Ausbildung erreichen,
sondern bei dem erwachsenen Individuum nur noch in verkümmertem Zustande vorhanden sind.

Zu den rudimentären Bildungen gehören auch die kleinen, spär-
lich stehenden H ä r c h e n , die den größeren Teil des menschlichen
Körpers bekleiden — erheblichen Nutzen können wir offenbar von diesen
Anhängen nicht haben. Außerdem läßt sich aber nachweisen, daß

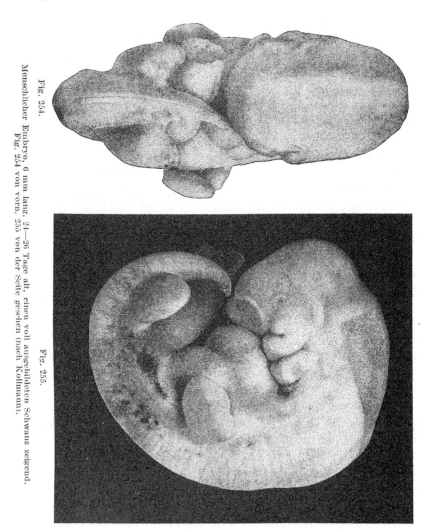

Fig. 254.
Menschlicher Embryo, 6 mm lang; 24—26 Tage alt, einen voll ausgebildeten Schwanz zeigend.
Fig. 254 von vorn, 255 von der Seite gesehen (nach Kollmann).

Fig. 255.

sie geradezu zum Schaden gereichen können. Die Bälge, in welchen
diese Härchen befestigt sind, geben nämlich günstige Herde für die Entwicklung gewisser im Staube vorkommender Mikroben ab. Diese erzeugen
Vegetationen, die oft zu gewissen Hautkrankheiten wie eitrigen Ausschlägen
Anlaß geben.

Im Gegensatz zu den rudimentären Haaren des erwachsenen Menschen steht das Haarkleid, das den Embryo auszeichnet. Im sechsten Embryonalmonat ist nämlich der g a n z e Körper — mit Ausnahme der Innenseite der Hand, der Fußsohle, der Lippen und gewisser Teile der Geschlechtsorgane — mit dichtstehenden, weichen und ziemlich langen Haaren, „Lanugo“, bekleidet (Fig. 257). Aber schon vor der Geburt und im Laufe des ersten Lebensjahres verschwindet dieses Haarkleid, und an seine Stelle treten die zum größeren Teil rudimentären Härchen, die den Erwachsenen auszeichnen.

Der reichlichere Haarwuchs, der für den Embryo kennzeichnend ist, spricht dafür, daß der Mensch einst sich auch in dieser Hinsicht nicht von der großen

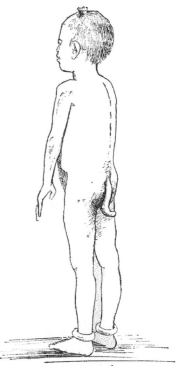

Fig. 256. Zehnjähriges, „geschwänztes“ Kind (nach Wiedersheim).

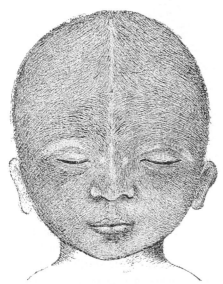

Fig. 257. Gesicht eines fünfmonatlichen Embryo mit dem embryonalen Haarkleid (nach Ecker-Wiedersheim).

Mehrzahl anderer Säugetiere unterschieden hat, daß er einst ein vollständigeres und funktionell bedeutungsvolleres Haarkleid gehabt hat als heutzutage.

Daß diese Auffassung richtig ist, geht auch aus dem Umstand hervor, daß man auch bei vollentwickelten Männern wie Frauen nicht selten einen Haarwuchs angetroffen hat, der an Üppigkeit sich mit dem vieler Säugetiere messen kann. Dieses Haarkleid ist indessen bei verschiedenen Personen von verschiedener Art. Bald ist es als eine Hemmungsbildung aufzufassen, d. h. die Haare aus dem Embryonalleben (Lanugo) bleiben beim Kinde bestehen, anstatt auszufallen, sie entwickeln sich und werden

14*

während der Wachstumsperiode länger, so daß in manchen Fällen der ganze Körper mit einem dichten Pelz ausgestattet ist. In anderen Fällen beruht das starke Haarkleid auf einer Ausbildung der nach der Geburt auftretenden, der Regel nach rudimentären Haare. Beispiele der ersten Art bieten die russischen sogen. Hundemenschen, Andrian Jeftischjew (Fig. 258) und Theodor Petrof, welch letzterer von einem Impresario durch die ganze Welt herumgeführt wurde und 1904 starb. Bei der ihrer Zeit viel besproche-

Fig. 258. Andrian Jeftischjew, der „russische Hundemensch" (nach Wiedersheim).

nen mexikanischen Tänzerin Julia Pastrana (Fig. 259) soll dagegen die starke Haarbekleidung nichts anderes als eine enorme Ausbildung der sonst rudimentären Haare gewesen sein. In einigen Fällen ist die starke Behaarung als erblich während zwei oder drei Generationen nachgewiesen worden.

Mit Rücksicht auf die Abstammung des Menschen, dürfte eine andere Eigentümlichkeit der rudimentären Haare des menschlichen Körpers eine gewisse Bedeutung besitzen. Während nämlich die überwiegende Anzahl Haare mit den Spitzen nach unten gerichtet ist, sind die Haare an unserem Unterarm schräg nach dem Ellenbogen emporgerichtet (Fig. 260). Es ist nun unbestreitbar, daß, da unser Haarkleid als solches wesentlich nutzlos ist, auch die verschiedene Richtung dieser Haare vom Gesichtspunkt des Nutzens aus vollkommen gleichgültig ist und sich daher nicht mit Rücksicht lediglich auf den gegenwärtigen Zustand unserer Körperhaare erklären läßt. In anderem Lichte erscheint indessen dieses kleine Detail, wenn wir das Gebiet unserer Untersuchungen etwas erweitern. Es zeigt sich da nämlich, daß außer einigen niederen Säugetieren nur gewisse Affen, unter anderen die sogen. Menschenaffen, mit dem Menschen betreffs der Richtung der Haare an dem Unterarm übereinstimmen (Fig. 260). Und bei einigen der genannten Affen dürfte die abweichende Haarrichtung vom Gesichtspunkt des Nutzens aus erklärbar sein. Denn wenn z. B. der Orang-Utan mit dem Rücken gegen einen Baumstamm gelehnt ruht, legt er seine langen, reich mit Haaren bekleideten Arme über den Kopf, so daß die Ellenbogen nach unten gerichtet sind, wodurch der Regen nach dem Ellenbogen hinabfließen kann, so daß das Wasser sich in den Haaren des Unterarms nicht staut, was offenbar eintreffen würde, falls die Haare an diesem Körperteil dieselbe Richtung hätten wie auf den übrigen Teilen des Körpers.

Fig. 259. Julia Pastrana (nach Wiedersheim).

Der hinterste unserer Backenzähne, der sogen. W e i s h e i t s z a h n , bietet das Beispiel eines Organs, das wenigstens bei den zivilisierten Völkern auf dem Wege ist, rudimentär zu werden. So ist die Zeit für das Auftreten dieses Zahns starken Schwankungen unterworfen: es geschieht zwischen dem 17.—40. Lebensjahr. Bei vielen Personen durchbricht er nie das Zahnfleisch, oder aber er kommt überhaupt nicht zur Anlage. Auch wenn er in die Zahnreihe emporgekommen, ist er oft verkümmert: ein kleines stiftförmiges Zahnrudiment mit nur e i n e r Wurzel, während die vor ihm stehenden Backenzähne im allgemeinen im Oberkiefer mit drei, im Unterkiefer mit zwei Wurzeln ausgestattet sind.

Der Weisheitszahn ist aber nicht immer ein gewöhnliches rudimentäres und unschädliches Organ, sondern er kann bisweilen den Ausgangs-

punkt für krankhafte Erscheinungen bilden; sein Hervortreten kann zu
entzündlichen Vorgängen, Geschwulstbildungen, Fisteln usw. Anlaß geben.

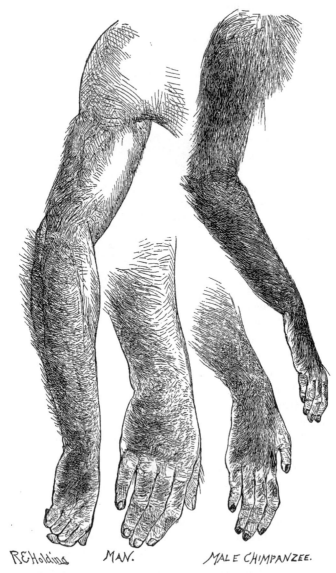

Fig. 260. Richtung der Haare am Arme und an der Hand des Menschen, verglichen mit
denen eines männlichen Schimpansen (nach Romanes).

Aber nicht nur der Weisheitszahn, sondern auch der äußere obere
Vorderzahn ist nicht selten rückgebildet oder fehlt auch, und zwar oft bei
Personen, bei denen auch die Weisheitszähne schwach ausgebildet sind

oder fehlen (Fig. 261). Ziehen wir außerdem in Betracht, daß beim Menschen auch andere Zähne, wenn auch weniger oft, in verkümmerter Form auftreten können, so dürfte es klar sein, daß aus der einen oder anderen Ursache das Gebiß des Menschen zu einem Organsystem geworden ist, das nicht mehr als auf der Höhe seiner funktionellen Bedeutung stehend betrachtet werden kann, daß es, verglichen mit seinen früheren Verrichtungen, funktionell minderwertig geworden ist. Es wird dies weiterhin durch die Beobachtung bestätigt, daß die Verkümmerung der Backenzähne weniger weit bei den Naturvölkern als bei uns vorgeschritten ist, und daß besonders der Weisheitszahn z. B. bei den Australnegern im allgemeinen viel besser ausgebildet ist. Und hierbei ist besonders beachtenswert, daß die Naturvölker auch bezüglich der Verkümmerung des genannten Zahns eine bedeutend geringere Prozentzahl aufzuweisen haben als die Europäer, nämlich die Melanesier 0,6 %, Polynesier 1 %, Malaien 1,9 %, Europäer 3,2 %.

Die Ursache dieser rückgängigen Entwicklung gewisser Teile unseres Zahnsystems kann schwerlich allein darin liegen, daß unsere Nahrung bereits in der Küche einen Vorbereitungsprozeß (Kochen usw.) zu dem Zwecke durchmacht, die Verdauung zu erleichtern, so daß dadurch die Arbeit der Zähne für uns weniger wichtig und bedeutungsvoll würde. Die Hauptursache dieser Rückbildung ist vielmehr in dem Umstande zu suchen, daß die Kiefer des Menschen während seiner historischen

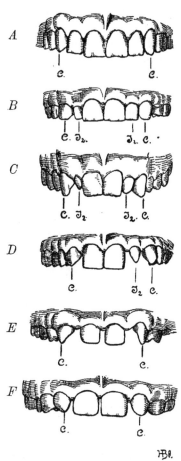

Fig. 261. Zähne im Oberkiefer des Menschen, von vorn gesehen. A normale Zahnreihe. B, C der äußere Vorderzahn (I₂) der rechten Seite ist verkümmert. D, der äußere Vorderzahn der rechten Seite fehlt, der linke (I₁) ist stiftförmig. E die beiden äußeren Vorderzähne fehlen; eine Lücke zwischen den Eckzähnen (C) und den mittleren Vorderzähnen erinnert noch an diesen Verlust. F die beiden äußeren Vorderzähne fehlen; die mittleren sind stark vergrößert (nach Bluntschli).

Entwicklung eine — bei verschiedenen Völkern verschieden starke — Verkürzung erfahren haben, und daß aus diesem Grunde nicht nur die Zähne zu einer geschlossenen Reihe zusammengedrängt worden sind, welche Zahnstellung für den Menschen charakteristisch ist, sondern daß auch bereits vorher minderwertige Zähne rückgebildet worden sind. Aber gerade die stark zusammengedrängte Zahnstellung prädisponiert für Zahnfäule, welche Krankheit in gewissem Grade als ein Domestikations- oder, wenn man will, Zivilisationszeichen angesehen werden kann. Wie bei den im Naturzustande lebenden Tieren ist auch bei Völkern auf einer niedrigeren Kulturstufe Zahnfäule viel seltener als bei uns. So wird als Prozentzahl für das Vorkommen dieser Krankheit bei Eskimos 2,5 %, Indianern 3—10 %, Malaien 3—20 %, Chinesen 40 % und Europäern 80—96 % angegeben!

Schließlich möchte ich ausdrücklich darauf hinweisen, wie verfehlt die Auffassung ist, die man bisweilen verteidigt findet, daß nämlich unser

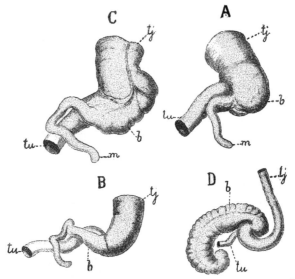

Fig. 262. Der Blinddarm A des erwachsenen, B des neugeborenen Menschen, C des Orang-Utan, D eines Nagetiers (Aguti). tj Dickdarm; tu Dünndarm; b Blinddarm; m Wurmfortsatz (teilweise nach Romanes).

Zahnsystem als solches ein wertloses Organ sei, das seinem vollständigen Untergang entgegengehe. Auch wenn unsere Zähne nicht mehr so wichtige Aufgaben wie bei niederen Wesen zu erfüllen haben — sie dienen nicht mehr als Waffen und haben nicht mehr so harte Stoffe zu kauen wie auf früheren Entwicklungsstufen — so sind sie doch keineswegs für den Kulturmenschen vollständig nutzlos. Unser Schönheitsgefühl deckt sich in diesem Punkte mit den Lehren der Hygiene, daß die Zähne in mehr als einer Hinsicht immer noch ein wichtiger Teil unseres Verdauungsapparates sind. So bilden die Zähne einen vortrefflichen Tast- und Kontrollapparat für alles, was in den Mund eingeführt wird. Ferner haben wir wohl ein jeder die Erfahrung gemacht, daß es durchaus nicht gleichgültig ist, ob der Magen mit gut oder schlecht gekauter Speise versorgt wird. Es ist die mechanische

Zerkleinerung der Nahrung, die durch das Kauen bewirkt wird, von großer
Bedeutung für die weitere Verarbeitung der Speise im Darmkanal. Außerdem wird beim Kauen die Nahrung mit dem Speichel vermischt, der an
und für sich das Vermögen besitzt, stärkehaltige Stoffe zu verdauen. Vor
allem aber ist das Kauen dadurch bedeutungsvoll, daß, wenn die zerklei-
nerte Speise vom Speichel durchdrungen ist, sowohl der Magensaft als der
Saft der Bauchspeicheldrüse leichter auf die Nahrungsmittel einzuwirken
vermögen.

Ein Körperteil, der gleichfalls auf dem Wege zu sein scheint zu verkümmern, ist die k l e i n e Z e h e des Menschen. Während die übrigen
Zehen, mit Ausnahme der großen Zehe,
drei Zehenglieder besitzen, haben nach ge-
nauen Untersuchungen sowohl bei ausgewachsenen Menschen als bei Embryonen
41 % nur zwei Zehenglieder an .der kleinen
Zehe, indem das Nagel- und das Mittel-
glied miteinander verwachsen sind. Diese
Verwachsung dürfte auf keinem mechanischen Einflusse (wie dem Druck der
Schuhe) beruhen, sondern scheint ein normaler Verkümmerungsprozeß zu sein. Auch
einige von den Muskeln der kleinen Zehe
zeigen eine Neigung, sich zurückzubilden.

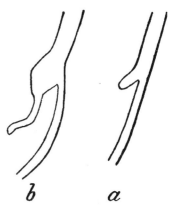

Fig. 263. Vereinfa hte Darstellung der
Entwicklung des c Blinddarms beim
menschlichen Embryo; a frühes Embryonalstadium, wo noch kein Unterschied zwischen Blinddarm und Wurmfortsatz vorhanden ist; b ein späteres
Stadium, wo dieser Unterschied her-
vorzutreten beginñt.

Wir schließen diesen Bericht über einige
der rudimentären Organe des Menschen mit
dem Studium eines Körperteils ab, der nicht
nur ohne Nutzen ist, sondern auch in höherem Grade als irgendeiner der bisher er-
wähnten zu einer unmittelbaren Gefahr für seinen Besitzer werden kann:
d e s W u r m f o r t s a t z e s d e s B l i n d d a r m s. Beim Übergang
zwischen Dünn- und Dickdarm bildet letzterer eine Erweiterung, den
Blinddarm, der ein schmales, am entgegengesetzten Ende geschlossenes
Darmstück, Wurmfortsatz genannt, entsendet (Fig. 262 A. m). Bekanntlich ist es dieses Organ, das sehr oft Sitz eines Entzündungsprozesses wird,
der operative Eingriffe nötig macht. Daß der Wurmfortsatz in normal
funktioneller Hinsicht bedeutungslos ist, hat man unter anderem daraus
schließen zu können gemeint, daß, wenn er durch eine Operation aus dem
Körper entfernt worden, keine Funktionsstörung zu bemerken ist; die
Tätigkeit des Darmkanals geht ebenso normal nach wie vor der Operation
vor sich.

Gleich vielen anderen rudimentären Organen variiert auch der Wurmfortsatz sehr, ist bei verschiedenen Individuen sehr verschieden ausgebildet.

Obgleich seine durchschnittliche Länge beim Menschen zu 8½ cm berechnet
worden ist, ist er in Ausnahmefällen nicht länger als 2 cm, während er bei
anderen Personen die unheimliche Länge von 23 cm erreichen kann. Kaum
ein anderes der Organe des menschlichen Körpers variiert so stark! Zum
richtigen Verständnis dieses Organs sei ferner daran erinnert, daß es im
Verhältnis zum gesamten Darmkanal länger bei dem Embryo als bei dem
erwachsenen Menschen ist; beim letzteren verhält sich die Länge des Wurmfortsatzes zu der des Dickdarms wie 1 : 20, beim Embryo wie 1 : 10.

Im Zusammenhang hiermit steht es, daß in einem frühen Embryonalstadium der Unterschied zwischen dem Durchmesser des Blinddarms und
dem des Wurmfortsatzes ganz unbedeutend ist; erst dadurch, daß der dicht
an den Dickdarm grenzende Teil des Blinddarms stärker auswächst als das
Endstück, entsteht dieser Unterschied zwischen dem Blinddarm und seinem
Fortsatz (Fig. 262 B, 263). Vom embryologischen Gesichtspunkt aus ist somit dieser Fortsatz als eine Hemmungsbildung aufzufassen, also als ein Organ,
das während des ganzen Lebens auf einem Embryonalstadium stehen bleibt.

Eine sehr trostreiche Beobachtung hat der deutsche Forscher Ribbert
gemacht. Er fand nämlich, daß der Wurmfortsatz nicht selten vollständig
oder teilweise seine Höhlung einbüßt, d. h. daß die Schleimhaut, die die
Innenseite dieses Darmteils bekleidet, zusammenwächst, so daß der Wurmfortsatz, statt ein an dem einen Ende geschlossenes Rohr zu sein, ein mehr
oder weniger vollständig solider Strang wird. Diese Erscheinung wird im
allgemeinen nicht durch einen entzündlichen Prozeß hervorgerufen, sondern
ist eine normale Rückbildung eines rudimentären Organs. Recht bedeutungsvoll ist, wie die verschiedenen Lebensalter sich zu diesem Rück-
bildungsphänomen verhalten. Die von Ribbert mitgeteilten Zahlen zeigen,
daß die Fälle, in denen der Wurmfortsatz seine Höhlung eingebüßt hat,
mit zunehmendem Alter zahlreicher werden:

Während des 1.—10. Jahres hat der Wurmfortsatz seine Höhlung ganz oder teilweise eingebüßt bei	4%
„ „ 10.—20. „ „ „ „ „ „ „ „ „ „ „	11%
„ „ 20.—30. „ „ „ „ „ „ „ „ „ „ „	17%
„ „ 30.—40. „ „ „ . „ „ „ „ „ „ „	25%
„ „ 40.—50. „ „ „ „ „ „ „ „ „ „ „	27%
„ „ 50.—60. „ „ „ „ „ „ „ „ „ „ „	36%
„ „ 60.—70. „ „ „ „ „ „ „ „ „ „	53%
„ „ 70.—80. „ „ „ „ „ „ „ „ „ „ „	58%

Von den Personen, die mehr als 60 Jahre alt sind, ist bei mehr als
der Hälfte der Wurmfortsatz von dem Blinddarm abgesperrt; bei Neugeborenen ist dies dagegen nie angetroffen worden. Es versteht sich von
selbst, daß eine solche Verstopfung des fraglichen Körperteils für den Besitzer günstig ist; die Möglichkeit einer Blinddarmentzündung fällt so gut
wie vollständig weg.

Fassen wir die Eigenschaften, die den Wurmfortsatz beim Menschen auszeichnen, zusammen: seine Entstehung durch gehemmte Entwicklung, seine verhältnismäßig bedeutendere Größe im Embryonalstadium, seine Neigung zur Rückbildung bei älteren Personen, so erhalten wir das typische Bild eines rudimentären Organs, eines Organs, das seinem Untergang entgegengeht. Unter den höchsten Säugetieren, den Affen, kommt dieser Anhang, von seltenen individuellen Abweichungen (bei einigen Makakarten) abgesehen, nur bei den Menschenaffen (Fig. 262 C) und dem Gibbon vor. Bei vielen niederen Säugetieren und besonders bei vielen Pflanzenfressern erreicht indessen der Blinddarm, dessen Endstück in seiner Entwicklung nicht gehemmt worden, und bei denen daher auch kein Wurmfortsatz zur Ausbildung gekommen ist, eine Größe, die die des Magens übertreffen kann (Fig. 262 D). Im Zusammenhang hiermit übt bei diesen Tieren der Blinddarm nachweislich eine wichtige Funktion bei der Verdauung aus. Man könnte demnach annehmen, daß die Rückbildung des Blinddarms beim Menschen darauf beruhe, daß er einst ausschließlicher Vegetarianer gewesen — eine Annahme, die auch in gewissem Grade durch die Beschaffenheit anderer Teile unserer Verdauungsorgane gestützt wird — allmählich aber zu einer gemischten Diät übergegangen ist, wodurch die Funktionen des Blinddarms weniger wichtig geworden sind und im Zusammenhang damit das Organ sich rückgebildet hat. Wie glaubhaft eine derartige Deutung auch scheinen mag, steht sie doch nicht recht in Einklang mit der Tatsache, daß die menschenähnlichen Affen, von denen der Gorilla Vegetarianer ist und die anderen wenigstens vorzugsweise von Vegetabilien leben, zum Unterschied von anderen Affen stets mit demselben rudimentären Darmanhang ausgestattet sind wie der Mensch. Die Ursache der Entstehung dieses Rudiments beim Menschen und bei den menschenähnlichen Affen muß demnach bis auf weiteres als unaufgeklärt bezeichnet werden.

Während ziemlich allgemein anerkannt wird, daß der Wurmfortsatz ein nutzloses und wenig beneidenswertes Erbe von niederen Organismen her ist, dürfte eine Ansicht, die neulich in einem viel besprochenen Buche („Studien über die Natur des Menschen") des mit dem Nobel-Preis ausgezeichneten Mitgliedes des Institut Pasteur, Elias Metschnikoff, ausgesprochen worden ist, daß nämlich der ganze Dickdarm des Menschen ein überflüssiges Organ sei, dessen Verschwinden nur glückliche Folgen haben könnte, kaum ohne weiteres unterschrieben werden können. Dieser Teil des menschlichen Darmkanals spielt nach Metschnikoff bei der Verdauung keine oder eine äußerst unbedeutende Rolle, und auch für die Aufsaugung der Nährstoffe sei er von untergeordneter Bedeutung, dagegen aber bedrohe uns der Dickdarm mit einer ganzen Reihe von Gefahren, wie der Einfuhr schädlicher Stoffe, die von den Mikroben des Dickdarms erzeugt werden, in den Körper, der Bildung von Zersetzungsprodukten und den besonders oft im Dickdarm auftretenden bösartigen Neubildungen. Er meint daher, wir würden glücklicher sein, wenn wir den Dickdarm gänzlich los würden. Als Beweis hierfür führt Metschnikoff einige Fälle an, wo der ganze Dickdarm oder der größere Teil desselben wegen krankhafter Veränderungen entfernt worden oder rückgebildet war, ohne daß die betreffendeu Personen davon nachweislichen Schaden gehabt hätten. Hierzu ist jedoch zu bemerken, daß lediglich der Umstand, daß wir ein Organ oder einen Organteil entbehren k ö n n e n , kein Beweis für die Nutzlosigkeit des Organs ist; man kann bekanntlich mit e i n e r Lunge, e i n e r Niere usw. leben. Vielleicht aber kann zugegeben werden, daß der Dickdarm des Menschen nicht ein Organ ist, das vollkommen der jetzigen Lebensweise des Menschen angepaßt ist, und daß es nützlicher während einer Periode war, wo der Mensch in höherem Grade als jetzt sich durch Pflanzenkost ernährte. Denn bei Pflanzenfressern, besonders bei Grasfressern, wo dieser Darmteil besonders voluminös ist, besitzt er erwiesenermaßen eine große Bedeutung für die Verdauung.

Der oben erwähnte Anatom Wiedersheim hat neulich betreffs der rudimentären Organe des Menschen einige Gesichtspunkte hervorgehoben, die wohl wiedergegeben zu werden verdienen.

Wiedersheim weist darauf hin, daß die Veränderungen im menschlichen Körper, sowohl die bereits vollendeten als die, welche noch vor sich gehen, nicht nur ein allgemein biologisches Interesse besitzen, sondern teilweise auch pathologische Bedeutung haben, d. h. die Entstehung gewisser krankhafter Erscheinungen erklären. Manche rudimentäre Bildungen üben, obwohl sie bereits in rückgängiger Entwicklung begriffen sind, unserem Autor nach nichtsdestoweniger einen großen Einfluß auf das funktionelle Gleichgewicht des Organismus aus, da sie zu Störungen des typischen Verlaufs des Lebensprozesses Anlaß geben können. Schon ältere Biologen haben angenommen, daß Geschwulstbildungen eine „angeborene" Grundlage haben. Man hat auch vermutet, daß während der Embryonalentwicklung Zellen oder Zellgruppen sich aus ihrem normalen Zusammenhang losreißen und als unaufgebrauchtes Material zurückbleiben können, das sich bei Gelegenheit zu einer abnormen Bildung entwickeln kann.

Schließlich hat man die Aufmerksamkeit darauf gelenkt, daß gerade solche Teile unseres Körpers, wo während des Embryonallebens besonders komplizierte Entwicklungsvorgänge stattgefunden haben, oft der Sitz bösartiger Neubildungen sind.

Da indessen eine völlig befriedigende Erklärung unter ausschließlicher Hinzuziehung der embryologischen Erscheinungen nicht zu erreichen ist, liegt der Gedanke nahe, mit Hilfe der Stammesgeschichte nach der Ursache der genannten und anderer krankhaften Bildungen zu suchen.

Wiedersheim ist nämlich der Ansicht, daß, wie beim Individuum in höherem Alter gewisse Entartungserscheinungen (senile Entartung) auftreten, auch bei der A r t im Laufe ihrer geschichtlichen Entwicklung Organe und Organteile funktionell degenerieren, sich „überleben" können. Aus diesem Grunde soll wie bei den individuellen Alterserscheinungen auch bei der Art eine Abnahme der Lebensenergie und Widerstandsfähigkeit gegen schädliche Einflüsse auftreten können. Demnach dürfen wir fragen, ob nicht in gewissen Fällen und unter gewissen Bedingungen ein Organ auf einer gewissen stammesgeschichtlichen Entwicklungsstufe mehr oder weniger zu krankhaften Veränderungen in Form von Geschwulstbildungen oder in anderer Hinsicht disponiert sein kann. Mag das betreffende Organ sich in einem Stadium rückgängiger Entwicklung befinden, oder mag es sich um einen Funktionswechsel handeln, stets ist es denkbar, daß, wenn eine Störung in seinen Funktionen eingetreten ist, auch eine Störung in dem Gleichgewichtszustand seiner Gewebe stattgefunden hat oder stattfindet.

Von den Fällen, die Wiedersheim anführt, wähle ich folgende. Es ist eine bekannte Tatsache, daß die Spitzen unserer Lunge Körperteile sind, die besonders oft von verschiedenartigen Erkrankungen heimgesucht werden. Die Erklärung hiervon — wenn auch wohl nicht die einzige — soll in dem Umstand zu suchen sein, daß beim Menschen der obere Teil des Brustkorbes (oder das Übergangsgebiet zwischen Hals- und Brustregion) nachweislich in einer rückgängigen Entwicklung begriffen ist, ein Prozeß, der auch heute noch nicht zum Stillstand gekommen ist. Man trifft nämlich bisweilen nicht nur Rippenrudimente an den letzten Halswirbeln an, worin man eine Andeutung erblickt, daß die Brustregion früher eine größere Ausdehnung gehabt hat, sondern manchmal ist auch das erste Rippenpaar mehr oder weniger verkümmert und unvollständig, was so zu deuten wäre, daß auch dieses Rippenpaar in Rückbildung begriffen ist.

Noch an einem anderen schwachen Punkt unserer Organisation soll ein während der Entwicklung der Art stattgefundener Reduktionsprozeß die Schuld tragen. Während bei niederen Tieren gleichwie beim menschlichen Embryo in frühen Stadien das Rückenmark sich durch die ganze Wirbelsäule bis zu ihrer Spitze hin erstreckt, endet es bei dem erwachsenen Menschen schon am 1. oder 2. Lendenwirbel. Wiedersheim hält es daher für wahrscheinlich, daß mehrere der krankhaften Neubildungen, die in der Schwanzwirbelregion vorkommen können, ihren Ursprung von Organen (Ligamenten, Nerven, Gefäßen, Darmpartie) herleiten, die nunmehr nur in verkümmertem Zustande in diesem Teil des Körpers auftreten.

In einem vorhergehenden Kapitel haben wir gesehen, wie während der Embryonalentwicklung ein vollständiger Kiemenapparat mit Kiemenbögen, Kiemenspalten und sonstigem Zubehör beim Menschen wie auch bei allen anderen Wirbeltieren auftritt, und wie aus diesem Apparat bei

den niederen, im Wasser lebenden Wirbeltieren die Atmungsorgane
sich entwickeln, während beim Menschen und anderen mit Lungen atmenden Geschöpfen diese Organe teils untergehen, teils sich anderen
Lebensfunktionen anpassen. Wir haben ebenfalls gesehen, daß eine Kiemenspalte als Produkt einer gehemmten Entwicklung ausnahmsweise über
die Embryonalzeit hinaus bestehen bleiben kann und dann als Halsfistel
bezeichnet wird. Diese umgebildeten oder rückgebildeten Kiemenspalten
können den Ausgangspunkt für mehr oder weniger bösartige Geschwulstbildungen verschiedener Art abgeben. Ebenso hat man abnorme Entwicklungserscheinungen an dem ersten und zweiten Kiemenbogen für einige
angeborene, knorpelhaltige Auswüchse in der Ohrengegend, am Halse, in
den Mandeln, in der Schilddrüse usw. verantwortlich gemacht.

In dem Kehlkopf des Menschen findet sich auf beiden Seiten zwischen
den Stimmbändern der Eingang zu einer Ausbuchtung (Ventriculus Mor-
gagni), die mit der Schleimhaut des Kehlkopfes ausgekleidet ist, diese
Ausbuchtung ist ein letzter Rest der im allgemeinen stark ausgebildeten
Resonanzsäcke, die die menschenähnlichen Affen auszeichnen. Bisweilen
geschieht es, daß die genannte, der Regel nach kleine Ausbuchtung auch
beim Menschen bedeutendere Dimensionen erreicht und dann außerhalb des
Kehlkopfes zu liegen kommt. Ist dies der Fall, so wird bei jeder hef-
tigeren Anstrengung des Kehlkopfes die Schleimhaut in diesem Kehlsack
so stark gereizt, daß in ihm Katarrhe auftreten können.

Die Unzuträglichkeiten und Gefahren, die einige andere rudimentäre
Organteile, wie der Weisheitszahn, die verkümmerten Haare und der Wurmfortsatz des Blinddarms verursachen können, sind bereits oben erwähnt
worden. Außerdem will ich darauf hinweisen, daß in den Kiefern des Menschen wie der Säugetiere während der Embryonalperiode allgemein Anlagen von Zähnen auftreten, die niemals zu voller Ausbildung gelangen,
sondern sich früher oder später zurückbilden. Diese Anlagen sind nachweislich ein Erbe von Vorfahren, die mit einer reichlicheren Anzahl von
Zahngenerationen ausgestattet gewesen sind, als sie die Säugetiere unserer
Zeit und der Mensch besitzen. Dieses Erbe kann aber verhängnisvoll werden.
Reste dieser Anlagen bleiben nicht selten in ihrem Embryonalzustande
auch bei dem erwachsenen Menschen bestehen und können dann zu großen
Geschwülsten Anlaß geben, in denen man mehr oder weniger veränderte
Anlagen zu einer oft sehr großen Anzahl Zähne nachweisen kann. Gewöhnlich
sind diese Geschwülste derart, daß sie operative Eingriffe erforderlich machen.

Wir sehen demnach, daß die rudimentären Organe nicht nur immer
schädlich in d e m Sinne sind, daß sie dem Körper Nährmaterial entziehen, das auf eine für ihn nützlichere Weise verwendet werden könnte,
sondern auch bisweilen zu Bildungen ausarten können, die für die Existenz
des Besitzers verhängnisvoll sind.

In Anbetracht solcher Tatsachen muß es als vollkommen motiviert bezeichnet werden, wenn Haeckel einer dogmengesättigten Teleologie gegenüber eine „Dysteleologie" oder die Lehre von der Unzweckmäßigkeit in der organischen Natur aufstellt, welche Lehre besagt, daß in dem sonst zweckmäßig eingerichteten Körper aller höheren Wesen zwecklose Teile vorkommen, die für eine bestimmte Funktion eingerichtet, aber unfähig sind, sie auszuüben — Disharmonien, die sich höchst sonderbar an einem „Ebenbilde Gottes" ausnehmen.

Wie aber nur die Deszendenztheorie imstande ist, uns eine vernünftige Erklärung für die Entstehung der Zweckmäßigkeit in der organischen Natur zu geben, so ist es auch einzig und allein das Deszendenzprinzip, mit Hilfe dessen wir die Entstehung, ja die Naturnotwendigkeit des Daseins der rudimentären Organe begreifen können. Denn, bemerkt Weismann, wäre die Natur nicht imstande, Organe, die überflüssig geworden sind, verschwinden zu lassen, so hätte der größte Teil der Artumbildung in der organischen Welt überhaupt nicht stattfinden können. Die Teile, die noch vorhanden, aber unnütz geworden sind, würden der Ausbildung der anderen hindernd im Wege stehen. Ja, würden alle die Organe, welche die Vorfahren besessen haben, notwendig sich vererben und bei den Nachkommen erhalten bleiben, so würde das Ergebnis ein Monstrum sein, das keine Lebensfähigkeit besäße. Die Rückbildung solcher überflüssig gewordenen Organe ist demnach eine Bedingung für den Fortschritt.

Schon im Anfang dieses Kapitels habe ich einige Andeutungen darüber mitgeteilt, wie rudimentäre Organe entstehen. Was besonders den Menschen betrifft, so können natürlich durch den Schutz, den unsere Kultur uns bietet, gewisse Organe in unserer zivilisierten Form des Kampfes ums Dasein an Wert verlieren und daher von der Zuchtwahl vernachlässigt werden und sich zurückbilden. Es gilt dies bis zu einem gewissen Grade von einigen unserer Sinnesorgane, die unbestreitbar bei den Naturvölkern schärfer entwickelt sind als bei den meisten Kulturindividuen. Bezüglich dieses Punktes bemerkt Weismann: „Wir können heute unser Brot verdienen, ganz einerlei, wie scharf wir hören und wie fein wir riechen, ja selbst die Schärfe unseres Auges ist kein ausschlaggebendes Moment mehr für unsere Existenzfähigkeit im Ringen ums Dasein. Seit Erfindung der Brillen sind kurzsichtige Menschen kaum in irgendeinem Nachteil in bezug auf Erwerbsfähigkeit gegen scharfsichtige, wenigstens nicht in den höheren Gesellschaftskreisen. Darum finden wir auch so viele Kurzsichtige unter uns. Im Altertum würde ein kurzsichtiger Soldat oder gar ein kurzsichtiger Feldherr einfach unmöglich gewesen sein, ebenso ein kurzsichtiger Jäger, ja in fast allen Stellungen der menschlichen Gesellschaft würde Kurzsichtigkeit ein wesentliches Hindernis bereitet, das Emporkommen und Gedeihen erschwert oder ganz gehindert haben. Heute ist das nicht mehr der Fall, der Kurzsichtige kann seinen Weg machen wie jeder andere, und seine Kurzsichtigkeit, soweit sie auf ererbter Anlage beruht, wird sich auf seine Nachkommen weiter vererben und so dazu beitragen, die vererbbare Kurzsichtigkeit zu einer in bestimmten Gesellschaftsklassen weitverbreiteten Eigenschaft zu machen."

Aus der ganzen vorhergehenden Darstellung geht demnach mit wünschenswertester Sicherheit hervor, daß rudimentäre Organe oder Organteile die notwendigen oder unausbleiblichen Begleiter jeder organischen Entwicklung sind.

Aber nicht nur die organische Entwicklung hinterläßt derartige Reste als Erinnerungen an ihren Verlauf — auf allen Gebieten des Lebens: auf dem kulturellen, dem sozialen, dem moralischen, dem kirchlichen, auf allen Gebieten, die überhaupt eine Geschichte, geschrieben oder ungeschrieben, haben, werden wir mehr oder weniger verwischte, verbrauchte oder veraltete Reste von früher einmal lebenskräftigen und anwendbaren Elementen nachweisen können. Sehr viele von unseren Gebräuchen, Zeremonien, Ausdrücken, aus denen der Inhalt seit lange geschwunden und von denen nur die Form noch zurückgeblieben ist, könnten zum Beweise angeführt werden.

Nun ein paar Beispiele aus dem großen Vorrat!

Der hervorragendste Altertumsforscher unserer Zeit, Oscar Montelius, hat an einem reichen Material gezeigt, wie die Erzeugnisse der menschlichen Arbeit, ihre verschiedenen Formen oder Typen denselben Gesetzen gehorchen, welche die organische Welt beherrschen, wie der eine Typus, gleich einer Pflanzen- oder Tierart, sich aus dem anderen entwickelt hat. Wenn im Laufe einer solchen Entwicklung dieses oder jenes Detail an einem Industrieerzeugnis infolge von Veränderungen, die hinsichtlich der Art seiner Anwendung eingetreten sind, unnötig oder unbequem geworden ist, geschieht es oft, daß dieses Detail, statt ohne weiteres bei der Fabrikation weggelassen zu werden — wie man dem Dogma von der Freiheit des menschlichen Willens gemäß wohl annehmen dürfte —, vielmehr während einer größeren oder geringeren Anzahl von Typengenerationen in Form eines sozusagen unbewußten Ornaments erhalten bleibt, bevor es allmählich verschwindet. Ein derartiger Schmuck ist natürlich, wie Montelius betont, in Wirklichkeit nichts anderes als ein Rudiment, der Rest eines früher einmal praktisch anwendbaren Bestandteils des Gegenstandes. Ich entnehme einer der Arbeiten von Montelius einen besonders überzeugenden Fall eines derartigen rudimentären Organs bei einem modernen und hochentwickelten Industrieprodukte.

Als man begann, für den Personenverkehr Eisenbahnen mit Lokomotiven anzuwenden, wurden die Eisenbahnwagen den gewöhnlichen Postkutschen gleich gemacht, die man auf den Landstraßen gebrauchte. Fig. 264

zeigt einen der Eisenbahnwagen, welche angewandt wurden, als im Jahre 1825 die erste Eisenbahn für Personenverkehr in England eröffnet wurde. Man ging von dem nächstliegenden Vorbilde aus und gab dem Wagen dieselbe Form wie der Postkutsche („Diligence") mit drei großen Fenstern auf jeder Seite; eines lag in der Mitte in der Tür zwischen den beiden anderen, die unten abgerundet waren, so daß der untere Rand aller drei Fenster einen Bogen bildete, entsprechend dem, der den Wagen unten begrenzte.

Bald sah man den Vorteil ein, größere Wagen zu haben, und stellte solche mit drei Abteilen her (Fig. 265); aber jeder Abteil, für sich betrachtet, ähnelt immer noch der alten Postkutsche, gleich dieser stark geschweift, aber auf einer gemeinsamen Unterlage ruhend. Von dem alten Kutschenboden ist indessen nichts anderes mehr übrig als eine starke Leiste auf der Außenseite des Wagens, welche Leiste nunmehr nur noch einen Zierat bildet. Die Fenster sind immer noch die der alten Postkutsche. Der Postkutschentypus ist demnach noch völlig unverkennbar vorhanden. Der in Fig. 266 abgebildete Wagen, einer der ersten, der auf den schwedischen Staatsbahnen rollte, ist dem vorigen sehr ähnlich; seine Breitseiten sind aber eben geworden; sie entbehren also der geschweiften Flächen, wie sie an den älteren Wagen die drei einzelnen Abteile bezeichneten. Eine Leiste hat sich indessen andauernd als eine Erinnerung an den alten Typus erhalten, und die Fenster haben noch ihre abgerundete Form. An dem in Fig. 267 dargestellten Wagen ist die bogenförmige Leiste ganz verschwunden, und die Abteile zweiter Klasse haben moderne Form angenommen, während die erste Klasse sich konservativer verhält und noch die Erinnerung an die Postkutsche in der abgerundeten Form der Fenster bewahrt hat. Heutzutage ist auch diese Klasse reformiert worden und hat das letzte Überbleibsel aus der Zeit der Postkutsche abgelegt.

Zahlreiche und typische rudimentäre Organe lassen sich auf dem sprachlichen Gebiet nachweisen. Schon Darwin hat die rudimentären Organe mit den in zahlreichen Sprachen vorkommenden Buchstaben verglichen, die in der Schrift stehen bleiben, aber nicht mehr ausgesprochen werden.

Auf dem Gebiete des religiösen Kultus sind hierhergehörige Erscheinungen aus leicht ersichtlichen Gründen sehr gewöhnlich. In einer Dorfkirche in Dänemark pflegten seit alten Zeiten die Kirchenbesucher regelmäßig eine Verbeugung zu machen, wenn sie an einer bestimmten Stelle in der Kirche vorbeigingen. Bei einer vor einiger Zeit vorgenommenen Restaurierung wurde unter dem Putz, der die Innenwände der Kirche bekleidete, gerade an der betreffenden Stelle ein — Madonnenbild entdeckt!

Natürlich bieten die Kleidertrachten verschiedener Zeiten mehrere Beispiele von Teilen dar, die ihre ursprüngliche Bedeutung verloren haben. Ich erinnere hier an die Steppnaht und die Knöpfe, die sich nahe der unteren

Kante der Ärmel bei den meisten modernen Herrenröcken finden. Sie
stellen natürlich eine letzte Erinnerung an die Aufschläge dar, die im
18. Jahrhundert an keinem feineren Kleidungsstück jener Art fehlten.

Zum Schlusse nur noch ein drastisches Beispiel aus einem ganz anderen Gebiete. In seinen „Gedanken und Erinnerungen" erzählt Bismarck,
daß er während seines Aufenthaltes in St. Petersburg 1859 zusammen mit

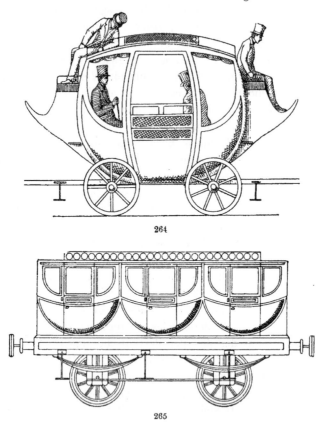

264

265

der zum Hofe gehörigen Gesellschaft eine Promenade im Sommergarten
zwischen dem Paulspalast und der Newa machte. Da erregte es die Aufmerksamkeit des Kaisers, daß ein Soldat mitten auf einem Rasenplatz
dort Wache stand. Als der Soldat auf die Frage, weshalb er dort stehe,
keinen anderen Bescheid geben konnte, als daß es ihm befohlen worden
sei, ließ der Kaiser durch seinen Adjutanten auf der Wache Erkundigungen
einziehen, bekam aber auch dort keine andere Auskunft, als daß dieser
Wachtposten Winter wie Sommer aufgestellt würde. Den Anlaß kenne
man nicht. Die Sache wurde weiter am Hofe erörtert und kam auch zur
Kenntnis des Dienstpersonals. Da meldete sich ein alter, pensionierter

Beamter und gab an, daß sein Vater bei einer Gelegenheit, als sie im Sommergarten an der Schildwache vorbeigingen, zu ihm gesagt habe: „Da steht
er noch und bewacht die Blume. Kaiserin Katharina fand einmal an dieser
Stelle ungewöhnlich früh im Jahre ein Schneeglöckchen und befahl dafür
zu sorgen, daß es nicht abgepflückt würde." Diesem Befehl kam man in

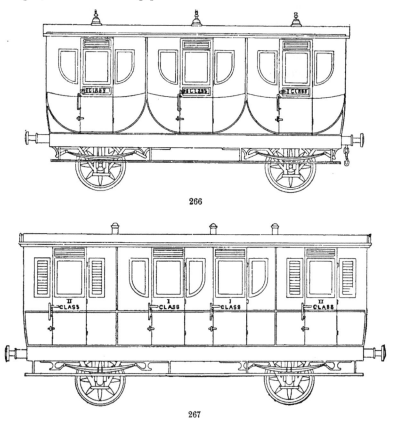

Fig. 264—267. Die Entwicklung der Postkutsche zum Eisenbahnwagen.
Fig. 264. Englischer Eisenbahnwagen von 1825 (der älteste für Personenverkehr). Fig. 265. Öster-
reichischer Eisenbahnwagen von 1840. Fig. 266, 267. Zwei der ältesten für die schwedische
Staatsbahn bestellten Eisenbahnwagen, in Deutschland kurz nach der Mitte der 1850er Jahre
gebaut; 266 Wagen erster Klasse; 267 Wagen erster und zweiter Klasse (nach Montelius).

der Weise nach, daß man eine Schildwache aufstellte, die seitdem Jahr für
Jahr dort gestanden hat. Also: Das Schneeglöckchen war längst verschwunden, aber noch nach mehr als einem halben Jahrhundert stand die Schildwache dort, das schlagende Beispiel eines Organs ohne Funktion! Und
wenn wir recht ernstlich suchen, können wir vielleicht in nächster Nähe
weitere derartige Funktionäre ohne Funktion antreffen.

Die Ergebnisse, zu welchen die vorstehende Untersuchung geführt
hat, lassen sich folgendermaßen zusammenfassen. Das Vorkommen rudi-

mentärer Organe, ebenso allgemein auf dem organischen als auf dem kultu-
relleu Gebiete, wird verständlich n u r unter der Voraussetzung, daß eine
Veränderung, eine Entwicklung stattgefunden hat; nur so kann die Disharmonie zwischen Funktion und Konstruktion, welche die Gegenwart
rudimentärer Organe in sich schließt, eine völlig befriedigende Erklärung
finden.   Auch wenn keine anderen Zeugnisse vorlägen, wären die rudimentären Organe allein für sich völlig hinreichend, um allen, die sehen w o l -
l e n , zu zeigen, daß der Mensch nicht fertig aus der Hand eines Schöpfers
hervorgegangen, sondern gleich seinen Mitgeschöpfen das Ergebnis eines
Entwicklungsvorganges ist.

VII.

Das Gehirn.

Schon in einem vorhergehenden Kapitel haben wir gesehen, daß das menschliche Gehirn in bedeutsamer Weise das biogenetische Grundgesetz illustriert. Unser Gehirn macht während des embryonalen Lebens eine Reihe Veränderungen durch, die ihren wesentlichen Zügen nach Stadien entsprechen, auf denen die Ausbildung des Gehirns bei den Tieren stehen geblieben ist. Besonders konnten wir die beachtenswerte Tatsache feststellen, daß von den · Fischen zu den Säugetieren hin das Großhirn immer mächtiger, immer größer und komplizierter im Verhältnis zu den übrigen Gehirnteilen wird. Wir erinnern uns ferner, daß die zunehmende Entwicklung des Gehirns auch auf geologischem Wege nachweisbar, demnach eine geschichtliche Erscheinung ist, und schließlich, daß die Ausbildung des Gehirns ihren Höhepunkt bei einem der jüngsten, aber eben infolge dieser höchsten Ausbildung höchststehenden Produkte des Lebens erreicht: dem Menschen. Da nun der Regel nach die Zunahme des Volumens und des Funktionsvermögens eines Organs Hand in Hand miteinander gehen, so können wir aus den oben erwähnten Tatsachen mit großer Sicherheit den Schluß ziehen, daß das Großhirn im Laufe der Erdperioden leistungsfähiger geworden ist, und daß es bei dem Menschen der Gegenwart seinen Höhepunkt erreicht. Schließlich erinnern wir noch einmal daran, daß unsere gegenwärtige Kenntnis von dem Bau des Körpers wie auch zahllose Experimente und Beobachtungen am Krankenbett einstimmig dartun, daß das Gehirn die materielle Unterlage für die geistige Tätigkeit bildet.

Schon lange bevor Experimente oder anatomische Untersuchungen eine solide Unterlage für diese Auffassung geschaffen hatten, war sie von mehreren Forschern ausgesprochen und vertreten worden. Bald wurde das Gehirn in seiner Gesamtheit, bald ein bestimmter Gehirnteil, z. B. die bereits oben erwähnte Zirbeldrüse, als Sitz der Seele betrachtet, bald meinte man, daß „das Gehirn die Gedanken in derselben Weise absondere wie

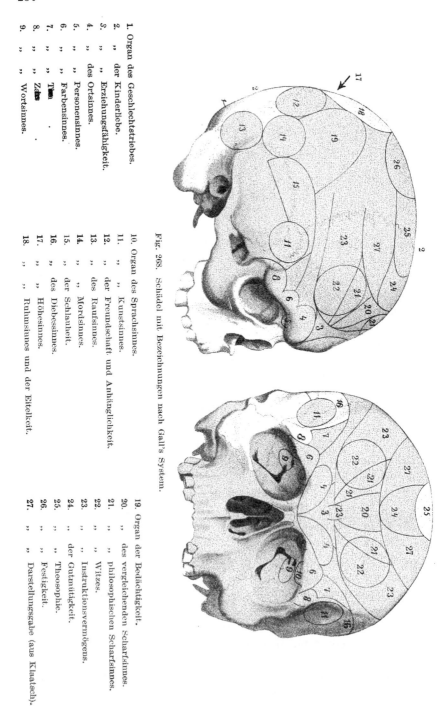

Fig. 268. Schädel mit Bezeichnungen nach Gall's System.

1. Organ des Geschlechtstriebes.
2. „ der Kinderliebe.
3. „ „ Erziehungsfähigkeit.
4. „ des Ortsinnes.
5. „ „ Personensinnes.
6. „ „ Farbensinnes.
7. „ „ Tonsinnes.
8. „ „ Zeitsinnes.
9. „ „ Wortsinnes.

10. Organ des Sprachsinnes.
11. „ „ Kunstsinnes.
12. „ der Freundschaft und Anhänglichkeit.
13. „ des Raufsinnes.
14. „ „ Mordsinnes.
15. „ der Schlauheit.
16. „ des Diebessinnes.
17. „ „ Höhesinnes.
18. „ „ Ruhmsinnes und der Eitelkeit.

19. Organ der Bedächtigkeit.
20. „ des vergleichenden Scharfsinnes.
21. „ „ philosophischen Scharfsinnes.
22. „ „ Witzes.
23. „ „ Instruktionsvermögens.
24. „ der Gutmütigkeit.
25. „ „ Theosophie.
26. „ „ Festigkeit.
27. „ „ Darstellungsgabe (aus Klaatsch).

die Leber die Galle". Der erste, der auf wissenschaftlicher Basis die Lehre vom Gehirn als Unterlage der geistigen Tätigkeit aufzubauen versuchte, war der hervorragende Gehirnanatom Franz Joseph Gall (geb. 1758, gest. 1828). Er zeigte, daß in der Tierwelt die Ausbildung des Gehirns stets in direktem Verhältnis zur Stärke der Intelligenz steht. Gall teilte die Seelenkraft in eine Anzahl verschiedener, voneinander unabhängiger Vermögen oder Eigenschaften ein und verlegte diese in verschiedene Teile des Gehirns. Er stellte sich vor, daß die Organe der verschiedenen seelischen Eigenschaften an der Oberfläche des Gehirns innerhalb bestimmter, scharf begrenzter, größerer oder kleinerer Gebiete gelegen wären. Er nahm 27 derartiger Seeleneigenschaften mit der entsprechenden Anzahl Gehirnorgane an; so sprach er von Gehirnorganen für Kindes- und Elternliebe, für Freundschaft, Mordlust, Farbe, Sprache, Witz, Gottesfurcht usw. Einer besonders starken Entwicklung eines jeden dieser Triebe, Anlagen usw. sollte eine besonders starke Ausbildung des betreffenden Hirnorgans, d. h. gewisser Teile der Oberfläche des Großhirns entsprechen, die als Ausbuchtungen sich über das Niveau des übrigen Gehirns erheben sollten. Da das Gehirn aber auf die Form des Schädels einwirkt, so sollten die Erhöhungen des Gehirns mehr oder weniger deutlich sich durch Erhöhungen (Ausbuchtungen) an den entsprechenden Stellen des äußeren Schädels verraten. Die verschieden stark ausgebildeten Unebenheiten, Anschwellungen und Vertiefungen, an der Oberfläche des Schädels seien demnach der Ausdruck einer stärkeren oder schwächeren Entwicklung bestimmter geistiger Eigenschaften, Triebe, Begierden. Infolgedessen sollte es möglich sein, durch die Untersuchung des äußeren Schädels den Charakter einer Person und ihre Begabung auf verschiedenen Gebieten festzustellen. Noch heute trifft man sowohl in unseren anatomischen Sammlungen als im Privatbesitz Schädel an, deren Oberfläche in verschiedene Felder eingeteilt ist, welche nach Galls System die Lage für gewisse Eigenschaften bezeichnen (Fig. 268). Der außerordentliche praktische Nutzen und die ausgedehnte Anwendung, die die Phrenologie — so wurde die von Gall und seiner Schule ausgebildete Lehre genannt — natürlich für den Pädagogen, Richter usw. besitzen mußte, machte sie seinerzeit zu einer Modewissenschaft. Es wurde ein sehr beliebtes und pikantes Gesellschaftsvergnügen, mit Hilfe eines „phrenologischen Kopfes", wie er hier abgebildet ist, hinter die seelischen Eigenschaften und Schwächen seines Nächsten zu kommen, und noch heutzutage ist der Glaube an die Phrenologie und seine Adepten keineswegs vollständig ausgestorben.

Im Gebiet der Wissenschaft ist dieses freilich seit lange geschehen. Ganz abgesehen davon, daß die von den Phrenologen angenommenen seelischen Eigenschaften nicht gleichwertig sind, da einige rein metaphysisch sind, andere sich auf die Leidenschaften beziehen und andere wieder in di-

rektem Zusammenhang mit Sinnesempfindungen stehen; abgesehen auch
von dem Umstand, daß einige in Schädelteile verlegt sind, denen keine
Gehirnteile entsprechen, so geht die Unmöglichkeit der praktischen Anwendung der Phrenologie schon daraus hervor, daß das äußere Relief
des Schädels, seine äußeren Unebenheiten keineswegs getreue Abbilder derjenigen des Gehirns sind.

Haben demnach die Phrenologie und die mit dieser als Ausgangspunkt gezogenen Schlüsse nunmehr nur noch geschichtliches Interesse, so
bezeichnet jene Lehre doch in e i n e r Richtung einen großen Fortschritt,
indem sie nämlich hervorgehoben hat, nicht nur, daß die Oberfläche des
Großhirns die wichtigste Unterlage der seelischen Tätigkeit ist, sondern
auch daß die verschiedenen Teile derselben nicht seelisch gleichartig sind.
Es hat sich auch gezeigt, daß einzelne der Behauptungen Galls auf richtige
Beobachtungen gegründet waren.

Alle neueren Untersuchungen stimmen nämlich darin überein, daß
nicht das Gehirn in seiner Gesamtheit das Organ der seelischen Tätigkeit
im eigentlichen Sinne ist, sondern nur das G r o ß h i r n , während die
übrigen Teile des Gehirns von keiner d i r e k t e n Bedeutung für diese
Tätigkeit sind. Die Aufgabe dieser letzteren ist es wesentlich, unabhängig
von Bewußtsein und Willen eine Menge Verrichtungen zu regulieren, die
von durchgreifender Bedeutung für die Aufrechterhaltung wichtiger Lebensfunktionen sind, und das Großhirn mit den übrigen Teilen des Nervensystems in Verbindung zu setzen.

Durch viele Versuche an Tieren und zahlreiche Beobachtungen an
Menschen, deren Gehirn durch einen Unfall verletzt wurde, ist außerdem
der Nachweis geliefert worden, daß nicht das ganze Großhirn als Sitz des
Seelenlebens betrachtet werden kann, sondern daß dieser nur an der Oberfläche des Großhirns, in der sogen. Rindensubstanz, gelegen ist. Schon mit
unbewaffnetem Auge kann man an einem Schnitt durch das Großhirn
eine äußere (graue) Rindensubstanz, und eine innere (weiße) Marksubstanz
unterscheiden. Bei Prüfung eines solchen Schnittes unter dem Mikroskop
finden wir, daß, während die äußere Substanz sowohl aus Nerven-(Gang-
lien-)Zellen als den von diesen ausgehenden Nervenfasern besteht, in der
inneren Substanz keine Nervenzellen, sondern nur Fasern enthalten sind.
Es liegen demnach sehr gute Gründe für die Annahme vor, daß, da die
graue Substanz der Sitz der zentralen Funktionen ist, eben die Nervenzellen diese regierenden Organe darstellen. Mittels der Nervenfasern treten
sie teils miteinander, teils mit den verschiedenen Organen des Körpers in
Verbindung.

Schon im vorhergehenden haben wir darauf hingewiesen, daß beim
Menschen die Oberfläche des Großhirns nicht glatt ist, sondern von einer
großen Menge Furchen durchzogen wird, die die Windungen voneinander

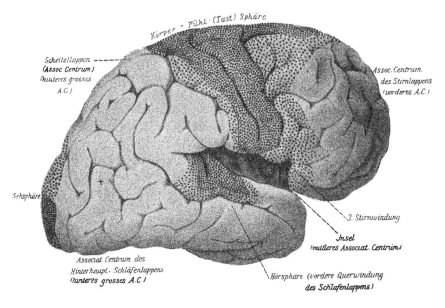

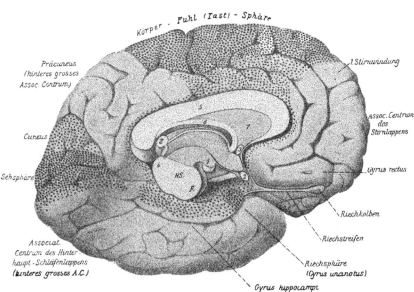

Fig. 269. Gehirn des Menschen, um die Assoziationszentra zu veranschaulichen (nach Flechsig).

trennen. Wie sehr diese Furchen und Windungen auch von dem einen
Menschen zum andern wechseln, sind ihnen doch gewisse Grundzüge gemeinsam, die uns in den Stand setzen, an verschiedenen Gehirnen dieselben bestimmten Hauptfurchen und dieselben bestimmten von ihnen be-

grenzten Windungen wiederzufinden. Die obenerwähnte graue Hirnsubstanz mit ihren Nervenzellen bekleidet also diese Windungen. Es ist nun,
wie bereits erwähnt, mit Sicherheit festgestellt, nicht nur, daß diese Rindensubstanz die Unterlage des Seelenlebens bildet, sondern auch daß die verschiedenen Bezirke, die verschiedenen „Rindenfelder“, verschiedene Aufgaben zu erfüllen haben oder mit anderen Worten, daß die verschiedenen
Regionen des Gehirns nicht seelisch gleichwertig sind. Vielmehr sind bei
der Entstehung und Bearbeitung verschiedener Sinneswahrnehmungen,
wie auch bei der Einwirkung des Großhirns überhaupt auf die Funktionen
des Körpers verschiedene . Teile des Großhirns tätig. Kurz ausgedrückt:
verschiedene Teile sind Zentren für verschiedene Arten bewußter Tätigkeit,
sowohl der Empfindung als der Bewegung. So ist es nachgewiesen worden,
daß es in der Hinterhauptsregion des Gehirns ein Gebiet gibt, dessen
Zerstörung alle Gesichtswahrnehmungen aufhebt, obwohl das Auge und
der Sehnerv vollkommen gesund sein können. In derselben Weise läßt
sich zeigen, daß das Gehör an den Schläfenteil des Großhirns, der Geruch
an die untere Fläche desselben, der Tastsinn (die Tastempfindungen) an
den oberen Stirn- und vorderen Scheitelteil gebunden sind (Fig. 269).
Ferner ist gezeigt worden, daß, wenn letztgenannte Teile verletzt werden,
auch eine Lähmung von Gesicht, Armen und Beinen eintritt. Man hat
versucht, innerhalb dieses Gebiets diejenigen Teile der Hirnrinde zu bestimmen, die sich auf die verschiedenen Muskelgruppen beziehen; so ist es
bewiesen, daß einige ausschließlich die Bewegungen der Gesichtsmuskeln,
andere die der Arme usw. beherrschen. Gleichzeitig damit, daß der Kranke
infolge der Verletzung gelähmt wird, wird er also auch gefühllos. Oder
mit anderen Worten: der Teil der Hirnrinde, an den die Tastempfindung
gebunden ist, fällt — wenigstens nahezu — mit dem zusammen, der in
unmittelbarer Beziehung zu den unter dem Einfluß des Willens geschehenden
Bewegungen des Körpers steht. Damit dies möglich sei, müssen natürlich
die Gefühlsnerven der Haut in der Hirnrinde an ungefähr denselben Stellen
enden, von denen die Nervenbahnen zu den Muskeln des Körpers ausgehen, gleichwie die obenerwähnten Zentren des Gesichts, Gehörs und Ge-
ruchs durch Nervenbahnen mit den entsprechenden Sinnesorganen in Verbindung stehen.

Obwohl die Untersuchungen betreffs dieser „Lokalisation“ verschiedener Sinnesempfindungen und der Bewegungszentren in unserm Gehirn
noch nicht völlig eindeutige Resultate ergeben haben — obwohl die Begrenzung und die Beschaffenheit einiger dieser Zentren noch Gegenstand einer
lebhaften Debatte sind, wird doch allgemein die Bedeutung des Einblicks
in die Tätigkeit des Gehirns, die wir durch diese Untersuchungen bereits
gewonnen, mit Recht sehr hoch geschätzt. Die kurzen Andeutungen bezüglich dieser Frage, wie sie hier gegeben worden sind, haben nur den Zweck

gehabt, eine allgemeine Orientierung betreffs einer Tatsache zu liefern, die von grundlegender Bedeutung für die vorliegende Untersuchung ist, und zu der wir jetzt übergehen.

Wie aus einem Blick auf die umstehenden Bilder (Fig. 269) hervorgeht, steht nur ungefähr ein Drittel der Oberfläche des Großhirns in direkter Verbindung mit Nervenbahnen, welche Sinneseindrücke nach der Hirnrinde leiten, oder welche eine Leitung von dieser nach dem Bewegungsapparat des Körpers hin bilden. Welche Aufgabe haben nun die übrigen zwei Drittel, die weder mit Sinnes- noch mit Bewegungsnerven in Verbindung stehen, die also weder Sinnes- noch Bewegungszentren sein können? Schon seit lange hat man sich für berechtigt erachtet, diese zwei Drittel der Hirnrinde als die Unterlage für die höhere seelische Tätigkeit zu betrachten. Vorzugsweise der deutsche Psychiater und Gehirnanatom Flechsig hat durch eine Reihe von Untersuchungen diese Auffassung genauer ausgearbeitet und die hier vorhandenen Organe der eigentlichen psychischen Tätigkeit als A s s o z i a t i o n s z e n t r e n bestimmt. Obgleich berechtigte Einwände gegen die Lokalisationslehre in ihrer Gesamtheit und im besonderen gegen Flechsigs Assoziationszentren erhoben worden sind — Flechsig selbst hat einigemal seine Angaben nicht unwesentlich modifiziert —, so dürften doch auch die Gegner bereit sein zuzugeben, daß sowohl anatomische als klinische Beobachtungen mit Bestimmtheit für die Tatsache sprechen, daß eine gewisse lokale Arbeitsverteilung in der Rinde des Großhirns auch für die höchsten seelischen Funktionen ihre Gültigkeit besitzt. Soviel ist jedenfalls festgestellt, daß in dem Gehirn verschiedene Sinnes- und Assoziationszentren vorhanden sind — auch wenn man über ihre Anzahl und Ausdehnung streiten kann.

Die Assoziationszentren des menschlichen Gehirns sind nach Flechsigs Untersuchungen folgendermaßen gestaltet.

Die Assoziationszentren haben, wie schon angedeutet, die Aufgabe, die von den Sinneszentren gemachten Sinneswahrnehmungen zu verbinden („assoziieren"). Flechsig hat nämlich nachgewiesen, daß Nervenbahnen aus verschiedenen Sinneszentren, z. B. aus dem Tast- und Sehzentrum, in Assoziationszentren zusammentreffen, wohingegen direkte Verbindungen zwischen den verschiedenen Sinneszentren nicht beobachtet worden sind. Die Assoziationszentren stehen nicht direkt, sondern nur indirekt, nämlich mittels Sinneszentren, mit den übrigen Teilen des Körpers in Verbindung.

Während die Sinneszentren durch einen für jedes derselben charakteristischen mikroskopischen Bau ausgezeichnet sind, ist die Struktur der Assoziationszentren mehr gleichartig. Ferner ist es bedeutungsvoll, daß die meisten Nervenfasern in den Assoziationszentren erst nach der Geburt des Kindes zur vollen Ausbildung gelangen, während die

Sinnes- und Bewegungszentren zum größeren Teil bereits bei dem neugeborenen Kinde voll ausgebildet sind. Es hört, schmeckt, fühlt, aber es
ist nicht imstande, diese Sinnesempfindungen miteinander zu verbinden,
zu „assoziieren". Dieser seelischen Unvollkommenheit entspricht also eine
bestimmte Beschaffenheit der Hirnrinde: es fehlt noch die Verbindung
zwischen den einzelnen Sinneszentren mittels Assoziationszentren. Aber
schon im zweiten Monat beginnen die Nervenbahnen, die von den Sinneszentren zu den Assoziationszentren führen, fertig gebildet zu werden, und
dadurch vervollkommnet sich allmählich die psychische Tätigkeit des
Kindes.

Zahlreiche Erfahrungen am Krankenbett sprechen gleichfalls zugunsten
dieser Lokalisationslehre Flechsigs. So treten Geistesstörungen verschiedener Art bei krankhaften Veränderungen (Verletzungen, Geschwülsten)
der Assoziationszentren auf.

Flechsig unterscheidet drei derartige Assoziationszentren: Das vordere
nimmt den Stirnteil ein, das hintere und größte den Scheitel-, Hinterhaupts-
und Schläfenteil, und das mittlere liegt zwischen den beiden erstgenannten
(Fig. 269). Diese Zentren sind in psychischer Hinsicht keineswegs gleichwertig. Schon ihre verschiedene Lage im Verhältnis zu den verschiedenen
Sinneszentren muß ja Unterschiede bedingen, indem das hintere Asso-
ziationszentrum zwischen die Seh-, Hör- und Tastzentren eingeschoben
ist, während das vordere zwischen dem Tast- und dem Riechzentrum,
das mittlere zwischen dem Hör-, Riech- und Tastzentrum liegt. Ohne
im einzelnen über die verschiedenen Seelenfunktionen berichten zu können,
die Flechsig den von ihm unterschiedenen Assoziationszentren zuschreibt,
sei hier nur angeführt, daß wir nach Flechsig bei krankhaften Veränderungen des großen hinteren Zentrums unter anderem das Vermögen verlieren, mittels des Gesichts und Gefühls wahrgenommene Gegenstände
richtig zu benennen und in gewissen Fällen auch richtig zu deuten — also
unsere Anschauungen mit Worten zu verbinden — und damit auch die
Fähigkeit, uns richtige Gesamtvorstellungen betreffs der uns umgebenden
äußeren Welt zu bilden. Bei Verletzungen des vorderen Zentrums dagegen
verliert der Kranke „die Vorstellung seines eigenen Ichs als eines hand-
lungsfähigen Wesens"; von anderen Physiologen wird dieses Zentrum
direkt als das Organ des abstrakten Denkens bezeichnet. Mehrere Forscher
haben festgestellt, daß bei der progressiven Paralyse, die ja durch eine in-
tensive geistige Erschlaffung gekennzeichnet ist, in erster Linie der Stirnteil des Gehirns von Degeneration ergriffen wird. Ausdrücklich betont
Flechsig, daß bei komplizierten geistigen Funktionen wohl alle Asso-
ziations- und Sinneszentren zusammenwirken, da sie durch zahllose Nervenfasern in Verbindung miteinander stehen. Der größte Teil des menschlichen
Großhirns besteht in Wirklichkeit aus nichts anderem als Millionen wohl-

isolierter Leitungen, die zusammen tausende von Kilometern lang sind. „Unsere Intelligenz ist eine komplizierte Abstraktion aus einer ungeheuer großen Summe einzelner Funktionen, die durch die Tätigkeit der Sinne und der Muskeln allmählich im Laufe der Jahre erworben werden." Von rein anatomischen Verhältnissen, die Flechsigs Lehre stützen, sei hier folgendes erwähnt. Bei einem direkten Vergleich zwischen dem Gehirn eines Buschmanns und dem des großen Mathematikers Gauß hat es sich gezeigt, daß die Bewegungs- und Sinneszentren bei beiden von derselben Beschaffenheit sind. Dagegen sind die Assoziationszentren bei dem letzteren viel komplizierter als beim ersteren. In diesem Fall — und weitere derartige ließen sich anführen — bestätigt demnach die anatomische Vergleichung Flechsigs Auffassung, daß die Assoziationszentren von entscheidender Bedeutung für die intellektuelle Arbeit sein müssen.

Gegen diese von Flechsig und seinen Anhängern ausgearbeitete Lokalisationslehre sind, wie gesagt, Einwände sowohl in Einzelfragen als bezüglich der allgemeinen Gesichtspunkte erhoben worden. So hat man nachgewiesen, daß auch von Flechsigs Assoziationszentren einige Nervenbahnen nach anderen Teilen des Körpers als nur den anderen Zentren ausgehen. Auch hat man einige Beobachtungen über Verletzungen an Assoziationszentren gemacht, die nicht dafür sprechen, daß diese a u s s c h l i e ß - l i c h die Organe der höheren geistigen Tätigkeit sind, ebensowenig wie die Sinneszentren vollständig dieser Tätigkeit entbehrten. Wundt nimmt daher eine „relative Lokalisation" der Funktionen und eine funktionelle Wechselwirkung an.

Haben wir demnach sicherlich von künftigen Untersuchungen Modifikationen unserer Auffassung von der Lokalisation der verschiedenen seelischen Funktionen in der Großhirnrinde zu erwarten, so ist doch, auch wenn diese Lokalisation sich nicht als so scharf durchgeführt erweisen sollte, wie Flechsig es will, schon jetzt konstatiert, 1. daß gewisse Rindengebiete eine in gewissem Grade verschiedene Tätigkeit haben, daß also in der Großhirnrinde eine Arbeitsteilung herrscht; 2. daß gewisse Gebiete einen besonderen Anteil an der höheren psychischen Tätigkeit haben, und 3. daß dies ganz besonders von dem Stirnteil oder dem „Stirnhirn" gilt, das erwiesenermaßen sehr reich an den für die Assoziationszentren charakteristischen Nervenbahnen ist.

Die vergleichende Anatomie, in Verbindung mit den Ergebnissen des physiologischen Experimentes, lehrt uns, daß die Bedeutung des Großhirns größer ist bei höheren als bei niederen Tieren. Während der Verlust des ganzen Großhirns bei niederen Wirbeltieren nicht die Fähigkeit aufhebt, auf gewöhnliche Weise gröbere Bewegungen auszuführen, bringt bei den Säugetieren die Zerstörung begrenzter Teile des Bewegungszentrums nur bald vorübergehende Lähmungen mit sich, während beim Menschen

eine krankhafte Veränderung auch verhältnismäßig kleinerer Rindenpartien
oft lebenslängliche Lähmung zur Folge hat. Man weiß, daß alle Bewegungs-
und viele Sinnesfunktionen von den „niederen“ Hirnteilen, d. h. anderen
als der Großhirnrinde, ausgeübt werden können. Je höher hinauf man

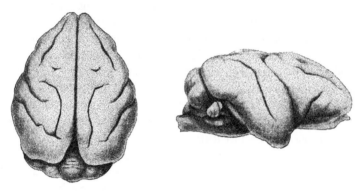

Fig. 270. Gehirn eines Halbaffen (Lemur mongoz), von oben und von der Seite gesehen.

aber in der Tierreihe gelangt, um so mehr wird bei der Hirntätigkeit die
Rinde des Großhirns in Anspruch genommen. Der Mensch hat in dieser
Hinsicht eine Stufe erreicht, auf welcher mehrere der fraglichen Verrich-
tungen nicht mehr ohne die Mitwirkung der Hirnrinde ausgeführt werden.

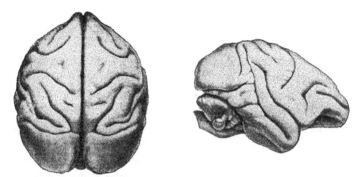

Fig. 271. Gehirn des Makaken (Macacus cynomolgus), von oben und von der Seite gesehen.

können. Bei den übrigen Säugetieren werden alle möglichen Übergangs-
stadien angetroffen.

In rein materieller, also in anatomischer Hinsicht offenbart sich diese
Verschiedenheit durch verschiedene Entwicklung der einzelnen Teile der
Hirnrinde. Noch kennen wir freilich nicht hinreichend die funktionelle
Bedeutung a l l e r einzelnen Teile, um sie bei verschiedenen Arten ver-
gleichen zu können. Aber wenigstens betreffs e i n e s Teils ist diese Bedeu-

tung völlig klar, nämlich betreffs des Stirnhirns. Die Ausbildung des_
selben nimmt im allgemeinen merkbar von niederen zu höheren Sauge_
tieren hin zu. Während das Stirnhirn noch bei den Raubtieren wie auch
bei den Halbaffen (Fig. 270) nur durch die vorderste Hirnspitze repräsen_
tiert wird, ist es bei den Affen (Fig. 271) viel stärker ausgebildet,
noch stärker bei den men-
schenähnlichen Affen (Fig.
272), die ihrerseits wieder
von dem Menschen übertroffen
werden, bei welchem das Stirnhirn 30—40 % von der Oberfläche des Großhirns ausmacht
(Fig. 273). Und es wird meistens als festgestellt angesehen, daß beim Menschen
eine besonders starke Ausbildung des Stirnhirns oft von
ungewöhnlicheren geistigen
Eigenschaften begleitet ist,
während ein abnorm kleines
Stirnhirn ziemlich regelmäßig
den intellektuell Minderwertigen
kennzeichnet.

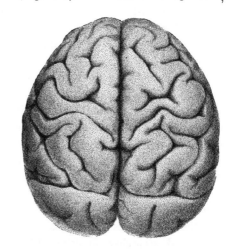

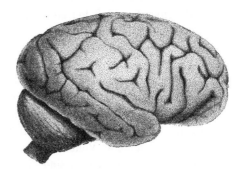

In diesem Zusammen-
hange hat einer der hervorragendsten Gehirnanatomen
unserer Zeit, Edinger, die
Aufmerksamkeit darauf ge-
lenkt, daß der Gesichtstypus
einer verhältnismäßig großen
Anzahl bedeutender Männer
den Eindruck macht, daß sie
als Kinder an Hydrocepha-
lus (Gehirnwassersucht: eine

Fig. 272. Gehirn des Schimpansen, von oben und
von der Seite gesehen (nach dem Originale im
Zootomischen Institute der Universität Stockholm).

Krankheit, hervorgerufen durch eine während des Embryonallebens be-
ginnende, abnorm große Ansammlung von Gehirnflüssigkeit, die eine
Vergrößerung der Hirnkapsel verursacht) gelitten haben, daß aber dieses
Leiden später im Laufe des Wachstums verschwunden ist. Nach
Edinger kann man annehmen, daß, falls der Hydrocephalus in seiner
leichteren Form zur Heilung gelangt, das Wachstum des Gehirns auf
geringeren Widerstand in der durch den vorhergegangenen krankhaften
Prozeß · erweiterten Hirnschale stößt als unter völlig normalen Entwick-

lungsverhältnissen. Als Beweis für die Richtigkeit dieser seiner Auffassung führt Edinger an, daß die mächtige Hirnschale des berühmten Musikers Rubinstein bei der Sektion deutliche Anzeichen einer alten Rhachitis aufwies, daß Cuvier, der ein sehr schweres Gehirn hatte, in seiner Jugend hydrocephalisch war, was auch bei dem genialen Helmholtz der Fall gewesen ist. Natürlich, fügt Edinger hinzu, sind nicht alle intellektuell hochbegabten Menschen geheilte Hydrocephalen, ebensowenig wie jeder geheilte Hydrocephalus eine höhere Ausbildung des Stirnhirns mit sich bringt.

Eine besondere Aufmerksamkeit hat seit lange der Umstand auf sich gezogen, daß die untere Stirnwindung bei den Affen gar nicht oder wenigstens viel schwächer ausgebildet ist als beim Menschen; die menschenähnlichen Affen sollen jedoch bisweilen auch in dieser Hinsicht besser ausgestattet sein. Da nun allgemein zugegeben wird, daß dieser Teil des Gehirns das „Sprechzentrum" ist, so sehen wir ohne weiteres ein, daß dieses spezifische Vermögen des Menschen, die Gabe der Sprache, in offenbarem Zusammenhang mit der Ausbildung der materiellen Unterlage dieses Vermögens steht.

Hinsichtlich des Stirnhirns liegen also die Beziehungen zwischen Organ und seelischer Funktion klar zutage. Wir können aber, ohne uns der Gefahr prinzipieller Irrtümer auszusetzen, einen Schritt weiter gehen und behaupten, daß bei allen Säugetieren (auch bei den Affen) die Assoziationszentren verhältnismäßig weniger ausgebildet sind als beim Menschen. Nach Flechsig sind die Assoziationszentren bei Raubtieren und anderen Säugetieren sehr klein, bei den Affen sind sie gleich groß wie die Sinneszentren, während sie, wie gesagt, beim Menschen ungefähr zwei Drittel der Oberfläche des Großhirns einnehmen. Von dem Gehirn des Menschen gilt dasselbe wie von seinen übrigen Organen: es ist nach demselben Grundplan gebaut wie bei den Affen, welcher Grundplan aber beim Menschen in viel höherer Vollendung ausgeführt worden ist.

Im Zusammenhang hiermit sind die Ergebnisse zu beurteilen, die man aus Untersuchungen über das G e w i c h t des Gehirns als einen Ausdruck für seine Größe erhalten hat.

Die vergleichende Anatomie lehrt uns, daß die Größe eines Organs im allgemeinen zunimmt, je lebhafter und bedeutungsvoller seine Tätigkeit wird. Da es nun unbestreitbar ist, daß unsere Intelligenz unendlich hoch über der aller anderen Säugetiere steht, so könnten wir Anlaß haben zu erwarten, daß das Gehirn bei uns schwerer und größer als bei allen anderen Wesen wäre. Wie es sich hiermit verhält, geht aus nachstehender Tabelle hervor, die uns über das Gewicht des Gehirns im Verhältnis zu dem des Körpers nach Untersuchungen Auskunft gibt, die von zwei holländischen Forschern, Weber und Dubois, ausgeführt worden sind.

	Gewicht (in Gramm) des		Verhältnis zwischen dem Hirngewicht
	Körpers	Gehirns	und Körpergewicht.
1) Riesenwal	74 000 000	7 000	1 : 10 571
2) Grindwal	1 000 000	2 511	1 : 400
3) Tümmler	53 800	512	1 : 105
4) Indischer Elefant	3 048 000	5 443	1 : 560
5) Löwe	119 500	219	1 : 546
6) Panter	27 500	164	1 : 168
7) Kleine asiatische Tigerkatze .	1 235	23,6	1 : 56
8) Orang-Utan: altes Männchen .	73 500	400	1 : 183
8a) „ : junges Tier . .	18 593,5	315,5	1 : 58
9) Schimpanse	21 090	345	1 : 61
10) Pavian	12 000	164,5	1 : 74
11) Gibbon	9 500	130	1 : 73
12) Meerkatze	8 000	117	1 : 69
13) Klammeraffe (Ateles ater) . .	1 845	126	1 : 15
14) Rollschwanzaffe (Cebus) . . .	1 290	69,5	1 : 18,5
15) Krallenäffchen	395	23,4	1 : 17
16) Mann	66 200	1 431	1 : 46
17) Frau	54 800	1 224	1 : 45

Aus diesen Zahlen geht zunächst hervor, daß die Größe des Gehirns nicht im Verhältnis zum Körper zunimmt. Vielmehr nimmt bei verwandten Tierformen die relative Gehirngröße in demselben Maße ab, wie die Körpergröße zunimmt, so daß die kleinen Arten innerhalb derselben Tierfamilie oder Gattung ein verhältnismäßig größeres Gehirn haben als die großen. Die hier gewählten Beispiele: Waltiere (Nr. 1—3) und Katzen (Nr. 5—7) zeigen dies deutlich.

Als Zusatz hierzu verdient erwähnt zu werden, daß das relative Hirngewicht während des Wachstums des Individuums abnimmt, bis das Maximum des Wachstums erreicht ist. Da das Wachstum des Gehirns früher aufhört als das des Körpers, geschieht die Abnahme des relativen Hirngewichts nicht gleichmäßig. Es geht dies aus folgender Tabelle hervor:

	Gewicht (in Gramm) des		Verhältnis zwischen Hirngewicht
	Körpers	Gehirns	und Körpergewicht.
Löwe, 5 Wochen alt	1 379	77	1 : 18
„ 3—4 Monate alt	13 000	163	1 : 80
„ 11 „ „	35 600	193	1 : 184
„ ausgewachsen	119 500	219	1 : 546

Wir fragen nun: Wie kommt es, daß kleine Tiere, die sich erwiesenermaßen nicht durch bedeutendere Intelligenz als verwandte größere

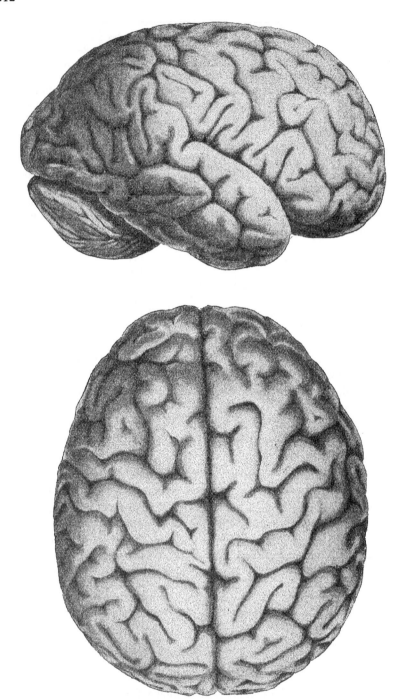

Fig. 273. Gehirn des Menschen, von der Seite und von oben gesehen.

Tiere auszeichnen, ein verhältnismäßig größeres Gehirn als diese letzteren haben?

Um eine Antwort auf diese Frage zu erhalten, müssen wir uns erinnern, daß das Gehirn nicht nur die Unterlage der Intelligenz ist, sondern außerdem, unabhängig von aller geistigen Arbeit, auch alle rein materiellen Prozesse des Körpers, wie Blutumlauf, Atmung, Drüsenabsonderung, Wärmeökonomie usw., zu beherrschen und zu ordnen hat. Wir können demnach behaupten, daß der ganze Körper gewissermaßen im Gehirn repräsentiert ist. Eine notwendige Folge hiervon ist die, daß der umfangreichere Körper des größeren Tieres mehr Hirnsubstanz behufs Regulierung der automatischen Prozesse haben muß, deren Umfang natürlich größer ist als in dem Körper des kleinen Tieres. Nun ist indessen auf epximentellem Wege nachgewiesen worden, daß der Stoffwechsel nicht proportional zum Körper g e w i c h t , sondern zur Körper o b e r f l ä c h e zunimmt. Kleinere Tiere aber haben im Verhältnis zu ihrem Körper eine größere Oberfläche als größere Tiere. Eine relativ größere Körperoberfläche wieder ist nahezu gleichbedeutend mit einer relativ größeren Oberfläche für Sinnesempfindung. Es folgt hieraus, daß von dieser relativ größeren Körperoberfläche eine relativ größere Anzahl Nervenfasern, sowohl Sinnesnerven als auch solche, die den Stoffwechsel regulieren, nach dem Großhirn hin geht, wodurch dieses mit Notwendigkeit vergrößert wird. Auf diese Weise wären wir also zu einer befriedigenden Erklärung der bemerkenswerten Tatsache gelangt, daß kleine Tiere ein relativ größeres Gehirn als große haben.

Nur e i n e Gruppe unter allen Geschöpfen bildet eine Ausnahme von dieser Regel, und diese Gruppe ist die höchststehende von allen: die Primates d. h. der Mensch und die Affen.

In der oben mitgeteilten Liste sind die verschiedenen Affenarten (Nr. 8—15) nach dem Körpergewicht geordnet worden. Aus den Zahlen geht jedoch hervor, daß hier (d. h. hinsichtlich der Affen) ein anderes Moment hinzugekommen sein muß; so ist teils das Gehirn des Schimpansen größer, als es gemäß den oben entwickelten Gesichtspunkten sein sollte — beim Orang-Utan verdeckt die enorme Körperzunahme des alten Männchens das gleiche Verhältnis (vgl. Nr. 8 und 8a) —, teils haben die kleinen amerikanischen Affen ein relatives Hirnvolumen, das dasjenige a l l e r anderen Tiere erheblich überschreitet — man vgl. beispielsweise Nr. 7 und 15 in unserer Tabelle!

Da demnach die genannten Tiere ein größeres Gehirn haben, als es bei anderen Tieren von gleicher Körpergröße der Fall ist, so kann dieser Umstand auf nichts anderem beruhen als einer größeren Ausbildung derjenigen Teile des Gehirns, die Zentren für die höheren geistigen Funktionen sind — ein Ergebnis, das vollkommen sowohl mit den oben erwähnten

16*

Untersuchungen betreffs der Assoziationszentren als auch mit den Beobachtungen über die Lebensäußerungen dieser Tiere übereinstimmt.

In vollständigem Einklang mit den oben mitgeteilten physiologischen und anatomischen Beobachtungen befinden sich auch die Ergebnisse bezüglich des menschlichen Gehirns, die aus den Zahlen unserer Tabelle hervorgehen. Das a b s o l u t e Hirngewicht des Menschen übertrifft das aller anderen Geschöpfe mit Ausnahme der allergrößten, nämlich der Elefanten und der größeren Wale. Hinsichtlich des r e l a t i v e n Hirngewichts ist der Mensch allen, auch den kleinsten Säugetieren überlegen mit Ausnahme der kleinen Affen; man vergleiche Nr. 13—15 mit 16—17. Und diese Tatsache gibt uns einen sehr wichtigen Fingerzeig betreffs des Problems, das wir zu lösen suchen: der Genealogie des Menschengeschlechts. Trotzdem die Intelligenz des Menschen der aller anderen Wesen absolut überlegen ist, ist sein Hirnvolumen doch dasjenige, das man anzunehmen hat, unter der Voraussetzung, daß der Mensch ein Mitglied derselben Tierordnung wie die oben erwähnten kleineren Affen ist! Denn das Hirngewicht des Menschen verhält sich zu dem der kleinen Affen wie das Hirngewicht größerer Tiere zu dem kleinerer innerhalb derselben Tierordnungen. Dagegen hört die Übereinstimmung mit anderen Geschöpfen auf, sobald wir das Hirngewicht des Menschen mit dem bei Affen von der Größe des Menschen vergleichen; ihnen gegenüber erweist sich der Mensch auch bezüglich des Hirngewichts als der am günstigsten ausgestattete. Die Ursache dieses letzteren Verhältnisses ist klar: beim Menschen haben sich die Gehirnteile, die nicht durch das Körpervolumen beeinflußt werden, also die Zentren für das höchste Seelenleben, in höherem Grade entwickelt als bei den gleich großen Mitgliedern derselben natürlichen Gruppe — eine Auffassung, die ja mit dem in Übereinstimmung steht, was zuvor über die Assoziationszentren des Großhirns mitgeteilt worden ist.

Es läßt sich also zeigen, daß den seelischen Abweichungen des Menschen von allen anderen Geschöpfen wesentliche Verschiedenheiten in der materiellen Unterlage für die seelischen Äußerungen entsprechen. Bei den Tieren sind die Assoziationsfelder — ob sie nun, wie Flechsig will, schärfer begrenzte und zusammenhängende Gebiete bilden oder auf andere Weise angeordnet sind — bei weitem nicht so ausgebildet wie beim Menschen, und je weiter man in der Tierreihe abwärts geht, um so kleiner werden sie. Wir verstehen daher auch, daß die Tiere nicht so zahlreiche Assoziationen bilden können wie der Mensch. Bei der Dressur von Pferden und Hunden kann man sich ja davon überzeugen, wie schwer es ist, diese Tiere dazu zu bringen, neue Assoziationen zu bilden.

Das Großhirn des Menschen unterscheidet sich also von dem aller anderen Wesen unter anderem durch absolute und relative Größe, so daß es alle übrigen Gehirnteile, auch das Kleinhirn, überlagert. Doch wissen wir, daß diese Überlegenheit nicht ganz ohne Einschränkungen ist. Wie wir vorher gesehen haben, wird der Mensch hinsichtlich des absoluten Hirngewichts von den Riesensäugetieren und hinsichtlich des relativen von den kleineren Affen übertroffen. Während die genannte Eigenschaft, die Überlagerung des kleinen Gehirns durch das Großhirn, fast allen eigentlichen Affen zukommt, hat bei den Halbaffen (Fig. 270) wie bei den übrigen Säugetieren die Hinterhauptpartie des Großhirns nicht eine solche Ausbildung erlangt, daß das Kleinhirn von ihr überlagert worden ist.

Innerhalb der höchsten Säugetiergruppe können wir mehrere Grade der Ausbildung des Großhirns unterscheiden, welche beim Menschen kulminiert. Denn während das Gehirn der niederen Affen (Fig. 271) durch seine Armut an Windungen sowie durch seinen kleineren und zugespitzten Stirnteil noch Ähnlichkeit mit dem der Halbaffen (Fig. 270) aufweist, stimmt das Gehirn der menschenähnlichen Affen (Fig. 272) durch den größeren Reichtum und die ganze Anordnung der Windungen sowie durch den größeren und vorn gerundeten Stirnteil mehr mit dem des Menschen als mit dem aller anderen Geschöpfe überein. Von den menschenähnlichen Affen wiederum ist es der Gorilla, dessen Gehirnbau dem des Menschen am nächsten steht. Aber nicht weniger bedeutungsvoll und interessant sowie gleichfalls völlig begreiflich sind die V e r s c h i e d e n h e i t e n zwischen einem Menschengehirn und dem Gehirn der höchststehenden Affen. Vor allem zeigt sich, wie erwähnt, die Überlegenheit des Menschen in der relativ und absolut bedeutenderen Größe des Gehirns. In dieser Hinsicht ist die psychologisch beachtenswerte Beobachtung gemacht worden, daß der Unterschied im relativen Hirnvolumen beim Menschen und bei den höchststehenden Affen während der frühesten Jugendjahre sehr unbedeutend ist; erst später macht er sich geltend. Es sei dies durch einige aus einer Arbeit von Wiedersheim entnommene Zahlen verdeutlicht, die das relative Hirngewicht angeben:

	2—4jährige Individuen	Ältere Individuen
Mensch . . .	1 : 18—16	1 : 40—35
Orang - Utan .	1 : 22,3	1 : 183
Schimpanse .	1 : 25—24	1 : 75

Man hat konstatieren können, daß bei den genannten Affen das Wachstum des Gehirns viel früher abschließt als beim Menschen, wo das Gehirn seine größte Schwere nach dem 20. Lebensjahr erreicht. Nach einer kürzlich veröffentlichten Arbeit soll jedoch das Gehirn beim Menschen schon im Alter von ungefähr 18 Jahren sein volles Gewicht erreicht haben; eine Zunahme über das 20. Jahr hinaus soll nicht beobachtet sein; vom 60. Lebensjahr an tritt eine Gewichtsabnahme ein.

Ferner ist die Stirn- und die Hinterhauptpartie des Großhirns beim
Menschen stärker ausgebildet als bei den menschenähnlichen Affen, während
dagegen der Scheitellappen ungefähr dieselbe Größe aufweist. Was im
besonderen die Bedeutung des Stirnteils betrifft, so kann ich auf die obigen
Ausführungen verweisen.

Diese wie auch einige andere Tatsachen, die wir hier übergehen müssen,
zeigen, daß das menschliche Gehirn trotz aller Ähnlichkeit mit dem der
menschenähnlichen Affen nicht, wie bisweilen angegeben wird, als ein
lediglich vergrößertes Affengehirn zu betrachten ist, sondern daß es neue
Elemente erworben hat, die bei dem letzteren gar nicht oder nur schwach
ausgebildet sind.

Wir haben bereits oben einmal Gelegenheit gehabt, den Unterschied
zwischen den s e e l i s c h e n Eigenschaften des Menschen und der Tiere
zu berühren. Daß dieser Unterschied nicht darin bestehen kann, daß, wie
oft gelehrt wird, der Mensch allein Vernunft besäße, während die Tiere
nur Instinkt hätten, ist leicht nachzuweisen.

Das Kennzeichen für Instinkthandlungen soll nach der Definition, die
wohl die gewöhnlichste ist, darin bestehen, daß diese ohne eine zuvor erworbene Erfahrung und ohne Vorstellung von den Zwecken, die durch sie
erreicht werden sollen, und zwar in wesentlich gleicher Weise von allen
derselben Art angehörigen Individuen ausgeführt werden; Verstandeshandlungen dagegen gründen sich auf von einzelnen Individuen erworbene Erfahrung, weshalb sie auch unter gleichartigen äußeren Verhältnissen individuell verschieden ausgeführt werden können. Von den zahlreichen Hypothesen, die eine Erklärung für die Entstehung des Instinktes zu geben
versucht haben, dürfte diejenige, welche am besten mit der Erfahrung übereinstimmt, folgendermaßen formuliert werden können: Instinkthandlungen
gehen auf Verstandeshandlungen zurück, die mechanisch geworden, mehr
oder weniger vollständig in Reflextätigkeit, d. h. in eine von dem Willen
unabhängige Tätigkeit übergegangen sind; oder was auf dasselbe heraus-
kommen dürfte: Instinkthandlungen sind ererbte Gewohnheiten, die allmählich unter dem Einfluß der Lebensbedingungen und während vieler
Generationen erworben worden sind. Weismann liefert eine andere Erklärung des Instinktproblems: da die Instinkthandlungen für den Fortbestand der Art notwendig und an die Lebensbedingungen angepaßt sind,
so sind sie als Keimesvariationen entstanden und unter dem Einfluß der
natürlichen Auslese zur Ausbildung gekommen.

Aber ganz unabhängig davon, welche Auffassung von der Entstehung
des Instinktes die künftige Forschung als die richtige erweisen wird, bleibt
doch die für die vorliegende Frage bedeutungsvolle Tatsache bestehen,
daß nicht nur die Tiere, sondern auch der Mensch Instinkte besitzen, die

zu einem großen Teil ihnen beiden gemeinsam sind. Ich erinnere nur an mehrere sogen. Triebe, wie den Selbsterhaltungstrieb, den Trieb des Neugeborenen zu saugen usw.

Hinsichtlich der oben gegebenen Definition des Instinktes ist zu bemerken, daß die Instinkthandlungen der Tiere, wie durch zahlreiche und zuverlässige Beobachtungen gezeigt worden ist, durch individuell erworbene Erfahrungen verdrängt oder modifiziert werden können, was wohl das Vorhandensein von Intelligenz voraussetzt.

Wirkliche Verstandeshandlungen können demnach den Tieren nicht abgesprochen werden; sie treten nicht unvermittelt erst bei dem Menschen auf. Alle unserer Beobachtung zugänglichen Tatsachen sprechen vielmehr dafür, daß auch die geistigen Fähigkeiten des Menschen das Produkt einer Entwicklung sind, und daß diese Entwicklung im großen und ganzen mit der des Gehirns Hand in Hand gegangen ist. Vom naturwissenschaftlichen Gesichtspunkt aus muß demnach die Psychologie oder Seelenlehre stets mit der Physiologie des Nervensystems identisch bleiben, weshalb auch der Naturforscher sowohl das Recht als die Pflicht hat, auf die Psychologie wesentlich dieselben Methoden und dieselbe Betrachtungsweise anzuwenden, welche die moderne Forschung zu ihren glänzenden Erfolgen auf mehreren anderen Gebieten der Physiologie geführt haben. Aus leicht ersichtlichen Gründen stößt jedoch die vergleichende Psychologie auf Schwierigkeiten, die den übrigen Zweigen der Physiologie fremd sind. Es kann daher nicht Erstaunen erwecken, daß diese Wissenschaft bisher nur die allerersten Schritte auf einem sehr langen Wege hat tun können, auch nicht, daß noch große Meinungsverschiedenheiten betreffs der Deutung mehrerer der Ergebnisse dieser Forschung herrschen. Was hier mitgeteilt werden kann, sind nur einige Andeutungen darüber, wie einige der Seiten, in denen die Verschiedenheit der geistigen Eigenschaften beim Menschen und bei den Tieren am grellsten hervortritt, vom b i o l o g i s c h e n Gesichtspunkt aus aufgefaßt und beurteilt werden können.

Beiläufig sei zunächst darauf hingewiesen, daß, wie unmittelbare und nicht mißzudeutende Beobachtung uns lehrt, die höheren Tiere gleichartige Gemütsbewegungen erfahren wie wir selber, und daß diese in entsprechender Weise zum Ausdruck kommen. Lachen und Weinen, gewisse Mienenspiele usw. kommen bei den Affen unter ähnlichen Verhältnissen wie beim Menschen vor.

Einer der Begründer der modernen naturwissenschaftlichen Psychologie, W. Wundt, vertritt die Ansicht, daß die Tiere, soweit uns ein Urteil hierüber möglich ist, des Vermögens logischer Reflexion und eigentlicher Phantasietätigkeit, sowie aus diesem Grunde auch des Vermögens der S p r a c h e entbehren. Seine Auffassung präzisiert er folgendermaßen,

Das Tier kann seinen Gemütsbewegungen Ausdruck verleihen, das höherstehende Tier kann in beschränktem Maße auch das Vorhandensein von Vorstellungen, welche mit solchen Gemütsbewegungen in Verbindung stehen, verraten. „Das Tier besitzt gewisse Elemente der Sprache, gerade so wie es gewisse Elemente des Bewußtseins besitzt, die als Grundlage intellektueller Funktionen dienen könnten, — aber es besitzt nicht die Sprache selbst. Wir würden daher schon aus dem Fehlen dieser äußeren Merkmale allen Grund haben zu schließen, daß ihm die geistigen Funktionen fehlen, zu denen dieses Merkmal gehört. Ist es doch im allgemeinen kein physisches Hindernis, wie zuweilen geglaubt wurde, welches dem Tier die Sprache versagt. Die Artikulationsfähigkeit der Sprachorgane würde bei vielen Tieren groß genug sein, um dem Gedanken die äußere Form zu geben, wenn es nicht eben am Gedanken selber gebräche. Auf die Frage, warum die Tiere nicht sprechen, bleibt also die bekannte Antwort: weil sie nichts zu sagen haben, die richtigste."

Trotz dieser niedrigen Bewertung der Tierseele — ein Urteil, das keineswegs von allen Tierpsychologen geteilt wird —, betont jedoch Wundt im weiteren Verlauf seiner Untersuchung, „daß, sofern wir gewisse für Gefühle und Vorstellungen charakteristische Bewegungen und Laute als Vorstufen der Sprachäußerung anerkennen, solche auch dem Tiere nicht fehlen, wie denn überhaupt sein seelisches Leben in jeder Beziehung eine Vorstufe des menschlichen Seelenlebens ist."

Es ist auch unbestreitbar, daß wenigstens die höheren Tiere das Vermögen besitzen, durch verschiedene Laute verschiedene Gemütsstimmungen und gewisse Wünsche auszudrücken, daß demnach bei ihnen Ansätze zu einer Lautsprache vorhanden sind. Der hervorragende schwedische Tierpsychologe Gottfried Adlerz veranschaulicht durch einige Beispiele das Wesentliche in dieser Frage. „Die Tiere bedienen sich gewisser Warnungsschreie, Signale und Locktöne, die von ihren Kameraden verstanden werden. Affen stoßen verschiedene Schreie bei verschiedenen Gemütsstimmungen aus und rufen dadurch dieselben Gemütsstimmungen bei ihren Kameraden hervor. Hunde bellen auf vielerlei verschiedene Weise bei verschiedenen Gelegenheiten, und ihr Gewinsel, wenn sie um Essen betteln, ist unmöglich mißzuverstehen, besonders da es von einem ausdrucksvollen Mienenspiel begleitet zu sein pflegt. Wohl ein jeder hat gesehen, daß ein Hund, der eine Tür geöffnet haben will, dies dadurch zu erkennen gibt, daß er sich winselnd und mit dem Schwanz wedelnd an die Tür stellt und von dort aus seinem Herrn bittende Blicke zuwirft. Ist er sehr eifrig, so pflegt er außerdem noch seinen Wunsch durch Kratzen an der Tür zu verdeutlichen. Wenn sein Herr dennoch nicht sein Vorhaben zu bemerken scheint, pflegt der Hund zu seinem Herrn zu gehen und ihn mit der Schnauze anzustoßen, offenbar um seine Anfmerksamkeit zu erwecken, worauf er dann zu seiner

. Tür zurückkehrt. Hier wird demnach das bittende Gewinsel durch Mienen und Gebärden unterstützt, und es ist sehr wahrscheinlich, daß solche bei der ersten Entstehung der Sprache (oder vielleicht richtiger: der Sprachen) eine große Rolle spielten, wie sie noch heutzutage in sehr hohem Grade von wilden Rassen als ein Ersatz für die Unvollkommenheit der Redesprache angewandt werden. Die ersten Worte waren wahrscheinlich Nachahmungen von Naturlauten oder tierischen Lauten, wie es mit gewissen, noch fortlebenden Worten sehr hohen Alters in verschiedenen Sprachen der Fall ist. Kinder und Wilde zeigen große Neigung, die Tiere nach ihren Stimmen zu benennen, und wenn es z. B. einem verständigeren Individuum unserer halbmenschlichen Vorfahren einfiel, durch Nachahmung der Stimme eines Raubtieres seinen Kameraden die Beschaffenheit einer drohenden Gefahr anzugeben, so war damit der erste Schritt zur Bildung einer Sprache getan."

Das m o r a l i s c h e Gefühl oder das Gewissen ist wohl stets als eines der charakteristischsten Kennzeichen des Menschen auf dem geistigen Gebiete betrachtet worden. Inwieweit wir zu der Annahme berechtigt sind, daß wenigstens ein Ansatz auch zu dieser Eigenschaft bei niederen Geschöpfen vorhanden ist, können wir am sichersten dadurch entscheiden, daß wir den Voraussetzungen und der Entstehung dieses Gefühls nachgehen.

Vom Gesichtspunkt der Erfahrung aus dürfte es unzweifelhaft sein, daß das moralische Gefühl seine Wurzel in der Geselligkeit hat, und diese wiederum ist ein Produkt des sozialen Instinktes. Da das Vorhandensein dieses Instinktes für eine ganze Reihe von Tierformen von offenbarem Nutzen sein muß, wird er natürlich der Einwirkung der natürlichen Zuchtwahl unterworfen und durch diese zur weiteren Entwicklung gebracht. In der Tat treffen wir auch bereits bei niederen Tierkolonien soziale Triebe verschiedener Art an. In solchen Kolonien bringt die Gemeinschaft der Interessen notwendigerweise nicht nur ein Handeln in Gemeinschaft, nach einem gemeinsamen „Plan", sondern auch eine Rücksichtnahme des einzelnen Individuums auf die übrigen Gesellschaftsmitglieder mit sich. Zahlreiche, wohlbekannte und völlig zuverlässige Beobachtungen zeigen nicht nur, daß eine Menge Tierformen, besonders unter den höheren, von einem sehr lebhaften und wirksamen Gefühl für das Wohl der Kolonie oder des Tiertrupps beseelt sind, daß sie der Lebensgefahr trotzen, um in Not befindliche Mitglieder der Gesellschaft zu retten, sondern auch, daß die jüngeren Individuen von den älteren gestraft werden, die demnach handgreifliche Beweise für ihre Mißbilligung des Betragens eines Mitgliedes liefern.

Haben die Vorfahren des Menschengeschlechts gleich uns zu den geselligen Geschöpfen gehört, so müssen schon auf einem frühen Entwicklungs-

stadium solche Handlungen des einzelnen Individuums, die für die Mehr-
heit oder für den Trupp, die Kolonie, das Volk in seiner Gesamtheit nützlich waren, als moralisch gut aufgefaßt worden sein, während solche, die
gegen den Vorteil und die Sicherheit aller oder der meisten Gesellschaftsmitglieder stritten, als moralisch schlecht verurteilt wurden. Auf der primitiven Entwicklungsstufe fiel die antisoziale Handlung mit der schlechten,
der „unmoralischen", zusammen.

Gleichwie aber die Eigenschaften unseres Körpers das Ergebnis der
Anpassung an die Lebensbedingungen, an das Lebensmilieu sind, so
ist auch das moralische Gefühl als eine Anpassung an das Milieu, in
diesem Falle an das Gesellschaftsleben, entstanden. Diese Entstehungsweise macht es auch verständlich, weshalb zu verschiedenen Zeiten und
bei verschiedenen Völkern die Moral so verschieden gewesen ist und
noch ist. Gleichwie die natürliche Auslese, wie wir oben gesehen
haben, nicht mit Notwendigkeit die absolute, sondern nur eine relative
Vollkommenheit des Organismus hervorruft, so kann auch der „Moral-
begriff" je nach der Beschaffenheit des Milieus, in dem er zur Entwicklung gelangt ist, sich verschieden gestalten, eine höhere oder niedere Ausbildung erlangen.

Schließlich will ich in diesem Zusammenhang an die oft ausgesprochene
Auffassung erinnern, daß gewisse verbrecherische, unmoralische Handlungen, von Personen begangen, die innerhalb der zivilisierten Gesellschaft
leben, Äußerungen des Atavismus sind. Gleichwie allgemein zugegeben
wird, daß bei einzelnen Individuen körperliche Eigentümlichkeiten unvermittelt auftreten können, die als Erbe von Vorfahren aus einer weit
zurückliegenden Zeit zu betrachten sind, so sollen auch bei manchen Personen gewisse antisoziale Geistesanlagen in Form unmoralischer Handlungen, Verbrechen gegen den Nächsten oder das Gemeinwesen hervortreten, welche Handlungen als von Vorfahren mit noch nicht oder nur
schwach entwickelten sozialen Gefühlen ererbt aufgefaßt werden könnten,
und welche Geistesanlagen nicht durch die Erziehung unterdrückt worden
wären.

Ich brauche wohl nicht ausdrücklich zu betonen, daß die Bedeutung
unserer Moralbegriffe für den Einzelnen und die Gesamtheit in keiner Weise
dadurch verringert wird, daß wir sie als aus niedrigeren, weniger zusammengesetzten seelischen Funktionen entstanden und entwickelt anerkennen.
Auch steht diese Auffassung nicht in Widerspruch mit der Tatsache, daß
das „Gute" bei dem Kulturmenschen der Gegenwart nicht mehr mit dem
lediglich „Nützlichen" zusammenfällt, wie es bei dem Ausgangsstadium
der Fall war, sondern daß das Gute nunmehr auf unserer höheren Kulturstufe etwas anderes und mehr enthält, und daß dieses Mehr ein bedeutungs-
volles Moment in eben dieser unserer Kultur bildet.

Ich wiederhole es: Die obige Exkursion auf das psychische Gebiet erhebt keinen anderen Anspruch als durch einige Beispiele zu zeigen, wie vom Standpunkt der Entwicklungslehre aus angenommen werden muß, daß auch die seelischen Eigenschaften des Menschen ihre Wurzeln weiter unten in der Kette der Geschöpfe haben.

VIII.

Der Mensch und seine nächsten Verwandten.

———

Im Verlaufe unserer Untersuchung sind wir allmählich zu immer spezielleren Organisationsverhältnissen gekommen und dabei einigen Besonderheiten im Bau sowohl des erwachsenen, wie auch des embryonalen Menschen begegnet, welche er mit den Affen und zwar besonders mit den höchsten unter diesen teilt, während diese Besonderheiten bei keinem andern Lebewesen wiedergefunden werden. Diese Tatsache führt uns mit zwingender Notwendigkeit zu der so viel diskutierten, so oft mißverstandenen und deshalb stark diskreditierten „Affenfrage" hin.

Die Literatur, welche sich vom naturwissenschaftlichen Standpunkte mit der Stellung des Menschen zu den Affen beschäftigt, ist enorm; auch popularisierende dieses Thema behandelnde Darstellungen gibt es im Überfluß. Hier sei nur daran erinnert, daß es drei Bannerträger der modernen Biologie, Huxley, Haeckel und Darwin, waren, welche durch drei, voneinander recht verschiedene Arbeiten zuerst weitere Kreise in Einzelheiten dieses Problems einweihten. In der Zeit, welche, seitdem die gedachten Bücher erschienen, verflossen ist, hat sich — dank vieler wichtigen Funde und zielbewußter Untersuchungen — unsere Gesamtauffassung dieses Problems höchst wesentlich vertieft. Und wenn dasselbe auch in seinen Einzelheiten keineswegs gelöst ist, dürften jedenfalls alle Zweifel, wie der p r i n z i p i e l l e Teil dieser Frage zu beantworten ist, im Lager der B i o - l o g e n schon seit langem zerstreut sein.

Aber wohl gemerkt: die Frage gehört nicht nur zu den allerinteressantesten, sondern gleichzeitig — noch immer! — zu den schwierigsten! Schon aus diesem Grunde dürfte es geraten erscheinen, bei der Behandlung derselben mehr als gewöhnliche Vorsicht und Behutsamkeit wahrzunehmen und wenigstens einen Teil des diese Frage berührenden Tatsachenmaterials, über welches die Biologie heute verfügt, dem Leser vorzuführen. Ich halte eine solche Vorsichtsmaßregel in diesem Falle deshalb für besonders an-

gebracht, damit meine Leser, falls sie daran Anstoß nehmen sollten, daß
manche Resultate dieser Untersuchung zu Konsequenzen führen, welche mit
ihnen lieb gewordenen Vorstellungen oder mit amtlich privilegierten Dogmen
unvereinbar sind, sofort die Gewißheit erlangen, daß einzig und allein die
vorliegenden T a t s a c h e n, nicht der Untersucher oder dessen Untersuchungsmethode die Schuld an dem Ärgernis tragen. Aber hieraus folgt
auch ferner, daß besagte Konsequenzen nur durch Vorführung anderer und
besserer Tatsachen oder durch den Nachweis, daß die Tatsachen unrichtig
dargestellt oder gedeutet worden sind, zu widerlegen sind.

Haben wir in einem früheren Kapitel vorzugsweise solche Organisationsverhältnisse Revue passieren lassen, welche die Übereinstimmung des
Menschen mit den Wirbeltieren, beziehentlich mit den Säugetieren im allgemeinen darlegen, so werden wir jetzt auf gewisse Einzelheiten des menschlichen Körperbaus eingehen, die Besonderheiten desselben untersuchen
und ihre Bedeutung in genealogischer Hinsicht durch Vergleiche mit den
ihm nächststehenden Geschöpfen abschätzen müssen. Und daß es die
Affen sind, welche in ihrem Gesamtbau genauer mit uns Menschen übereinstimmen als irgendeine andere Tiergruppe, ist eine alte Wahrheit, welcher
schon Linné dadurch Ausdruck verlieh, daß er in seinem Systema naturae
den Menschen in dieselbe Ordnung der Säugetierklasse wie die Affen
stellte, nämlich zu den P r i m a t e s, den „Herrentieren". Wie diese
Übereinstimmung zu deuten, wie sie entstanden, ist wie gesagt, das Problem, um welches sich eine stattliche Menge von Untersuchungen bewegen,
deren wesentlichste Resultate hier mitgeteilt werden sollen.

Zunächst habe ich unser Untersuchungsobjekt: die Affen, vorzustellen.

Als Gesamtheit werden die Affen dadurch gekennzeichnet, daß ihre
Organisation sich besonders der Kletterbewegung angepaßt hat und zwar
in höherem, vollständigerem Maße als die große Mehrzahl anderer kletternder
Säugetiere, indem bei fast allen Affen Hand und Fuß die Zweige umfassen.
Während die Mehrzahl der übrigen Kletterer sich dadurch festhalten, daß
sie die Krallen in das Holz einschlagen, werden nämlich bei den Affen die
Finger und Zehen selbst gegen die Zweige gedrückt, indem Daumen und
große Zehe, den anderen Fingern und Zehen gegenübergestellt, Greifwerk-
zeuge bilden. Weil die Finger- und Zehenglieder hart gegen die Unterlage
gepreßt werden, sind sie auch mehr oder weniger verbreitert; und im Zusammenhange hiermit steht, daß die Krallen bei den Affen mehr oder weniger vollständig Nägel geworden sind. Infolge ihrer größeren Beweglichkeit sind die Gliedmaßen vom Rumpfe mehr abgegliedert, treten freier aus
dessen Haut hervor als bei den meisten anderen Säugetieren.

Im übrigen ist die Entwicklungshöhe, welche von verschiedenen Affen
erklommen ist, eine recht verschiedene. Die niedrigste Rangstufe wird von

Fig. 274. Einige Halbaffen und das Gespensttier (Tarsius χ).

Fig. 275. Einige Affen der Neuen Welt.

Fig. 276. Einige Affen der Alten Welt.

den H a l b a f f e n (Fig. 274) eingenommen, einer Tiergesellschaft, welche
hauptsächlich nur durch die eben betonte Differenzierung im Gliedmaßen-
bau sich als demselben Tierstamme wie die eigentlichen Affen angehörend
ausweist. Aber auch in der Ausbildung der Gliedmaßen haben die Halbaffen es nicht so weit gebracht wie die letzteren: es haben nicht alle
Zehen Nägel erhalten, sondern wenigstens e i n e trägt eine Kralle. Auch
in anderen Beziehungen erreichen sie nicht eine gleich hohe Ausbildung
wie die eigentlichen Affen: das Großhirn ist auf einer niedrigeren Entwicklungsstufe stehen geblieben, so daß das Kleinhirn nicht von ihm überlagert
wird (Fig. 270), die Augen sind nicht in demselben Maße nach vorwärts
gerichtet, Augen und Schläfenhöhlen sind durch keine Knochenwand getrennt, die Gestaltung des Gesichts ist in größerer Übereinstimmung mit
derjenigen niederer Säugetiere, der Mutterkuchen verhält sich wie bei vielen
der letzteren und nicht wie bei den Affen usw. Nach unten in der
Tierreihe haben die Halbaffen ihre nächsten lebenden Verwandten sicherlich unter den insektenfressenden Säugetieren. Während ihre geographische
Verbreitung in der Jetztzeit recht beschränkt ist, haben sie in längst verflossenen Zeitaltern eine größere Rolle gespielt. Während der älteren Tertiärzeit bewohnten die Halbaffen sowohl Europa als Amerika; heutzutage hat
die Mehrzahl derselben auf Madagaskar, welche Insel in der älteren Tertiärperiode mit dem afrikanischen Festlande in Verbindung stand, aber
höchstwahrscheinlich von ihm getrennt wurde, bevor die höheren Affen
entstanden waren, eine Freistatt gefunden.

Der Unterschied zwischen Halbaffen und eigentlichen Affen würde
noch schärfer hervortreten, wenn nicht einige wenige lebende und ausgestorbene Formen vermittelnde Charaktere aufzuweisen hätten. So stimmt
das in der ostindischen Inselwelt vorkommende G e s p e n s t t i e r (T a r-
s i u s , Fig. 274 ×) in bezug auf Schädel, Darmkanal, Mutterkuchen usw.
mit den eigentlichen Affen überein, während es sich in andern Beziehungen
den Halbaffen nähert. Dies darf uns jedoch keineswegs zu der Annahme
verleiten, daß Tarsius und seine ausgestorbenen Verwandten Übergangsformen von den Halbaffen zu den eigentlichen Affen in dem Sinne vorstellen,
daß sie von den ersteren abstammen und Stammväter der letzteren seien.
Neuere Untersuchungen legen es vielmehr nahe, daß aus den ausgestorbenen,
wenig differenzierten Verwandten des Tarsius einerseits die Halbaffen,
anderseits die eigentlichen Affen hervorgegangen sind, während Tarsius
selbst als ein einseitig umgebildeter Abkömmling dieser Stammgruppe aufzufassen ist. Da die bisher gefundenen Reste der ausgestorbenen Halbaffen recht spärlich sind, hat die eben vorgetragene Auffassung durchaus keinen andern Wert als den einer ziemlich begründeten Arbeitshypo-
these. Eingehende Untersuchungen der Skelettreste von Affen, welche
man neuerdings in südamerikanischen Tertiärschichten entdeckt hat,

werden uns vielleicht präzisere Vorstellungen betreffs dieser Frage zu geben vermögen.

Die eigentlichen Affen hat man seit lange in zwei große Gruppen gesondert, welche, da sie seit alten Zeiten geographisch vollkommen voneinander getrennt gewesen sind, sich unabhängig voneinander entwickelt

Fig. 277. Gibbon.

haben. Man unterscheidet somit die Affen der Neuen Welt, welche Mittel- und Südamerika bewohnen, von denen der Alten Welt, welche sich über die warmen Teile der Alten Welt ausbreiten.

Einige wichtige Unterschiede zwischen diesen beiden Gruppen haben wir Gelegenheit gehabt schon in dem embryologischen Kapitel zu besprechen: während meistens bei den Affen der Alten Welt z w e i Mutterkuchen vorkommen, und die Nasenscheidewand schmal ist, ist bei denen der Neuen Welt nur e i n Mutterkuchen vorhanden, und die Nasenscheidewand ist breit. Ich sagte ausdrücklich „meistens", denn in bezug auf diese sowohl als auf andere Unterschiede, welche sie voneinander trennen, sind mehrere Ausnahmefälle zu verzeichnen. Das Vorkommen einer größeren Anzahl Backenzähne und das Fehlen einer knöchernen Partie des äußeren Gehörganges sind Eigentümlichkeiten, welche alle Neuweltsaffen kennzeichnen (Fig. 275). Im allgemeinen läßt sich sagen, daß diese, als Gesamtheit aufgefaßt, auf einer niedrigeren Entwicklungsstufe stehen geblieben sind als die Affen der Alten Welt. Außerdem gibt es unter den amerikanischen Affen eine kleine Abteilung, die Krallenaffen, bei welchen der Daumen den übrigen Fingern nicht entgegengesetzt werden kann — welche somit keine „Hand" im eigentlichen Sinne des Wortes haben —, und alle Finger und Zehen (mit Ausnahme der großen Zehe) wie bei niederen Tieren mit Krallen, nicht mit Nägeln bewaffnet sind.

Durch reichere Ausbildung einiger Organsysteme und durch die Erlangung einer bedeutenderen Körpergröße bekunden die Affen der Alten Welt (Fig. 276) ihre Überlegenheit über die amerikanischen. Die leitenden Motive in der Organisation sind dagegen in beiden Affengruppen allen übrigen Säugern, auch den Halbaffen gegenüber so gleichartig, daß ihr gemeinsamer Ursprung über allen Zweifel erhaben erscheint, auch wenn bisher keine Tierform gefunden ist, welche Anrecht auf diese Stammvaterschaft erheben kann.

Unter den recht zahlreichen Affen der Alten Welt nehmen selbstverständlich die Anthropomorphen, d. h. die Menschenaffen, unsere ganz besondere Aufmerksamkeit in Anspruch. Diese Gruppe wird in der Jetztwelt von folgenden Geschöpfen: Gorilla, Schimpanse, Orang-Utan und — nach der Ansicht einiger Forscher auch — Gibbon gebildet. Unsere Bilder (Fig. 277—283), Kopien von Abbildungen nach der Natur, geben eine gute Vorstellung von dem Exterieur dieser Tiere.

Der Gibbon (Fig. 277), von welcher Gattung mehrere Arten oder Rassen die Inseln des malaiischen Archipels und das angrenzende Festland bewohnen, nimmt innerhalb der Gruppe der Menschenaffen eine etwas isolierte Stellung ein und nähert sich durch einige Merkmale seines Körperbaues mehr den niederen Affen, weshalb er auch als Repräsentant einer besonderen Gruppe aufgefaßt werden kann. Die Gibbons sind viel kleiner und schmächtiger als die anderen Menschenaffen und mit Armen von einer ganz ungewöhnlichen Länge ausgerüstet: die Finger erreichen den Boden, auch wenn das Tier eine vollkommen aufrechte Haltung einnimmt. Die Verwendung dieser Arme ist eine ganz eigenartige. Um in dem Wald von Baum zu Baum zu kommen, klettert oder läuft der Gibbon nicht nach der Art anderer Affen, sondern hängt sich in den Armen auf, schwingt sich, ohne ersichtlichen Ansatz zu nehmen, mit einem weiten Luftsprunge zum nächsten Ast, wobei er mitten im schnellsten Sprunge die Richtung zu ändern vermag — und das alles mit einer Sicherheit, im Vergleiche mit welcher auch der geschickteste Trapezakrobat stümperhaft erscheint. Bewegt er sich ausnahmsweise auf dem Boden, so stemmt er mit ziemlich gerader Rumpfhaltung die flachen Fußsohlen auf die Erde, setzt Knie und Zehen nach außen und kehrt die halb gebeugten Arme zur Seite, während die schmalen Hände schlaff herunterhängen. Berühmt sind diese Affen, welche

Fig. 278. Erwachsener, männlicher Orang-Utan (nach Leutemann).

in größeren oder kleineren Gesellschaften leben, hauptsächlich durch ihre sonore Stimme geworden: ihre Laute lassen sich sehr wohl in Noten wiedergeben. An einem Gibbon wurde die Beobachtung gemacht, daß er mit dem Grundtone E begann und dann in halben Tönen eine volle Oktave hinaufstieg, die chromatische Tonleiter durchlaufend. Unmittelbare Beobachtungen an sowohl wilden als zahmen Gibbons bestätigen vollauf den Eindruck,. den die menschenähnlichen Gesichtszüge desselben hervorrufen, daß er eine mildere und friedlichere Gemütsart als seine Verwandten hat. Er ist Pflanzenfresser, verschmäht aber nicht Insekten, kleine Vögel, Vogeleier u. a. Den Verlust der Freiheit überlebt er selten besonders lange, weder in seiner Heimat noch in zoologischen Gärten Europas.

Der andere Asiate, der O r a n g - U t a n (Fig. 278), welcher Borneo und Sumatra bewohnt, ist ebenso wie der Gibbon ein Baumtier, das jedoch bezüglich der Art seiner Bewegung einer ganz andern Entwicklungsrichtung gefolgt ist. Der Körper ist viel größer und plumper, die Beine kürzer im

Fig. 279. Diese Figur ebenso wie Figur 280 sind photographische Aufnahmen nach dem Leben des weiblichen Gorillas, welcher während sieben Jahre im zoologischen Garten zu Breslau lebte. Beide Photographien sind von Herrn Professor W. Kükenthal zur Verfügung gestellt.

Verhältnis zum Rumpfe, während die Finger bei aufrechter Körperhaltung zur Fußwurzel herabreichen. Das hier wiedergegebene Bildnis eines alten Orang-Männchens, das im Leipziger zoologischen Garten gelebt hat, zeigt, daß dieser Affe zu Promenaden auf dem Boden wenig geeignet ist: er setzt beide Hände mit der Außenfläche der Finger auf den Boden vor sich hin, erhebt sich auf seine langen Arme, schiebt den Leib vorwärts, setzt die Beine zwischen die Arme vor und schiebt den Hinterleib nach, stemmt sich dann wieder auf die Knöchel usw.; er tritt nie mit der ganzen Fußsohle, immer nur mit dem äußeren Fußrande auf. Auch beim Klettern in den Bäumen werden sowohl Arme als Beine angewandt; sein gedrungener Körperbau läßt keine Luftsprünge à la Gibbon zu. Das erwachsene Männchen unterscheidet sich vom Weibchen nicht nur durch bedeutendere Größe — es erreicht die Höhe von nahezu 1½ Meter —, sondern auch durch die Form des Kopfes, größere Eckzähne und oft auch durch das Vorkommen eigentümlicher Wangenwülste. Dergleichen starke Unterschiede zwischen den beiden Geschlechtern finden sich nicht bei den Gibbons. Obgleich die Orang-Gattung nur e i n e Art umfaßt, ist durch neuere Untersuchungen gezeigt worden, daß diese Art — ebenso wie beim Menschen — in mehreren voneinander gut unterschiedenen Rassen auftritt. Ebenso wie die beiden folgenden ist der Orang-Utan ein Vegetarianer, der nur ausnahmsweise Nahrungsmittel aus dem Tierreich zu sich nimmt. Er baut sich — hierin ebenfalls mit den genannten Verwandten übereinstimmend — aus Zweigen in den Bäumen ein kunstloses Nest, in dem er übernachtet. Jede oder jede zweite Nacht wird ein neues hergestellt. In den zoologischen Gärten ist er kein seltener, aber auch meist kein langlebiger Gast.

Die beiden Afrikaner, Gorilla und Schimpanse, unterscheiden sich vom Gibbon und Orang-Utan unter anderem dadurch, daß die Arme im Verhältnis zu den Beinen kürzer sind. Im Zusammenhang hiermit sind sie, besonders der Gorilla, weniger ausgeprägte Baumtiere als ihre asiatischen Verwandten. Beim Gehen stützen sie sich allerdings, ebenso wie der Orang, mit den Händen auf die eingeschlagenen Knöchel, wobei aber der Gorilla abweichend von letzterem mit der ganzen Fußsohle auftritt.

Der G o r i l l a (Fig. 279—281), der größte aller lebenden Affen, übertrifft den Menschen an Schulterbreite und Rumpfgröße bedeutend und kann trotz der Kürze der Beine eine Höhe von 2 Metern erreichen. Der Unterschied in der Physiognomie beim männlichen und weiblichen Geschlecht tritt beim Gorilla viel ausgesprochener zutage als beim Schimpansen, wo dieser Unterschied kaum größer als beim Menschen ist. Bemerkenswert ist die große Ausdehnung der Spannhäute zwischen Fingern und Zehen, ein Befund, den wir in Übereinstimmung mit den früher mitgeteilten embryologischen Beobachtungen als ein Stehenbleiben auf einem Stadium, welches der Mensch schon im Mutterleibe durchläuft, ansehen müssen.

Der Gorilla bewohnt in verschiedenen Lokalrassen einen Teil von Westafrika: Kamerun, Gaboon und den Kongostaat ostwärts bis zur Grenze von Deutsch-Ostafrika. Er lebt in Familien, in welchen nur e i n erwachsenes Gorilla-Männchen angetroffen wird, welches das Kommando führt, eine Stellung, die nur durch ernsthafte Kämpfe mit Nebenbuhlern errungen und behauptet werden kann. Die Gorilla-Ehe ist somit polygam. Er bewohnt die dichtesten Urwälder und bevorzugt solche von sumpfartigem Charakter. Er scheint sich mehr ausschließlich von Pflanzenkost als seine Verwandten zu ernähren. Wie angedeutet, bewegt er sich öfter auf dem Boden als der Schimpanse, wobei er mit der ganzen Fußsohle auftritt; er kann leichter als dieser ohne Hilfe der Arme gehen. Dies hängt damit zusammen, daß beim Gorilla die Ferse besser entwickelt, und die Waden etwas stärker als bei andern Menschenaffen sind. Daß er ein überaus streitbarer Gegner ist, welcher einen Kampf mit dem Menschen nicht scheut, wird mehrfach bestätigt.

Erst im Jahre 1847 lernten die Zoologen den Gorilla kennen, und in den zoologischen Gärten ist er noch immer ein ebenso hochgeschätzter wie seltener Gast. 1860 kam der erste lebende Gorilla nach Europa und wurde, verkannt als Schimpanse, in einer englischen Menagerie ausgestellt. Ein besonderes Aufsehen erregte seinerzeit (1876) ein junger Gorilla, welcher für eine Summe von 20 000 Reichsmark an das Aquarium in Berlin, wo er über 16 Monate lebte, verkauft wurde. Auch die 10—20 Gorillas, welche seit jener Zeit in europäische zoologische Gärten kamen, waren junge Tiere, welche nach höchstens einem Jahre und einigen Monaten, wahrscheinlich weniger infolge ungünstiger klima-tischer Verhältnisse als ihres Tempera-mentes wegen, das sich nur schwierig dem Leben in der Gefangenschaft und dem Umgange mit den Menschen anzupassen scheint, eingingen. In den letzten Jahren sind mehrere junge Gorillas in dem bekannten Hagen-beckschen Tierpark in Stellingen aus-gestellt worden. Vom ersten Augen-blick ihres Eintreffens in Stellingen an zeigten dieselben eine vollkommene Teilnahmslosigkeit für ihre Umgebung.

Fig. 280. Derselbe weibliche Gorilla wie Fig. 279.

Sie benahmen sich scheu, zurück-haltend dem Menschen gegenüber; ihre Physiognomie trug ausgesprochen den Ausdruck der Melancholie und Trauer. Alle starben in kurzer Frist. Die vorgenommenen Sektionen der Leichen ergaben kein klares Resultat in bezug auf die Todesursache; es ist wohl anzunehmen, daß es in erster Linie seelische Einflüsse waren, welche die Gesundheit der gefangenen Gorillas untergraben hatten. Mit glücklicherem Gemüt war offenbar ein weiblicher Gorilla begabt, welcher, etwa vier Jahre alt, in den zoologi-schen Garten in Breslau gelangte, wo er sieben Jahre lebte und somit ein Alter von etwa elf Jahren erreichte (Fig. 279, 280). Dieser Gorilla, bei dem im Alter von ungefähr acht Jahren der Zahnwechsel erfolgte, war offenbar

Fig. 281. Einer der größten bisher bekannten Gorilla-Männchen; a unmittelbar nach seinem Tode, b im ausgestopften Zustande

phlegmatisch veranlagt und führte eine streng vegetabilische Diät; Fleisch-
speise in jeder Form verschmähte er. Andere jugendliche Gorillas haben
dagegen in der Gefangenschaft auch Fleischkost zu sich genommen.

Der S c h i m p a n s e (Fig. 282) ist bedeutend kleiner als der Gorilla
— doch erreichen männliche Individuen immerhin eine Höhe von 1,50
oder nach einer Angabe sogar 1,70 Meter; die Arme sind etwas kürzer, und

Fig. 282. Weiblicher Schimpanse (nach Keulemans).

die Ohren meistens größer und mehr abstehend. Er ist ein geschickterer
Kletterer als der Gorilla, wie dies schon aus einer vergleichenden Musterung
der Arme zu schließen ist. Bei solchen ausgezeichneten Kletterkünstlern
wie Gibbon und Orang-Utan ist der Unterarm viel länger als der Oberarm,
beim Schimpansen sind sie etwa gleich lang, beim Gorilla, welcher geringere Kletterfähigkeit als der Schimpanse besitzt, ist der Oberarm etwas
länger als der Unterarm und nähert sich in dieser Beziehung dem Menschen,
bei welchem bekanntlich das Klettern nicht länger die normale Fortbewegungsweise ist, und dessen Oberarm im Zusammenhang hiermit noch länger

im Verhältnis zum Unterarm geworden ist. Hauptsächlich durch das Fehlen
der hohen Knochenkämme, welche den Schädel des erwachsenen Gorilla-
Männchens auszeichnen, und deren Entstehung wir im folgenden untersuchen werden, erhält die gesamte Physiognomie des Schimpansen ein mil-
deres, mehr „Menschen-ähnliches" Gepräge, wie dieses uns bei dem hier
abgebildeten weiblichen Vertreter der Gattung entgegentritt, welcher
mehrere Jahre im zoologischen Garten zu London lebte und durch seine
Intelligenz und sein liebenswürdiges Benehmen sich eine gewaltige Popu-
larität in der englischen Hauptstadt sowie Weltberühmtheit in der Zoologie
erwarb.

   Obgleich der Schimpanse seit dem 17. Jahrhundert bekannt ist, und
obgleich zahlreiche junge Tiere lebend nach Europa gekommen sind, wo
ein kleiner Schimpanse zu den stehenden great attractions jedes zoologischen Gartens gehört — allein in London haben während der letzten
fünfzig Jahre etwa fünfzig Schimpansen gelebt —, glückt es im allgemeinen nicht, dieselben viel länger als ein halbes Jahr lebend zu
halten. Und doch wird es ihm dank seines fügsameren und mehr san-
guinischen Temperamentes leicht, sich dem Menschen und der Gefangenschaft anzupassen. Die hier abgebildete „Sally", der berühmteste aller
Schimpansen, lebte ungewöhnlich lange (acht Jahre) im Londoner zoologischen Garten. Der bekannte englische Biologe Romanes ließ durch
den Wärter eine Anzahl Experimente ausführen, welche beweisen, daß
Sally das R e c h n e n erlernt hatte, und dies trotzdem die äußeren Bedingungen, unter denen ihre Erziehung stattfand, keineswegs als günstige
bezeichnet werden können. Zuerst lernte sie auf Verlangen des Wärters
diesem ein, zwei und drei Strohhalme von dem Vorrate, der sich in ihrem
Käfige befand, geben. Hierbei wurde keine bestimmte Reihenfolge inne-
gehalten; kam sie mit einer unrichtigen Anzahl Halme an, wurde ihre
Gabe zurückgewiesen, bot sie ihm die verlangte Anzahl dar, wurde sie mit
einem Stückchen Frucht belohnt. Auf diese Weise lernte, erzählt Romanes,
Sally nicht nur rechnen, sondern auch die genannten drei Zahlen mit deren
Namen zu verbinden. Verlangte man zwei oder drei Halme von ihr, war
sie angehalten worden, ein oder zwei Halme mit den Lippen zu halten,
bis sie die ganze Anzahl eingesammelt hatte. Auf diese Weise konnte man
sich davon überzeugen, daß sie wirklich rechnete, um zu der gewünschten
Anzahl zu kommen, und nicht bloß einige Halme aufs Geratewohl auflas.
Nachdem sie diesen Teil der Arithmetik mit vollkommener Sicherheit zu
beherrschen erlernt hatte, ging man bis zur Zahl zehn. Als Resultat ergab
sich, daß sie durchaus sicher bis sechs und ziemlich sicher bis sieben rechnete, wogegen sie sich unsicher zeigte, wenn es die Zahlen acht bis zehn
galt. Wenn man sie um acht, neun oder zehn Strohhalme bat, holte sie bald
die rechte, bald eine unrichtige Anzahl herbei, aber nie weniger als sieben

oder mehr als zehn, so daß sie offenbar verstand, daß es sich um eine Zahl handelte, welche größer als sieben war, obgleich sie sich keine Vorstellung von der exakten Zahl zu bilden vermochte. Ferner verdient erwähnt zu werden, daß, wenn sie Strohhalme zusammenlas, sie nicht den Wärter ansah, sondern ihre Blicke unverwandt auf die Halme gerichtet hatte, so daß es keinem Zweifel unterliegen konnte, daß sie völlig unabhängig vom Gesichtsausdruck, unbewußten Bewegungen und dgl. des Wärters handelte. Romanes glaubt auch Beweise dafür erhalten zu haben, daß Sally eine, wenn auch beschränkte Vorstellung von Multiplikation hatte. Bei seinen Versuchen, ihr die Namen der Farben zu lernen, wurde es ihm wahrscheinlich, daß sie farbenblind war, eine Auffassung, die durch Beobachtungen an einem anderen Schimpansen bestätigt worden ist.

Man unterscheidet mehrere, manchmal als Arten bezeichnete Schimpanseformen mit verschiedener Haarfarbe (schwarz oder grau) und Gesichtsfarbe (schwarz, braun, gelblich oder fleischfarben); manche Individuen werden, wenn sie älter werden, mehr oder weniger kahlköpfig. Das Verbreitungsgebiet der Schimpansen erstreckt sich vom westlichen Zentralafrika ostwärts bis zu den Tanganyika- und Albert-Nyansa-Seen. Sie leben in kleinen Gesellschaften und, wie es scheint, in Monogamie. Wenigstens in der Gefangenschaft nimmt er außer vegetabilischer Nahrung auch Fleischkost zu sich.

Daß einstmals Menschenaffen eine andere und größere Verbreitung als in unseren Tagen gehabt haben, geht aus Funden hervor, welche in den mittleren und jüngsten Tertiärschichten von Europa und Indien gemacht sind. Die viel besprochene Entdeckung des „Affenmenschen" von Java soll in einem anderen Zusammenhange behandelt werden.

Allen Menschenaffen sind einige wichtige Eigenschaften gemeinsam, durch welche sie sich von den übrigen Affen unterscheiden. Von diesen Eigenschaften sind hervorzuheben: höher ausgebildetes Gehirn, das Vorkommen des Wurmfortsatzes am Blinddarm, die Form des Brustkorbes, der Bau des Mutterkuchens, bedeutendere Körpergröße (die Gibbons sind jedoch nicht größer als einige andere Affen), sowie das Fehlen der Backentaschen und des äußeren Schwanzes. Wenn auch einige dieser Merkmale, wie das Fehlen der Backentaschen und des Schwanzes, bei anderen Affen wiedergefunden werden, unterscheidet sich dennoch besagte Tiergruppe durch die Vereinigung dieser Eigenschaften von allen anderen Tieren. Da der Gibbon in mancher Beziehung weniger stark umgebildet ist als die übrigen Menschenaffen, steht er, wie schon erwähnt, den niederen Affen näher.

Meinen Lesern ist ohne weiteres verständlich, daß eben diese Eigenschaften, durch welche die höchsten Affen von allen übrigen zu unterscheiden, zugleich diejenigen sind, welche den ersteren ihren Titel sowohl im Deutschen als in der zoologischen Terminologie: die Menschenaffen, Anthropomorpha, verschafft haben, denn durch eben diese nähern sie sich dem Menschen.

Durch Betonung dieser Tatsache wird selbstverständlich keineswegs die Bedeutung der wichtigen Eigenschaften, welche den Menschen von den höchsten Affen auch in körperlicher Hinsicht trennen, verringert. Von diesen Eigenschaften sei hier zunächst eines eigentümlichen Details gedacht. Kein Menschenaffe, ja kein anderes Geschöpf als der Mensch besitzt L i p p e n , wie sie beim letzteren vorkommen — sie gehören zu den dem menschlichen Körper durchaus eigentümlichen Privilegien. Mit Lippen in diesem Sinne verstehen wir Bildungen, welche dadurch entstanden sind, daß die Schleimhaut des Mundes sich teilweise auf die Gesichtsfläche ausdehnt. Die dünne Haut der Lippen ist rot, weil hier zum Unterschied von der gröberen haartragenden Gesichtshaut die Blutfarbe durchscheint. Bei den Affen und bei allen anderen Tieren reicht die Körperhaut bis zum Mundrande, welcher also bei ihnen nicht von Lippen begrenzt wird. Wie diese letzteren beim Menschen erworben sind, wissen wir nicht. Da, wie bekannt, dieselben eine gewisse Rolle in erotischer Beziehung spielen, könnte man daran denken, daß dieselben im Zusammenhang mit den sogenannten sekundären Geschlechtscharakteren entstanden sind — was allerdings nur eine ziemlich oberflächliche Hypothese ist.

Betreffs der allgemeinen und tief eingreifenden Bedeutung anderer Eigenschaften, welche den Menschen in höherem oder geringerem Grade eigentümlich sind, herrscht dagegen keine Unsicherheit. Die bedeutendere Größe des Gehirns und des Hirnschädels im Verhältnis zum Körper und zum Gesichtsschädel, die schwächeren Eckzähne, die vollkommenere Anpassung der Wirbelsäule zur aufrechten Körperhaltung und der damit zusammenhängende Verlust der Opponierbarkeit der großen Zehe, die größere Länge der Beine im Verhältnis zu den Armen, sowie die mangelhafte Haarbekleidung; diese und andere rein anatomische Charaktere — wir sehen hier von den physiologischen mit Einschluß der seelischen ab — sind auch in den Augen des einseitigsten Zoologen und Anatomen vollkommen genügend, um den Menschen einen Platz als selbständige „Familie" im zoologischen Systeme zuzusichern. Aber mit einer solchen Einregistrierung in ein gegebenes System, mit einer solchen Etikettierung ist offenbar nicht viel gewonnen; sie kann ebensowohl ein Schlupfloch für unklare Vorstellungen oder für die Furcht, eine delikate Sache beim rechten Namen zu nennen, als der Ausdruck einer wirklich wissenschaftlichen Auffassung der genealogischen Beziehungen zwischen dem Menschen und den ihm nächststehenden Organismen sein. Um die Tragweite und die Bedeutung der Verschiedenheiten und Übereinstimmungen im Bau des Menschen und der Menschenaffen dartun und bewerten zu können, müssen wir den U r -

s a c h e n dieser Tatsachen, ihrer Entstehung und Entwicklung nach-
spüren. Unsere Aufgabe wird es deshalb sein, die wesentlichsten der körperlichen Eigenschaften, welche den Menschen zum Menschen gemacht, zu
untersuchen und sie mit den Befunden bei den Affen zu vergleichen.

Formulieren wir unsere Aufgabe auf diese Weise, so müssen wir offenbar
unsere Untersuchungen mit dem Organ, in welchem das spezifisch Menschliche zu suchen ist, mit dem Gehirne, beginnen. Gerade das besondere Interesse, welches sich an dieses Organ knüpft, hat uns veranlaßt, dasselbe in
einem besonderen Kapitel zu behandeln. Wie meine Leser sich erinnern
werden, kamen wir in bezug auf die Frage, welche uns augenblicklich beschäftigt, zu dem Ergebnis, daß der Mensch in bezug auf den Bau seines
Gehirns mehr mit den Menschenaffen als mit irgendeinem anderen Geschöpfe übereinstimmt.

Auch die Entstehung des S c h ä d e l s aus Elementen verschiedener
Herkunft haben wir bereits in einem früheren Kapitel geschildert. Wir
haben gesehen, wie diese Elemente, wenn wir die Tierreihe aufwärts verfolgen, immer innigere und festere Verbindungen aufweisen, bis schließlich
bei den Säugetieren ein vollkommen einheitlicher Schädel entstanden ist.
Der Schädel der höchsten Säugetierordnung, der Primaten, zeichnet sich
durch eine Reihe bemerkenswerter Eigenheiten aus. Bei den niedrigsten
Primaten, den Halbaffen, bietet er gleich anderen Organsystemen eine nahe
Übereinstimmung mit den Zuständen niederer Säuger dar, wie z. B. in
der schwachen Ausbildung des Hirnschädels im Verhältnis zum Gesichtsschädel. Bei den übrigen Primaten bekundet sich die Überlegenheit des
Hirnschädels über den Gesichtsschädel dadurch, daß der erstere in verschiedenem Grade den letzteren überlagert. Hiermit hängt ein anderer,
wichtiger Umstand, welcher den Menschen und Affen durchaus eigentümlich ist, zusammen: die Augenhöhlen sind nach vorne und nicht wie bei
niederen Säugetieren und auch noch bei den meisten Halbaffen seitwärts
gerichtet; dieselben sind durch eine knöcherne Wand von den Schläfenhöhlen, welche von den Kaumuskeln ausgefüllt werden, getrennt, während
bei allen anderen Säugetieren, auch bei den Halbaffen, zwischen besagten
Höhlen keine knöcherne Scheidewand vorhanden ist (Fig. 283, 284). Es
ist einleuchtend, daß in diesem Verhalten ein vollkommenerer Zustand
bei den höheren Primaten zum Ausdruck kommt. Denn während bei allen
niedern Tieren das Auge von demselben Raume wie die Kaumuskulatur
beherbergt wird, hat es bei den Primaten durch das Zustandekommen dieser
Scheidewand, an welcher sich Fortsätze mehrerer Schädelknochen beteiligen,
eine eigene Umhüllung erhalten, in welcher es vor der Einwirkung von
seiten der Kaumuskulatur geschützt ist. Von großer physiologischer
Bedeutung ist außerdem, daß, wie erwähnt, beim Menschen und Affen
die Augenhöhlen und damit auch das Auge vorwärts gerichtet sind. Denn

erst hierdurch wird das perspektivische Sehen ermöglicht, während bei
allen niederen Tieren, bei denen die Augen seitwärts gerichtet sind, zwei
voneinander unabhängige Bilder auf der Netzhaut des Auges entstehen.
Stellen wir uns aber die Frage, was diese unverkennbare Verbesserung des
Sehapparats verursacht hat, so liegt es sicherlich sehr nahe, dem Gehirne
dieses Verdienst zuzuschreiben. Das Großhirn hat, wie wir im vorigen
Kapitel sahen, sich vergrößert, wobei
sich sein Schläfenteil allmählich nach
außen von der hinteren Partie der
Augenhöhle ausdehnt, was mit Notwendigkeit zur Folge hat, daß die
Stellung des ganzen Auges eine andere
wird: es ist nicht länger seitwärts gerichtet, sondern wird nach vorne und
innen der Nasenhöhle zu verschoben.

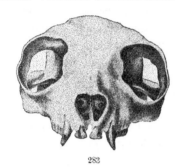

283

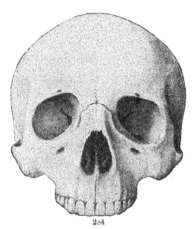

284

Fig. 283. Schädel eines Halbaffen (Lemur),
284 des Menschen, beide von vorn gesehen.

Aber die neue und verbesserte
Lage der Augen beim Menschen und
Affen hat ein Opfer gefordert. Da, wie
erwähnt, die Augen nicht nur nach
vorne, sondern auch näher der Mittellinie des Kopfes gerückt sind, ist die
ganze Nasenpartie seitwärts zusammengedrückt worden, so daß dieses
Sinnesorgan allmählich höchst bedeutend verkleinert und zugleich in einer
funktionellen Bedeutung wesentlich
beeinträchtigt worden ist. Denn das
Geruchsorgan spielt beim Menschen
und Affen bei weitem nicht die Rolle
wie bei der Mehrzahl der niederen
Säugetiere, wo es, wie wir z. B. bei
unseren Haustieren feststellen können,

von hervorragender Bedeutung ist. Daß tatsächlich das Geruchsorgan des
Menschen rudimentär und viel weniger entwickelt als unsere anderen
Sinnesorgane ist, geht schon aus der Tatsache hervor, daß, während die
schönen Künste, Musik und bildende Kunst, sich unter Vermittlung unserer
Gehör- und Sehorgane ausgebildet haben, keine Kunstart sich an unser
Geruchsorgan wendet, denn die „Parfümerie" kann schwerlich Anspruch
darauf erheben, als solche verzeichnet zu werden.

Auch in anderer Beziehung hat die Vergrößerung des Gehirns bei den
Primaten umgestaltend auf den Schädel gewirkt. Ein Blick auf die oben
abgebildeten Menschen- und Tierschädel (Fig. 108—110) läßt uns erkennen,

wie durch die stärkere Ausbildung des menschlichen Hirnschädels der hinter dem Hinterhauptsloch gelegene Abschnitt des Hinterhauptsbeins nach unten auf die Schädelbasis gerückt ist, so daß das Hinterhauptsloch

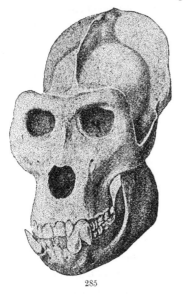
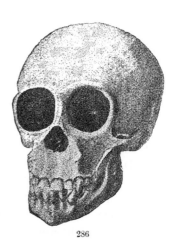

285

286

nach unten schaut, während bei der Mehrzahl der Säugetiere der entsprechende Teil des Hinterhauptsbeins die hintere Wand des Schädels bildet und das Hinterhauptsloch nach hinten gerichtet ist. Eine vermittelnde, aber dem Menschen sich näher anschließende Stellung nehmen in dieser Hinsicht die Affen ein (Fig. 291—294).

Zu den auffallendsten und deshalb auch am oftesten hervorgehobenen Verschiedenheiten zwischen Menschen und Menschenaffen gehören diejenigen, welche dem G e s i c h t seinen eigentümlichen Charakter verleihen. Die nebenstehenden Bilder Fig. 285 und 287 zeigen den gewaltigen Unterschied im Schädel eines Menschen und eines alten Gorillamännchens.

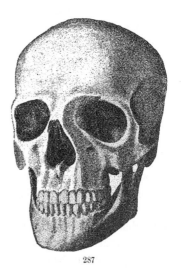

287

Fig. 285 Schädel des alten Gorilla-Männchens, 286 des Gorilla-Kindes, 287 des erwachsenen Menschen.

Die offenen, frei liegenden Augenhöhlen und der schön gewölbte, gerundete Hirnschädel, welcher die Kieferpartie beinahe vollständig überlagert und gleichsam beherrscht, bilden einen scharfen Kontrast mit dem Verhalten beim Gorilla, wo der

Hirnschädel durch hohe Knochenkämme, einen Scheitel- und einen
Hinterhauptskamm, überragt wird, gewaltige Augenbrauenbögen be-
schatten die Augenhöhlen, wodurch auch die Augen einen anderen,
mehr bestialischen Ausdruck erhalten; das Wangenbein ist gröber
und mehr abstehend, und die starken Kiefer überragen in Form einer
Schnauze nach vorne den Hirnschädel. Bevor wir den Ursachen dieser
auffallenden Unterschiede nachforschen, werfen wir einen Blick auf den
dritten der hier abgebildeten Schädel (Fig. 286). Dies ist der Schädel eines
Kindes, aber nicht eines Menschen, sondern eines Gorillakindes. In den
oben hervorgehobenen Beziehungen stimmt das Gorillakind jedenfalls besser
mit dem Menschen als mit seinem eigenen Vater überein. Und worauf
beruht es denn, daß der Gorilla, welcher so schön menschenähnlich an-
fängt, schließlich eine so wenig einnehmende Physiognomie erhält? Die
Antwort auf diese Frage gibt eine Untersuchung des Gebisses des alten
Gorillas. Die hart zu kauenden Pflanzenstoffe, welche einen wesentlichen
Teil seiner Nahrung ausmachen, erfordern große kräftige Backenzähne,
und die langen starken Eckzähne sind äußerst notwendige Waffen in den
ernsten Kämpfen, welche der männliche Gorilla in erster Linie mit seinen
Rivalen um ein begehrenswertes Weibchen auszufechten hat. Aber starke
und große Zähne erfordern für ihre Beherbergung entsprechend starke
und lange Kiefer, während für den jungen Gorilla mit seinen weniger zahlreichen und schwächeren Milchzähnen ein schwächerer und kürzerer, also
mehr „menschenähnlicher" Gesichtsteil genügt. Ferner: um die großen
und schweren Kiefer mit gebührender Kraft in Bewegung zu setzen, sind
starke Muskeln erforderlich; aber solche starke Muskeln Kaumuskeln)
erfordern ihrerseits entsprechende große Ansatzflächen; die Rundung der
Gehirnkapsel ist für diese Aufgabe nicht länger ausreichend, sondern einer
der Kaumuskeln (der Schläfenmuskel) ruft den starken Knochenkamm,
welcher Scheitelkamm genannt wird, hervor, während der Hinterhauptskamm vornehmlich unter dem Einflusse der Nackenmuskeln entstanden
ist, welche den mit all diesem schweren Rüstzeug ausgestatteten Kopf
zu tragen haben und sich an diesen Kamm befestigen. Ein anderer großer
Kaumuskel hat den Wangenknochen vergrößert. Da all diese Muskeln
beim Menschen ebensowenig wie beim jugendlichen Gorilla einen solchen
Ausbildungsgrad erreichen, noch zu erreichen brauchen, haben sie auch
nicht die starken Knochenauswüchse, welche dem erwachsenen Gorilla-
männchen zukommen, hervorgebracht.

Wir sehen also, wie alle die eben genannten Gebilde, welche den in
seiner Vollkraft stehenden Gorilla kennzeichnen, das eine durch das andere
bedingt werden, wie sie zueinander in einem unschwer nachweisbaren
Ursachenzusammenhang stehen. Der erste Anstoß aber zu ihrer Entstehung ist das starke Gebiß, und dies wiederum ist eine Schöpfung der

zwei uralten Naturgewalten: Hunger und Liebe. Ihnen hat der Gorilla in erster Linie seine bestialische Physiognomie zu verdanken!

Beim Menschen dagegen macht die höhere Ausbildung, welche das Gehirn erlangt, diesen ganzen Apparat überflüssig. Durch die Wirksamkeit des Gehirns ist die Menschheit dahin gelangt, im Wettkampfe mit Nebenbuhlern über andere und bei weitem wirksamere Mittel als große „Hauer" zu verfügen, ebenso wie wir das Vermögen erworben haben, uns andere und weniger harte Nahrungsmittel, für deren Bewältigung Backenzähne von bescheideneren Dimensionen ausreichen, zu verschaffen. Hiermit ist auch die Veranlassung zur Bildung vorragender Kiefer, großer Kaumuskeln und Knochenkämme, welche die Hirnkapsel umgestalten, weggefallen.

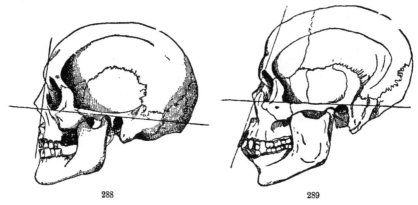

288   289

Fig. 288 Orthognather Schädel eines Kalmücken; Fig. 289 Prognather eines Negers (unter Benutzung einer Zeichnung von Keane).

Übrigens gibt es auch bei den jetzt lebenden Vertretern der Menschheit Verschiedenheiten in bezug auf die Ausbildung des Gesichts oder, genauer gesagt: Verschiedenheiten in dem Grade, in welchem die Kiefer unter dem Hirnschädel hervorragen.

Man hat versucht, diesen Grad mit Hilfe eines in verschiedener Weise konstruierten Gesichtswinkels zu bestimmen. Meistens wird dieser Winkel durch zwei Linien bestimmt, von denen die eine durch den oberen Rand des äußeren Gehörganges und den unteren Rand der Augenhöhle gelegt wird, während die zweite in der Mittellinie von der Naht zwischen Nasen- und Stirnbein zum freien Rande der Schneidezahnhöhlen verläuft. Ist dieser Winkel kleiner als 83°, so wird der Schädel als prognath (Fig. 289) bezeichnet, schwankt er zwischen 83° und 90°, so heißt er orthognath (Fig. 288), beträgt er mehr als 90°, hyperorthognath. Selbstverständlich ist es der ausgesprochen prognathe Schädel mit seinen stark verlängerten Kiefern, welcher sich am meisten der „Schnauze" nähert, welche das Affengesicht bildet. Doch auch bei diesen ist die Prognathie sehr verschieden. So steht unter den Menschenaffen der Schimpanse mit einem Gesichtswinkel von 66° 7 dem Menschen am nächsten, während die entsprechende Zahl beim Gorilla 58° 5 und beim Orang-Utan nur 40° 6 beträgt.

Obgleich schwach prognathe Schädel innerhalb aller Menschenrassen angetroffen werden, läßt sich doch feststellen, daß die am stärksten prognathen Menschentypen diejenigen sind, welche auch in anderer Beziehung als die am niedrigsten stehenden betrachtet werden müssen: Australier und Neger. Daß bei einigen Naturvölkern die Prognathie ihren Trägern eine Physiognomie verleiht, welche höchst bedeutend von derjenigen der Kulturvölker abweicht, erhellt aus nebenstehendem Porträt (Fig. 290), Diesem gegenüber steht der orthognathe Typus der höheren Völkerschaften, welcher in den idealisierten Antlitzen gipfelt, welche die Künstler der griechischen Antike ihren Göttern und Heroen verliehen.

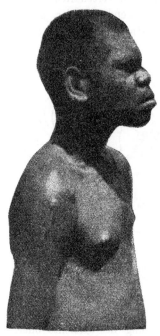

Fig. 290. Jugendlicher Australier (nach Klaatsch).

Übrigens finden wir bei den Affen recht bedeutende Unterschiede betreffs der oben besprochenen Eigenschaften. Unter den Menschenaffen sind z. B. beim Schimpansen und beim Gorillaweibchen die vom männlichen Gorilla während der individuellen Entwicklung erworbenen „tierischen" Attribute viel schwächer ausgeprägt. Eine Anzahl kleinerer Affen (Fig. 293—294) bewahren die gleichmäßig runde Gestaltung der Hirnkapsel und den schwachen, wenig vorragenden Kieferteil zeitlebens. Auch rücksichtlich der Lage des Hinterhauptsloches und des Hinterhauptsbeins bieten manche niedere Affen Befunde dar, welche nahe mit denen beim Menschen übereinstimmen (Fig. 294).

Einige weitere Eigentümlichkeiten des Menschenschädels wie das Vorhandensein des Kinnes, einer für den Menschen charakteristischen Bildung, werden besser später behandelt, wenn wir uns mit dem Körperbau ausgestorbener Menschentypen zu beschäftigen haben werden.

Die Anzahl der Z ä h n e ist dieselbe beim Menschen wie bei allen Affen der alten Welt (32), nämlich 2 Schneidezähne, 1 Eckzahn, 2 vordere und 3 hintere Backenzähne in jeder Kieferhälfte. Auch der Bau der Zähne ist in seinen Grundzügen derselbe beim Menschen und bei den höheren Affen, wenn auch im Detail manche Verschiedenheiten vorkommen, ganz

abgesehen von ihrer viel bedeutenderen Stärke bei den letzteren. So z. B.
nimmt beim männlichen Orang-Utan der Eckzahn an Größe zu bis zum
30.—40. Jahre und erreicht ansehnliche Dimensionen. Obgleich der viel

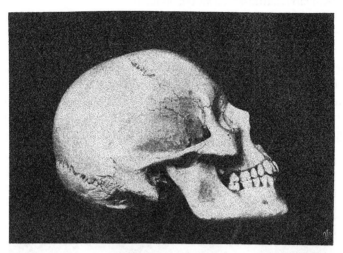

Fig. 291. Schädel eines Menschen (Europäers).

schwächere Eckzahn beim Menschen im allgemeinen ja nicht als Kampf-
mittel verwandt wird, wie dies bei den Affen der Fall ist, so scheint doch,

wie Darwin hervorhebt,
eine unbewußte Erinne-
rung an diese Verwen-
dung auch bei ihm fort-
zuleben. Denn wenn
auch der Mensch beim
Schlichten seiner Strei-
tigkeiten weder die Ab-
sicht noch das Vermögen
hat, sich seiner Zähne
zu bedienen, entblößt
er dennoch oft bei Zorn-
ausbrüchen oder zum
Hohne durch, unbe-
wußte Kontraktion ge-

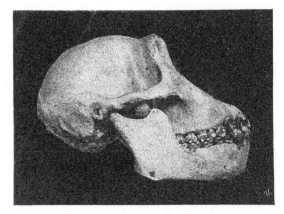

Fig. 292. Schädel eines weiblichen Schimpansen (nach dem
Originale im Zootomischen Institut der Universität Stockholm).

wisser Muskeln die Eckzähne in ähnlicher Weise wie ein zum Streite ge-
rüstetes Raubtier oder Affe.

Wie schon erwähnt, sind die Backenzähne der Menschenaffen bedeutend stärker als beim Menschen; Krone und Wurzel sind dennoch bei
beiden entsprechend gebaut. Dasselbe gilt von den Schneidezähnen, welche

18*

auch in bezug auf die Größenverhältnisse sich übereinstimmend verhalten; beim Menschen und bei den Menschenaffen sind im Oberkiefer die inneren, im Unterkiefer die äußeren die größten, während bei den niederen Affen andere Größenverhältnisse obwalten können.

Daß das menschliche Gebiß, verglichen mit dem Verhalten bei den Affen, eine mehr untergeordnete Rolle im Kampfe ums Dasein spielt, geht, wie in einem vorhergehenden Kapitel nachgewiesen, schon daraus hervor, daß dieses Organsystem beim Menschen einer rückschrittlichen Entwicklung unterliegt. Ein entgegengesetztes Verhalten finden wir bei den Menschenaffen: manche Teile ihres Gebisses sind offenbar in progressiver Ausbildung begriffen, d. h. neue Zähne treten auf, ohne daß ihre Entstehung oder Ausbildung auf Kosten anderer Elemente des Gebisses erfolgt.

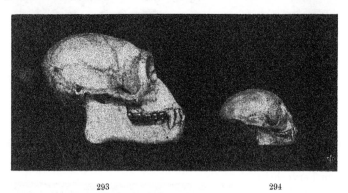

293   294

Fig. 293 Schädel des Gibbon; Fig. 294 Schädel des Saimiri (Chrysothrix).

Diese Art der Entwicklung ist keineswegs auf die Menschenaffen beschränkt. Beim Menschen und bei mehreren Säugetieren ist nachgewiesen worden, daß außer den regelrecht vorkommenden Zähnen überzählige Zahnanlagen in oft großer Anzahl auftreten können. In der großen Mehrzahl der Fälle gehen diese überzähligen Zahnanlagen zugrunde, werden aufgelöst, bevor sie zur vollen Reife gelangt sind. Diese Erscheinung ist als der Ausdruck eines allgemeinen Gesetzes aufzufassen, welches folgendermaßen formuliert werden kann: Ebenso wie jede Tierart — man vergleiche die Ausführungen im ersten Kapitel — eine viel größere Anzahl Nachkommen hervorbringt als zur Geschlechtsreife gelangen kann, werden auch während der Entwicklung des Individuums eine größere Anzahl Organanlagen (in diesem Falle Zahnanlagen) gebildet, als zur vollständigen Entwicklung gelangen kann.

Wie gesagt, werden in der Regel die besagten überzähligen Zahnanlagen schon frühe dem Untergange geweiht. Aber anderseits ist es einleuchtend, daß, falls die übrigen Bedingungen für die Weiterentwicklung dieser Anlagen vorhanden sind, falls also eine Zunahme in der Anzahl der Zähne dem Individuum zum Vorteil gereichen kann, falls Platz in den Kiefern vorhanden und die Nahrungszufuhr ausreichend ist, eine oder

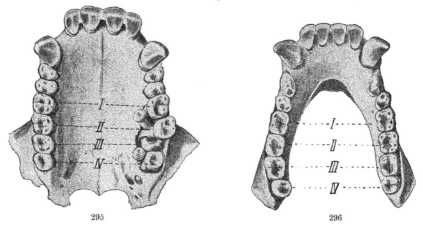

295   296

Gebiß eines männlichen Schimpansen. Fig. 295 obere, 296 untere Zahnreihe. I—IV erster bis vierter echter Backenzahn; in der linken oberen Zahnreihe sind außerdem zwei kleine überzählige Zähne ausgebildet (nach einem Präparat im zootomischen Institut der Universität Stockholm).

mehrere dieser Zahnanlagen vollständig ausgebildet werden, das Zahnfleisch durchbrechen und zusammen mit den regelrecht vorkommenden Zähnen fungieren können. Solche sogenannte überzählige Zähne sind bei verschiedenen Säugetierarten angetroffen worden, bald als seltene Ausnahmefälle — wie z. B. beim Menschen —, bald so oft und in so normaler, vollkommen funktionstauglicher Gestaltung, daß sich die Annahme unschwer begründen läßt, daß hier eine Neubildung zustande gekommen ist, welche sich durch Vererbung bei den Nachkommen allmählich befestigen kann.

Dieser Fall dürfte tatsächlich bei den Menschenaffen vorliegen. Ihr gesamtes Gebiß ist, wie schon betont, besonders kräftig, beim Gorilla und Orang-Utan kräftiger als bei anderen Affen. So ist der letzte (fünfte)

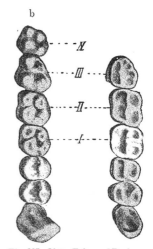

Fig. 297. Obere Eck- und Backenzähne zweier Gorillas; a mit 3 (I—III), b mit 4 (I—IV) echten Backenzähnen (nach Selenka).

Backenzahn, der sogenannte Weisheitszahn, nicht, wie so oft beim Menschen, rückgebildet, sondern im Gegenteil gut entwickelt. Außerdem tritt bei besagten Affen nicht selten ein größerer oder kleinerer sechster Backenzahn, also ein Backenzahn h i n t e r dem Weisheitszahne auf. Nach Angabe des Zoologen Emil Selenka, der über ein großes Untersuchungsmaterial verfügte, sind beim Orang-Utan 20 % und beim Gorilla 8 % mit einem sechsten Backenzahn ausgestattet; bei einem Orang-Utan fand er sogar einen siebenten Backenzahn. Das hier abgebildete Individuum eines Schimpansen (Fig. 295, 296) besitzt einen gut ausgebildeten sechsten Backen-

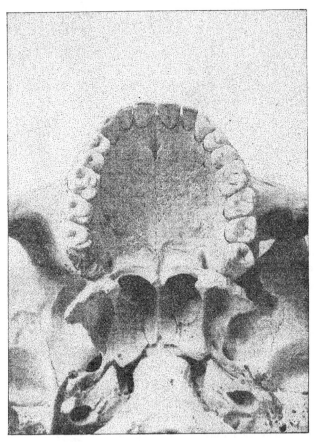

Fig. 298. Oberkieferzähne eines Menschen (Deutschen) mit vier normal entwickelten echten Backenzähnen linkerseits (Photographie eines Präparates, welches Herr Zahnarzt Albrecht in Marburg zur Verfügung gestellt hat).

zahn beiderseits sowohl im Ober- als Unterkiefer und außerdem auch einige unvollständiger gestaltete Extra-Zähne — also eine besonders reiche Zahngarnitur!

Daß rücksichtlich dieses sechsten Backenzahns bei den Menschenaffen nicht von einem zufälligen, in funktioneller Beziehung bedeutungslosen Auftreten eines neuen Organs die Rede sein kann, sondern daß vielmehr diese Neubildung als Glied in einem Vorgange, durch welchen eine

Vergrößerung und Verstärkung des Kauapparates zustande kommt, aufzufassen ist, wird durch den Umstand bewiesen, daß bei den Individuen, welche mit einem sechsten Backenzahne ausgestattet sind, auch der vorhergehende Zahn (der Weisheitszahn) oft über das gewöhnliche Maß hinaus vergrößert ist. Die hier abgebildeten Zahnreihen zweier Gorillas veranschaulichen dies mit aller wünschenswerten Deutlichkeit (Fig. 297).

Daß das Auftreten eines sechsten Backenzahns bei diesen Affen nicht als eine Art von Atavismus betrachtet werden kann, geht daraus hervor, daß für diese Tiere kein Vorfahr nachweisbar ist, welcher mit sechs Backenzähnen ausgerüstet gewesen ist. Der fragliche Zahn muß somit bei den Menschenaffen als eine Neuerwerbung aufgefaßt werden, womit natürlich nicht verneint werden soll, daß „überzählige" Zähne in anderen Fällen als Atavismen (Rückschläge) gedeutet werden können.

Da die Entwicklung des Gebisses beim Menschen eine entgegengesetzte Richtung eingeschlagen hat, muß bei ihnen das Vorkommen von sechs Backenzähnen offenbar zu den Seltenheiten gehören. Noch am häufigsten kommt ein sechster Backenzahn bei Australiern und Melanesiern vor. Das Auftreten dieses Zahnes bei den genannten Völkerschaften steht natürlich im unmittelbaren Zusammenhange damit, daß bei ihnen, wie schon erwähnt, die Kiefer verhältnismäßig stark entwickelt sind. Daß aber die Bedingungen für das Vorkommen eines solchen Zahnes in normaler Ausbildung auch bei den Europäern nicht gänzlich fehlen, erhellt aus dem hier abgebildeten Präparate (Fig. 298).

Unter allen Eigenschaften des menschlichen Körpers ist der aufrechte Gang, welcher durch die Arbeitsteilung zwischen vorderen und hinteren Gliedmaßen ermöglicht wird, eine der am meisten spezifischen und jedenfalls diejenige, welche den ersten Anstoß zur Menschwerdung gab. Allerdings hat sich eine Arbeitsteilung der Gliedmaßen schon bei niederen Wirbeltieren, wie z. B. bei den Vögeln und dem Känguruh, vollzogen, aber beide Gliedmaßen sind in diesen Fällen noch Werkzeuge der Fortbewegung geblieben, wenn auch die beiden Gliedmaßenpaare diese Funktion in verschiedener Weise ausführen. Unter allen Wirbeltieren kommt es nur beim Menschen zu einer vollständigen Entlastung der vorderen Gliedmaßen in bezug auf die Lokomotionstätigkeit, wodurch ihn die Möglichkeit gewährt wird, sich einer anderen Funktion anzupassen, in den Dienst einer höheren Lebensbetätigung zu treten. Denn beim Menschen hat sich diese Gliedmaße zu einem Greifwerkzeug umgebildet, und hiermit war der wichtigste Schritt zur Übernahme höherer Aufgaben getan: sie fing an Gegenstände zu handhaben — ursprünglich wohl im Dienste der Ernährung, Verteidigung und des Angriffes — und von solcher Tätigkeit zur Umformung, zur Bearbeitung der Gegenstände lassen sich alle Übergänge nachweisen. Also auch unsere Hand ist ein Produkt des schon wiederholt besprochenen Vorganges, welchen wir als Funktionswechsel bezeichnet haben.

Die Hand des Menschen wurde allmählich den ähnlich gebauten Greifwerkzeugen übriger Geschöpfe überlegen. Der Daumen bildete sich vollständiger aus, erlangte ebenso wie die übrigen Finger eine größere Beweglichkeit, wodurch die Anwendbarkeit der Hand vermannigfacht wurde. Aber die vervielfältigten Kombinationen der verschiedenen Muskeln bei den wechselnden Funktionen der Hand, die neuen und höheren Ansprüche, welche an die Hände gestellt wurden, als sie aufgehört hatten, Bewegungsorgane zu sein, mußte mit Notwendigkeit auf das Zentralorgan seine Rückwirkung ausüben, welches alle Bewegungen unseres Körpers beherrscht und ordnet, auf das Gehirn; sie mußten mit Notwendigkeit eine höhere Ausbildung dieses Organs hervorrufen. Denn offenbar setzen vielfach kombinierte und komplizierte Muskelbewegungen, sowie die Hantierung und Umformung der erfaßten Gegenstände ein höheres, mehr kompliziertes Zentralorgan voraus als einförmige Lokomotionsbewegungen.

Aber auch ein anderer Faktor, welcher in entsprechender Weise gewirkt hat, wurde durch die aufrechte Körperstellung geschaffen. Gleichzeitig mit der Ausbildung dieser Körperhaltung erhielt das Auge ein weiteres und vielseitigeres Gesichtsfeld, was seinerseits ebenfalls zur höheren Ausbildung des Gehirns beitrug.

Also: die Arbeitsteilung zwischen Vorder- und Hintergliedmaßen mit ihrem Ergebnis, die aufrechte Körperhaltung und die Übernahme wertvollerer Funktionen seitens der Hand, haben den Anstoß zu einer höheren Gehirnentwicklung gegeben.

In demselben Maße wie Hand und Hirn eine immer höhere Ausbildung erlangten, wurden, wie schon erwähnt, die großen Zähne und die starken, hervortretenden Kieferpartien überflüssig und allmählich rückgebildet. Denn die Zähne wurden nicht länger zum Ergreifen der Nahrung, zum Angriff oder zur Verteidigung benutzt, sie waren durch die Hände ersetzt. Und die durch die Rückbildung des Gebisses verursachte Umbildung des Schädels und das bedeutendere Volumen des Gehirns verleihen ja der menschlichen Physiognomie deren wesentlichste Charaktereigenschaft.

Für die Berechtigung des hier vorgeführten Gedankenganges spricht — abgesehen von Tatsachen, welche im folgenden berücksichtigt werden sollen — schon der Umstand, daß auf Grund des Gesetzes der Schwere die Ausbildung eines menschlichen Schädels bei einem Vierfüßler undenkbar ist. Ferner hat neuerdings ein schottischer Anatom (Cunningham) die bemerkenswerte Tatsache festgestellt, daß das Hirnzentrum für die Muskelbewegungen des Armes schon im sechsten Embryonalmonate, das Sprachzentrum aber viel später, erst nach der Geburt ausgebildet wird. Mit Recht meint Cunningham, daß dieser Umstand entschieden für die

Ansicht spricht, daß die aufrechte Körperstellung der Ausbildung der artikulierten Sprache vorangegangen ist, welche Ausbildung eines der wichtigsten Momente in der exzeptionellen Vervollkommnung des Gehirns ist. Der Erwerb der aufrechten Körperstellung und die streng durchgeführte Arbeitsteilung der Gliedmaßenpaare sind somit als die ersten und wesentliehsten Faktoren der Menschwerdung aufzufassen.

Jedenfalls spricht der Umstand, daß die Affen die einzige Säugetiergruppe sind, innerhalb welcher verschiedenartige Übergänge zwischen Zwei- und Vierfüßler-Bewegung vorkommen, innerhalb welcher ernstliche, wenn auch nicht immer von Erfolg gekrönte Versuche gemacht werden, die Hände mit einer höheren Funktion zu betrauen — schon dieser Umstand spricht entschieden zugunsten der Annahme, daß ein genetischer Zusammenhang zwischen Mensch und Affe existiert.

Vor mehr als 20 Jahren lenkte ein amerikanischer Forscher, Charles Morris, die Aufmerksamkeit auf dieses Verhalten. Bei der Mehrzahl anderer Säuger ist die Lage des Rumpfes mehr oder weniger wagerecht. Das Baumleben an und für sich hat nicht mit Notwendigkeit eine Veränderung in dieser Beziehung zur Folge, da die wagerechte Körperhaltung bei allen Bäume bewohnenden Säugetieren, mit Ausnahme der Affen, sich erhalten hat. Bei den letztgenannten ist die Hand mit einem Greifvermögen ausgestattet, wie es in dieser Weise bei anderen Baumtieren nicht vorkommt, und welches ihnen neue Möglichkeiten in bezug auf die Art und Weise ihrer Fortbewegung eröffnet. Indem sie höher stehende Äste mit den Händen ergreifen, nehmen sie eine mehr oder weniger aufrechte Haltung ein. Für die vollständige Ausbildung dieser Körperstellung ist aber die Bewegung auf dem Boden unerläßlich. Mit Rücksicht hierauf ist es bemerkenswert, daß keine lebende Affenart das Baumleben völlig aufgegeben hat. Wie schon früher erwähnt, halten sich Gibbon, Schimpanse und Orang-Utan meistens auf Bäumen auf, während der Gorilla, dem bei seinem bedeutenderen Körpergewicht das Klettern offenbar schwerer fallen muß, regelmäßiger auf dem Boden verweilt. Aber keiner dieser Affen hält sich in der Regel völlig aufrecht, sondern sie bewegen sich alle in mehr oder weniger vornüber geneigter Haltung.

Da aber bei keinem Affen die vollständige Entlastung der Arme bei der Fortbewegung durchgeführt ist, haben auch ihre Arme keine bedeutendere Fertigkeit in der Ausübung anderer, höherer Funktionen erwerben können. Wohl findet die Affenhand bekanntlich nicht nur beim Ergreifen von Gegenständen, sondern auch beim Angriff und bei der Verteidigung mannigfache Verwendung. Viele Affen bombardieren ihre Feinde mit Zweigen, Früchten, Steinen usw. und klopfen hartschalige Früchte mit Steinen auf; die Menschenaffen bauen, wie erwähnt, mit den Händen ziemlich einfache Nester. Dagegen sind die Abbildungen in älteren historischen Arbeiten, wo ein Schim-

CHIMPANEZE, agé de 21 mois haut de 2 pieds 4 pouces apporté d'Angola en 1738

Fig. 299. Darstellung eines Schimpansen aus dem 18. Jahrhundert. Nach „Histoire générale des voyages" 1748.

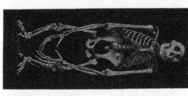

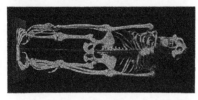

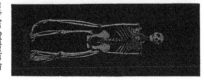

Skelet des Menschen (Europäer), Gorilla, Schimpanse, Orang-Utan und Gibbon; sämtliche erwachsene männliche Individuen (Photographien nach den Originalen im Zootomischen Institut der Universität Stockholm).

panse oder Orang-Utan mit Hilfe eines eigens für diesen Zweck hergerichteten Stockes herumspazierend dargestellt wird, reine Phantasiegemälde (Fig. 299).

Da bei den niederen Affen der Unterschied zwischen vordern und hinteren Gliedmaßen noch geringer ist als bei den Menschenaffen, ist die Rumpfhaltung in noch höherem, wenn auch verschiedenem Maße eine nach vorn geneigte.

Die oben vorgetragene Anschauung ist durch neuere eingehendere Untersuchungen bestätigt und vertieft worden. Aus diesen geht hervor, daß der Mensch allerdings in bezug auf den Bau seiner Gliedmaßen zunächst und sehr nahe mit dem der Affen übereinstimmt, aber die Proportionen sind andere. Die verschiedenen Längenverhältnisse zwischen Armen und Beinen beim Menschen und Affen erhalten einen zahlenmäßigen Ausdruck durch die von dem Straßburger Anatomen Gustav Schwalbe vorgeschlagene Messungsmethode. Wird die Länge des Beines (d. h. des Oberschenkel- und Schienbeinknochens) = 100 gesetzt, und drückt man in Prozenten die Länge des Armes (d. h. des Oberarm- und Speichenknochens) aus, so erhalten wir den sogenannten Intermembralindex. Dieser schwankt beim erwachsenen Menschen verschiedener Rassen zwischen 65 und 70. Die Länge der oberen Gliedmaßen beim Menschen beträgt somit ungefähr Zweidrittel der unteren. Sämtliche Affen haben einen größeren Index als der Mensch: der Schimpanse 103,5—110, der Gorilla 117, der Gibbon 131, der Orang-Utan 140; nur bei einigen niederen Affen (Meerkatzen und Pavianen), welche sich beinahe wie die gewöhnlichen Vierfüßler bewegen, ist der Index 90—95.

Diese Verschiedenheit zwischen Mensch und Menschenaffen im erwachsenen Zustande gleicht sich höchst wesentlich aus, wenn wir die Befunde beim Embryo berücksichtigen. Der fragliche Index beträgt nämlich während der verschiedenen Stadien des menschlichen Embryonallebens 116—120; also ist beim Menschenembryo der Arm nicht nur länger als das Bein, sondern übertrifft in dieser Beziehung sogar das Verhältnis, welches wir beim erwachsenen Schimpansen und Gorilla angetroffen haben, wo diese Zahlen 103,5—117 sind. Und noch beim ungeborenen Kinde ist der Arm ebenso lang als das Bein. Der große Unterschied von den Menschenaffen, welcher den erwachsenen Menschen in dem fraglichen Befunde kennzeichnet, dürfte somit als ein verhältnismäßig neuer Erwerb anzusehen sein.

In diesem Zusammenhange möchte ich auf die früher mitgeteilten Abbildungen vom Gibbon hinweisen. Das erwachsene Tier (Fig. 277) imponiert ja ganz besonders durch die gewaltige Länge seiner Arme verglichen mit den Beinen; beim Embryo (Fig. 242) dagegen sind die Gliedmaßen ungefähr gleich lang. Wir sehen also, daß das hoch differenzierte Verhalten: sehr lange Arme beim Gibbon, sehr lange Beine beim Menschen, in früheren Entwicklungsstadien wesentlich ausgeglichen ist.

Nicht nur die Längenverhältnisse der Gliedmaßen, sondern auch ihr
Bau ist seit alters als einer der wesentlichsten Verschiedenheiten zwischen
Mensch und Affe aufgefaßt worden. Daß bei den Affen nicht nur die Hände
sondern auch die Füße Greifvermögen besitzen, gab Veranlassung, die
Affen als eine besondere Ordnung,
„die Vierhänder", von dem Menschen,
„dem Zweihänder", zu trennen. Die
Auffassung, welche ihren Ausdruck in
dieser Einteilung erhielt, ist aber in
hohem Grade irreleitend.

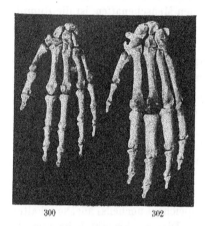

Wie groß auch in bezug auf äußere
Gestaltung und auf Funktion der
Unterschied zwischen Hand und Fuß
beim Menschen ist, wie viel geringere
Beweglichkeit die kürzeren Zehen verglichen mit den Fingern besitzen, so
geht doch aus einer Untersuchung des
Hand- und Fußskeletts hervor, daß
dieses bei beiden auseinander vollkommen entsprechenden Elementen
zusammengesetzt ist. Die bedeutendsten Unterschiede liegen teils in dem
Bau der Hand- und Fußwurzel, teils
in der verschiedenartigen Verbindung
des Daumens und der großen Zehe
mit dem entsprechenden Hand-, resp.
Fußwurzelknochen. Im übrigen ist
die übereinstimmende Bauart nicht
zu verkennen: Daumen und große
Zehe bestehen je aus zwei, die
übrigen Finger und Zehen aus drei
Gliedern; jedem Finger und jeder
Zehe entspricht ein Mittelhand-, be-

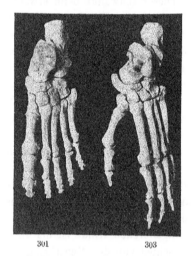

Fig. 300 Hand-, 301 Fußskelett des Menschen.
Fig. 302 Hand-, 303 Fußskelett des Gorilla.

ziehentlich ein Mittelfußknochen usw.
(Fig. 300—303).

Schon das Vorhandensein dieses gemeinsamen Grundplans der Hand
und des Fußes macht es ohne weiteres verständlich, wie der letztere durch
eine gelinde Umformung in seinem Baue in Stand gesetzt werden konnte,
eine Funktion auszuüben, welche derjenigen der Hand sich nähert, nämlich
die Tätigkeit eines Greif- oder Anklammerungswerkzeuges. Und dies ist
ja tatsächlich bei den Affen verwirklicht: sie besitzen einen „Greiffuß".
Beim ersten flüchtigen Anblick erscheint die Übereinstimmung zwischen die-

sem Greiffuß und einer Hand recht
groß. Aber die Übereinstimmung geht,
wie Huxley bemerkt, nicht weiter als
bis zur Haut, sie reicht nicht tiefer.
Denn das Skelett des Affenfußes stimmt
sehr nahe mit dem des Menschenfußes
überein und weicht in fast denselben
Punkten wie der Fuß des Menschen
von der Hand ab; die Zahl der Fußwurzelknochen, die gegenseitigen Beziehungen und zum Teil auch die Form

Fig. 304. Ein zehn Tage alter menschlicher
Säugling, welcher sich während zwei Minuten
an einem dünnen Zweige hängend zu halten
vermochte (unter Benutzung einer Moment-
aufnahme von Romanes).

Fig. 305. Junger Schimpanse. Das Bild
zeigt die Haltung der hinteren Extremi-
täten, wenn das Tier sich mit den Armen
in hängender Stellung festhält.

verhalten sich im Menschen- und Affenfuß übereinstimmend (Fig. 301, 303). Dagegen ist beim letzteren die große Zehe
nicht nur kürzer und dünner, sondern
auch vermittels eines beweglicheren Mittel-
handknochens mit der Fußwurzel verbunden. Auch ist die Fußsohle mehr
einwärts gewandt, wodurch das Klettern
erleichtert wird. Es ist außerdem sehr
bemerkenswert, daß der Affenfuß — trotz
seiner verschiedenartigen Funktion! —
keinen einzigen Muskel besitzt, welcher
nicht ebenfalls im menschlichen Fuße zu
finden wäre. In rein anatomischer Hinsicht, d. h. mit Hinsicht auf den B a u
des Fußes gibt es somit keinen irgendwie
als fundamental zu deutenden Unterschied zwischen Mensch und Affe. Hiermit wird selbstredend der wichtige f u n k -
t i o n e l l e Unterschied zwischen dem
Menschen- und Affenfuß in keiner Weise

in Frage gesetzt. Im vorigen ist ja versucht worden nachzuweisen, daß
gerade die Erwerbung des aufrechten Ganges die Menschwerdung einleitet,
und dieser wiederum hat ja als Vorbedingung einen Fußbau, wie er dem
Menschen zum Unterschied von den Affen eigentümlich ist.

Aber diese Besonderheit im Fußbau zeichnet den Menschen eigentlich nur im erwachsenen Zustande aus; in den frühzeitigeren Abschnitten seines Daseins sind auch in dieser Hinsicht Annäherungen an die Affen zu verzeichnen.

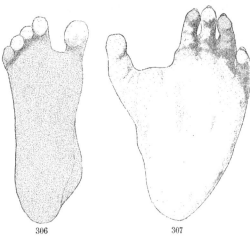

Beim menschlichen Embryo und beim kleinen Kinde sind nämlich die Fußsohlen stark nach innen, beinahe gegeneinander gerichtet. Dies wird dadurch bedingt, daß die obere Fläche des Sprungbeins (d. h. desjenigen Fußwurzelknochens, welcher die Verbindung mit dem Unterschenkel vermittelt) beim Embryo und Kinde mehr nach innen

Fig 306. Fuß eines menschlichen Embryo und 307 eines Gorilla (zum Teil nach Lazarus).

schaut als beim Erwachsenen. Aber gerade diese Fußstellung kennzeichnet, wie bereits erwähnt, die Affen, bei welchen die Oberfläche des Sprungbeins dieselbe Richtung wie beim neugeborenen Kinde hat. Die Ähnlichkeit in der Fußstellung beim Kinde und den Affen ist denn auch sehr auffallend (Fig. 304, 305).

Ferner nimmt beim Menschen während des Embryonallebens die große Zehe den anderen Zehen gegenüber eine selbständigere Stellung ein, ist mehr daumenähnlich (Fig. 304, 306, 308) und besitzt beim Säugling eine größere Beweglichkeit als im späteren Leben; sie vermag wirkliche Greifbewegungen auszuführen. Obgleich diese Fertigkeit im allgemeinen ja beim Erwachsenen verloren geht, so gibt es doch viele, durchaus glaubwürdige Angaben, wie bei einzelnen Völkerschaften die bedentendere Beweglichkeit der großen Zehe sich während des ganzen Lebens erhält. So können chinesische Ruderer mit Hilfe dieser Zehe das Ruder führen,

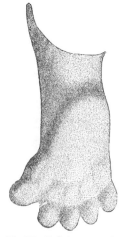

Fig. 308. Fuß eines menschlichen Embryo (nach Kollmann).

bengalische Handwerker mit den Zehen weben usw. In hohem Grade bemerkenswert ist die Verwendung, welche die große Zehe bei manchen Japanesen findet, eine Verwendung, welche derjenigen des Daumens gleichkommt; sie können dieselbe ganz selbständig bewegen und sie so hart gegen die zweite Zehe drücken, daß sie auf diese Weise auch ganz kleine Gegenstände festzuhalten vermögen.

Bei den Veddas auf Ceylon ist die große Zehe gleichfalls stärker von den übrigen Zehen abgesetzt und sehr beweglich. Diese größere Beweglichkeit bei Japanesen und Veddas beruht darauf, daß bei ihnen die Verbindung zwischen großer Zehe und Fußwurzel den embryonalen Zustand vollständiger bewahrt hat. Bekanntlich produzieren sich auch Europäer manchmal als Fußkünstler und können mit den Füßen Dinge verrichten, die sonst den Händen vorbehalten sind.

Ohne im geringsten die Bedeutung der Unterschiede, welche zwischen Menschen- und Affenfuß bestehen, zu verringern — in funktioneller Beziehung verbleibt diese Verschiedenheit stets sehr groß —, sind die oben angeführten Beobachtungen wohl geeignet darzulegen, daß die unüberschreitbare Kluft, welche man in früheren Zeiten zwischen Menschen- und Affenfuß nachweisen zu können glaubte, nicht existiert. Eingehendere neuere Untersuchungen haben zu einem Ergebnis geführt, welches folgendermaßen zusammengefaßt worden ist. „Die Stellung des Fußes, die Form der Knochen, der Bau und der Mechanismus der Gelenke und die einzelnen Dimensionen des Fußskelettes sind beim Embryo und zum großen Teile noch beim Neugeborenen entschieden affenähnlicher als beim Erwachsenen. In je frühere Entwicklungsphasen wir uns vertiefen, desto geringer werden die Unterschiede, desto sprechender die Ähnlichkeiten des Menschen mit den Menschenaffen. Die Zusammenstellung aller einzelnen Tatsachen ergibt ein Mosaik, welches in der menschlichen Entwicklung vorübergehend eine auffallende Ähnlichkeit mit niederen Zuständen besitzt. Im weiteren Verlaufe der Entwicklung erlöschen allmählich diese Ähnlichkeiten, bis endlich beim Erwachsenen die höchste Vollendung der Formen des Fußskelettes erreicht ist; diese erweist sich klar und ungezwungen als ein Produkt des aufrechten Ganges". Der Fuß beim Menschen und beim Affen geht also von einer gemeinsamen Grundform aus; daß nur der letztere auf dem gemeinsamen Ausgangspunkte stehen bleibt, während der erstere ihn verlassen hat, ist die notwendige und unmittelbare Folge der verschiedenartigen mechanischen Bedingungen, unter deren Einfluß die Entwicklung erfolgte oder mit anderen Worten eine Folge davon, daß der Fuß allein als Stützapparat des Körpers in Anspruch genommen wird, während er bei den Affen Kletter- beziehentlich Greiforgan bleibt.

Im engsten Zusammenhange mit der dem Menschen eigentümlichen aufrechten Körperhaltung steht auch eine Besonderheit seiner W i r b e l - s ä u l e . Während bei der Mehrzahl der Säugetiere Brust- und Lendenteil der Wirbelsäule einfach gewölbt, mit der Konkavität nach unten gekehrt ist, ist die Wirbelsäule beim Menschen infolge der Einwirkung, welche die aufrechte Körperhaltung auf dieselbe ausübt, S-förmig gekrümmt (Fig. 309).

Während die Lage des Kreuzbeins von den unteren Gliedmaßen, welche
mit demselben verbunden sind, bestimmt wird, ist der oberhalb gelegene
Lendenteil nach vorne gekrümmt. Der Brustteil ist dagegen in entgegen-

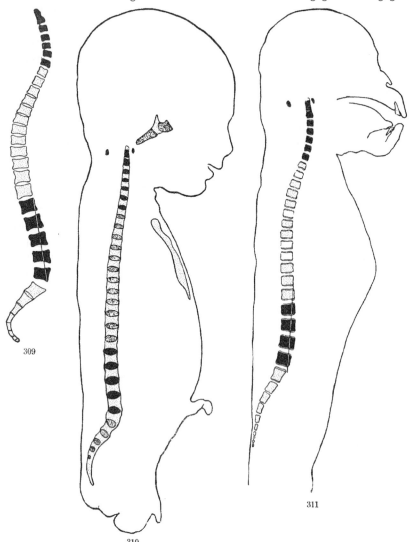

Längsschnitte durch die Wirbelsäule Fig 309 eines erwachsenen Menschen, 310 eines menschlichen Embryo und 311 eines Schimpansen (nach Cunningham).

gesetztem Sinne gekrümmt: die Konvexität ist nach hinten gerichtet, während der Halsteil, entsprechend der Belastung durch den Kopf, wiederum
nach vorne konvex ist. Beim Embryo und neugeborenen Kinde (Fig. 310)
nähert sich die Gestaltung der Wirbelsäule dem Verhalten bei den Säuge-

tieren; sie ist einfach und schwach gekrümmt, die Lendenkrümmung nur eben angedeutet.

Für die uns hier beschäftigende Frage ist es von Bedeutung, daß die Lendenkrümmung unter allen Tieren allein bei den Menschenaffen (Fig. 311) auftritt und zwar in verschiedener Ausbildung, aber nie so stark wie beim Menschen. Also immer wieder dieselbe Erscheinung: der Mensch und der Menschenaffe weichen im völlig ausgebildeten Zustande voneinander ab, im unentwickelten dagegen ist der Mensch dem Affen ähnlicher.

In diesem Zusammenhange mag daran erinnert werden, daß bei einigen Naturvölkern — so bei den tief stehenden Veddas auf Ceylon — die Lendenkrümmung viel schwächer als bei den Europäern ist.

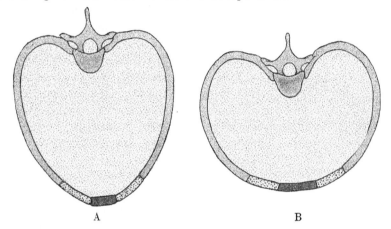

A   B

Fig. 312. Querschnitte durch den Brustkorb A eines Säugetieres, bezw. eines menschlichen Embryo, B des erwachsenen Menschen (unter Benutzung einer Zeichnung von Wiedersheim).

Auch die Gestalt des B r u s t k o r b e s wird in erster Linie ebenfalls von der aufrechten Körperhaltung bedingt. Bei den meisten Säugetieren, bei welchen alle vier Gliedmaßen die Körperlast tragen, ist der Brustkorb seitlich mehr oder weniger stark zusammengepreßt, so daß sein größerer Durchmesser in der Richtung von der Rücken- nach der Bauchseite liegt (Fig. 312). Diese seitlich zusammengepreßte Form wird unter anderem von dem Druck, welchen die vordere Gliedmaße auf denselben ausübt, bedingt. Bei solchen Säugetieren dagegen, bei denen die Arme weniger fest dem Brustkorb anliegen, erhält dieser eine andere Form: der Querdurchmesser überwiegt, er wird breiter, wird korb- oder tonnenförmig (Fig. 312 B). Dies ist der Fall beim Menschen und bei den Menschenaffen, während der Brustkorb bei den niederen Affen die Vierfüßlerform mehr oder weniger vollständig beibehalten hat.

Ein Körperteil, welcher erst bei den Säugetieren entstanden, ist das äußere Ohr, die O h r m u s c h e l; bei niederen Wirbeltieren ist

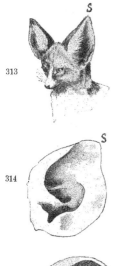

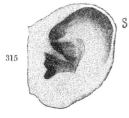

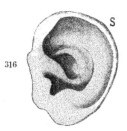

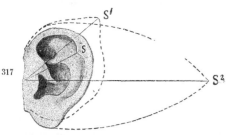

sie nur angedeutet. Da dieselbe zur Aufgabe hat, den Schall aufzufangen, hat sie sich bei einer großen Anzahl von Säugetieren zu einem trichterförmigen, vom Kopf abstehenden, beweglichen Organ entwickelt (Fig. 313). Bei anderen, bei denen das Vorhandensein einer Ohrmuschel nicht in Übereinstimmung mit der Lebensweise steht — wie bei den im Wasser oder unter der Erde lebenden Säugetieren —, ist dieselbe rückgebildet oder fehlt.

Bei den Primaten unterliegt dieses Organ einer Umbildung. Während dasselbe sich bei mehreren Halbaffen noch dem Verhalten bei niederen Säugetieren anschließt, hat es bei den eigentlichen Affen und beim Menschen insofern eine Rückbildung erfahren, als seine Ausdehnung durch Faltenbildung vermindert worden ist, und zugleich die große Beweglichkeit, welche das Ohr der niederen Säugetiere auszeichnet, verloren gegangen ist. Schwalbe hebt die folgenden Abstufungen in diesem Rückbildungsvorgang hervor. Beim Makaken (Fig. 314) ist der obere und hintere Ohrenrand nicht eingerollt; er ist mit einem nach hinten und oben hervorragenden Fortsatz (S), welcher der Ohrenspitze bei den niederen Säugetieren entspricht, versehen. Bei den Meerkatzen (Fig. 315) ist der Außenrand der Ohrmuschel schon etwas eingerollt, und die Spitze ist, weniger stark hervortretend, an den Ohrenrand hinabgerückt.

Von Bedeutung sind diese beiden Stufen in der Ausbildung der Ohrmuschel deshalb, weil die Ohrmuschel des Menschen entsprechende Stadien während der embryonalen Entwicklung durchmacht. So stimmt dieselbe während des 4.—6. Monats des Embryonallebens mit der des Makaken überein, während sie im 8. Monate den Ausbildungsgrad erreicht, auf welchem das Meerkatzenohr stehen geblieben ist.

Die Ohrmuschel Fig. 313 einer wilden Hundeart, 314 eines Makaken, 315 einer Meerkatze, 316 eines Schimpansen, 317 eines Menschen mit den Umrissen der Ohrmuscheln des Makaken und des Rindes; S, S¹, S² die Ohrspitzen, die homologen Punkte an allen Ohrmuscheln (Fig. 313 nach Specht, 317 nach Schwalbe-Wiedersheim, 314—316 Originalzeichnungen).

In vollkommen ausgebildetem Zustande unterscheidet sich das Menschenohr von dem aller niederen Affen und stimmt nur mit dem der Menschenaffen überein (Fig. 316). Nur bei diesen und bei den Menschen ist es zur Ausbildung des Ohrlappens gekommen — ein Körperteil, der keine andere nachweisbare Anwendung besitzt, als während unserer Schulzeit pädagogischen Heißspornen einen passenden Angriffspunkt zu gewähren.

Wie beim Menschen ist auch bei den Menschenaffen die Muskulatur der Ohrmuschel ganz oder wenigstens zum größten Teil außer Funktion gesetzt. Dies ist um so bemerkenswerter, als die fragliche Muskulatur recht differenziert ist und die Aufgabe hatte, teils die Ohrmuschel als Ganzes, teils einzelne Teile derselben zu bewegen (Fig. 318). Übrigens besitzen bekanntlich manche Personen die Gabe, die Ohren ein wenig in verschiedenen Richtungen zu bewegen; diese unproduktive Fertigkeit kann durch Übung gesteigert werden.

Beim Menschen bieten Form, Größe und Stellung des Ohres im Verhältnis zum Kopfe zahlreiche individuelle Verschiedenheiten dar. Mit Rücksicht auf die Ausbildung ihrer Form ist die Ohrmuschel nicht selten auf dem Makakenstadium stehen geblieben, wo also die Spitze des ursprüng-

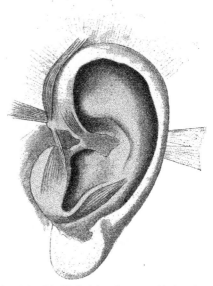

Fig. 318. Die Muskulatur der menschlichen Ohrmuschel.

lichen trichterförmigen Ohres noch vollkommen ausgeprägt ist (Fig. 319). In der bildenden Kunst werden seit alters die Satyre sowie Mephistopheles und Genossen mit Ohren von dieser Form, obgleich meist in noch höherem Maße makak- oder tierähnlich dargestellt. Recht häufig kommt es vor, daß die ursprüngliche Spitze sich als ein kleiner stumpfer Fortsatz an dem einwärts gekrempelten freien Rande erhält (Fig. 317 S).

Gewöhnlich liegt ja die Ohrmuschel mehr oder weniger dicht der Kopfseite an. In bezug auf die Funktion dürften aber diejenigen unserer Mitmenschen als am besten organisiert anzusehen sein, deren Ohren mehr flügelförmig vom Kopfe abstehen — ein Beleg zugunsten des Satzes, daß das funktionell Taugliche nicht immer mit dem ästhetisch Ansprechendem zusammenfällt. Ohne Zweifel ist letztgenannte Ohrenstellung als die ursprünglichste aufzufassen. Die großen Ohren des Schimpansen (Fig. 282)

19*

— verhältnismäßig größer als bei den übrigen Menschenaffen und beim Menschen — haben diese Stellung, während Gorilla und Orang-Utan, was Größe und Lage der Ohrmuscheln betrifft, mehr mit dem beim Menschen gewöhnlichen Verhalten übereinstimmen. Was die Ursache gewesen sein mag, daß die Brauchbarkeit der Ohrmuschel beim Menschen und bei den Menschenaffen so stark verringert wurde, ist gänzlich unbekannt.

Als eine sehr bedeutungsvolle Tatsache mag auch hier daran erinnert werden, daß der Wurmfortsatz des Blinddarms außer beim Menschen nur bei den Menschenaffen auftritt, während derselbe bei a l l e n niederen Affen — von ganz seltenen und rein individuellen Ausnahmen abgesehen — gänzlich fehlt. Dieser Umstand ist in genealogischer Beziehung um so schwerwiegender, als nichts in der Lebensweise der Primaten bekannt ist, das geeignet sein könnte, diese Bildung n u r beim Menschen und Menschenaffen, aber nicht bei den übrigen hervorzurufen.

Fig. 319. Ohrmuschel eines erwachsenen Menschen (Schweden); dieselbe ist auf dem Makaken-Stadium stehen geblieben (nach Fürst-Wiedersheim).

Von entsprechender Bedeutung für die Lösung des uns vorliegenden Problems ist das Vorkommen eines einfachen Mutterkuchens beim Menschen und bei den Menschenaffen, während alle übrigen Primaten der Alten Welt, wie wir im vorigen Kapitel kennen gelernt, einen doppelten Mutterkuchen besitzen.

Jüngst ist ein neuer embryologischer Nachweis der Verwandtschaft zwischen Menschen und Schimpansen erbracht worden. Bei einem Schimpansenembryo war der ganze Leib mit kurzen schwarzen Härchen nach Art eines menschlichen Embryo von acht Monaten besetzt, während das ganze Schädeldach in derselben Ausdehnung, in welcher beim Menschen später lange Haare hervorwachsen, sich durch Bedeckung mit auffällig starken und langen schwarzen Haaren auszeichnete. Von keinem anderen Säugetiere ist der Besitz einer Kopfhaarkappe ähnlich der des Menschen bisher bekannt gewesen, und der erwachsene Schimpanse besitzt ebenfalls keine gegen die kurzbehaarte Rumpfhaut abgesetzte Kopfhautbehaarung.

Von den Eigenschaften, welche für die Beurteilung der Verwandtschaftsbeziehungen zwischen Menschen und Menschenaffen von Bedeutung sind, haben wir hier nur die am leichtesten darstellbaren anführen können. Um dem Leser wenigstens eine Vorstellung davon zu geben, ein wie reiches Material derartiger Charaktere die vergleichende Anatomie zutage gefördert hat, mag erwähnt werden, daß nach den Untersuchungen eines britischen

Anatomen (Keith) die Menschenaffen sich durch 130 anatomische Merkmale von den niedern Affen unterscheiden, und daß von diesen 130 nicht
weniger als 100 beim Menschen wiedergefunden werden.

Aber Anatomie und Embryologie sind nicht die einzigen Zweige der
Biologie, welche uns die nahen Beziehungen, die zwischen den Menschen
und den höchsten Affen bestehen, offenbart haben. In letzter Zeit hat
man noch einen Schritt weiter gehen können: auch durch das E x p e r i -
m e n t ist dargelegt worden, daß zwischen uns und den letzteren eine
Blutsverwandtschaft in des Wortes eigentlichster Bedeutung besteht.

Es ist eine seit langem bekannte Tatsache, daß das Blut einer Tierart
in die Blutgefäße einer andern, nicht näher verwandten Art eingespritzt,
in größerem oder geringerem Grade als Gift wirkt, indem durch die Zerstörung der roten Blutkörperchen ernsthafte Gefährdungen auftreten.
Spritzt man z. B. in ein Kaninchen eine gewisse Menge Blut von einer Katze
oder umgekehrt, so stirbt das auf diese Weise behandelte Tier. Von dieser
Tatsache ausgehend hat ein deutscher Forscher (Friedenthal) feststellen
können, daß, falls diese Bluteinspritzungen an nahe verwandten Tieren
wie Pferd und Esel, Hund und Wolf, Hasen und Kaninchen, vorgenommen
werden, keine Zerstörung von Blutkörperchen, keine Vergiftung stattfindet, und es ist nachgewiesen worden, daß die Vergiftungsgefahr um so
geringer ist, je näher verwandt die angewandten Versuchstiere sind.

Im Hinblick auf diese Befunde ist es selbstverständlich von ausschlag-
gebender Bedeutung, daß nach den Untersuchungen des genannten Biologen unter allen Primaten a l l e i n das menschliche Blut keine schä-
digende Einwirkung auf die Menschenaffen ausübt, während dieses der
Fall in bezug auf die übrigen Affen ist!

Diese Ergebnisse sind neuerdings durch Anwendung der sogenannten
Bordetschen Niederschlagsmethode wesentlich erweitert worden. In Anbetracht der großen Bedeutung, welche diese Frage für unser Problem hat,
mag hier ein Auszug aus Metschnikoffs Darstellung dieser Untersuchungen
folgen:

„Wenn wir ein Serum aus Kaninchenblut herstellen und zu diesem
eine durchscheinende, farblose Flüssigkeit bildenden Serum einige Bluts-
tropfen einer andern Nagergattung, z. B. Meerschweinchen, fügen, werden
wir nichts Außerordentliches vor sich gehen sehen. Das Meerschweinchenblut wird seine gewöhnliche Färbung behalten, und die roten Blutkörperchen werden ganz oder fast unverändert bleiben. Wenn wir anstatt Meerschweinchenblut dem Kaninchenserum einige Tropfen Meerschweinchenblutserum hinzufügen, so werden wir diese beiden durchscheinenden Flüssig-
keiten sich vermischen sehen, ohne daß etwas Besonderes vorgeht.

Präparieren wir dagegen das Serum mit dem Blut eines Kaninchen,
in das vorher Meerschweinchenblut eingespritzt wurde, so werden wir bei

diesem Serum neue und wahrhaft merkwürdige Eigenschaften konstatieren. Bringen wir zu diesem Serum einige Tropfen Meerschweinchenblut, so werden wir nach ganz kurzer Zeit sehen, daß die rote Flüssigkeit ihr Aussehen ändert; vorher dunkel, wird sie hell. Die Veränderung rührt von der Auflösung der roten Meerschweinchenblutkörperchen in dem präparierten Kaninchenblutserum her.

Dieses Serum hat noch eine andere, nicht weniger der Aufmerksamkeit werte Eigenschaft angenommen. Fügt man ihm kein völlig reines Blut, sondern nur Meerschweinchenblutserum zu, so sieht man, wie fast augenblicklich eine starke Erregung in der Mischung vor sich geht, die von der Bildung eines mehr oder weniger reichlichen Niederschlags begleitet wird.

Das in das Kaninchen eingespritzte Meerschweinchenblut hat also das Serum desselben verändert, indem es ihm neue Eigenschaften mitteilte: die roten Meerschweinchenblutkörperchen aufzulösen und mit dem Blutserum vom nämlichen Tier einen Niederschlag zu geben.

Oft ist das Blutserum von durch vorhergehende Einspritzung des Blutes anderer Gattungen präparierten Tieren streng spezifisch. In diesen Fällen gibt das Serum einen Niederschlag nur mit dem Serum der Gattung, die das Blut für die Einspritzungen geliefert hat, und löst nur die roten Blutkörperchen dieser selben Gattung auf. Es gibt jedoch Beispiele, in denen das Serum eines präparierten Tieres außer den roten Blutkörperchen der Gattung, die das eingespritzte Blut geliefert hat, auch die von nahestehenden Gattungen auflöst. So wird das Kaninchenblutserum nach einigen Einspritzungen mit Hühnerblut fähig, nicht nur die roten Blutkörperchen des Huhnes, sondern auch, obgleich in einem geringeren Grad, die der Taube aufzulösen.

Man hatte den Gedanken, sich in der gerichtlichen Medizin dieser Eigenschaft des Serums zu bedienen, um die Herkunft eines Blutes zu erkennen. Man weiß, daß es oft sehr wichtig ist, zu erfahren, ob ein Blutflecken vom Menschen oder von irgendeinem Tier herrührt. Bis in die jüngste Zeit konnte man das menschliche Blut von dem der andern Säugetiere nicht unterscheiden. Man hat also untersucht, ob die von dem Blutflecken herrührenden roten Blutkörperchen durch das Serum von Tieren zersetzt werden konnten, denen man vorher menschliches Blut eingespritzt hatte. Zutreffendenfalls schloß man auf die menschliche Herkunft des in Rede stehenden Fleckens. Bald bemerkte man jedoch, daß diese Methode nicht genau genug war. Anderseits konstatierte man, daß die Niederschlagsmethode weit schlüssigere Resultate ergibt. Man geht also auf folgende Weise vor: Man spritzt zu mehreren Malen irgendeinem Tier (Kaninchen, Hund, Hammel, Pferd) menschliches Blut ein. Einige Zeit nachher schlachtet man dieses Tier und präpariert das gut von Blutkörperchen befreite klare und helle Serum. Bringt man zu diesem Serum einen oder einige Tropfen mensch-

lichen Serums, so bildet sich alsbald ein Niederschlag, der im Gefäß zu
Boden fällt. Man versichert sich auf diese Weise, daß das präparierte Serum
hinreichend kräftig ist. Es wird alsdann möglich, das menschliche Blut
zu erkennen, auch wenn es getrocknet ist. Man löst ein wenig von diesem
Blut in physiologischer Kochsalzlösung auf und gießt es in eine Röhre, die
das Serum eines Tieres enthält, das mittels Einspritzungen von Menschenblut präpariert wurde. Bildet sich nach kurzer Zeit in der Flüssigkeit ein
Niederschlag, so zeigt diese Tatsache, daß der Flecken in der Tat von mensch-
lichem Blut herstammt. Diese Methode beginnt bereits in die Praxis der
gerichtlichen Medizin einzudringen.

Diese Reaktion ist für uns von Interesse, weil sie die Verwandtschaften
zwischen den Gattungen aufdecken kann. Das Serum eines mit Ochsen-
blut präparierten Tieres ergibt einen reichlichen Niederschlag, wenn man
etwas Ochsenblutserum hinzusetzt, aber es ergibt diese Reaktion nicht
mit dem Serum einer ganzen Reihe anderer Säugetiere, auch nicht mit dem
Hammel-, Hirsch-, Damhirschserum."

Diese Erfahrungen sind neuerdings von zwei anderen Biologen (Nuttall
und Uhlenhuth) mit glänzendem Erfolge auf die uns zunächst interessierende
Frage angewandt worden. Das Serum eines mit Menschenblut vorbehan-
delten Kaninchens ergibt zu 34 verschiedenen Menschenblutsorten hinzugefügt in allen Fällen einen starken Niederschlag. Dasselbe Serum, zu acht
Blutsorten von menschenähnlichen Affen (Orang-Utan, Gorilla, Schimpanse) zugesetzt, ergab in allen acht Fällen einen fast ebenso starken Niederschlag wie in Menschenblut.

Etwas schwächer reagierte auf dieses Serum das Blut der Paviane
und Meerkatzen; von 36 verschiedenen Blutsorten dieser Gruppe gaben nur
vier eine volle Reaktion, in allen anderen Fällen war auch eine deutliche,
aber erst nach längerer Zeit auftretende Trübung zu verzeichnen. Noch
schwächer wurde die Reaktion bei den Affen der Neuen Welt. Hier ergab
dasselbe Serum zu 13 dieser Affengruppe gehörigen Blutsorten keine
volle Reaktion mehr, ein Niederschlag trat nicht mehr auf, und es war nur
noch nach längerer Zeit eine leichte Trübung zu verzeichnen. Dasselbe Resultat wurde bei vier Krallenaffen erzielt. Das Blut zweier Halbaffen reagierte überhaupt nicht mehr oder ganz schwach.

Was folgt nun aus diesen Versuchen? „Wenn wir, wie wir gesehen
haben, es als eine wissenschaftlich sicher erwiesene Tatsache betrachten
müssen, daß die Blutsverwandtschaft unter den Tieren durch die biologische
Reaktion zum sichtbaren Ausdrucke gelangt, so folgt daraus ohne weiteres,
daß dieses allgemein gültige Prinzip auch auf die Beziehungen zwischen
dem Menschen- und Affengeschlechte zutreffen wird.

Da es nun erwiesen ist, daß das Serum eines mit Menschenblut vor-
behandelten Kaninchens nicht nur in Menschen- sondern auch in Affen-

blut, im übrigen aber in keiner einzigen anderen Blutart, einen Niederschlag erzeugt, so ist das wohl für jeden wissenschaftlich denkenden Naturforscher ein absolut zwingender Beweis für die Blutsverwandtschaft zwischen
Menschen und Affen.

Ferner muß auf Grund der vorliegenden Experimente im Hinblicke
auf die quantitativen Differenzen in dem Ausfalle der biologischen Reaktion angenommen werden, daß verschiedene nähere, bezw. entferntere Verwandtschaftsgrade zwischen dem Menschen und den einzelnen Affenarten
bestehen, in Sonderheit, daß die Menschenaffen dem Menschen am nächsten
stehen, und im allgemeinen die Affen der Alten Welt dem Menschen näher
verwandt sind als die Affen der Neuen Welt.

Dieser Satz, der bereits von Darwin ausgesprochen ist, findet durch
die biologische Forschung eine geradezu glänzende Bestätigung.

Wir sehen ferner, daß die verwandtschaftlichen Beziehungen des Menschen und Affen sich mit Hilfe der biologischen Reaktion nach Nuttall bis
zu den niedrigen Affen, nach meinen (Uhlenhuths) Untersuchungen sogar
bis zu den Halbaffen verfolgen lassen, um von da ab bei allen tiefer stehenden Tieren völlig zu verschwinden.

Wenn nun auch aus diesen Untersuchungen nicht etwa der Schluß
zu ziehen ist, daß der Mensch von den heute lebenden Affen (Menschenaffen) abstammt, so ist doch jedenfalls durch dieselben der biologische
Beweis für die Blutsverwandtschaft zwischen Menschen- und Affengeschlecht
mit Sicherheit erbracht, und ich glaube Ihnen gezeigt zu haben, daß dieser
biologische Beweis allen übrigen, die aus der vergleichenden Anatomie und
Entwicklungsgeschichte sich ergeben, würdig an die Seite gestellt werden
kann; ja er dürfte der eklatanteste und verblüffendste sein, da man ihn
jedem im Reagenzglase demonstrieren kann." (Uhlenhuth).

Ganz neuerdings hat man eine Methode der Blutunterscheidung er-
funden, mit welcher man nicht nur die Arten voneinander unterscheiden,
sondern auch feinere Unterschiede innerhalb der Arten erkennen kann.
Mittels dieser Methode der „Komplementbindung", deren Begründung
uns hier zu weit führen würde, hat man das Blut von Menschen verschiedener Rassen untersucht, sowie zum Vergleich Affen herangezogen. Man
fand mit einem Menschenimmunserum des Kaninchens folgende Reihenfolge der biologischen Verwandtschaft: 1. Mensch, 2. Orang-Utan, 3. Gibbon,
4. Macacus rhesus und nemestrinus, 5. Macacus cynomolgus; aus dem
Verhalten des Serums konnte außerdem geschlossen werden, daß der Orang-
Utan der Art „Mensch" ungefähr ebenso nahe steht wie dem Macacus rhesus
und nemestrinus und näher als dem Macacus cynomolgus. In bezug auf
die verschiedenen Menschenrassen ist es gelungen, mit Hilfe eines gegen
Vertreter der weißen Rasse gerichteten Immunserums diese von Angehörigen der mongolischen und malayischen Rasse zu unterscheiden und

gleichzeitig auf die Verwandtschaft der einzelnen Rassen untereinander zu schließen. Bewährt sich diese Methode, so haben wir ein höchst wertvolles Mittel erhalten, um die Verwandtschaftsgrade verschiedener Tierarten mit bisher unerreichter Sicherheit zu bestimmen.

Die Resultate, welche sich aus unseren Untersuchungen über Verwandtschaftsbeziehungen des Menschen zu niederen Organismen ergeben, lassen sich folgendermaßen zusammenfassen: Anatomie und Embryologie haben vollkommen unwiderleglich festgestellt, daß der Mensch seinem gesamten Körperbaue nach im embryonalen wie im ausgebildeten Zustande ein Säugetier ist; daß unter allen Säugetieren die Affen in j e d e r Beziehung — bis in eigenartigsten und intimsten Einzelheiten der Organisation und der embryonalen Entwicklung — am meisten mit dem Menschen übereinstimmen; daß diese Übereinstimmung mit den höchsten Affen vollkommener als mit den niedrigeren ist, daß also die ersteren, die Menschenaffen, dem Menschen näher stehen als alle anderen lebenden Geschöpfe, sowie daß Mensch und Menschenaffen sich durch eine Reihe gemeinsamer Merkmale — auch solcher, welche die physiologische Konstitution betreffen — von allen anderen Tieren unterscheiden.

Freilich ist der von Huxley aufgestellte und von späteren Schriftstellern wiederholte Satz, daß die anatomischen Merkmale, durch welche sich der Mensch von den Menschenaffen unterscheidet, nicht so groß sind als die, welche die Menschenaffen von den niedrigern Affen trennen — diese Behauptung ist in vollem Umfange nicht haltbar, da einige Organe der Menschenaffen, wie z. B. der Schädel und teilweise die Gliedmaßen, unbestreitbar besser mit dem Verhalten bei mehreren der letztgenannten Tiere, als mit dem des Menschen übereinstimmen.

Dagegen wird durch die im obigen vorgeführten Tatsachen ein Satz von durchgreifender Bedeutung für die Beurteilung der Beziehungen zwischen den Menschen und den Menschenaffen festgelegt: die Unterschiede in einigen bedeutsamen Organisationsverhältnissen, welche Mensch und Menschenaffe in völlig ausgebildetem Zustande aufzuweisen haben, sind während der Embryonal- oder Jugendzeit in höherem oder geringerem Grade ausgeglichen. Bezüglich einiger Körperteile (wie Beinlänge, Fuß, Wirbelsäule), ist es der Menschenembryo, welcher mit den erwachsenen Menschenaffen übereinstimmt; bezüglich anderer (Schädel) ist es der unreife Menschenaffe, welcher sich dem erwachsenen Menschen nähert. Halten wir an der Anschauung fest, welche in der gesamten Embryologie eine Stütze findet, daß sich in der Entwicklung des Individuums gewisse Stadien der Stammesentwicklung wiederholen, so kann aus den hier dargelegten Tatsachen kein anderer Schluß gezogen werden, als daß der Mensch hinsichtlich einiger Organisationsverhältnisse, wie vor allem des aufrechten Ganges mit seinen Folgen (die höhere Ausbildung der Hand und des Ge-

hirns), weit über das Menschenaffen-Stadium hinausgegangen ist, während
einige andere körperliche Eigenschaften, wie z. B. der Gesichtsteil des
Schädels, beim Menschen gewissermaßen weniger differenziert sind als bei
den Menschenaffen.

Jedenfalls sind, wie ja nach dem über die embryologische Entwicklung Gesagten zu erwarten ist (vergleiche die Ausführungen im V. Kapitel),
die Übereinstimmungen zwischen dem Menschen und den Menschenaffen
in den frühern Entwicklungsstadien vollständiger als im erwachsenen
Zustande. Der Mensch und die Menschenaffen verhalten sich in ihrem
Entwicklungsgange wie zwei divergierende Linien. Sie entfernen sich in
demselben Maße voneinander, je näher wir den Endpunkten, den erwachsenen Individuen kommen. Man wird leicht gewahr, daß der Entwicklungsgang des Menschen und des Affen unter dem Einflusse verschiedener Ge-
walten steht: der Mensch wird mit jedem Schritte menschlicher, der Affe
tierischer.

Aus diesen Befunden, sowie aus der in mancher Beziehung stark einseitigen Differenzierung, welche die Menschenaffen aufzuweisen haben,
können wir auch den Schlußsatz ziehen, daß keiner der heute lebenden
Menschenaffen der Ahnenreihe des Menschengeschlechts angehören kann,
daß somit die Behauptung, daß „der Mensch vom Affen abstamme" —
eine Behauptung, die dann und wann noch immer von der Borniertheit
oder dem Zelotentum als die letzte Weisheit der Deszendenztheorie aus-
gegeben wird, und deren Vertreter den Darwinismus als „Affentheorie"
charakterisieren —, daß diese Ansicht jeglicher wissenschaftlichen Stütze
entbehrt, wie sie denn auch von keinem naturwissenschaftlich geschulten
Forscher vertreten wird.

Aber aus den in diesem und den vorhergehenden Kapiteln vorgetragenen Untersuchungen geht auch ein positives Ergebnis von grundlegender
Bedeutung hervor. Wir sagten soeben, daß der Mensch und die Menschenaffen in ihrem Entwicklungsgange sich wie zwei divergierende Linien verhalten. Divergierende Linien aber müssen, wenn sie in einer Richtung
genügend verlängert werden, zusammentreffen, müssen einen gemeinsamen
Ausgangspunkt haben. Und in der Tat zwingen uns alle die Resultate,
welche aus allen Untersuchungen auf diesem Gebiete gewonnen sind, zu
der Annahme: Mensch und Menschenaffen haben einen
gemeinsamen Ursprung.

Es fehlt nicht an Versuchen, den Menschen unmittelbar von
niedrigeren Säugetierformen abzuleiten und verwandtschaftliche Beziehungen zu den den Menschenaffen nahestehenden Stammformen zu leugnen.
Diese Auffassung stützt sich hauptsächlich auf die Tatsache, daß der
menschliche Körperbau in mancher Hinsicht auf einer ursprünglichern,
also verhältnismäßig tiefern Ausbildungsstufe steht. Aber ganz abgesehen

davon, daß wir uns mit dieser Auffassung in das Gebiet der reinen Hypothese begeben — Tatsachen führen nicht dahin — dürfte diese Ansicht schon aus dem Grunde nicht auf allgemeinere Anerkennung rechnen
können, weil sie die im vorhergehenden besprochene, teilweise geradezu
verblüffende Übereinstimmung in Eigenschaften ignoriert, welche uns
a u s s c h l i e ß l i c h beim Menschen und den Menschenaffen begegnen,
und welche deshalb ohne die Annahme, daß beide einer gemeinsamen und
von der der übrigen Primaten abgezweigten Stammform entsprossen sind,
vollkommen unbegreiflich, reine Mirakel werden.

Zu diesem Resultate also führen uns die drei biologischen Wissenschaften: vergleichende Anatomie, Embryologie und Physiologie. Aber
der von einem Gesichtspunkte aus wichtigste Zeuge, die Paläontologie —
gerade die Disziplin, welche wir früher als den im eigentlichsten Sinne
historischen Teil der Biologie angesprochen haben — muß offenbar in
einer Frage wie der vorliegenden die ausschlaggebende Stimme zuerkannt
werden. Hat denn die Paläontologie wirklich dieses Resultat, welches als
„brutal" im strengen Sinne des Wortes bezeichnet werden könnte, bestätigt?

Diese Frage zu beantworten, ist die Aufgabe der beiden folgenden
Kapitel.

IX.

Die ersten Menschen.

Alle sind wir von Kindesbeinen an vertraut mit der mosaischen Schöpfungslegende: „Und Gott der Herr pflanzte einen Garten in Eden, gegen Morgen, und setzte den Menschen darein, den er gemacht hatte. Und Gott der Herr ließ aufwachsen aus der Erde allerlei Bäume, lustig anzusehen und gut zu essen, und den Baum des Lebens mitten im Garten."

Ein ganz anderes Bild von dem Milieu, das den Menschen bei seinem ersten Auftreten auf der Erde empfing, hat uns die geologische Forschung gegeben — sie schildert uns einen Zustand, welcher als der völlige Gegensatz einer paradiesischen Idylle bezeichnet werden muß. Vorzüglich geeignet aber war dieses Milieu, um dem primitiven Menschen — auch ohne Beihilfe der Schlange — gut und böse unterscheiden zu lehren, um bei ihm die Entwicklungsmöglichkeiten auf seinem Spezialgebiete: dem der Gehirnbetätigung, wachzurufen. Die Not war es, welche Erzieherin zur Menschlichkeit wurde.

Zunächst ist die Frage zu beantworten: In welche geologische Periode fällt das erste Auftreten des Menschen?

Noch zu Anfang des vorigen Jahrhunderts bezweifelte man das Vorkommen von Menschenresten in Ablagerungen, welche ausgestorbene Tierarten einschließen. Der Reformator der Paläontologie, der schon früher genannte Georges Cuvier, glaubte dekretieren zu können: es gibt keine fossilen Menschen!

Und doch war bereits vor Cuviers Zeit, im Jahre 1700, bei Cannstatt in Württemberg das Schädelfragment eines Menschen zusammen mit Knochen ausgestorbener Bären- und Elefantenarten ausgegraben worden. Dergleichen unbestreitbar „fossile" Menschenreste — also Reste von Menschen, welche die Zeitgenossen anderer ausgestorbener Organismen gewesen waren — sind später der eine nach dem anderen an mehreren Orten in Europa entdeckt worden. Cuviers Behauptung hat sich somit als unhaltbar erwiesen. Aber alle die gedachten Funde stammten aus der Quartärformation, denn das im Jahre 1726 aus der Tertiärformation beschriebene „Menschenskelett“ hat ein glänzendes Fiasko erlitten. Im genannten Jahre gab der schweizerische Naturforscher und Arzt J. J. Scheuchzer eine Abhandlung' unter dem Titel Homo diluvii testis (Ein Mensch Zeuge der Sündflut) heraus, in welcher ein in einer tertiären Ablagerung gefundenes 1,2 Meter langes Skelett beschrieben und dessen Bild mit der Unterschrift versehen war:

„Betrübtes Beingerüst von einem alten Sünder
Erweiche Herz und Sinn der neuen Bosheitskinder“.

Aber Cuvier entlarvte den „alten Sünder“ und wies nach, daß er tatsächlich nichts anderes war als das Skelett eines großen Wasserlurches, der sehr nahe mit dem japanischen Riesensalamander der Gegenwart verwandt ist (Fig. 320).

Ganz abgesehen von diesem Funde haben, wie aus dem Folgenden erhellt, in jüngster Zeit gemachte Entdeckungen Gründe für die Annahme beigebracht, daß menschliche oder doch mit dem Menschen nahe verwandte Organismen schon während wenigstens der jüngsten Periode der Tertiärzeit existiert haben; doch haben diese menschlichen Wesen nicht derselben A r t wie der heutige Mensch angehört. Dagegen legt die Tatsache, daß die meisten gegenwärtigen Säugetiergattungen während der fraglichen Periode schon vorhanden waren, es nahe anzunehmen, daß ebenfalls die G a t t u n g Mensch (Homo) damals schon ausgebildet war.

Das Tatsachenmaterial, welches als Beweismittel für das Dasein des Menschen während der Tertiärzeit angeführt wird, besteht hauptsächlich aus Spuren menschlicher Tätigkeit, nämlich Steinwerkzeugen und Holzkohlen. Daß die Schichten, in welchen diese Gegenstände angetroffen sind, wirklich der Tertiärformation angehören, unterliegt keinem Zweifel. Schwieriger ist in jedem Falle der Beweis zu erbringen, daß dieselben wirklich der Tätigkeit des Menschen ihre Existenz verdanken und nicht auf „natürlichem“ Wege, d. h. durch unorganische Kräfte oder durch Tiere hervorgebracht sind. Immerhin sind noch neuerdings mehrere namhafte Forscher für ihre Natur als Kunstprodukte eingetreten. Der Belgier A. Rutot hat die ersten wertvollen Beiträge zum Verständnis derselben gegeben. Bisher fing, so führt er aus, die Geschichte des Menschen nicht mit dem ersten, sondern mit einem späteren Kulturstadium, nämlich mit der Periode an, als der Mensch schon so weit gekommen war, daß er seine Werkzeuge f o r m t e , indem er sie aus dem Steinblock herausschlug. Diese Periode der sog. pierres taillées fiel in die Quartärzeit. Aber mit logischer Notwendigkeit muß angenommen werden, daß dieser Periode in der Ausbildung der technischen Fertigkeiten beim Menschen eine andere vorausgegangen ist, als anstatt dieser von Menschenhand zugestutzten Werkzeuge solche verwendet worden sind, welche keinerlei Vorbereitung erfahren haben, eine Periode welche Rutot im Gegensatz zu derjenigen der pierres taillées als die der pierres utilisées bezeichnet.

Wir wissen, daß Affen Kokosnüsse, Steine, Baumzweige u. dgl. auflesen, um ihre Verfolger damit zu bewerfen und harte Fruchtschalen mit Hilfe eines Steines aufklopfen. In entsprechender Weise haben die ältesten menschlichen Wesen, beziehentlich die Vorfahren des Menschengeschlechts, das Steinmaterial vom Boden aufgelesen und unmittelbar zur Befriedigung ihrer einfachen Bedürfnisse benutzt. Es wurden wohl kaum andere Anforderungen an diese aufgerafften Steine gestellt, als daß sich das eine Ende einigermaßen bequem anfassen ließ und daß das andere zum Schlagen geeignet war. Dergleichen Steine sind somit meist nur an einem Ende abgenutzt. Selbstverständlich sind dieselben nicht immer mit Sicherheit von solchen zu unterscheiden, welche ihre Form ausschließlich Naturkräften verdanken. Der Umstand, daß sie oft an bestimmten Stellen angehäuft vorkommen, sowie daß sie eine natürliche Handhabe besitzen, kann manchmal die Beurteilung erleichtern.

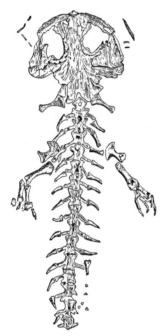

Fig. 320. Andrias Scheuchzeri, das Scheuchzerische Originalexemplar nach der Bearbeitung durch Cuvier (nach Zittel).

Daran ist jedenfalls festzuhalten, daß als das erste Stadium der Steintechnik dasjenige anzunehmen ist, in dem der Mensch das Material überhaupt noch gar nicht bearbeitete, sondern die Steinstücke vom Boden auflas, je nachdem sie sich für den einen oder anderen Gebrauch gerade eigneten. Aber schon in einer solchen Wahl bekundet sich ein gewaltiger intellektueller Fortschritt den niederen Organismen gegenüber.

In der Natur der Sache liegt es, daß die Archäologen bezüglich vieler dieser Funde keineswegs einig sind. Von namhaften Forschern wird aber gegenwärtig die Ansicht vertreten, daß in den Tertiärschichten von Frankreich und England, vielleicht auch Birma (Hinterindien) Steine vorkommen, welche von menschlichen Wesen benutzt worden sind.

So sind seit langem aus der Tertiärformation bei Aurillac (Frankreich) Feuersteinstücke bekannt, welche von vielen Forschern als pierres utilisées angesprochen werden, während andere sich skeptisch verhalten. Neuerdings (1905) hat Klaatsch sich dafür ausgesprochen, daß alle diese Feuersteinstücke Spuren des Gebrauches oder gar der Bearbeitung aufweisen,

Fig. 321. Feuersteinswerkzeuge aus den Tertiärschichten bei Aurillac (nach Klaatsch).

sowie daß manche derselben durch Übergänge mit unzweifelhaften Werkzeugen aus viel späterer Zeit verbunden sind (Fig. 321). Auch ist nicht daran zu zweifeln, daß diese Feuersteine derselben Zeit wie die in denselben Schichten gefundenen tertiären Säugetiere angehören, und nicht etwa, wie man vielleicht argwöhnen könnte, erst in späterer Zeit in jene Schichten eingelagert worden sind.

Auch der Physiologe Verworn hat neulich die Aurillac-Funde untersucht und ist zu demselben Schlußsatz wie Klaatsch gekommen. Dagegen sind nach seiner Meinung die viel besprochenen Feuersteinstücke, welche aus den Tertiärschichten bei Otta in Portugal beschrieben worden

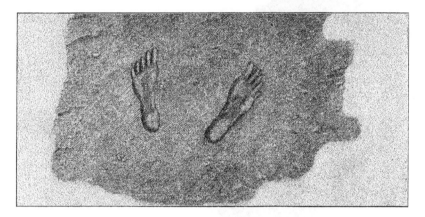

Fig. 322. Fossile Fußspuren des „Menschen“ in den Kalkbrüchen bei St. Louis (nach Branco).

sind, allerdings menschliche Industrieprodukte, aber vom quartären Alter, da sie erst durch spätere Umwälzungen der Schichtenfolge in tertiäre Ablagerungen hinein gelangten.

Ein Einwand gegen die hier vorgetragene Deutung ist neulich von einem bekannten Zoologen (P. Sarasin) erhoben worden. Derselbe betont, daß vom unteren Quartär bis abwärts zum Oligocän (= älteren Tertiär) die angenommenen Gebrauchssteine alle das gleiche Aussehen haben, und daß in diesen ungeheuren Zeiträumen keinerlei Kulturfortschritte stattgefunden haben. Da nun hierzu der Mangel einer Vorfahrenreihe des Menschen aus dem ältesten Tertiär (Eocän) kommt, so glaubt Sarasin Gründe zu haben, die als Artefakten aufgefaßten tertiären Funde als Naturerzeugnisse bezeichnen zu müssen.

Immerhin dürfte doch eine Anzahl von diesen Funden uns berechtigen — zumal da Sarasins Kritik die hier vorgetragene Auffassung der Kunstprodukte nicht trifft — anzunehmen, daß Spuren von menschlicher Tätigkeit schon im Tertiär vorkommen; dagegen hat man bisher keine unan-

tastbaren Reste dieser Menschen selbst aus jener Zeit nachweisen können.
Dies k ö n n t e eine Erklärung in der Tatsache finden, daß Skelette viel
zerbrechlichere Dinge sind als Steine und deshalb auch geringere Aussichten als Steinfabrikate haben, sich in Gesteinschichten zu erhalten.

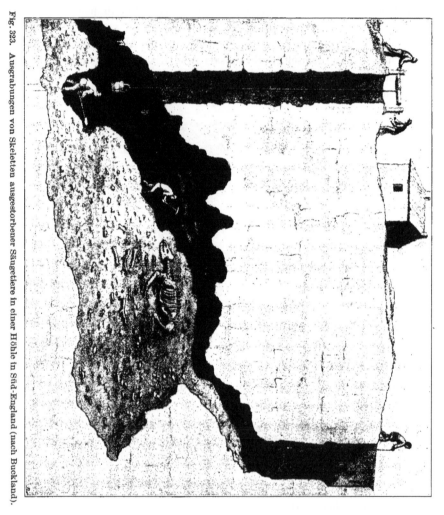

Fig. 323. Ausgrabungen von Skeletten ausgestorbener Säugetiere in einer Höhle in Süd-England (nach Buckland).

So hat sich der 1866 in Calaveras (Kalifornien) gefundene menschliche Schädel, von welchem behauptet wurde, daß er aus tertiären Ablagerungen ausgegraben sei, nach neueren eingehenden Untersuchungen als
viel moderner herausgestellt.

Auch die Skeletteile, welche aus der Tertiärformation von La Plata
beschrieben sind, scheinen jüngeren Datums (wahrscheinlich aus dem
Quartär) zu sein.

An verschiedenen Orten hat man F u ß s p u r e n entdeckt, die Menschen zugeschrieben werden, welche während der Tertiärzeit gelebt haben sollen. In Nordamerika, Australien und in Deutsch-Westafrika hat man geglaubt, fossile menschliche Fußspuren zusammen mit solchen von Tieren gesehen zu haben. Betreffs mancher derselben wie derjenigen, welche schon 1805 am Ufer der Buchtarma in Sibirien entdeckt wurden und ein gewisses Aufsehen erregten, sowie der in Südwestafrika angetroffenen ist es nunmehr erwiesen, daß sie Kunstprodukte sind. Ob dasselbe von einem Paare Fußabdrücke aus den Kalksteinbrüchen bei St. Louis (Nordamerika) gilt, welche sogar als Spuren von Jesu Füßen Gegenstand der Anbetung gewesen sind, ist schwerer zu entscheiden. Jedenfalls sind die Zehen an diesen Abdrücken verdächtig unnatürlich und stimmen schlecht mit denen heutiger Menschen überein (Fig. 322). Die zahlreichen in den Steinbrüchen bei Carson Nevada (Nordamerika) angetroffenen Fußspuren haben sich bei sorgfältiger, von Marsh vorgenommener Untersuchung als Spuren nicht menschlicher, sondern tierischer Herkunft ergeben. Es bleibt noch eine große Anzahl Fährten übrig, welche in Sandsteinen bei Warnambool in Australien angetroffen sind. Hier liegen sicherlich keine Kunstprodukte, sondern wirkliche Naturabdrücke vor. Dagegen ist es noch unentschieden, ob sie dem Tertiär oder einer späteren Zeit angehören.

Erst in Ablagerungen, welche der Quartärzeit — also zu jener Periode, welche der unsrigen unmittelbar vorhergeht — angehören, sind die ersten geologisch sicher beglaubigten menschlichen Skelettreste gefunden worden; auf einen seinem Alter nach der Tertiärzeit wenigstens äußerst nahestehenden Fund kommen wir später zurück.

Bildet somit das Auftreten des Menschen das große Ereignis der Quartärperiode auf paläontologischem Gebiete, so wird dieselbe geologisch durch eine sehr bemerkenswerte Klimaveränderung ausgezeichnet. Zu Anfang der Tertiärzeit (Eocänperiode) war die Mitteltemperatur mehr als 10° wärmer als gegenwärtig. Im mittleren Europa gediehen damals Wälder von Palmen, Bananen, Lorbeerbäumen, Akazien, Magnolien, Feigenbäumen usw. Allmählich sank die Temperatur etwas, so daß während der sogenannten Miocänzeit in Europa ein subtropisches Klima herrschte und die Baumgrenze noch 10° weiter nördlich als heute reichte; so kennt man in Grönland Ablagerungen von jener Zeit, in welchen Reste von Eiche, Buche, Kastanie, Walnußbaum usw. angetroffen sind. Die Abkühlung fuhr aber fort, so daß zu Ende der Tertiärzeit das Klima in Europa ungefähr dasselbe wie gegenwärtig war.

Diese Temperatursenkung erreichte ihren Höhepunkt in der Quartärperiode, als mit der E i s z e i t ein arktisches Klima unseren Weltteil beherrschte. Große Länderstrecken wurden von Binneneis zusammenhängenden Schnee- und Eismassen bedeckt, wie sie gegenwärtig in Grönland angetroffen werden. Die nordeuropäische Eismasse hatte ihr Zentrum in der skandinavischen Halbinsel, von welcher sie sich nach allen Richtungen hin ausdehnte, so daß sie zur Zeit ihrer größten Ausdehnung Skandinavien, Holland, die norddeutsche Ebene, den größten Teil von Großbritannien und mehr als Zweidrittel von Rußland bedeckte. Eine zweite kleinere Eisdecke erstreckte sich von den Alpen über die Hochebenen der Schweiz und das südliche Bayern, andere gingen vom Riesengebirge, den Vogesen, Pyrenäen usw. aus. Eine noch größere Verbreitung hatten die Eisdecken gleichzeitig in Nordamerika. Auch in vielen anderen Gegenden der Erde, selbst in der Nähe des Äquators, hat die Eiszeit unverkennbare Spuren ihrer einstigen Herrschaft hinterlassen.

Die Gletscher, wie diese Eisdecken genannt werden, verhalten sich wie eine plastische Masse, welche in langsamer, aber beständiger Fortbewegung begriffen ist und Schutt, Sand und Steine, welche durch Verwitterung von den anliegenden, dem Froste ausgesetzten Gebirgswänden auf das Eis gefallen sind, mit sich führt. Dies Material sammelt sich zu größeren oder kleineren Wällen, den sogenannten Moränen, an. Vor sich her schiebt der Gletscher oft Stein- und Schuttmaterial, welches er auf seinem Wege trifft, und das der Eismasse einverleibt wird. Daß der Gletscher außerdem alle einigermaßen zarten und gebrechlichen Gegenstände, über welche sein Weg geht, zugrunde richtet, ist selbstverständlich, und sei hier nur deshalb besonders betont, damit der Umstand, daß in jenen Gegenden, welche von Gletschereis bedeckt gewesen sind, nirgends Spuren einer früheren Existenz des Menschen angetroffen sind, keineswegs als ein Beweis dafür aufgefaßt werden darf, daß der Mensch nicht vor der Eiszeit hat leben können.

Die geologischen Ablagerungen aus der Eiszeit bestehen teils aus den obengenannten Moränen, welche dadurch ausgezeichnet sind, daß in denselben sämtliche Bestandteile von den kleinsten Sandkörnern an bis zu den größten Steinblöcken ohne jegliche Ordnung durcheinander gelagert sind, teils aus geschichteten Sand-, Kies- und Lehmlagern, welche durch das Schmelzwasser des Eises zustande gekommen sind.

In den Ablagerungen aus dieser Epoche werden vielfach Überreste von Pflanzen und Tieren, welche in einem milderen Klima als das eiszeitliche gelebt haben müssen, gefunden. Hieraus hat man mit Recht den Schluß gezogen, daß die Temperatur während der Eiszeit recht beträchtlichen Schwankungen unterworfen gewesen ist, und daß die Eismassen durch Abschmelzen periodisch wesentlich verkleinert worden sind, so daß Tiere und Pflanzen, welche in wärmeren Luftstrichen ihre Heimat hatten, die vom Eise befreiten Länder in Besitz nehmen konnten, um wieder daraus vertrieben zu werden, wenn die Eismassen von neuem vorrückten. Man

hat deshalb die Existenz mehrerer Eiszeiten mit zwischenliegenden eisfreien Perioden (Interglacialzeiten), in denen das Klima etwa dem der
Gegenwart entsprochen haben mag, angenommen. Bezüglich der Frage,
wie viele solcher Eiszeiten es gegeben hat, sind die Ansichten der Geologen
geteilt; manche nehmen nur zwei, andere mehrere, bis zu sechs an. Jedenfalls dürfte als festgestellt angesehen werden können, daß in Europa einer

Fig. 324. Mammut, rekonstruiert nach den neuesten Funden (nach Pfizenmayer).

ersten Eiszeitperiode mit niedriger Temperatur, unter deren Einwirkung
sowohl von Skandinavien als von den Alpen her die Gletscher so weit vorrückten, daß in Deutschland zwischen den beiden sich entgegenstrebenden
Eismassen nur ein verhältnismäßig schmaler für höhere Organismen
bewohnbarer Landstreifen übrig blieb, eine Zeit mit wärmerem Klima
folgte. Die mittlere Jahrestemperatur hatte um so viel zugenommen, daß
die Eismassen abschmolzen und sich weit nach Norden und in die Alpen
zurückziehen mußten, wogegen die Tierwelt nach Norden vordrängte.

In bezug auf die Faktoren, welche die Eiszeit verursacht haben, hat
man sich bisher mit Mutmaßungen begnügen müssen. Da, wie erwähnt,
Gletscher nicht nur in den nördlichen Regionen der Erde, sondern gleich-

zeitig in den Tropen aufgetreten sind, dürfte die Ursache dieser Erscheinung mit Recht nicht in Veränderungen, welche unsere Erde selbst durchlaufen hat, sondern in Ereignissen allgemein kosmischer Art zu suchen sein. So hat man bei diesen Erklärungen seine Zuflucht zur Annahme von Veränderungen in der Erdbahn und in der Stellung der Erde zu dieser genommen, ohne daß bisher Einigkeit erzielt worden wäre.

In den Schutt- und Sandlagern, welche die Flüsse in den eisfreien Gebieten ablagerten, in Torfmooren, in Ablagerungen aus den Interglacialzeiten und in Kalkhöhlen (Fig. 323) sind uns reichliche Reste von Tieren, welche die Zeitgenossen der ersten Menschen in dem Europa der Quartärzeit gewesen sind, erhalten geblieben.

Ebenso wie das Klima der Quartärperiode sich von demjenigen der Gegenwart unterschied, so hatte auch die Tierwelt, welche dieser Periode angehörte, eine ganz andere Physiognomie als diejenige, welche die Gegenwart kennzeichnet. Denn damals mußte der Mensch sein Wohngebiet mit solchen Riesengestalten wie dem Mammut, dem wollhaarigen Nashorn, dem Höhlenbären, dem Höhlenlöwen und anderen jetzt ausgestorbenen Säugetieren, welche an Größe und Stärke ihren heutigen Verwandten mehr oder weniger stark überlegen waren, teilen. Einige von den damaligen Säugetieren waren überlebende aus der Tertiärzeit, andere waren während der Eiszeit nach Europa eingewandert. Mehrere dieser Vorweltriesen fielen als die ersten Opfer auf dem Altar der menschlichen Kultur.

Zu den wahrscheinlich von Nordasien eingewanderten gehört einer der bemerkenswertesten Zeitgenossen des Quartärmenschen, das M a m - m u t (Fig. 324). Vom indischen Elefanten, seinem nächsten lebenden Verwandten, unterscheidet es sich unter anderem durch bedeutendere Größe (es war etwa 1 Meter höher als dieser), durch größere, bis zu 4 Meter lange Stoßzähne, durch das dichte und lange Haarkleid usw. Schon letztgenannte Eigenschaft läßt erkennen, daß das Mammut, verschieden von seinen Verwandten in der Gegenwart, kalte Gegenden bewohnt hat. Sein Verbreitungsgebiet war sehr ausgedehnt: Europa von Dänemark, Rußland, Großbritannien bis Rom und Nordspanien, Nordasien, sowie Nord- und Zentral-Amerika. Überall ist das Mammut häufig gewesen, am häufigsten doch wohl in Sibirien, wo seine Stoßzähne heute eine wichtige Handelsware bilden, da ein bedeutender Teil von allem im Handel vorkommenden Elfenbein — nach einer Angabe ein Drittel — vom sibirischen Mammut herrührt. In dem gefrorenem Boden Sibiriens hat man auch zu wiederholten Malen vollständige Kadaver, mit Haut, Haaren, Fleisch usw. gut erhalten angetroffen. Daß das Mammut wirklich ein Zeitgenosse des ersten Menschen gewesen ist, kann jetzt nicht mehr bezweifelt werden. Man hat nicht nur Knochen dieses Tieres in denselben Schichten wie vom Menschen verfertigte Werkzeuge gefunden, sondern auch Abbildungen desselben

auf Elfenbein und an Felsenwänden. Die Skelettreste des Mammuts waren
schon während des Mittelalters bekannt; seine Stoßzähne wurden dem
Einhorn der Legende zugeschrieben.

Auch das größte unter den jetzt bekannten Landsäugetieren aller
Zeiten, der U r e l e f a n t (Elephas antiquus), ist erst n a c h dem Auftreten des Menschen in Europa ausgestorben. Dieser Elefant erreichte eine
Höhe von fast 5 Meter, etwa 1 Meter mehr als das stärkste Mammut;
auch die Stoßzähne waren größer, etwa bis 5 Meter lang. Das ungeheure
Gewicht dieser gewaltigen Stoßzähne war es, welches dem ganzen Vorder-
teil dieser Elefantenart eine entsprechend gewaltige Ausbildung verschaffte:
der Schädel mit seinen Hinterhauptgelenkköpfen, die Halswirbel und die
Vorderbeine zeichnen sich durch eine kolossale Stärke aus. Zum Unterschied vom Mammut ist der Urelefant, welcher dem gegenwärtig in Afrika
lebenden Elefanten verwandt ist, für die oben erwähnten wärmeren Interglacialperioden in Europa charakteristisch und breitete sich zu Anfang dieser
Zeit nordwärts bis nach Großbritannien aus. Von dem wieder vorrückenden
Eise wurde er zusammen mit anderen empfindlicheren gleichzeitigen Tierarten wie das damals ebenfalls in Europa heimische Flußpferd südlich bis
nach Afrika und Asien verdrängt, um während einer späteren wärmeren
Periode zum zweiten Male in Gesellschaft des Menschen und des Flußpferdes
bis zum mittleren Europa vorzudringen.

Außer diesen beiden waren noch zwei andere Elefantenarten Zeitgenossen des Menschen in Europa. Der Quartär-Mensch ist somit nicht
weniger als vier verschiedenen Arten dieser Riesentiere begegnet, deren
heutige Verwandte ausschließlich die tropische Welt bewohnen. Doch ist
zu bemerken, daß die verschiedenen Arten unter verschiedenen Zeitabschnitten der Quartärzeit lebten, so daß sie alle vier nicht gleichzeitig in
derselben Gegend vorgekommen sind.

Ein Begleiter des Mammuts war das sibirische oder w o l l h a a r i g e
N a s h o r n , ebenso wie das erstere und zum Unterschied von den heutigen
Nashornarten mit einem dichten Haarkleide bedeckt. Das vordere der
beiden Hörner der Nase erreichte bis zu 1⅓ Meter Länge und verursachte,
daß die sonst knorpelige Nasenscheidewand, um dieses gewaltige Horn
tragen zu können, verknöcherte — eine Eigenschaft, welche der Art ihre
lateinischen Namen Rhinoceros tichorhinus gegeben hat. Dagegen dürfte die
durchschnittliche Größe des Tieres selbst diejenige der heutigen indischen
Art kaum übertroffen haben. In Sibirien sind ganze Kadaver, im Eise
eingefroren, gefunden worden. Sein Verbreitungsgebiet ist ungefähr dasselbe wie das des Mammuts, nur etwas weniger umfangreich. Schon vor
Ausgang der Eiszeit war diese Art erloschen.

Sein nächster Verwandter ist das M e r c k s c h e N a s h o r n (Rhinoceros merckii), welches ihm an Größe bedeutend überlegen war. Eben

wie das vorige der Begleiter des Mammuts war, haben dieses Nashorn und
der Urelefant zusammen gelebt; beide charakterisieren die früheren und
wärmeren Epochen der Quartärzeit (Interglacialperioden) und gelangten
niemals so weit nach Norden wie die vorigen. Es läßt sich nachweisen, daß
der Mensch auch dieses Nashorn jagte.

Wer die Schöpferkraft der Natur nach den Erzeugnissen der Gegenwart beurteilt, muß eine solche Tiergestalt wie den R i e s e n h i r s c h

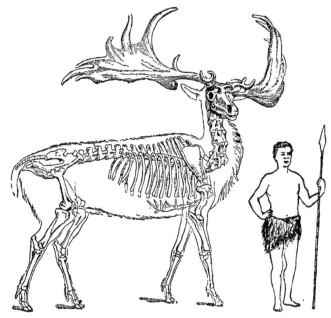

Fig. 325. Der Riesenhirsch der Quartärzeit mit den Umrissen der mutmaßlichen äußeren
Form des Tieres (teilweise nach Zittel).

(Cervus euryceros) als ein Luxusprodukt ansehen, weil sein Geweih die
Grenzen des Notwendigen und Nützlichen weit überschritten hat; dieses hatte
nämlich eine Breite von fast 3 Metern, während die Körpergröße diejenige
eines starken Pferdes kaum übertraf (Fig. 325). Reste dieses Hirsches sind
häufig in Zentral-Europa angetroffen; die nördlichste Fundstelle ist Dänemark, die südlichste Nord-Italien. Am besten bekannt ist der Riesenhirsch durch die zahlreichen und vollständigen Skelette geworden, welche
in den irländischen Torfmooren ausgegraben worden sind. Er überlebte
die Eiszeit.

Unter den übrigen Zeitgenossen der Urmenschen zeichnet sich der
Wisent (Fig. 326) aus, der sich allen Klimaten und Zonen anzupassen vermochte und in demselben Maße wie das Mammut ein Kosmopolit genannt
zu werden verdient. Ganz Europa, Nordsibirien und Nordamerika bewohnte

er während der Eiszeit und noch später in großer Menge. Seine Nachkommen haben sich in geringer Anzahl in Nordamerika, in Lithauen und am Kaukasus erhalten.

Empfindlicher als der Wisent war der U r oder A u e r o c h s , der zweite der großen Rinder der Vorzeit und einer der Vorfahren unserer Haus-

Fig. 326. Wisents im zoologischen Garten in Berlin (nach Heck).

rinder. Während der Eiszeit bewohnte er nur den Süden Europas; erst in der nachglacialen Zeit verbreitete er sich in großen Herden über nördliebere Gegenden und erreichte dann auch die skandinavische Halbinsel. Noch im siebenzehnten Jahrhundert lebten einzelne Tiere in Polen. Das nordische Museum zu Stockholm besitzt zwei Hörner des Auerochsen, welche von Polen herstammen; das eine ist als Pulverhorn, das andere als

Jagdhorn verwandt worden. Das letztere, welches dem schwedisch-polnischen Könige Sigismund angehört hat, trägt eine Inschrift, nach welcher es von dem letzten Auerochsen in Masowien (1620) herstammen soll.

Von P f e r d e n traten in der Quartärzeit mehrere Formen teilweise in großen Scharen auf. Einer der berühmtesten Fundorte ist Solutré bei Lyon, wo eine Ablagerung von Pferdeknochen („magma de cheval") angetroffen ist, welche 100 Meter lang und 3 Meter tief gewesen sein soll. Man hat berechnet, daß daselbst wenigstens 20 000 Pferdeskelette angehäuft waren. An diesen ist die Hirnkapsel meistens aufgebrochen, was andeutet, daß der Mensch diese Tiere erlegt hat, um seine Lieblingsspeise, das warme

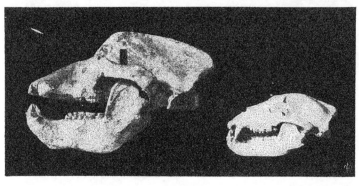

327 a   327 b

Schädel (Fig. 327 a) des Höhlenbären, (Fig. 327 b) des schwedischen Bären (beide in gleichem Maßstabe photographiert nach den Originalen im Zootomischen Institut der Universität Stockholm).

Gehirn, zu genießen. Da bei Solutré ein hoher Felsen in einen Abgrund abstürzt, hat man angenommen, daß der Mensch die Pferde, um sie zu töten, über diesen Abhang hinuntergejagt hat.

Auch unter den Raubtieren der Eiszeit haben einige bedeutendere Dimensionen erlangt als ihre heute lebenden Verwandten. Das gilt in erster Linie von dem Höhlenbären, der Höhlenhyäne und dem Höhlenlöwen. Nach den unzähligen Knochenresten, welche die beiden erstgenannten in einzelnen Höhlen zurückgelassen haben, muß man annehmen, daß sie ihre Schlupfwinkel während vieler Generationen innegehabt haben. In einer englischen Höhle wurden auf einem kleinen Areal die Überreste von 200 bis 300 Hyänen aller Altersstadien sowie zerbrochene und abgenagte Knochen ihrer Beutetiere, hauptsächlich Wisent und Pferd, ausgegraben. Die H ö h l e n h y ä n e unterscheidet sich außer durch viel bedeutendere Größe nicht wesentlich von der gefleckten Hyäne, welche gegenwärtig Süd- und Ost-Afrika bewohnt. Sie war in der Quartärzeit über Mittel- und Süd-Europa verbreitet; besonders häufig war sie in England.

Zu den am meisten charakteristischen Tieren der Quartärperiode gehört der H ö h l e n b ä r , der bedeutend größer als unser lebender europäischer Bär und am nächsten mit den nordamerikanischen Grizzly-Bären verwandt (Fig. 327) war. Skelettreste dieses Tieres sind über ganz Europa — mit Ausnahme des Nordens — und Nordafrika verbreitet und zeigen oft unverkennbare Spuren ihrer Bearbeitung durch Menschenhand.

Von dem Höhlenlöwen, welcher, wenn auch größer, am besten mit dem Löwen unserer Zeit übereinstimmt, sind Skelettreste an verschiedenen Stellen in den Knochenhöhlen Zentral-Europas gefunden worden. Überraschend ist es immerhin, Löwen im Herzen unseres Weltteils anzutreffen. Wir haben uns aber daran zu erinnern, daß der Löwe, dessen Vorkommen gegenwärtig auf einen Teil von Afrika und den westlichen Asien beschränkt ist, noch in historischer Zeit im südöstlichen Europa vorkam: als die Armee des Xerxes durch Macedonien zog, wurde sie von Löwen überfallen.

Außer diesen und einigen anderen Tierarten, welche zum größeren Teile sich nicht in die Jetztzeit hinein zu retten vermochten, lebte während der Quartärzeit in Europa eine andere Tiergesellschaft, welche sich jetzt in hochnordische und arktische Regionen zurückgezogen hat. Es waren nämlich Lemminge, Polarfuchs, Vielfraß, Renntier und Moschusochse über einen großen Teil von Europa verbreitet. Das Renntier, welches südwärts die Alpen und Pyrenäen erreichte, war eines der gewöhnlichsten Jagdtiere des Quartär-Menschen, wie seine massenweise angehäuften Knochenreste an den Wohnplätzen der älteren Steinzeit und in den von den Menschen dieser Periode bewohnten Höhlen bewiesen. Der Moschusochse, welcher gegenwärtig den arktischen Ländern Nordamerikas angehört, bewohnte damals Europa südlich bis Österreich und bis zu den Pyrenäen. Andere wiederum wie Gemse und Steinbock, welche während der Eiszeit in der Ebene lebten, haben sich beim Rückzug des Eises in die Gebirgsgegenden zurückgezogen.

Wie bereits angedeutet, traten alle diese Tiere keineswegs vollkommen gleichzeitig auf. Man hat mit Hilfe teils dieser Fossilien, teils der Beschaffenheit der Industrieprodukte den Zeitabschnitt, welchen die Archäologen p a l ä o l i t h i s c h e n benennen, und welcher ganz oder teilweise mit der Quartär- oder Diluvialzeit der Geologen zusammenfällt, in eine Anzahl Epochen geteilt, welche neuerdings von dem Grazer Archäologen Hoernes als Chelléo-Moustérien, Solutréen und Magdalénien bezeichnet werden.

Einzelheiten in dieser ursprünglich von französischen Forschern und für französische Lokalitäten aufgestellten Einteilung sind von späteren Untersuchern mit Recht angegriffen worden. Manche Fundorte lassen sich nicht ohne Vergewaltigung der Tatsachen in dieses Schema einzwängen; die verschieden weit gediehene Vollkommenheit, welche die fraglichen Industrieprodukte aufzuweisen haben, kann teilweise von dem Rohmateriale, das den Leuten an Ort und Stelle zu Gebote stand, abhängig sein. Ferner war die Beschaffenheit des Klimas an verschiedenen Orten gleichzeitig verschieden, hauptsächlich abhängig von der Entfernung des Ortes vom nächsten Gletscher, ein Umstand, welcher einigermaßen auf die Zusammensetzung der an dem fraglichen Orte lebenden Tierwelt zurückwirkte. Diese Momente erschweren offenbar eine Verständigung in bezug auf eine allgemeingültige Einteilung außerordentlich.

Ohne hier auf eine Diskussion dieser Frage einzutreten, kann es festgestellt werden, daß solche Tiere wie das Flußpferd, der Urelefant, das Merksche Nashorn, der Höhlenbär u. a. ausschließlich während der ältesten paläolithischen Periode, dem Chelléo-Moustérien, hier in Europa gelebt

Fig 328. Weidende Renntiere, ein vom paläolithischen Menschen verfertigtes Gemälde auf der Grottenwand von Font de Gaume im Vézère-Tale (nach Capitan).

haben. Große und grobe Steinwerkzeuge kennzeichnen den industriellen Standpunkt dieser Zeit. Beim Eintritt der Kälte während der Solutréen-Periode verschwand ein Teil dieser Tiere, und Tiergestalten mit mehr nordischem Gepräge fanden sich ein: das Mammut und das wollhaarige Nashorn, welche sich schon während der vorigen Periode gezeigt hatten, außerdem Wildpferd, Wisent u. a. Gegen Ende dieses Abschnittes wird das Mammut seltener, und der Höhlenbär stirbt aus; das Renntier tritt während des späteren Teils dieser Periode auf. Die Steinwerkzeuge sind feiner, teilweise sehr hübsch gearbeitet. Außerdem sind von dieser Periode Reste einer fleißigen Kunstausübung auf uns gekommen. Schnitzereien, welche sowohl Menschen- als Tierfiguren darstellen, sind in besonders großer Anzahl in der Schweiz und in Frankreich aufgefunden worden, sowie Zeichnungen zeitgenössischer Tierarten auf Elfenbein, Knochen, Renntiergeweih und Stein. Am merkwürdigsten aber sind wohl jene Zeichnungen und Malereien, mit denen die alten Insassen Dach und Wände ihrer Höhlenwohnungen geschmückt haben. In Frankreich und Spanien hat man nämlich Höhlen mit Wandzeichnungen angetroffen, welche wirkliche Fresken sind, deren rote und schwarze Farben durch Ockererde und Manganschwarz, welche manchmal noch in der Nähe der Höhlen zu finden sind, hergestellt wurden. Die abgebildeten Tiere sind u. a. Wisent, Renntier (Fig. 328), Mammut, Wildpferd; in einer Grotte bei Combarelles (Dordogne) hat man nicht weniger als 40 Bilder von Pferden angetroffen, welche mit solcher Naturtreue wiedergegeben sind, daß man nicht nur ältere und jüngere Individuen, sondern auch zwei Rassen unterscheiden kann.

Einige dieser Malereien gehören einer späteren Zeit, dem Magdalénien an. Während dieser Periode war das Klima kälter, was schon aus der Häufigkeit des Renntieres zu schließen ist. Auch Wildpferd und Wisent sind zahlreich vertreten, der Edelhirsch dagegen selten, und das Mammut ist im Auswandern begriffen, weshalb es zu dieser Zeit im westlichen Europa selten geworden ist, während es im Osten häufiger vorkommt. Nashorn und Höhlenbär sind ausgestorben. Außer durch kleine, oft feine Steinwerkzeuge wird die Industrie dieser Epoche durch zahlreiche und verschiedenartige Werkzeuge, aus Knochen und Horn verfertigt, repräsentiert.

Wir haben also gefunden, daß während der Quartärperiode sowohl die unorganische Natur (Verteilung von Land und Wasser, Temperatur usw.) sowie auch die Tierwelt, welche Zeitgenosse des ersten Menschen in Europa war, ein wesentlich anderes Gepräge als in der Gegenwart trägt. Schon dieser Umstand macht es, wie schon angedeutet, im höchsten Grade wahrscheinlich, daß auch die Menschen der Quartärzeit nicht mit uns identisch, nicht ganz dieselben Geschöpfe wie wir gewesen sind. Schon vor langer Zeit (1882) haben auch zwei französische Forscher, Quatrefages und Hamy, Veranlassung gefunden, die ältesten bekannten Menschen von den heute lebenden zu scheiden und die ersteren zu einer besonderen Rasse zu vereinigen, der Cannstatt-Rasse, so benannt nach dem Fundorte eines viel besprochenen Schädels. Der Name dieser Rasse wurde dann 1887 auf Grund neuerer Funde und Untersuchungen von den belgischen Forschern Fraipont und Lohest in Neandertal-Rasse nach dem Fundorte anderer quartärer Menschenskelette umgeändert.

Die Funde, auf welchen die Neandertal-Rasse gegründet ist, stammen aus den quartären Ablagerungen von verschiedenen Gegenden Europas.

Man hat auf die befremdende Tatsache aufmerksam gemacht, daß, während tierische Skelette aus der Quartärformation in großer Menge angetroffen sind, Menschenreste aus derselben Zeit verhältnismäßig selten sind. Da man nicht annehmen kann, daß der Mensch in jener Periode allgemein die Leichen verbrannte oder sonstwie zerstörte, kann dies kaum von etwas anderem abhängen, als daß das Menschengeschlecht damals noch sehr spärlich vertreten war. Diese Auffassung hat man durch folgendes

Argument zu stützen versucht. Die gegenwärtige Anzahl der Menschen auf der ganzen Erde wird zu etwa 1500 Millionen berechnet. Vorausgesetzt, daß die Zunahme auch für die Zukunft dieselbe verbleibt, wie sie jetzt ist, würde die Gesamtzahl nach kaum 200 Jahren 6000 Millionen betragen. Rechnen wir mit derselben Zuwachszahl rückwärts in die Vergangenheit, so würden wir an einem Zeitpunkte, welcher einige tausend Jahre vor unserer Zeit liegt, schon zu Null oder zum ersten Menschen kommen — ein Ergebnis, das offenbar völlig absurd ist, denn wir wissen, daß die Quartärperiode, in der ja der Mensch schon existierte, viel weiter zurückliegt. Das Menschengeschlecht muß sich also in früheren Zeiten in einem viel langsameren Tempo vermehrt haben als in unseren Tagen, denn sonst würde seine Anzahl schon längst auf 6000 Millionen gestiegen sein. Die Ursache dieses Verhaltens ist noch unaufgeklärt. Vielleicht ist der Zuwachs durch größere Sterblichkeit unter den Kindern, durch Hunger, Seuchen oder mörderische Fehden dezimiert worden. Wie es sich hiermit auch verhalten haben mag, dürfte man immerhin Grund haben anzunehmen,

Fig. 329. Gustav Schwalbe, geb. 1844; Professor der Anatomie in Straßburg i. E.

daß die Bevölkerung Europas während der früheren Periode der Quartärzeit viel weniger zahlreich gewesen ist als jetzt: es waren kleine Gruppen meist nomadisierender Jäger, ausgerüstet mit einfachen Werkzeugen und Waffen.

Die Funde fossiler Menschen sind während der letzten Jahre Gegenstand einer kritischen Sichtung mit Hilfe unserer mehr vollendeten Untersuchungsmethoden gewesen. Unter denjenigen Biologen, welche sich um diese Forschungen verdient gemacht haben, nennen wir in erster Linie den bekannten Straßburger Anatomen Gustav Schwalbe. Er hat nämlich eine für das Verständnis der Menschwerdung höchst bedeutsame Tatsache festgestellt, welche in Kürze folgendermaßen formuliert werden kann. Die Menschengattung ist nicht einheitlich; es gibt vielmehr zwei Arten in

der Gattung Homo: eine niedere, welche als U r m e n s c h (H o m o
p r i m i g e n i u s) bezeichnet worden ist, während der Quartärperiode
lebte, und jetzt ausgestorben ist, und eine höhere, welche allein die Linnésche
Artbezeichnung H o m o   s a p i e n s verdient; nur die letztere überlebte
die Quartärperiode und ist die Menschenart der Gegenwart.

Um die Wege zu veranschaulichen, auf denen die Wissenschaft sich
vorwärts tastet, mag erwähnt werden, daß schon lange vor Schwalbe zwei
andere Forscher, King und Cope, die Meinung ausgesprochen, daß der
Neandertalmensch der Art nach von dem Menschen der Jetztzeit verschieden ist. Aber sie vermochten nicht mit ihrer Ansicht durchzudringen;
dies war Schwalbe vorbehalten. In kleinerem Maßstabe haben wir hier
bezüglich Schwalbes und seiner genannten Vorgänger eine Parallelerschei-
nung zu Darwin und den vordarwinistischen Deszendenztheoretikern. In
beiden Fällen liegen der Erscheinung entsprechende Ursachen zugrunde:
die letztgenannten fanden ebensowenig Gehör wie King und Cope, weil das
Material, von dem sie ausgingen, oder die Methoden, die sie anwandten,
nicht befriedigten, nicht überzeugend wirkten.

Durch seine Untersuchungen hat Schwalbe nachweisen können, daß
nur ein Teil der menschlichen Skelettreste, welche von früheren Verfassern
als der Cannstatt- oder Neandertal-Rasse angehörig beschrieben worden
sind, wirkliche Urmenschen sind, während die Mehrzahl derselben nicht
oder nur unwesentlich vom Menschen der Jetztzeit abweichen. Die Orte,
an welchen bisher sicher bestimmte Reste des Urmenschen gefunden
worden, sind Neandertal bei Düsseldorf, Mauer bei Heidelberg, Spy und
La Naulette in Belgien, Malarnaud, Arcy sur Cure, Le Moustier im Vézère-
Tale (Dordogne) und La Chapelle-aux-Saints (Corrèze) in Frankreich,
Schipka und Ochos in Mähren, Krapina in Kroatien und Gibraltar.

Aus dieser Übersicht geht also hervor, daß der Urmensch wenigstens
während der älteren paläolithischen Periode den größeren Teil von Zentral-
und Süd-Europa bewohnte.   Reste desselben außerhalb der Grenzen unseres Erdteils sind bisher noch nicht angetroffen worden.

Auf dem gegenwärtigen Standpunkte unserer Wissenschaft ist es un-
tunlich, die Frage zu beantworten, wieviel Zeit, in Jahrhunderten oder
Jahrtausenden ausgedrückt, verflossen ist, seit der Urmensch lebte.   Betreffend eines der Funde ist von kompetenter Seite die Vermutung ausgesprochen, daß die fraglichen Urmenschen-Reste 20 000 Jahre, eher mehr
als weniger, alt sind.

Im Jahre 1856 stießen einige Arbeiter im Neandertal bei Düsseldorf
in einer mit Sand und Lehm angefüllten Grotte auf Teile eines menschlichen Skelettes.   Diese wurden als Tierknochen angesehen und würden
wahrscheinlich verkommen sein, wenn nicht zufälligerweise ein Arzt, Dr.
Fuhlrott, von diesem Fund Kenntnis erhalten und ihn gerettet hätte. Der-

selbe besteht aus dem Schädeldach, den beiden vollkommen erhaltenen
Oberschenkelknochen, je einem vollständigen Oberarmbeinknochen, Ellen-
bogenknochen, Speichenknochen und einem Schlüsselbein sowie außerdem aus
Bruchstücken von andern Teilen des Skelettes (Becken, Schulterblatt, Rippen
usw.) und wurde sowohl von Fuhlrott als von Schaaffhausen beschrieben.
Der letztere gelangte zu dem Ergebnis, daß diese Reste dem Vertreter einer
nunmehr erloschenen Menschenrasse angehört haben; er betont außerdem:
„die menschlichen Gebeine und der Schädel aus dem Neandertale übertreffen alle die anderen an jenen Eigentümlichkeiten der Bildung, die auf
ein rohes und wildes Volk schließen lassen; . . . . sie dürfen für das älteste
Denkmal der früheren Bewohner Europas gehalten werden". Allen An-
griffen zum Trotz ist Schaaffhausen dieser Auffassung treu geblieben, welche
allerdings der damaligen Zeit recht ketzerisch erschienen sein muß; es
wurde doch diese Auffassung ein Jahr vor der Geburt des Darwinismus
vorgetragen.

Der Fund erregte in allen gebildeten Kreisen großes Aufsehen, und
eine üppige Neandertal-Literatur schoß alsbald ins Kraut, denn durch die
neue Deszendenztheorie war die Frage nach dem Ursprung des Menschen
wieder brennend geworden. Die verschiedensten Meinungen wurden ver-
verfochten. Während einige, wie Huxley und der bedeutendste Geologe
der damaligen Epoche, Charles Lyell, sich mehr oder weniger vollständig
der Auffassung Schaaffhausens anschlossen, erklärten andere den einstigen
Inhaber des fraglichen Schädeldaches für einen Kelten oder für einen Idioten
oder für einen alten Holländer. Ja, ein Verfasser erklärte den Schädel für
den eines mongolischen Kosaken vom Jahre 1814, der lebend in die Höhle
geraten und dort gestorben sei. Die am meisten bemerkten Äußerungen
wurden aber von dem kürzlich verstorbenen bekannten Pathologen und
Anthropologen Rudolf Virchow getan, welcher sich zu wiederholten Malen
und bei den verschiedensten Gelegenheiten in der Neandertalfrage ausgesprochen hat. Durch eine 1872 veröffentlichte Untersuchung hatte Virchow
bei Fachgelehrten und Laien die Meinung erweckt, daß der Neandertalschädel in der Abstammungsfrage des Menschen überhaupt nicht verwertet
werden dürfe, da er durch krankhafte Einwirkung sein abweichendes Gepräge erhalten habe. Später hat allerdings Virchow seine früheren Äußerungen nicht unwesentlich modifiziert und anerkannt, „daß die gesamte
Form nicht eine pathologische sei. Sie ist eine durch krankhafte Einwirkung veränderte typische" (!). Tatsächlich war ja der Virchowsche Standpunkt, welcher zum nicht geringen Teil durch seine Abgeneigtheit gegen
den Darwinismus diktiert war, in demselben Maße unhaltbar geworden,
als auch in anderen Gegenden Menschen vom Neandertaltypus entdeckt
wurden. Denn anzunehmen, daß Europas sämtliche Einwohner in einer
gewissen Periode durch Krankheiten angegriffen und entstellt gewesen

sein sollten, ist selbstverständlich eine völlig absurde Vorstellung. Als deshalb 1885 die höchst bedeutungsvollen Skelette bei Spy, von denen später die Rede sein soll, entdeckt wurden, hatte Virchow zunächst nichts anderes zu tun als sie zu ignorieren. Und als der in mancher anderen Richtung so hoch verdiente Gelehrte ein Jahr vor seinem Tode (1901) in einem Vortrage in der Versammlung der deutschen Gesellschaft für Anthropologie in Metz auf Grund der neuerdings erschienenen, wichtigen Arbeiten betreffs dieser Frage sich genötigt sah, auch zu dem letztgenannten Fund Stellung zu nehmen, da zeigte er, daß er, wie so manche andere Potentaten, nichts gelernt und nichts vergessen hatte, daß er noch immer von vorgefaßten Meinungen eingenommen war. Er mußte deshalb auch bei dieser Gelegenheit von maßgebender Seite hören, daß er in dieser Frage mit seiner Ansicht allein stände.

In ein neues Stadium trat das Studium der ältesten Menschen, als Schwalbe (1899 und 1901) neue Arbeitsmethoden und neue Gesichtspunkte in diese Untersuchungen einführte.

Zunächst hat Schwalbe die pathologischen Merkmale, mit denen laut Virchow der Neandertalschädel behaftet sein sollte, einer eingehenden Kritik unterworfen. Er hat gezeigt, daß nicht eine einzige von den von Virchow erwähnten Beschädigungen irgendwelchen Einfluß auf die den Schädel kennzeichnende Form gehabt haben kann, wie hoch man auch ihre Bedeutung einschätzen mag. Für die anthropologische Deutung des Schädeldaches sind sie vollkommen gleichgültig. In einigen Fällen ergab sich sogar, daß die Eigenschaften, welche von Virchow als krankhafte Erscheinungen aufgefaßt waren, in den Bereich des Normalen fallen. Virchow hatte auch zu beweisen versucht, daß der von Krankheiten so arg geplagte Neandertaler keineswegs so alt hätte werden können, falls er einem wilden, nomadisierenden Jägervolke angehört hätte, und vermutete deshalb, daß der Fund einer viel späteren, weiter entwickelten Kulturepoche angehörte. Durch genaue, vergleichende Untersuchungen hat dagegen Schwalbe dargelegt, daß die Beschaffenheit des Neandertalschädels keineswegs zu dem Schlusse berechtigt, daß der Inhaber desselben ein besonders hohes individuelles Alter erreicht haben solle, weshalb die auf diesem Umstande gegründeten Schlußsätze Virchows hinfällig werden. Die Eigenschaften des Schädels, welche ihn als Mitglied einer besonderen Menschenart erkennen lassen, sollen später besprochen werden.

Können nun auch die anatomischen Besonderheiten des Neandertalschädels als richtig erkannt angesehen werden, so wird der Wert des Fundes einigermaßen dadurch beeinträchtigt, daß eine vollständig gesicherte Kenntnis seines geologischen Alters nicht gewonnen werden kann. Man hat nämlich zusammen mit den menschlichen Knochen keine solche von Tieren oder Werkzeuge angetroffen, welche eine sichere Zeitbestimmung ermög-

lichen. Sehr w a h r s c h e i n l i c h ist es immerhin, daß der Neandertalmensch Zeitgenosse der Quartärtiere (wollhaariges Nashorn, Höhlenbär,
Höhlenhyäne) war, welche später (1865) in der nächsten Nähe der Fundstelle und unter denselben geologischen Verhältnissen gefunden wurden.

Beiläufig mag erwähnt werden, daß vor einigen Jahren an einer Stelle
ungefähr 250 Meter vom ersten Fundplatze entfernt, einige menschliche
Skelettreste (doch kein Schädelteil) angetroffen wurden, welche nach einer
vorläufigen Untersuchung besser mit dem Knochenbau des Menschen der
Gegenwart als mit denen des 1856 ausgegrabenen Neandertalers übereinstimmen sollen. Doch gehören auch diese Reste den quartären Schichten an.

Läßt somit der Neandertaler in bezug auf nähere geologische Altersbestimmung zu wünschen übrig, so genügen dagegen die folgenden Funde
— sowohl in geologischer als anatomischer Hinsicht — allen Forderungen,
die billigerweise gestellt werden können.

1887 beschrieben die belgischen Naturforscher Fraipont und Lohest
Teile von zwei Skeletten, welche in der Tiefe einer Knochenschicht am
Eingang einer Kalkhöhle bei Spy (Provinz Namur) gefunden wurden, und
welche beide, besonders der Schädel des einen, verhältnismäßig gut erhalten waren. Was zunächst das Alter dieser Skelette betrifft, so erhellt
aus den eben daselbst ausgegrabenen Tierresten, daß diese Menschen Zeitgenossen jener Tierwelt gewesen sind, welche eine bestimmte Periode der
Quartärzeit kennzeichnen, nämlich des Mammuts, des wollhaarigen Nas-
horns, des Höhlenbären, des Wildpferdes und des Auerochsen. Daß
wenigstens einige von diesen den Menschen als Nahrung gedient haben,
geht daraus hervor, daß mehrere Tierknochen in völlig gleichförmiger
Weise gespalten sind, offenbar zum Zwecke der Erlangung des Knochen-
markes. Da Holzkohlen zusammen mit den menschlichen Knochen vorkommen, darf man annehmen, daß die Spymenschen den Gebrauch des
Feuers kannten. Übrigens stand ihre Industrie nicht hoch. Sie besaßen
grob bearbeitete Feuerstein- und Knochenwerkzeuge, welche dem oben erwähnten Chelléo-Moustérien- oder Moustérientypus angehören. Durch
sorgfältige Untersuchungen haben Fraipont und Lohest nachweisen können,
daß die Menschenskelette nicht in späterer Zeit in die fraglichen Ablagerungen
hineingelegt oder daselbst bestattet sind, sondern es weisen alle Fund-
umstände entschieden darauf hin, daß diese Menschen gleichaltrig mit den
oben erwähnten quartären Säugetierarten sind. Da die Schichten, in welchen
die fraglichen Reste gefunden wurden, sich unmittelbar vor dem Eingang
einer Grotte befinden, ist es mehr als wahrscheinlich, daß diese Grotte
ihnen zur Wohnung gedient hat.

Das letzte Jahr des vorigen Jahrhunderts brachte noch eine besondere
Bereicherung unserer Kenntnis von den ältesten Menschen. Gorjanovic-
Kramberger, Professor der Geologie an der Universität zu Agram, fand

nämlich 1899 in einer Grotte bei Krapina im nördlichen Kroatien eine
große Anzahl menschlicher Skelettreste von demselben Typus wie die Ne-
andertal- und Spymenschen. Bei Krapina hat der Bach Krapinica zur
Quartärzeit eine Grotte ausgehöhlt und auf deren Boden Steine, groben
Sand usw. abgesetzt. Später, als das Wasser des Baches nicht länger die
Grotte erreichen konnte, sind die im Wasser gebildeten Schichten von
Verwitterungsprodukten, welche von den überhängenden Sandsteinschichten
herstammen, überlagert worden. Zwischen diesen Schichten von verwit-
terten Sandsteinen liegt eine Kulturschicht, d. h. Ablagerungen, in denen
Reste menschlicher Tätigkeit wie Holzkohlen, Asche, angebrannte Skelett-
teile usw. angetroffen sind.

Die Tierwelt, deren Reste in der Grotte gefunden sind, hat ein von der
heute in Kroatien lebenden vollständig abweichendes Gepräge. Am zahlreich-
sten ist der Höhlenbär; außerdem findet sich das Mercksche Nashorn,
welches, wie oben erwähnt, einer älteren und wärmeren Periode der Quartärzeit angehört hat, als diejenige, deren Charaktertiere das Mammut und sein
Genosse, das wollhaarige Nashorn, sind; ferner sind daselbst Wildschwein,
Biber und Murmeltier ausgegraben worden. In den Kulturschichten werden
gebrannte Knochen von Höhlenbär, Nashorn und Wisent angetroffen, also
Reste menschlicher Mahlzeiten. Diese Fauna dürfte schließen lassen, daß
sie und die zeitgenössischen Menschen einer etwas älteren Epoche als die
Spymenschen angehören, daß sie während einer milderen Interglacialperiode
gelebt haben, während die letztgenannten, wie ebenfalls aus den sie be-
gleitenden Tierformen (Mammut und wollhaariges Nashorn) hervorgeht, wahrscheinlich einem härteren Klima ausgesetzt gewesen sind. Die in großer
Anzahl zurückgelassenen Steinwerkzeuge sind aus Feuerstein, Jaspis, Opal
und Kalcedon angefertigt.

Die von Kramberger ausgegrabenen menschlichen Skelettreste haben
einer großen Anzahl Individuen angehört. Doch sind nie einigermaßen
vollständige Skelette, sondern nur Bruchstücke solcher angetroffen worden.
So gut wie alle Lebensalter sind vertreten; außer Kindern zwischen 6 und
13 Jahren sind Personen angetroffen, welche 20—30 Jahre und noch älter
geworden sind. Daß alle wesentlich demselben Typus wie der Neandertaler
und die Spymenschen angehören, ist sichergestellt.

Ein schwerer Verdacht lastet nach Kramberger auf diesen alten Kroa-
tiern: sie waren wahrscheinlich Menschenfresser. Eines der Kulturlager
besteht nämlich fast ausschließlich aus entzweigeschlagenen, gebrannten
und angebrannten Menschenknochen. In diesem Zusammenhange mag
daran erinnert werden, daß selbst in viel späterer Zeit der Kannibalismus
an vielen Orten in Europa blühte. Man hat nämlich in Frankreich, Italien,
Deutschland, Dänemark und wahrscheinlich auch in Schweden Spuren desselben nachweisen können.

Ein bei Gibraltar gefundenes Schädelfragment von nicht näher be-
stimmbarem quartären Alter wird jetzt ebenfalls zu derselben Menschenart
wie die oben genannten gestellt.

Ein Gedenkjahr in der Geschichte der Forschungen über die Urmenschen
wird 1908 bleiben. Es hat uns drei der wertvollsten Entdeckungen,

Fig. 330. Fundstelle (×) des Unterkiefers vom Homo Heidelbergensis (nach Schoetensack).

welche je auf diesem Gebiete gemacht worden sind, geschenkt. Diese Funde
können ein um so größeres Interesse beanspruchen, als sie nicht nur unseren Einblick in den Bau des Urmenschen bedeutend erweitern, sondern
gleichzeitig eine glänzende Bestätigung der Anschauung, zu welcher die
früheren Funde uns geführt haben, geben.

Einer der führenden Autoritäten in der modernen Anthropologie,
Hermann Klaatsch, hat den einen dieser Funde einer eingehenden Untersuchung unterworfen. Die Entdeckung des fraglichen Skelettes ist nicht,

wie die so vieler anderen ähnlichen Funde das Werk eines Zufalls, sondern vielmehr das Resultat systematischer Ausgrabungen, welche seit einiger Zeit unter Leitung des schweizerischen Archäologen O. Hauser bei Le Moustier in dem wegen seines Reichtums an paläolithischen Funden berühmten Vézèretale in Dordogne (Frankreich) ausgeführt wurden. Beim Graben in einer noch vollständig unberührten Grotte, welche bisher durch einige kleine, daselbst stehende Ställe unzugänglich gewesen war, wurden am 7. März 1908 einige Knochenfragmente gefunden, welche Hauser sofort als menschliche Gliedmaßenknochen erkannte. Bei einer späteren im Beisein einiger französischen Beamten vorgenommenen Abdeckung des Fundortes war unter anderem auch der Schädel zutage getreten. Diesem verführerischen Anblick gegenüber hatte Hauser die höchst anerkennenswerte Selbstüberwindung, die Hebung des Schatzes vier Monate, nämlich so lange aufzuschieben, bis er Gelegenheit fand, einer Versammlung von neun Fachleuten, darunter Klaatsch, seinen Fund zu demonstrieren. Die Hebearbeit, welche äußerst schwierig war, da beim Versuche, die Knochen vom Erdreich abzulösen, dieselben in Staub zerfielen, hatte Klaatsch übernommen. Stück für Stück wurden die einzelnen Kopfskeletteile entblößt und jede neu zutage tretende Partie photographisch aufgenommen. Nach langsamer Austrocknung wurden die Schädelteile freigelegt und unter Ergänzung von

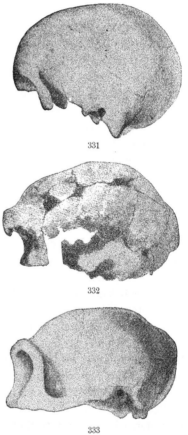

331

332

333

Schädel Fig. 331 eines modernen Europäers, 332 der Spy-Menschen I (nach Fraipont), 333 eines Schimpansenweibchens.

Plastilin zusammengefügt. Klaatsch hat feststellen können, daß das Skelett einem jugendlichen Individuum angehört, welches während der oben als Chelléo-Moustérien bezeichneten Epoche, also während der frühesten paläolithischen Zeit gelebt hat. Aus der Stellung des Skelettes („Schlafstellung") sowie aus den in seiner unmittelbarsten Nähe gefundenen Werkzeugen ist der Schluß gezogen worden, daß man es hier mit einer regelrechten Bestattung zu tun hat. Eine solche Bestattung würde in der Tat eine höhere

Kulturentwicklung voraussetzen, als man bisher Veranlassung gehabt, bei
den Menschen dieser Epoche anzunehmen. Diese Annahme ist auch von
anderer Seite stark beanstandet worden.

Im Dezember 1908 veröffentlichte Marcelin Boule, Professor der Paläontologie am Jardin des plantes zu Paris, einen Bericht über den zweiten
Fund eines Urmenschen in Frankreich. Diese Entdeckung, welche drei
archäologisch geschulten Abbés, (J. und A. Bouyssonie und L. Bordon) zu
verdanken ist, wurde bei La Chapelle-aux-Saints im Departement Corrèze
gemacht und besteht aus einem ziemlich vollständigen Schädel, einigen
Rückenwirbeln und Teilen des Gliedmaßenskelettes. Ebenso wie der Le-
Moustiermensch ist dieser ein Urmensch und stammt aus demselben oder
einem etwas späteren Zeitabschnitt. Ferner erhellt deutlich aus der
Beschaffenheit des Skelettes, daß es einem Greise angehört; die Zähne
fehlen fast gänzlich, und die Kiefer zeigen deutlich Spuren von seniler Degeneration. Auch bezüglich dieses Individuums hat man angenommen, daß
es bestattet worden ist.

Der dritte und in gewisser Beziehung bedeutungsvollste Beitrag zur
Urgeschichte des Menschen, den uns das Jahr 1908 brachte, ist ein Unterkiefer, welcher aus den Sanden des Dorfes Mauer südöstlich von Heidelberg
ausgegraben wurde (Fig. 330) und von Dr. O. Schoetensack unter dem
Namen H o m o H e i d e l b e r g e n s i s (der Heidelberger-Mensch) beschrieben wurde. Die Untersuchung der in denselben Ablagerungen gefundenen Tierreste gibt an die Hand, daß der Homo Heidelbergensis von
den bisher bekannten, geologisch sicher bestimmbaren menschlichen Resten
der älteste ist, indem er, wenn nicht bereits dem Spättertiär (dem Pliocän),
doch wenigstens jenen Ablagerungen, welche den Übergang vom Tertiär
zum Quartär bilden, zuzurechnen ist. Und mit dem höheren geologischen
Alter harmonieren, wie wir im folgenden sehen werden, die abweichenden
anatomischen Eigenschaften.

Vielleicht gehört ein ganz neulich (1909) von Capitan und Peyrony in
La Ferrasie (Dordogne) entdecktes Skelett ebenfalls dem Urmenschen an;
die Untersuchungsresultate sind noch nicht veröffentlicht worden.

Die anderwärts gemachten und oben aufgezählten Funde von Urmenschen bestehen aus Unterkiefern oder Teilen von solchen.

Übrigens dürfen wir keineswegs die Hoffnung aufgeben, vom Urmenschen
einmal etwas mehr als nur Reste seines Skelettes und Gebisses kennen zu
lernen. Wir können nämlich mit Recht erwarten, daß im gefrorenen Boden
Sibiriens, welcher uns während tausenden von Jahren die Kadaver der Mammut und Nashörner, der Zeitgenossen des Urmenschen, mit Haut und Haaren
bewahrt hat, uns eines Tages eine g a n z e Leiche des Urmenschen schenken
wird — gewiß einer der willkommensten und zugleich folgenschwersten Unter-
suchungsgegenstände, der in die Hände eines Naturforschers fallen könnte!

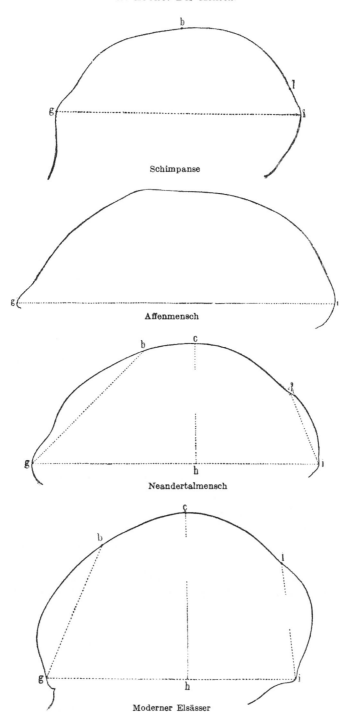

Schimpanse

Affenmensch

Neandertalmensch

Moderner Elsässer

Fig. 334. Profilkurven verschiedener Schädel (nach Schwalbe).

Wir kommen jetzt zu den anatomischen Eigenschaften, durch welche sich der U r m e n s c h (Homo primigenius) von allen anderen unterscheidet.

Um diese Unterschiede durch Zahlen ausdrücken zu können, verwendet Schwalbe einige Punkte am Schädel, welche an den hier mitgeteilten Bildern, welche Profilkurven durch die Mittelebene verschiedener Schädel darstellen, mit gleichen Buchstaben bezeichnet worden sind (Fig. 334). Verbindet man nun den vorspringendsten Punkt des über der Nasenwurzel befindlichen Wulstes (g) mit dem äußeren Hinterhauptshöcker (i), so hat man eine für alle vier Schädel vergleichbare, in der Mittelebene liegende Grundlinie erhalten, auf welche die weiteren Messungen bezogen werden können.

1. Schon bei oberflächlicher Musterung zeigt es sich, daß die Profilkurve des Neandertalers bedeutend niedriger ist als die des Europäers der Gegenwart. Dies kommt zum exakten Ausdruck, wenn man von der höchsten Wölbung des Schädeldaches eine senkrechte Linie (c h) auf die Grundlinie zieht. Schwalbe bezeichnet diese Senkrechte als Kalottenhöhe. Wird die Länge der Grundlinie gleich 100 gesetzt, und die Kalottenhöhe in Prozenten des Längenwertes ausgedrückt, so erhält man den sogenannten Kalottenhöhenindex. Dieser weist folgende Werte auf:

Schimpanse 37,7
Neandertaler 40,4
Spymensch I 40,9
  „   II 44,3
Die geringste Kalottenhöhe beim modernen Menschen . . 52,0
Diese Zahlen sind ja sehr beredt!

Noch niedriger als die Neandertal- und Spy-Schädel soll der bei La Chapelle-aux-Saints neuerdings entdeckte Schädel sein.

2. Die Stirn des Urmenschen unterscheidet sich auffallend von derjenigen des lebenden durch geringere Wölbung und stärkere Neigung gegen die Grundlinie. Die Stirnbildung, wie wir sie an dem Schädel des Urmenschen finden, wird als „fliehende Stirn" bezeichnet. Schwalbe hat einen zahlenmäßigen Ausdruck für den Unterschied in der Stirnbildung in dem Winkel gefunden, welchen die Grundlinie mit einer Linie bildet, welche den Punkt in der Schädelmitte, wo Stirn- und Scheitelbeine zusammenstoßen (b), mit dem Punkte g verbindet. Dieser Winkel (b g i, Fig. 334) beträgt bei:

Schimpanse 39,5⁰
Neandertaler 44⁰
Spymensch I 46⁰
  „   II 47⁰
Moderner Mensch . . . . 53—64⁰

3. Der Urmensch ist durch mächtig verdickte Wülste am Dach der Augenhöhlen, welche ununterbrochen den ganzen oberen Augenhöhlenrand

begrenzen und oberhalb der Nasenwurzel mit leichter Vertiefung ineinander übergehen, ausgezeichnet, während beim recenten Menschen — vielleicht mit einer Ausnahme (siehe unten) — der seitliche Teil des oberen Augenhöhlenrandes zart gebaut ist und nur der innere Teil der Augenbrauenbogen mehr oder weniger stark verdickt erscheint. Die Wülste der oberen Augenhöhlenränder des Urmenschen kommen auch bei den Menschenaffen in ähnlicher oder noch stärkerer Ausbildung vor und sind überall durch eine erhebliche Einsenkung von dem mehr nach hinten gelegenen, das Gehirn bedeckenden Teil des Stirnbeins getrennt, liegen also v o r dem eigentlichen Hirnschädel, während bei dem heutigen Menschen, infolge der mächtigen Entfaltung des Großhirns, sich Gehirn und Schädelkapsel nach vorn über die Augenhöhlen verschoben haben.

So scharf dieser Unterschied in den extremen Fällen beim Vergleiche der Schädel eines Urmenschen und eines Europäers hervortritt, so gibt es doch auch heute Menschen mit Schädelformen, bei welchen sich die Bildung der Augenbrauenregion dem Verhalten beim Urmenschen nähert. So sind bei manchen Naturvölkern, z. B. bei den Papuas auf Neu-Guinea, die Augenbrauenbögen bedeutend kräftiger entwickelt als bei uns; ja auch bei den Kulturvölkern trifft man Personen mit enorm hervorragenden Augenbrauenbögen an und nach einer Angabe soll dies besonders häufig bei Verbrechern der Fall sein. Nach den neulich veröffentlichten Untersuchungen von Klaatsch kommen bei den Ureinwohnern Australiens wirkliche Augenbrauenwülste vor, welche mit denen der Urmenschen übereinstimmen sollen, was aber von anderer Seite wieder bestritten wird.

4. Das Stirnbein ist beim Urmenschen länger als das Scheitelbein. Dasselbe Verhalten trifft man bei den Menschenaffen an, während bei fast 50% der modernen Menschen das Gegenteil der Fall ist, und die Verhältnisse sich nie so wie beim Urmenschen gestalten.

5. Das Hinterhauptsbein des Urmenschen ist durch eine stark vorragende querverlaufende Knochenleiste ausgezeichnet, hervorgerufen durch Halsmuskeln und Nackenband, welche stärker sind, als wie sie bei den heutigen Menschenrassen vorkommen (Fig. 332, 338). Während bei den letzteren der hervorragendste Teil des Hinterhauptes oberhalb des Hinterhauptshöckers gelegen ist, fällt beim Urmenschen der letztere mit dem hervorragendsten Punkt des Hinterhaupts zusammen. Mit diesem Umstande hängt wiederum die verschiedene Neigung des oberen Teiles des Hinterhauptsbeins zusammen: beim Urmenschen ist dieser Teil viel mehr nach vorne geneigt. Um diesen Unterschied zahlenmäßig auszudrücken, zieht Schwalbe eine Linie vom oberen und vorderen Punkte des Hinterhauptsbeins (l) zum Hinterhaupthöcker (i) und findet, daß der Winkel (l i g), welchen diese Linie (l i) mit der Grundlinie (g i) bildet

335 a

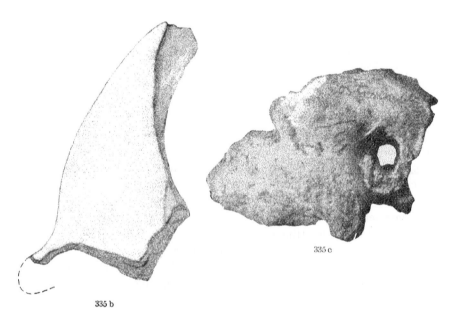

335 b

335 c

Fig. 335. Der Krapina-Mensch. a b Stirnfragmente; c Fragment des Schläfenbeins
(nach Gorjanovic-Kramberger).

bei den Affen . . . . 43—68°
bei dem Neandertaler . . . . 66,5°
bei den modernen Menschen . 78—85°

beträgt. (Fig. 334).

6. Bemerkenswert ist, daß beim Urmenschen der an das Schläfenbein stoßende Rand des Scheitelbeins länger ist, als der am Scheitel liegende Rand; bei den heutigen Menschen ist das Verhalten umgekehrt, während die Affen wiederum mit dem Urmenschen übereinstimmen. Selbstverständlich beruht dies auf der geringeren Wölbung des Schädeldaches bei

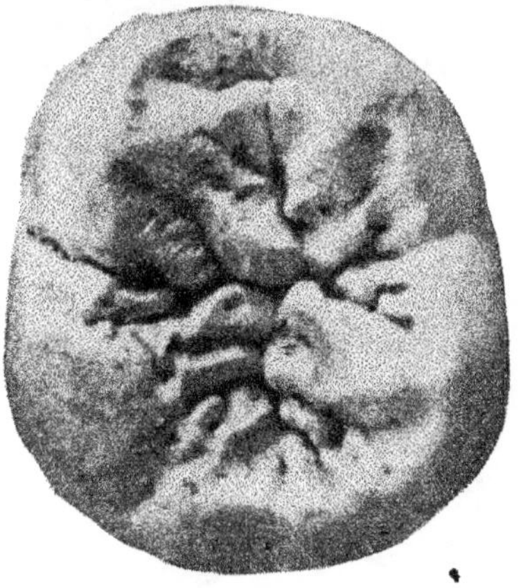

335 d

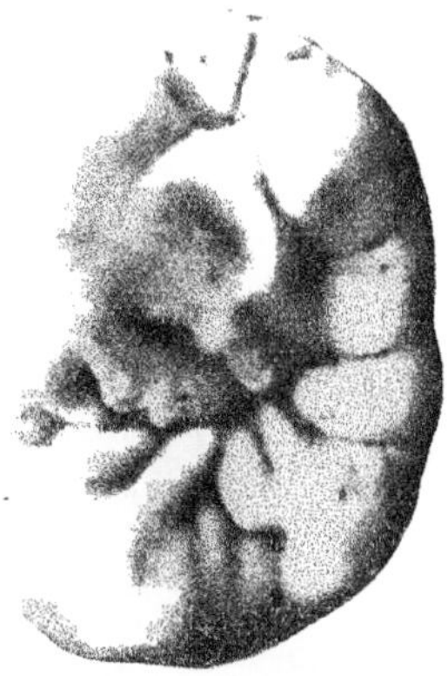

335 e

Fig. 335. Der Krapina-Mensch. d, e Backenzähne (nach Gorjanovic-Kramberger).

den letzteren, was wiederum von der geringeren Entfaltung des Großhirns abhängt.

7. Der Innenraum des Gehirnschädels ist nämlich beim Urmenschen im Verhältnis zur Körpergröße kleiner als bei den modernen Menschen. Durch genaue Untersuchungen hat Schwalbe nachweisen können, daß der Rauminhalt (die Kapazität des „Schädels") bei dem Neandertaler 1230 ccm nicht übersteigt, während sieben Schädel von etwa derselben Breite und Länge, welche niederen, heute lebenden Rassen angehörten, 1565—1775 ccm Inhalt besaßen. Da aber beim Menschen wie bei allen Säugetieren der Rauminhalt des Hirnschädels ein recht getreuer Ausdruck für die Größe des Gehirns ist, können wir mit Bestimmtheit behaupten, daß der Neandertalmensch in einem solchen Kardinalpunkte wie die Hirngröße den heutigen Menschen nachstand.

In der Beurteilung der Geistesgaben des Urmenschen kann man, ohne auf Irrwege zu geraten, wohl noch etwas weiter gehen. Das Hinterhauptsbein ist in dem Teile, der die Nackenpartie des Großhirns beherbergt, ver-

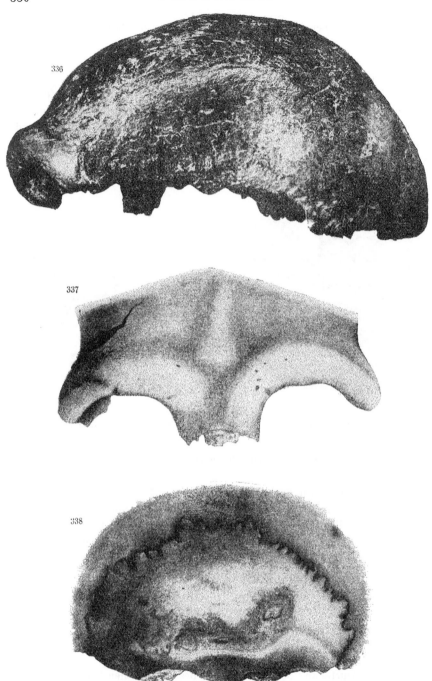

Fig. 336—338. Der Schädel von Neandertal: 336 Seitenansicht; 337 Vorderfläche des unteren
Teiles des Stirnbeins, 338 äußere Fläche des Hinterhauptsbeins (nach Schwalbe).

hältnismäßig gut entwickelt, dagegen ist, wie wir oben (vergleiche Moment 2) gesehen, der Platz für den Stirnteil des Großhirns bedeutend kleiner als beim modernen Menschen. Da nun, wie in einem vorhergehenden Kapitel nachgewiesen ist, der Stirnteil des Gehirns das Zentrum der höheren, intellektuellen Funktionen, besonders des Sprachvermögens, und der Hinterkopfteil dasjenige des Sehvermögens beherbergt, so dürfte die Annahme berechtigt sein, daß diese Jägerbevölkerung der Quartärzeit ein gut ausgebildetes Sehvermögen hatte, während es, was höhere intellektuelle Begabung und Sprachvermögen betrifft, nicht dieselbe Ausbildungsstufe wie wir erklommen hatte.

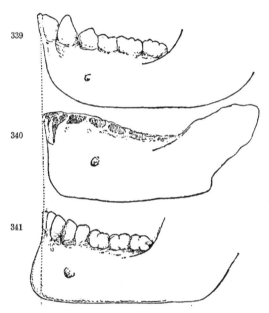

8. Der Zitzenteil des Schläfenbeins ist schwach, an das Verhalten bei den Affen erinnernd, wogegen das Paukenbein — derjenige Knochen, welcher einen Teil der Begrenzung des äußeren Gehörganges bildet und das Trommelfell trägt — viel größer als bei den heutigen Europäern ist; bei einigen Naturvölkern ist jedoch ein ebenso großes Paukenbein beobachtet worden (Fig. 335 c).

Fig. 339—341. Unterkiefer 339 des Schimpansen, 340 des Urmenschen von La Naulette, 341 eines heutigen Europäers. Die punktierte Linie nimmt bei allen dieselbe Lage im Verhältnis zum inneren Schneidezahn ein (nach Topinard).

9. Die Augenhöhlen sind weiter voneinander entfernt als bei den Menschenrassen der Gegenwart, wodurch das ganze Riechorgan eine stärkere Entfaltung gewinnt. Dies berechtigt jedenfalls zu dem Schlusse, daß das Riechvermögen, welches, wie wir früher gesehen, beim modernen Menschen sehr beschränkt ist, bei den Urmenschen einen höheren Funktionswert hatte.

10. Die gesamte Kieferpartie tritt stärker hervor, als dies bei den Europäern der Gegenwart der Fall ist. Mit Benutzung der Unterkiefer von Spy und Krapina hat Klaatsch den Versuch gemacht, den ganzen Neandertalschädel zu rekonstruieren (Fig. 342—343). Hierbei gelangte er zu dem Ergebnis, daß bei demselben Gebiß und Kiefer so enorm ausgebildet sind, daß man berechtigt ist, von einer „Menschenschnauze" zu

sprechen, da die Nase hier auf einer vortretenden Mundpartie saß. Dank
des neuerdings bei Le Moustier gefundenen Individuums — der erste Fund
eines Urmenschen, bei dem die Kiefer in ihrem Zusammenhang bewahrt
sind — hat Klaatsch die Genugtuung gehabt, feststellen zu können, daß
die von ihm früher vorgenommene Rekonstruktion durchaus richtig ist,
abgesehen davon, daß der Le Moustier-Mensch in noch höherem Grade
prognath ist, d. h. daß er eine noch mehr hervortretende Schnauzenpartie
hat, als Klaatsch für den Neandertaler angenommen hatte (Fig. 344, 345).

Auch der von Boule beschriebene Schädel von La Chapelle-aux-Saints
besitzt eine sehr ausgeprägte Schnauze („une sorte du museau"), wie deutlich an der hier mitgeteilten Abbildung ersichtlich ist (Fig. 346).

Besonders bemerkenswert ist der Unterkiefer. Derselbe bietet nämlich bei den modernen Menschen eine Eigenschaft dar, welche ihn von allen
anderen Geschöpfen trennt: er besitzt ein K i n n. Beim Urmenschen
dagegen weicht der Unterkiefer, von welchem Skeletteil wir das reichste
Untersuchungsmaterial besitzen, vom Verhalten bei den heutigen Menschen unter anderem dadurch ab und nähert sich den Befunden bei den
Säugetieren, daß das Kinn äußerst mangelhaft ausgebildet ist, beziehentlich fehlt (Fig. 339—341). Anstatt daß das vordere und untere Ende des
Unterkiefers bei uns nach vorne vorragt, ist es mehr oder weniger senkrecht
gestellt oder verläuft sogar nach hinten wie bei den Affen. Da die Muskeln, durch welche alle Bewegungen der Zunge, also auch die Bewegungen
beim Sprechen, ausgeführt werden, in dem vom Unterkiefer umfaßten
Raume gelegen sind und sich zum Teil an der Innenseite des Kinnfortsatzes befestigen, hat man geglaubt annehmen zu dürfen, daß das Vorkommen eines Kinnes und die Sprache, diese beiden dem Menschen durchaus eigentümlichen Eigenschaften, in einem ursächlichen Zusammenhange
stehen, und daß somit das Fehlen des Kinnes beim Urmenschen damit zusammenhänge, daß er weniger redegewandt als wir und unsere
Zeitgenossen gewesen sei. Wenn auch diese Auffassung nicht nur in voll-
kommenem Einklange mit den Schlußsätzen steht, zu welchen uns das Studium des Baus des Hirnschädels (siehe oben) geführt hat, sondern auch, wie
beiläufig erwähnt sei, durch Untersuchung der Beschaffenheit des Gaumens bestätigt wird, so hat man doch bisher keine vollgültigen Beweise
dafür, daß das Kinn zu dem Sprachvermögen in unmittelbarer Beziehung
steht, aufbringen können, ebensowenig wie eine befriedigende Erklärung
der Entstehung des Kinnfortsatzes bisher gegeben worden ist. Seine Entstehung ausschließlich als ein notwendiges Resultat der Rückbildung des
Gebisses und des gebißtragenden Kieferteiles zu betrachten, wie es einige
Anatomen getan haben, ist schon aus dem Grunde wenig einleuchtend,
als bei andern Geschöpfen mit noch stärker rückgebildetem Gebiß kein
Kinn entstanden ist. Bis auf weiteres müssen wir uns bescheiden, diesen

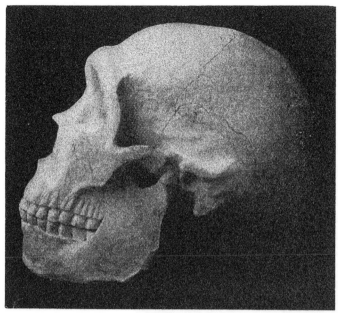

342

tatsächlichen Unterschied zu konstatieren und zu bemerken, daß auch bei einigen Naturvölkern der Gegenwart (Australier) das Kinn äußerst schwach ist.

Außerdem zeichnen sich die Kiefer des Urmenschen durch viel größere Höhe und Plumpheit aus, was wiederum mit der bedeutenderen Größe der Zähne im Zusammenhang steht. Die Backenzähne sind mit viel zahlreicheren Schmelzfalten, als wie bei der Mehrzahl der heutigen Menschen vorkommen, versehen (Fig. 335 d, e). Noch stärker sind die Schmelzfalten bei Schimpanse und Orang-Utan ausgebildet.

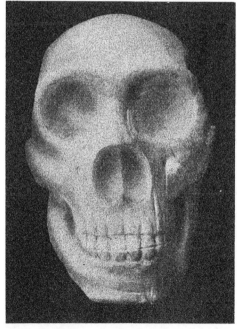

343

Fig 342—343. Rekonstruktion des Schädels des Urmenschen von Neandertal unter Benutzung von Fragmenten von Krapina und des Unterkiefers von Spy (nach Klaatsch).

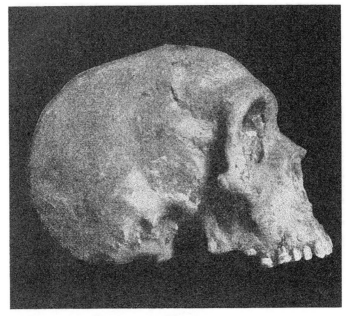

344

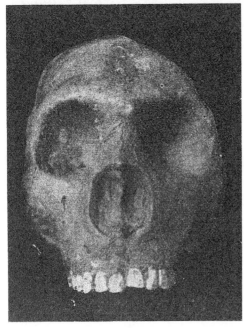

345

Fig. 344—345. Der Schädel des Urmenschen von Le Moustier
nach Konservierung seiner Fragmente (nach Klaatsch).

Das unter dem Namen Homo Heidelbergensis in die Wissenschaft eingeführte Wesen wurde oben, obgleich es bis auf weiteres einzig und allein durch einen Unterkiefer repräsentiert ist, als der wichtigste von den im Jahre 1908 entdeckten Beiträgen zur Urgeschichte des Menschen bezeichnet. Diese Behauptung ist folgendermaßen zu begründen. Zunächst ist das geologische Alter dieses Unterkiefers viel höher als dasjenige aller bisher bekannten, aus geologisch sicher bestimmten Horizonten herrührenden menschlichen Resten. Er stammt nämlich, wie bereits erwähnt, aus Ablagerungen, welche, wenn nicht der Spättertiärzeit (Pliocän), wenigstens denen angehören, die den Übergang vom Pliocän zum Quartär bilden. Er verbindet somit die noch unbekannten Fabrikanten der im Tertiär gefundenen einfachen Kulturerzeugnisse, von denen im Anfange dieses Kapitels die Rede war, mit den später auftretenden Menschen. Ferner vereinigt er zwei Eigenschaften, welche bis zu einem gewissen Grade einander ausschließen: die Dimensionen des Kiefers sind einerseits so groß, daß sie ihm ein entschieden Affen-ähnliches Gepräge geben, anderseits trägt er ein Gebiß, welches wesentlich, auch was die Größe betrifft, mit dem des Menschen übereinstimmt. Der Kiefer n ä h e r t sich allerdings dem gewisser Urmenschen, wie z. B. den Spy- und Krapina-Kiefern, welche jedoch bedeutend leichter gebaut sind; aber mindestens ebenso groß ist seine Übereinstimmung mit einigen der Menschenaffen. Ausschließlich die Beschaffenheit des Gebisses hat uns die Berechtigung gegeben, das Heidelberger Fossil zur Gattung Mensch zu führen. Sowohl ihrer Form wie ihren Dimensionen nach fallen die Zähne innerhalb der Variationsbreite des modernen Menschen, wenn auch die Dimensionen diejenigen bei Europäern übertreffen. Die Form der Backenzähne stimmt am besten mit derjenigen bei den Australiern überein. Schoetensack, welcher die Urmenschen als Neandertalrasse zusammenfaßt, bezeichnet den Heidelberger Menschen als präneandertaloid, d. h. als Vorgänger der Neandertalrasse.

Hierin ist ihm jedenfalls beizustimmen. So lange aber von diesem Menschen nur dieser eine Unterkiefer vorliegt, dürften alle weitergehenden genealogischen Schlußsätze, welche denselben zum Ausgangspunkt haben, als verfrüht zu bezeichnen sein. So muß auch Schoetensacks Behauptung: „Der Unterkiefer des Homo Heidelbergensis läßt den Urzustand erkennen, welcher den gemeinsamen Vorfahren der Menschheit und der Menschenaffen zukam", bis auf weiteres als völlig unbewiesen angesehen werden. Die auffallende Disharmonie, welche Gebiß und Kiefer aufweisen (die Kiefer mit ihren im Verhältnis zu den Zähnen zu großen Ansatzflächen für die Kaumuskeln), scheint viel eher eine andere Deutung nahezulegen. Bei Anpassung an eine andere Lebensweise und eine veränderte Diät ist es, was die Kieferregion betrifft, erwiesenermaßen zuerst das Gebiß, welches angegriffen wird und sich verändert. Das Gebiß seinerseits ist in erster Linie bestimmend für die Ausbildung des Kiefers, für seine Größe und für die Stärke der Kaumuskeln. Deshalb sehen wir auch, wie bei Rückbildungen in der Kieferregion zuerst das Gebiß und erst hinterher die Kiefer mit ihrer Muskulatur schwächer werden und an Größe abnehmen. Da nun, wie bemerkt, der Heidelberger-Mensch ein menschliches Zahnsystem, aber einen wesentlich mit dem der Menschenaffen übereinstimmenden Kiefer besitzt, so ist die Annahme durchaus zulässig, daß derselbe ein Übergangs-

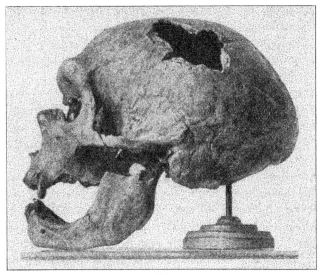

346

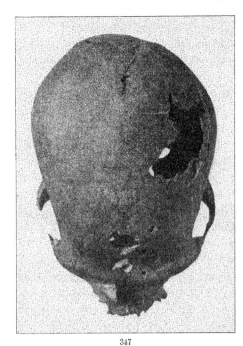

347

Fig. 346—347. Schädel des Urmenschen von La
Chapelle-aux-Saints (nach Boule).

stadium vorstellt, bei dem die
stets vorauseilenden Zähne sich
bereits der „humanisierten" Le-
bensart angepaßt haben, während der Kiefer (ebenso wie die
Kaumuskulatur) noch auf einem
älteren, mehr oder weniger affen-
artigen Standpunkte beharrt.
Obgleich diese Auffassung gegen
keine uns bekannte Tatsache
verstößt, muß auch hier ausdrücklich betont werden, daß
sie, so lange sie nicht durch
neue und reichlichere Funde
gestützt wird, keinen anderen
Wert als den der Hypothese
hat.

11. Im Zusammenhange
mit der starken Ausbildung der
Kiefer und des Gebisses steht
auch die bedeutendere Mäch-
tigkeit und das stärkere Vor-
ragen der Backenknochen — ein Zustand, welcher ebenfalls an die
Menschenaffen erinnert.

Bezüglich der übrigen Skelettteile, welche in dankenswerter Weise von Klaatsch untersucht worden sind, müssen wir uns auf einige Andeu-

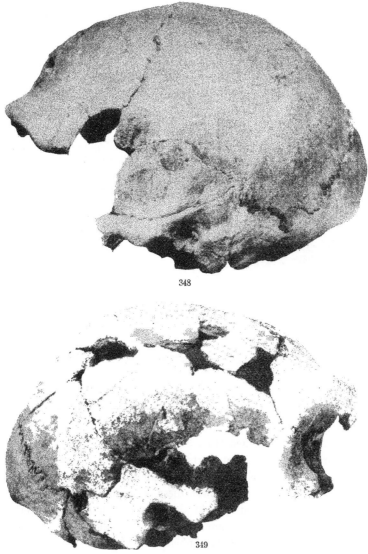

348

349

Fig. 348—349. Schädel des Urmenschen von Spy (nach Fraipont).

tungen beschränken, da ein näheres Eingehen auf diese Teile für den nicht anatomisch geschulten Leser ungenießbar sein würde.

Unterarm- und Unterschenkelknochen sind kurz im Verhältnis zum Oberarm- und Oberschenkelknochen. In dieser Beziehung nähert sich der

Urmensch gewissen Polarbewohnern, z. B. den Eskimos. Der Oberarm-
knochen stimmt in bezug auf seine Dimensionen völlig mit dem der
modernen Menschen überein, erinnert aber durch die Beschaffenheit gewisser Muskelansätze und seines oberen Teiles an das Verhalten bei Menschenaffen. Das Ellenbogen- und besonders das Speichenbein unterscheiden sich von denen der jetzigen Menschenrassen durch ihre starke Krümmung, wodurch zwischen diesen beiden Knochen ein größerer Raum entsteht, und das Skelett des Unterarms eine unverkennbare Ähnlichkeit mit
demjenigen der Affen erhält. Bemerkenswert ist außerdem, daß, während beim erwachsenen Menschen der Jetztzeit besagte Krümmung kaum

Fig. 350. Unterkiefer des Urmenschen von Spy (nach Fraipont).

mehr als angedeutet ist, sie dagegen im Embryonalleben recht stark ausge-
gesprochen ist.

Der Oberschenkelknochen (Fig. 352, 353) zeichnet sich durch Massigkeit und starke Ausbildung der Fortsätze und Leisten für die Muskulatur,
sowie durch seine starke Krümmung aus. Die Gelenkenden sind sehr dick.
In gleicher Ausbildung kehren zwar diese Eigentümlichkeiten bei keiner
jetzigen Menschenrasse wieder, wohl aber begegnen uns einzelne derselben
bei einigen Naturvölkern, besonders bei den Australiern.

Der ebenfalls sehr kräftige Schienbeinknochen (Fig. 354b) zeichnet sich
dadurch aus, daß sein oberes Ende rückwärts gekrümmt ist, so daß der
Knochen, wenn seine obere Fläche wagrecht eingestellt wird, stark nach
hinten gerichtet ist, während bei den jetzigen Europäern dies in viel geringerem Grade der Fall ist. Von genealogischem Gesichtspunkte aus ist es
bemerkenswert, daß diese Rückwärtskrümmung des oberen Schienbeins
nicht nur in noch höherem Maße als beim Urmenschen bei den Menschen-

affen auftritt, sondern auch beim Europäer vor der Geburt stärker ausgesprochen ist als beim erwachsenen. In der individuellen Entwicklung

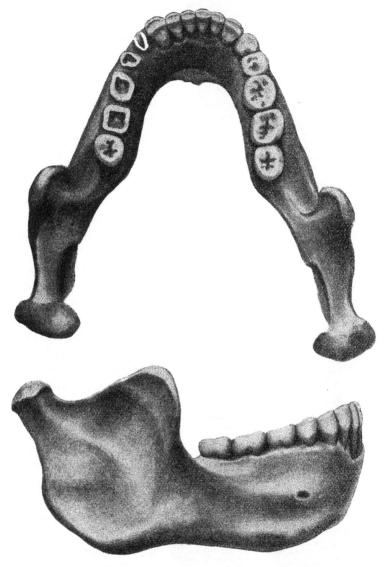

Fig. 351. Unterkiefer des Homo Heidelbergensis (nach einem Gipsabguß gezeichnet).

des Menschen von heute wird somit der Zustand des Urmenschen und der
Menschenaffen wiederholt.

Die hier besprochenen Eigenschaften zeichnen alle die fossilen Reste
aus, welche oben zur Art Urmensch (Homo primigenius) geführt worden

22*

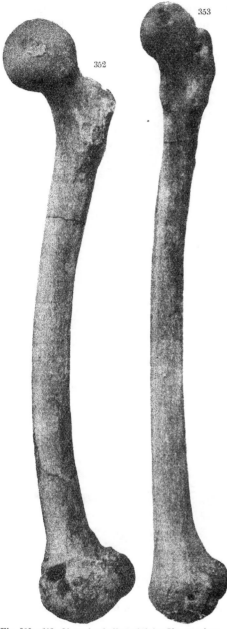

Fig. 352—353. Oberschenkelbein 352 des Urmenschen von Spy, 353 eines heutigen Belgiers (nach Fraipont).

sind. Daß auch innerhalb dieser „Art", wie bei allen Arten, welche die Zoologie aufgestellt hat, individuelle Verschiedenheiten auftreten, ist selbstverständlich. So ist der eine Spy-Schädel, welcher in der Literatur als No. II angeführt wird, durch bedeutendere Höhe, durch stärkere Wölbung des Schädeldaches und geringere Neigung der Stirn von dem gleichaltrigen und an derselben Stelle gefundenen Schädel No. I unterschieden. Bei den Krapina-Menschen war die Stirn ebenfalls weniger fliehend als bei den übrigen Urmenschen. Auch die Unterkiefer haben Verschiedenheiten aufzuweisen, ohne daß sie jedoch vollkommen mit dem Verhalten bei den jetzigen Menschen übereinstimmen. Jedenfalls sind aber nach Schwalbe keine der Abänderungen, welche bei den bisher bekannten Vertretern des Urmenschen auftreten, von der Beschaffenheit, daß der Art-Unterschied zwischen ihm und den modernen Menschen dadurch aufgehoben würde. Beiläufig sei auch erwähnt, daß neuerdings von berufener Seite hervorgehoben ist, daß der Krapina-Mensch auf Grund der Beschaffenheit seines Gebisses als eine besondere Menschenform anzusehen sei. Auf wirkliche Übergangsformen zwischen Ur- und Jetztmensch kommen wir später zurück.

Die Berechtigung, eine von der jetzigen getrennte Menschenart auf Grund der oben aufgezählten Charaktere aufzustellen, hat Schwalbe außerdem durch eine Untersuchung, innerhalb welcher Grenzen der Skelettbau des letztern variiert, zu stützen versucht. So hat er feststellen können, daß mehrere der Eigenschaften, welche den Schädel der Urmenschen kennzeichnen, gänzlich außerhalb der Variationsbreite der heutigen Menschheit, sowohl der Kultur- als der Naturvölker fallen.

Dank der vollständigen Skelettreste, welche die neueren Funde uns gegeben, können wir uns jetzt eine einigermaßen zutreffende Vorstellung von dem Aussehen des Urmenschen bilden. Die Berechnung der Körperhöhe hat folgende Resultate ergeben:

Spy-Mensch II . . . . 148—153 cm

Neandertal-Mensch . . . . 155—156 „

Mensch von La Chapelle-aux-Saints . . . 160 „

Die Urmenschen waren also ungefähr von der Größe der heutigen Lappländer, also kleiner als die jetzigen Bewohner der betreffenden Gegenden. Die bedeutende Massigkeit ihres Knochenbaus beweist, daß sie mit teilweise sehr kräftiger Muskulatur ausgerüstet waren, daß sie somit sich bedeutender Körperstärke erfreut haben, wenn auch einige Muskelgruppen schwächer ausgebildet waren als beim modernen Menschen. Hände und Füße waren verhältnismäßig groß. Der massive Kopf mit der niedrigen, fliehenden Stirne, mit den von den gewaltigen Augenbrauenwülsten beschatteten Augen und mit der hervortretenden „Schnauze" waren nach dem Maßstabe heutigen Geschmackes sicherlich nicht anmutig oder ansprechend, sondern wären eher als abschreckend, als „tierisch" zu bezeichnen.

Wie schon oben erwähnt, war der Rauminhalt des Hirnschädels beim Urmenschen und somit auch das Gehirn kleiner im Verhältnis zur Körpergröße als bei den Menschen unserer Zeit. Da nun die einzigen Teile des Körperbaus, Skelett und Gebiß, die uns von diesen Urmenschen bekannt sind, in mehreren Punkten so stark von der jetzigen Menschenart abweichen, ist es wohl wahrscheinlich, daß auch manche der uns unbekannten weichen Teile (Haut, Eingeweide, Muskulatur, Sinnesorgane, Atmungsorgane usw.) nicht völlig mit dem Verhalten bei der heute lebenden Menschheit übereinstimmten.

Aus dem vorigen geht unwiderleglich hervor, daß fast alle diejenigen Eigenschaften, welche den Urmenschen von anderen heute lebenden und ausgestorbenen Menschen trennen, ihn zugleich den Menschenaffen nähern. Zu diesem Resultate führen uns a l l e bisher bekannten Tatsachen.

Halten wir uns zunächst an die oben behandelten, unterscheidenden Merkmale, welche der Schädel aufweist, so können wir feststellen,

1. daß der Schädel des Urmenschen sich durch eine Anzahl Eigenschaften auszeichnet, welche n u r bei den Menschenaffen wieder gefunden werden;

2. daß in der Mehrzahl der aufgezählten Merkmale der Schädel eine
v e r m i t t e l n d e   S t e l l u n g   zwischen den Menschenaffen und den
jetzigen Menschen einnimmt, wobei jedoch zu bemerken ist, daß er in einigen dieser Merkmale den ersteren näher steht als den letzteren.

Besonders hervorzuheben ist aber, daß, wenn wir auch den einen oder
anderen Charakter, der den Urmenschen-Schädel auszeichnet, bei dem
einen oder anderen noch
heute lebenden Natur-
volke wieder begegnen,
eine solche V e r e i n i -
g u n g von M e n s c h e n -
a f f e n - E i g e n s c h a f -
t e n   n u r   beim Urmenschen auftritt. Ferner
ist daran zu erinnern,
daß wir zu diesem Resul-
tate gekommen sind nicht
durch eine ungefähre Ab-
schätzung von Ähnlich-
keiten und Unähnlich-
keiten, sondern durch
eine exakte, zahlenmäßige
Bestimmung der Form-
werte der Untersuchungs-
gegenstände nach wohl
berechneten Methoden.
Ein planloses Beobachten
und Messen ist bei dieser
Untersuchungsmethode
ausgeschlossen. Schließ-
lich mag betont werden,
daß diese Resultate sich

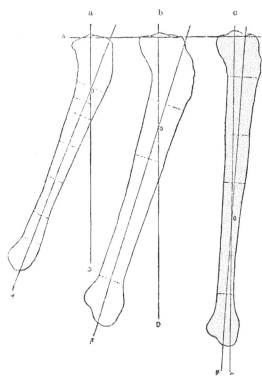

Fig. 354. Schienenbein a eines Gorilla, b des Spy-Menschen,
c eines heutigen Belgiers; die Schienbeine sind alle in derselben Weise zu der wagrechten Linie orientiert (nach Fraipont).

heute nicht länger auf das Zeugnis vereinzelter Reste, sondern auf einer
ganzen Reihe untereinander wesentlich übereinstimmender Individuen
stützen.

Alles dies gilt jedoch in erster Linie von dem Schädel. In bezug auf
das übrige Skelett des Urmenschen hat man allerdings nachweisen können,
daß einzelne Eigentümlichkeiten im Bau der Gliedmaßen bei den Menschenaffen sich wiederfinden. In den wichtigeren Befunden wie vor allem
in den Längenverhältnissen der oberen und unteren Gliedmaßen schließt
sich der Urmensch innig an den jetzigen Menschen an. Mit Rücksicht
auf Untersuchungen, mit denen wir uns im nächsten Kapitel beschäftigen

werden, verdient der Umstand besonders hervorgehoben zu werden, daß,
während der Schädel des Urmenschen noch der Entwicklungsstufe des
Menschenaffen-Schädels nahesteht,· der Bau der Gliedmaßen schon vollkommen menschlich ist. Und um jedem Mißverständnisse vorzubeugen, mag
ausdrücklich erwähnt werden, daß
die Mehrzahl der Skeletteile, welche
man kennt und die hier nicht besonders erwähnt worden sind, so
gut wie vollständig mit den entsprechenden Teilen des modernen
Menschen übereinstimmen. Betreffs der menschlichen Natur jenes
Volkes, das während der ältesten
Quartärzeit Europa bewohnte,
kann somit nicht der geringste
Zweifel obwalten, oder mit anderen
Worten: auch der sogenannte Urmensch gehört zur Gattung Homo.

Außer den hier besprochenen
Menschenresten, welche alle der
vollständig ausgestorbenen Art
Homo primigenius angehören, leb-
ten während der paläolithischen
Kulturperiode auch Menschen,
welche unserer eigenen Art, dem
Homo sapiens, angehörten.

Von diesen interessieren uns
hier zunächst einige fossile Schädel, welche nach den neuen Untersuchungen Schwalbes gewissermaßen eine vermittelnde Stellung
zwischen den beiden Menschenarten
einnehmen. Im Jahre 1871 wurde
bei Brüx in Böhmen ein mensch-

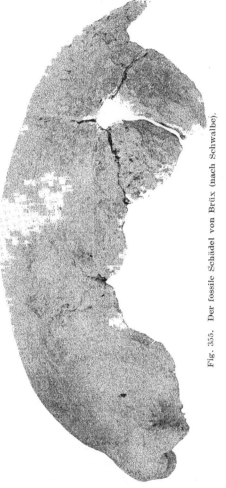

Fig. 355. Der fossile Schädel von Brüx (nach Schwalbe).

liches Schädelfragment (Fig. 355), sowie einige andere dazu gehörige Skelettreste ausgegraben. Die geologische Altersbestimmung dieses Fossils ist unsicher; während einige es als aus der jüngeren paläolithischen Periode
stammend ansehen, wird es von anderen zu einem späteren Zeitabschnitt
gerechnet. Schwalbe, der vor kurzem (1906) eine genaue Untersuchung des
fraglichen Skeletteiles veröffentlicht hat, weist nach, daß dieser, während
er infolge mehrerer Merkmale — unter anderem in bezug auf ein so wichtiges Merkmal wie die Beschaffenheit der Augenbrauenbogen — innerhalb

der Variationsbreite des modernen Menschen fällt, er in bezug auf einige
andere Punkte eine Zwischenstellung zwischen den beiden hier unterschiedenen Menschenarten einnimmt. So ist die Kalottenhöhe (betreffs
dieses und anderer Maße vergleiche oben S. 326) sehr gering:

Urmensch . . . . 40,4—44,3,
Brüx-Schädel ungefähr . .   47,5,
Jetzt lebender Mensch . . 52—68.

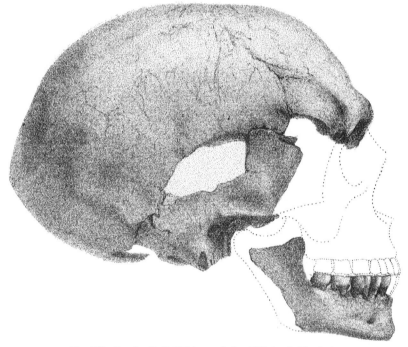

Fig. 356. Der fossile Schädel von Galley Hill (nach Newton).

Die Stirn ist mehr fliehend als beim letzteren:

Urmensch . . . . 44—47⁰,

Urmensch . . . . $44—47^0$,
Brüx-Mensch ungefähr . . $48,5^0$,
Jetzt lebender Mensch . . $53—64^0$.

Also kurz: der Brüx-Schädel ist bedeutend niedriger als derjenige
aller modernen Menschen und nähert sich in dieser Beziehung stark dem
des Urmenschen. Nach Schwalbe steht der Mensch von Brüx auch im Vergleich mit dem Australneger dem Urmenschen etwas näher als diesem.

Dem vorigen ähnlich, aber dem Homo sapiens bedeutend näher steht
ein Schädel, welcher bei Brünn (Mähren) angetroffen ist.

Diesen Schädeln schließt sich ein anderer bei Galley Hill in Kent
(England) gefundener sehr nahe an; durch seine niedrige Hirnkapsel zeigt

auch er eine große Übereinstimmung mit dem urmenschlichen, obgleich
er, wie nebenstehende Abbildung (Fig. 356) beweist, ganz entschieden zur
Art Homo sapiens gehört. Vom geologischen Gesichtspunkte ist dieser
englische Fund bemerkenswert. Während nämlich die hier als Urmenschen
bezeichneten Individuen allgemein als die ältesten Menschen gegolten, soll
der Galley-Hill-Schädel — wenn wir vom Heidelberger Menschen absehen
— noch älter als irgendeiner derselben sein, da er gleichzeitig mit dem
Urelefanten ist. Unter Voraussetzung, daß diese Altersbestimmung richtig
ist, wäre somit Europa schon während des Altquartärs von z w e i Menschenarten bewohnt gewesen, von denen die eine in einer etwas höher ausgebildeten Form oder „Varietät" sich bis auf den heutigen Tag erhalten
hat, die andere im Laufe der Quartärzeit ausstarb.

Schließlich ist 1909 von Klaatsch und Hauser in Combe-Capelle (Péri-
gord) ein neues Skelett ausgegraben worden, dessen nächste Verwandte
die eben genannten Menschen von Brüx, Brünn und Galley Hill bilden.
Mit diesen hat der Schädel des fraglichen Menschen die hoch gewölbte
Stirn gemein; auch gleicht er ihnen in der Bildung der Augenbrauenbogen,
der Nasenwurzel und des Unterkiefers.

Aber außer den genannten Schädeln hat man in Ablagerungen, welche
unbedingt der Quartärzeit, wenn auch ihrer jüngsten Periode, angehören,
Skelettreste von Menschen gefunden, welche nicht von denen der Gegenwart abweichen. Erst durch die jetzt eingeführten, auf zahlenmäßige Untersuchungen gegründeten Untersuchungsmethoden hat man zwischen diesen
und den Urmenschen zu unterscheiden gelernt. Besonders haben die bei
Egisheim und Cannstatt (Württemberg) ausgegrabenen beiden Schädel
seit langer Zeit die Anthropologen beschäftigt und sind auch in populären
Schriften oft genannt worden; darüber aber, daß sie der heute lebenden
Menschenart angehören, kann kein Zweifel herrschen. Von besonderem
Interesse sind zwei Skelette, das einer alten Frau und eines jungen Mannes,
welche vor einigen Jahren in der „Grotte des enfants" bei Mentone ausgegraben sind. Es hat sich nämlich gezeigt, daß diese Skelette Menschen
angehört haben, welche jedenfalls nicht Urmenschen, nicht einmal Übergangsformen zu diesen vorstellen, aber sich durch stark vorspringende
Kiefer (Prognathie), schwachen Kinnfortsatz und elliptische Schädelform
von sowohl jetzt lebenden als fossilen Europäern unterscheiden und mit neger-
ähnlichen Stämmen übereinstimmen. Man hat diesen Umstand mit dem Vorkommen von Elfenbeinfiguren aus derselben Epoche (Solutrien), welche Frauen
von einem nur in Afrika vorkommenden Typus darstellen, in Zusammenhang gebracht. Nach diesen Funden zu urteilen, würde somit zu jener Zeit
Südwest-Europa von einem negerartigen Stamme bewohnt gewesen sein.

Bisher hat man nur in Europa Reste vom Urmenschen angetroffen.
Die zahlreichen nordamerikanischen und die sparsameren südamerikanischen

Funde fossiler Menschen gehören jedenfalls nicht zu Homo primigenius; meistens stimmen sie am nächsten mit den Naturvölkern derselben Gegenden überein.

Welche Schlußsätze bezüglich der Herkunft des Menschen ergeben sich aus den hier mitgeteilten Funden von fossilen Menschen?

Da sowohl Homo primigenius als Homo sapiens während der Quartärperiode gelebt haben, und da wir nicht wissen, wie die Menschen der Tertiärzeit — wenn wir von dem Heidelberger Funde absehen — ausgesehen haben, können die geologischen Zeitbestimmungen keine Direktive bei Beantwortung dieser Frage abgeben. Wir sind bis auf weiteres in erster Linie auf die anatomischen Eigenschaften, welche die fossilen Menschen kennzeichnen, angewiesen. Diese Eigenschaften geben folgender Alternative Raum. Entweder sind die beiden Menschenarten, von denen nur die eine fortlebt, die Nachkommen eines gemeinsamen, älteren, niedriger entwickelten Urstammes. Oder auch: die heute lebende Menschenart (Homo sapiens) hat sich bei — oder vielleicht vor — dem Beginn der Quartärzeit aus dem Urmenschen (Homo primigenius) oder aus einer dem letzteren ganz nahestehenden Form heraus entwickelt; die Stammform (d. h. der Urmensch) lebte darauf während der älteren Periode der Quartärzeit gleichzeitig mit den aus ihr entwickelten Sprößlingen (d. h. Homo sapiens), aber erlag als minderwertig im Kampfe ums Dasein vor Ausgang dieses Zeitalters.

Welche dieser Alternative der Wirklichkeit entspricht, läßt sich zur Zeit nicht entscheiden; vom a n a t o m i s c h e n Standpunkte sind beide möglich. Zugunsten der letzteren Alternative sprechen zur Zeit nicht nur das oben erwähnte Vorkommen fossiler Zwischenformen, sondern auch manche Züge im Baue einiger Menschenformen der Gegenwart, welche ohne die Annahme der letzteren Alternative schwer begreiflich werden; wir werden deshalb im folgenden auf die fraglichen Punkte zurückkommen.

Obgleich diese Lösung der Frage wohl am besten mit den Tatsachen, über welche wir zurzeit verfügen, in Einklang steht, kann dieselbe doch ebensowenig wie irgendeine andere, welche in der fast unübersehbaren Literatur betreffend unseres nächsten Stammvaters versucht worden ist, darauf Anspruch machen, etwas anderes als eine H y p o t h e s e zu sein.

Dagegen nicht hypothetisch, sondern auf dem heutigen Standpunkte unseres Wissens unwiderlegbar und außerdem von viel größerer prinzipieller Tragweite als die Entscheidung der oben aufgeworfenen Frage ist der Nachweis, 1. daß der Urmensch, vom a n a t o m i s c h e n G e s i c h t s - p u n k t e betrachtet, eine Übergangsform zwischen dem jetzigen Menschen und einem niedrigeren Wesen — vielleicht demjenigen, mit welchem wir im nächsten Kapitel Bekanntschaft machen werden — darstellt; 2. daß der Urmensch ein historischer Zeuge ist, welcher das Ergebnis der Ana-

tomie und Embryologie, nach denen die Menschheit in ihrer heutigen
Gestaltung das Produkt eines Entwicklungsvorganges ist, zu einer historischen Wahrheit erhebt.

In bezug auf die heute lebenden Menschen wollen wir hier nur in
Kürze die lebhaft erörterte Frage, welche Menschenrasse am tiefsten, somit dem Urmenschen am nächsten steht, streifen.

Wie schon erwähnt, war es nur die eine der zwei oben besprochenen
Menschenarten, nämlich Homo sapiens, welche die Quartärzeit überlebte.
Ist dies richtig — und alle bisher bekannten Tatsachen bestätigen
es —, dann steht von seiten der Geologie der Annahme nichts entgegen, daß die jetzigen Menschen, wie verschieden sie auch erscheinen
mögen, Abkömmlinge eines und desselben Stammes sind. Hierzu kommt,
daß rein biologische Tatsachen diese Auffassung stützen. Als ein Argument für die Einheit des jetzt lebenden Menschengeschlechts muß zweifellos angesehen werden, daß die Anhänger der entgegengesetzten Ansicht
sich nie auch nur annähernd über die A n z a h l der Urstämme, von
denen die jetzigen Menschen abstammen sollten, haben einigen können,
denn fast jede Zahl von 2 bis 63 hat ihre Anhänger oder hat sie wenigstens
gehabt. Aber auch einige, mehr objektive Momente sprechen zugunsten
der Arteinheit aller jetzigen Menschen. Von diesen Momenten nennen
wir zwei: 1. Wie groß auch die Unterschiede zwischen zwei Menschenrassen
sein mögen, sind sie doch immer durch Zwischenformen verbunden; 2. alle
Menschenrassen sind, so viel bekannt, vollkommen fruchtbar untereinander,
ein Umstand, der auf dem biologischen Gebiete stets als ein wichtiges,
wenn auch keineswegs untrügliches Merkmal der Arteinheit angesehen worden ist. Die gewöhnliche Bezeichnung der verschiedenen Völkergruppen
als „Rassen" wäre somit von naturwissenschaftlichem Gesichtspunkte
vollkommen richtig. Dagegen ist die Frage, wie viele Rassen es gibt, d. h.
in wie viele Zweige die Art Homo sapiens sich unter dem Einfluß des
Kampfes ums Dasein gespalten hat, sehr verwickelt. Die örtliche Isolierung
eines ursprünglich gleichartigen Volksstammes oder ihr Gegensatz: eine
Mischung ursprünglich getrennter Stämme; Entstehung und Ausscheidung
neuer Elemente aus einem alten Stamme, Untergang oder Ausrottung
anderer sind einige der Faktoren, welche den Einblick in die wirklichen
Verwandtschaftsverhältnisse der Menschenrassen ganz ungemein erschweren.

Um in dem Chaos, welches die jetzt lebenden Menschenrassen darbieten, einen fixen Punkt zu gewinnen, wandte man sich schon früh der
Untersuchung des Schädels zu, und wir können ohne Übertreibung behaupten,
daß die Anthropologie während eines recht langen Zeitabschnittes eigentlich kaum etwas anderes als Kraniologie, d. h. ein Studium der verschiedenen Schädelformen war.

Man hat große Sammlungen von Schädeln verschiedener Völkerschaften zusammengebracht, um den Umfang und die Bedeutung der Verschiedenheiten verschiedener Schädelformen beurteilen zu können. Um eine Klassifikation derselben zu erhalten, nahm man seine Zuflucht zu Messungen der verschiedensten Art. Das wohl zuerst benutzte Schädelmaß ist der schon früher erwähnte Gesichtswinkel, welchen der holländische Anatom Camper (1722—1787) in die anthropologische Wissenschaft einführte. Eine andere Messungsmethode, welche von grundlegender Bedeutung in der Anthropologie geworden ist, hat den Schweden Anders Retzius (1796—1860) zum Urheber. Nach ihm können alle Menschenrassen in zwei Hauptgruppen geteilt werden, die eine mit mehr ovalem in die Länge gestrecktem, schmalem Hirnschädel, welche er die dolichocephale (langköpfige, Fig. 357a) nannte, die andere mit kürzerem und breiterem, mehr kreisförmigem Hirnschädel, welche als die brachycephale (kurz

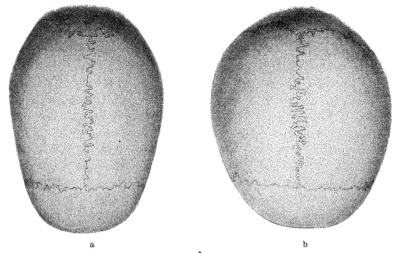

a   b

Fig. 357. Brachycephaler (b) und Dolichocephaler (a) Schädel, von oben gesehen.

köpfige, Fig. 357b) bezeichnet wurde. Der Unterschied zwischen diesen wird durch den „Längen-Breiten-Index" des Schädels bestimmt, welcher Index in der Art berechnet wird, daß man die größte Breite mit 100 multipliziert und durch die größte Länge dividiert, also nach der Formel:

$$\frac{\text{Breite} \times 100}{\text{Länge}}$$

Während dieser Index bei den Brachycephalen bis 80 und darüber steigt, beträgt er bei den Dolichocephalen nicht mehr als 75. Als Mesocephale hat man die Zwischenformen mit einem Index von 75—80 bezeichnet. Durch Kombination der Schädelform mit derjenigen der Kiefer (mit der

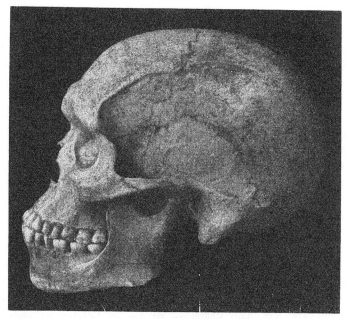

358

Pro - und Orthognathie)
konnte Retzius 4 Völker-
gruppen aufstellen, nämlich
dolichocephale Pro- und Orthognathe, sowie die ent-
sprechenden brachycephalen
Kombinationen.

Mit Fug und Recht haben
neuere Biologen — unter diesen Klaatsch — davor ge-
warnt, den Verschiedenheiten,
welche in der Dolichocephalie
und Brachycephalie zum Ausdruck kommen, eine zu große
Bedeutung bei der Beurteilung der Verwandtschaftsverhältnisse der Menschenrassen
zuzuschreiben. So z. B. ist die
größte Breite oder die größte
Länge keineswegs immer an
den entsprechenden Punkten
bei verschiedenen Schädeln

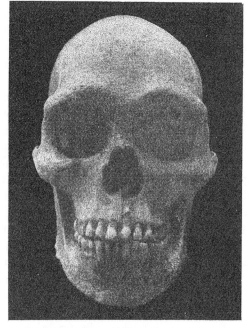

359

Fig. 358—359. Australier-Schädel (nach Klaatsch).

gelegen. Auch können aus Schädeln mit bedeutendem Längenmaß, also aus dolichocephalen sogenannte brachycephale auf verschiedene Weise entstehen, nämlich entweder dadurch, daß die Breite zunimmt, oder auch dadurch, daß die Länge vermindert wird. Schließlich ist daran zu erinnern; daß dasselbe Hirnvolum ebensogut in einer längeren, aber schmaleren, als in einer kürzeren, aber breiteren Hirnkapsel Platz findet.

Die Versuche, die Menschenrassen in Gruppen aufzustellen, die von späteren Verfassern, welche auf eine größere Anzahl von Merkmalen und auf geographische Beziehungen Rücksicht genommen, gemacht worden sind, nähern sich wieder der bekannten Klassifikation in vier Rassen (Europäer, Asiaten, Amerikaner, Afrikaner), welche schon von Linné vorgeschlagen worden war. Die neuere Anthropologie kennt somit allerdings unter etwas verschiedenen Benennungen nur 3 oder 4 Hauptrassen an.

Für unsere Aufgabe haben wir keine Veranlassung, näher auf d i e s e Seite der Frage einzugehen. Wir haben, wie gesagt, nur zu ermitteln, ob ein oder einige jetzt lebende Völkerstämme eine bedeutendere Übereinstimmung mit den Urmenschen aufzuweisen haben.

Ziemlich allgemein wird der Ur-Australier — hauptsächlich seiner Schädelform (Fig. 358, 359) wegen — als die am tiefsten stehende Menschenform der Gegenwart aufgefaßt. Diese Tatsache wird in etwas verschiedener Weise gedeutet. Während Schwalbe durch genaue Messungen nachzuweisen sucht, daß der Australneger, obgleich er eine sehr tiefe Stufe einnimmt, doch derselben Art wie wir selbst angehört, betont Klaatsch mit großem Nachdruck, daß der Australneger einen Menschentypus darstellt, welcher in betreff ursprünglicher Eigenschaften es mit dem Urmenschen aufnehmen könne. Die Resultate, zu denen der letztgenannte Forscher gekommen ist, stützen sich auf die Untersuchung eines recht bedeutenden Materials und sind schon deshalb in hohem Maße beachtenswert. Nach Klaatsch müssen die gemeinsamen Züge im Schädel der Australier und des Urmenschen als Erbstücke von einer gemeinsamen Stammform, von welcher unabhängig voneinander Urmensch und Australneger hervorgegangen sind, gedeutet werden. Denn in einigen Stücken ist nach Klaatsch der Australneger allerdings höher organisiert als der Urmensch, aber in anderen soll ersterer Eigenschaften besitzen, welche seine unmittelbare Abstammung von einem Wesen, das u n t e r dem Urmenschen steht, verraten. Da nach Klaatschs Angaben, bei einzelnen Australier-Schädeln und den Urmenschenschädeln eine Übereinstimmung in einigen derjenigen Punkte besteht, welche nach Schwalbe zu den spezifischen Charakteren des Urmenschen — wie vor allem in der Beschaffenheit der Augenbrauenwülste — gehören, kann Klaatsch den Urmenschen als besondere Art nicht anerkennen; er bezeichnet die fraglichen fossilen Menschen als Neandertalrasse. Es will mittlerweile zweifelhaft erscheinen, ob die bisher von

Klaatsch vorgeführten Tatsachen zu solchen Schlußsätzen berechtigen. Vielleicht besagen dieselben nichts anderes, als daß die Grenzen zwischen den beiden Menschenarten weniger scharf sind, als Schwalbe angenommen, wobei daran erinnert werden muß, daß auch Schwalbe, wie oben erwähnt, Zwischenformen im fossilen Zustande nachgewiesen hat; es käme dann nur noch der keineswegs überraschende Umstand hinzu, daß solche Zwischenformen noch heutzutage leben. Und falls auch die Konsequenz hiervon wäre, daß die von Schwalbe als zwei „Arten" aufgestellten Menschenformen zu zwei „Varietäten" degradiert werden müßten, so wird durch eine solche Veränderung der Etiketten das Hauptresultat der Schwalbeschen Untersuchungen nicht wesentlich berührt. Jedenfalls sind neue Beobachtungen, vornehmlich solche, welche Rücksicht auch auf andere Skeletteile als den Schädel nehmen, abzuwarten, bevor wir ein endgültiges Urteil über die Beziehungen der Australier zu den Urmenschen fällen können.

Unbedingt geht aber aus den interessanten Untersuchungen von Klaatsch hervor, daß die Australier durch eine Konzentration von primitiven, dem Verhalten beim Urmenschen sich anschließenden Merkmalen als die ursprünglichste lebende Menschenrasse angesehen werden muß. Auch Schwalbe nimmt an, daß die Australier den Übergang zwischen den übrigen jetzigen Menschenrassen und solchen Formen wie der Brüx-Mensch (siehe oben) vermitteln.

Aber bei fast allen Völkern, auch bei den als zivilisierten bezeichneten, treten v e r e i n z e l t e der den Urmenschen kennzeichnenden, sogenannten neandertaloiden Merkmale auf. Diese Tatsache kann offenbar als Stütze der schon oben dargestellten Annahme angeführt werden, daß die heute lebenden Hauptrassen aus einer gemeinsamen Stammform, dem Urmenschen, hervorgegangen sind. In sehr verschiedenem Grade sind die spezifischen Erbteile des letzteren auf die verschiedenen lebenden Rassen überliefert worden — wie schon bemerkt, ist dieses Erbe am treuesten und am meisten ungeteilt auf die Australier übergegangen. Bei den höheren Rassengruppen macht das Vorkommen von „neandertaloiden" Merkmalen eher den Eindruck von Atavismen oder Rückschlägen, worunter man das oft unvermittelte Wiederauftreten von Charakteren welche einem entfernten Vorfahren angehört haben, versteht. Das ist ja dieselbe Erscheinung, wie man sie oft innerhalb mancher Familien wahrnehmen kann, wo das Kind nicht seinen Eltern, sondern Großeltern oder noch früheren Vorfahren ähnlich ist.

In letzterer Zeit ist von einigen Forschern die Ansicht verfochten worden, daß die Pygmäen (Akkas, Andamanen, Veddas u. a.), die menschlichen Zwergrassen, die Stammformen der gesamten Menschheit seien. Die großen, jetzt lebenden Menschenrassen seien aus ihnen hervorgegangen,

aber immer nur so, daß ein Teil der Urform erhalten blieb, so daß gegenwärtig Zwergformen und große Individuen bei manchen Rassen nebeneinander vorkommen. Man hat sich auch auf den Umstand berufen, daß
schon zur Quartärzeit Zwerge in Europa vorkamen, da die in den „Grottes
des enfants" aufgefundenen Skelette als solche aufgefaßt werden. Gegen
diese Deutung haben Schwalbe und andere hervorgehoben, daß es sich
bei allen als Pygmäen gedeuteten Skelettfunden vorgeschichtlicher Zeiten
nur um Individuen der unteren Größengrenze einer fast mittelgroßen Rasse
handelt. Ferner hat die Untersuchung des Körperbaues jetziger Pygmäen,
besonders ihrer Schädel, dargelegt, daß sie völlig innerhalb des Variations-
gebietes der modernen Menschen fallen. Stellt man die Schädel von solchen Völkerschaften, bei denen sowohl große als zwergartige Individuen
vorkommen (alte Egypter, Negritos u. a.), nebeneinander, so ist leicht zu
erkennen, daß sie nur Größenvariationen derselben Rasse vorstellen. Diese
menschlichen Zwergrassen sind sicherlich ebenso wenig ursprüngliche Formen, wie die bei manchen anderen Säugetiergattungen vorkommenden
Zwergrassen, welche nachweislich aus den größeren Formen oft infolge ungünstiger Lebensbedingungen (kärgliche Nahrung, Inzucht usw.) entstanden sind.

Selbstverständlich können neue Entdeckungen — und wie wir gesehen, sind gerade die allerletzten Jahre besonders reich an solchen gewesen — zu Anschauungen über die Urgeschichte des Menschengeschlechts
führen, welche von den hier vorgetragenen im einzelnen abweichen. Also,
wenn auch manche wichtige Details in dieser Geschichte noch einer einwandfreien Deutung und manche Lücken einer Ausfüllung harren, so gibt doch
das Material festgestellter Tatsachen, das schon heute zu unserer Verfügung steht, vollgültige Berechtigung zu der Behauptung, daß die Geologie
ein mit den anderen Zweigen der Biologie, der Anatomie und Embryologie, durchaus zusammenstimmendes Zeugnis ablegt: die Menschheit war
in ihren Uranfängen weder körperlich noch geistig dieselbe wie gegenwärtig; sie hat sich allmählich stufenweise entwickelt aus niederen Wesen,
welche viele gemeinsame Züge mit den in gewisser Beziehung am höchsten
ausgebildeten aller Tiere, den Menschenaffen, aufzuweisen hatten.

Aber alle die verschiedenen fossilen Lebeformen, mit denen wir uns
in diesem Kapitel beschäftigt haben, gehören sämtlich der Gattung Mensch
an. Vermag nun die Geologie auch die Frage zu beantworten, wer der Stammvater der Menschengattung war? Im nächsten und letzten Kapitel haben
wir zu prüfen, was die genannte Wissenschaft in dieser Hinsicht zu ver-
künden hat.

X

Der Affenmensch von Java. —
Die Menschheit der Zukunft.

———

Im Jahre 1894 veröffentlichte ein junger Holländer, Eugen Dubois, damals Militärarzt, jetzt Professor der Geologie an der Universität zu Amsterdam, eine Darstellung über einige auf Java gefundene Reste eines Wesens, das Pithecanthropus erectus, d. h. der aufrechtgehende Affenmensch genannt wurde — ein Fund und ein Name, die offenbar geeignet waren, eine ungeheure Sensation hervorzurufen. Bisher war ein „Affenmensch", „the missing link" nur als ein hypothetisches und deshalb verhältnismäßig harmloses Wesen in den Stammbäumen der zoologischen Spekulation zu finden gewesen; jetzt tritt es mit einem Male aus dem Reiche der Phantasie in die der nüchternen Prüfung ausgesetzte Wirklichkeit hinaus. Und der nicht am wenigsten bedeutungsvolle Umstand bei dieser Entdeckung ist, daß dieselbe nicht das Werk eines Zufalls, sondern die Belohnung einer durchaus zielbewußten Forschungsarbeit ist. Dubois hatte seine Untersuchungen auf Java unter der Voraussetzung begonnen, daß man unter den fossilen Säugetieren der Jungtertiär- oder Altquartärzeit auch den Stammvater des Menschengeschlechts zu finden erwarten könne, — ein Gedanke, der ihm von Virchow eingegeben war; letzterer hatte nämlich einmal geäußert, daß, wenn irgendwo, müsse auf einer der Inseln des Malayischen Archipels das gesuchte Bindeglied angetroffen werden. Und welche Ironie des Schicksals, daß derselbe Virchow, der, wie wir früher gesehen, sich stets kühl ablehnend gegen die hier erörterten Probleme verhielt, derjenige sein sollte, welcher, wenigstens indirekt, diese für seine eigenen Ansichten so kompromittierende Entdeckung hervorrief!

Der fragliche Fund, um den schon eine umfangreiche Literatur emporgewachsen ist, wurde am Ufergehänge des Bengawanflusses unweit des Gehöftes Trinil gemacht und besteht aus einem Schädeldach, drei Backzähnen und einem Oberschenkelknochen. Viel später hat Dubois außerdem das

Stück eines Unterkiefers von derselben Fundstelle erhalten, welcher eine dem Schädeldach entsprechende Beschaffenheit zeigen soll; eine Veröffentlichung über diesen letzten Fund ist bisher nicht erfolgt. Zusammen mit diesen Resten wurde eine große Anzahl Säugetiere wie Elefanten, Nashörner, Flußpferde, Hyänen u. a. entdeckt, aber sämtlich zu Arten gehörend, welche längst ausgestorben sind. Die soeben erwähnten Skeletteile sind vollständig

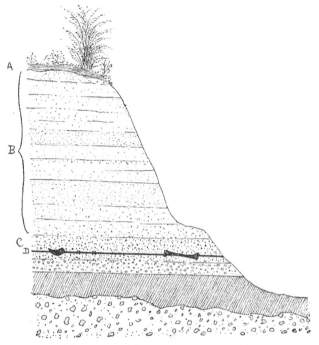

Fig. 360. Durchschnitt durch die knochenführenden Lager von Trinil. A Kulturboden. B weicher Sandstein. C Lapilli-Schicht. D Niveau in welchem die Skelettreste des Pithecanthropus gefunden wurden (nach Dubois).

versteinert; so wiegt der Oberschenkelknochen 1 kg, also mehr als doppelt so viel, wie ein nicht fossiler menschlicher Oberschenkelknochen.

Die Überreste fanden sich alle in derselben Ebene (Fig. 360) in einer völlig unberührten Schicht. Sie sind also zu gleicher Zeit abgelagert, d. h. genau gleichalterig. Die (zwei) Zähne lagen in 1 bis höchstens 3 Meter, der Oberschenkelknochen in 15 Meter Entfernung vom Schädeldache. Sie zeigen alle genau denselben Erhaltungs- und Versteinerungszustand. Da Dubois nach fünfjährigem fortwährendem Durchsuchen der über Hunderte von Quadratkilometern zutage liegenden Schicht, welche eine überall zahlreich vertretene gleichartige Tierwelt einschließt und mehr als 350 Meter dick ist, mit nur e i n e r möglichen Ausnahme nichts fand, wonach man auf dasselbe oder ein ähnliches Geschöpf schließen könnte, da ferner die

anatomische Bildung der fraglichen Reste nicht gegen ihre Zusammen-
gehörigkeit spricht, ist Dubois zu der festen Überzeugung gelangt, daß sie
zu einem Individuum gehören.

Auf Grund der in ihnen angetroffenen Säugetierarten hat Dubois diese
Schichten für wahrscheinlich jungtertiär (jung pliocän) erklärt.

So stand die Sache, bis vor kurzem neue Untersuchungen der Fundstätte zu dem Resultate führten, daß die Schichten, welche die Pithecan-
thropus-Reste eingeschlossen haben, n i c h t der Tertiär- sondern dem
älteren Abschnitte der Quartär-
formation angehören. Die von
Dubois und andern gemachte
geologische Altersbestimmung
soll dadurch veranlaßt sein,
daß auch solche Tierfossilien
berücksichtigt wurden, die aus
älteren Ablagerungen als der
Pithecanthropus - Schicht ausgegraben worden sind. Außerdem entdeckte man in den-
selben Schichten, in denen
Pithecanthropus gefunden worden war, zwei Zähne, von
welchen der eine einer neuen
Menschenaffenart, der andere
einem Menschen angehören
soll. Auf diese neuen Untersuchungen, welche bisher teilweise
nur in Form vorläufiger Mitteilungen vorliegen, werden wir
im folgenden zurückkommen.

361

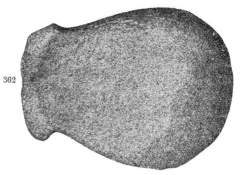

362

Schädeldach' des Pithecanthropus; Fig. 361 von der
Seite, 362 von oben gesehen (photographische Aufnahmen eines Gipsabgusses).

Gehen wir jetzt zu einer Musterung des wichtigsten der gefundenen
Skeletteile, des Schädeldaches, über, und heben wir aus den grundlegenden
Untersuchungen Schwalbes die den Pithecanthropus-Schädel auszeichnenden
Charaktere hervor, so zeigt es sich bald, daß, was die F o r m desselben
betrifft, die Affen-Charaktere überwiegen (Fig. 361, 362).

Mit Hilfe der oben mitgeteilten Abbildungen (Fig. 334, Seite 325),
welche die Ausbildung der Schädelwölbung von niedern Affen bis hinauf
zum Menschen veranschaulichen, können wir uns sofort davon überzeugen, daß keine Menschenart einen so niedrigen Schädel wie dieser
Javaner aufzuweisen hat. Während der vorhin (Seite 326) erläuterte
Kalottenhöhenindex beim jetzigen Menschen mindestens 52, beim Urmenschen 40—44 beträgt, ist dieses Höhenverhältnis bei Pithecanthropus

auf 34,2 heruntergegangen und kommt etwa mit dem des Schimpansen überein, während dieser Index bei allen andern Affen, auch beim Orang-Utan und Gorilla, in erwachsenem Zustande noch geringer ist.

Auch in bezug auf die Beschaffenheit der Stirngegend, die fliehende Stirn, steht Pithecanthropus bedeutend tiefer als der Urmensch. Falls eine von Schwalbe ausgesprochene Mutmaßung das Richtige getroffen hat, wäre das Geruchorgan bei Pithecanthropus noch mehr zurückgebildet als bei den beiden Menschenarten; die Erhaltung des fraglichen Schädelteils ist aber

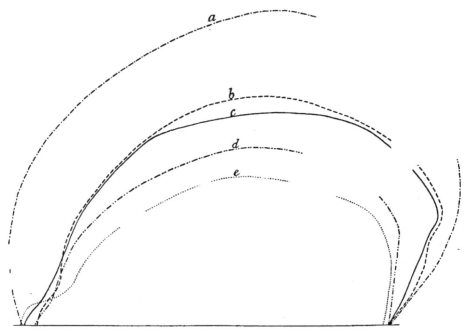

Fig. 363. Profilkurven der Schädel: a von einem Papua — . — . — . —; b vom Spy-Menschen No. 2 — — — — —; c vom Pithecanthropus ————; d vom Gibbon — .. — .. — .. —; e vom Schimpansen . . . . . (nach Dubois).

eine so mangelhafte, daß Schwalbe zu einem sicheren Resultate in dieser interessanten Frage nicht gelangen konnte. Auch die Beschaffenheit der Augenbrauenwülste ebenso wie einige andere Schädelmerkmale nähern den Pithecanthropus mehr dem Menschenaffen als dem Urmenschen. Vollkommen übereinstimmend ist aber die Schädelform mit keinem der Menschenaffen. Gegenüber der oft wiederholten Ansicht, daß das Schädeldach dem eines riesigen Gibbons entspräche, hat Schwalbe mehrere gewichtige Argumente angeführt und gleichzeitig nachgewiesen, daß es die meiste Formähnlichkeit mit dem des Schimpansen zeigt, ohne daß von einer im einzelnen gehenden Übereinstimmung die Rede sein kann.

Als eine Bildung aber, durch welche der Java-Schädel von allen Menschenaffen abweicht und sich dem Menschen anschließt, hebt Dubois mit Recht die Beschaffenheit des Hinterhauptbeins hervor. Die Neigung des unteren Teiles (des Nackenteiles) des Hinterhauptbeins ist nämlich bedeutend stärker als bei den Menschenaffen, während sie nur wenig unterhalb des Verhaltens beim Menschen bleibt. Beim Menschen bringt man die starke Neigung des Nackenteiles des Hinterhauptbeines zur aufrechten Körperstellung in Beziehung, und es liegt kein Grund vor, warum sie dieselbe Bedeutung nicht auch bei dem Java-Schädel haben sollte.

In der allgemeinen F o r m b i l d u n g des Schädels schließt sich aber, wie bereits bemerkt, Pithecanthropus entschieden näher den Menschenaffen als dem Menschen an. Eine hochbedeutsame Eigenschaft jedoch erhebt ihn weit über alle bisher bekannten Affen und nähert ihn dem Verhalten beim Menschen: der viel größere Rauminhalt des Schädels (die sogenannte Schädelkapazität). Dieser beträgt nach der von Dubois angestellten Messung und Berechnung 850—900 ccm, während dieses Maß auch bei dem größten aller Affen, dem Gorilla-Männchen, nie 600 übersteigt. Freilich ist das Maß für die weißen europäischen Menschenrassen etwa 1360—1550 ccm und beim

Fig. 364. Oberer Backzahn von Pithecanthropus; a von hinten, b von oben (nach Dubois).

Urmenschen 1230, doch gehen die niedrigsten, bei tiefstehenden kleinen Menschenrassen gefundenen Maße bis auf 930 herunter. Da nun der Rauminhalt der Schädelkapsel ein Ausdruck für die Größe des Gehirns ist, können wir behaupten, daß Pithecanthropus in einem solchen Kardinalpunkte, wie die Gehirngröße ist, dem Menschen näher steht als irgendein Affe. Allerdings ist die Körperlänge des Pithecanthropus auf 160—170 cm berechnet worden; er würde nach dieser Schätzung, die nur einen sehr bescheidenen Anspruch auf Genauigkeit haben kann, wenigstens die Größe, welche für den Urmenschen angegeben ist, erreichen. Also: ohne das den Menschen auszeichnende Verhältnis zwischen Körper- und Gehirnvolumen erreicht zu haben, steht dennoch Pithecanthropus in diesem Punkte über allen anderen Säugetieren (ich verweise besonders über die Ausführungen betreffs des Gehirns Seite 242 u. folg.). Aber noch mehr! Dubois hat Ausgüsse des Schädelinnern hergestellt und hat nachweisen können, daß die beim Menschen so hoch entwickelte untere (dritte) Stirnwindung, die „Sprachwindung", bei Pithecanthropus besser entwickelt ist als bei den Menschenaffen und sich in ihrer Form der entsprechenden Windung beim Menschen nähert.

Die bisher angetroffenen Zähne (Fig. 364) erscheinen wenig geeignet um Schlüsse über die Natur ihres Eigentümers zuzulassen.

Der Oberschenkelknochen (Fig. 365—367) zeigt in seinen Dimensionen und zum Teil auch in seiner Form so große Menschenähnlichkeit, daß mehrere Anatomen ihn für einen menschlichen erklärt haben. Doch unterscheidet er sich vom menschlichen Oberschenkelknochen nicht nur durch gewisse Eigenheiten am unteren Gelenkende, sondern hauptsächlich dadurch, daß

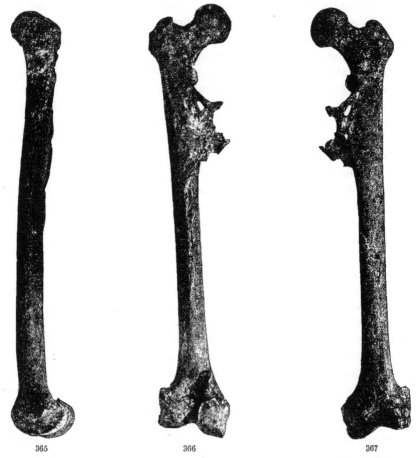

365   366   367

Oberschenkelbein von Pithecanthropus; 365 von vorne, 366 von hinten, 367 von außen
(nach Dubois).

er ganz gerade ist, während eine leichte Krümmung ein Merkmal der modernen, eine stärkere das der ausgestorbenen Menschenart ist. Im oberen Drittel ist eine gewaltige Knochenwucherung vorhanden, welche durch einen krankhaften Vorgang („Senkungsabszeß") hervorgerufen ist. Virchow hat die Meinung ausgesprochen, daß die Heilung solcher schwerer Knochenverletzungen eine nur im menschlichen Kulturzustande zu gewährende Pflege voraussetze, oder mit andern Worten: ein Individuum, welches von

einem solchen Übel angegriffen worden wäre, wäre nie genesen, falls es nicht
selbst Mensch gewesen und von Menschen gepflegt worden sei. Der Oberschenkelknochen muß deshalb, so meint Virchow, einem Menschen angehört
haben, während das Schädeldach von einem Affen stammt! Diese ganze
Beweisführung ist aber von Paläontologen und Zoologen vollständig wider-
legt worden, welche vollkommen entsprechende krankhafte Bildungen bei
mehreren wilden Tieren beobachtet haben; ja selbst bei Kriechtieren aus
der Juraperiode ist eine solche Knochenheilung nachgewiesen worden, also
zu einer Zeit, da „Krankenpflege" doch wohl ausgeschlossen war. Darin
daß der Inhaber dieses Oberschenkelknochens eine aufrechte Körperhaltung
gehabt hat, sind die meisten Untersucher einig.

Bei aller Meinungsverschiedenheit, die betreffs der Deutung des vorliegenden Fundes unter den Biologen herrscht, dürfte es doch e i n e n
Punkt geben, über den sich alle einigen können: Pithecanthropus ist
eine der für die Lösung des Menschenproblems wichtigsten und bedeutungsvollsten Entdeckungen, die jemals gemacht worden ist. Im übrigen
sind bei dem Versuche, den Pithecanthropus-Fund zu bewerten, wohl alle
möglichen — neben einigen vollkommen unmöglichen — Ansichten verfochten worden. Drei Haupt-Gesichtspunkte seien hier erwähnt. Während
einige Forscher den Pithecanthropus für einen allerdings durchaus affen-
ähnlichen Menschen erklären, können andere in ihm nur einen Affen, allerdings den menschenähnlichsten, der bisher bekannt geworden, sehen. Die
Vertreter der dritten Ansicht schließen sich mehr oder weniger unumwunden
dem Urteile Dubois' an, daß hier tatsächlich eine wirkliche Zwischenform
zwischen Menschen und Affen, also weder Mensch noch Affe in landläufigem
oder zoologischem Sinne des Wortes aufgefunden worden ist. Die Vertreter
der zwei erstgenannten Anschauungen sind vorzugsweise unter den Anthropologen und Zoologen zu suchen, während die Paläontologen, welche sich
in der vorliegenden Frage geäußert haben, zusammen mit einigen Anatomen und Zoologen der dritten, von Dubois selbst vertretenen Ansicht
huldigen. Die besagte Stellungnahme der Paläontologen mag zum Teil
davon beeinflußt sein, daß sie mit der Erscheinung von „Zwischen- oder
Übergangsformen" bisher vertrauter sind, als viele Zoologen und Anthropologen, da ihnen Zwischenformen in großer Menge begegnen, wenn sie das
Schicksal einer Tiergruppe während des Laufes der Erdperioden verfolgen.
Vielleicht würden außerdem die Anhänger der Dubois'schen Auffassung
zahlreicher sein, wenn es sich um ein „unvernünftiges Tier" irgendwo weiter
unten auf der Stufenleiter des Lebens handelte, anstatt um das delikate
und anstößige Thema: Mensch oder Affe.

Versuchen wir es auf dem gegenwärtigen Standpunkte der Frage, die
gewonnenen Resultate zusammenzufassen, so dürfte etwa folgendes als
festgestellt gelten: Pithecanthropus ist ein Wesen, bei welchem die F o r m

des Hirnschädels am besten mit dem bei Menschenaffen vorkommenden
allgemeinen Typus übereinstimmt, während sein Rauminhalt oder mit
anderen Worten d i e G r ö ß e d e s G e h i r n s sich mehr der des Menschen nähert; der Oberschenkelknochen stimmt teils mit dem menschlichen,
teils mit gewissen Menschenaffen überein, doch dürfte die Ähnlichkeit mit
letzteren überwiegen. Ist aber dieses Urteil berechtigt, so heißt das so
viel als, daß Pithecanthropus nach dem, was man heute von ihm kennt,
seinem Bau nach eine Mittelstellung zwischen dem Menschen und der Men-
schenaffen-Gruppe einnimmt, womit natürlich nicht gesagt ist, daß er,
wie Dubois will, der Stammvater des ersteren ist.

Die hier gegebene Deutung des Pithecanthropus-Fundes wird auch durch
die neuerdings gemachten und oben erwähnten Untersuchungen und Funde
nicht alteriert. Einstimmig ergeben diese, daß Pithecanthropus nicht älter
als der Urmensch, sondern Zeitgenosse desselben ist. Als Beweis hierfür
wird angeführt, daß die Fundstätte der Quartärformation angehört und
daß aus denselben Schichten ein Menschenzahn ausgegraben ist, sowie der
Umstand, daß auf Java ebenso wie auf Sumatra und Celebes Werkzeuge
der paläolithischen Periode angehörig, gefunden sind.

Auf Grund dieser Befunde hat man nicht gezögert, die von Dubois
und anderen verfochtene Auffassung, daß das Menschengeschlecht wirklich
aus Pithecanthropus hervorgegangen ist, zurückzuweisen. Anstatt im Java-
Wesen das langvermißte Bindeglied zu sehen, erklärt man es jetzt für eine
Parallelform des Menschen, für ,,einen mißlungenen Versuch zur Menschwerdung".

Dieser Kritik gegenüber hält Dubois daran fest, daß die ausgestorbene
Tierwelt, welche gleichzeitig mit Pithecanthropus lebte, jungtertiären Alters
ist. Und abgesehen davon, daß es mit gewissen Schwierigkeiten verbunden
sein muß, die Gleichaltrigkeit der quartären Lager in Europa und auf Java
festzustellen, kann der Kritik gegenüber, welche auf Grund der erwähnten
neuesten Untersuchungen sich gegen die Dubois'sche Anschauung richtet,
bemerkt werden, daß Pithecanthropus, auch wenn er gleichzeitig mit dem
Menschen gelebt hat, dennoch sehr wohl des letzteren Stammvater gewesen
sein könnte, da es keineswegs beispiellos ist, daß die Stammformen während
längerer oder kürzerer Zeiträume gleichzeitig mit den neuen Arten, welche
aus ihnen hervorgegangen sind, gelebt haben.

Dagegen ist durch die neuerdings gemachte Entdeckung eines Menschen-
und eines Menschenaffenzahns aus denselben Schichten, denen der Pithecanthropus entstammt — über diese Funde liegen bis jetzt nur vorläufige
Mitteilungen vor — die von Dubois aufgestellte Annahme, daß, da keine
anderen Reste von derselben oder einer ähnlichen Primatenform in den
fraglichen Ablagerungen vorkommen, Schädeldach und Oberschenkelknochen von demselben Individuum herrühren, einigermaßen erschüttert

worden. Aber auch unter der Voraussetzung, daß das Schädeldach n i c h t demselben Individuum oder derselben Art wie der Oberschenkelknochen angehört, können wir mit vollkommener Sicherheit behaupten, daß der Träger dieses Schädeldaches nichts desto weniger eine aufrechte Körperstellung gehabt haben muß. Dies geht nicht nur aus der schon hervorgehobenen Tatsache, daß der obere Teil des Hinterhauptbeines stark gegen den unteren abgeknickt ist, sondern auch daraus hervor, daß durch die Einwirkung der Nackenmuskeln kein solcher Knochenkamm am Hinterhauptbein hervorgerufen ist, wie er bei allen gleichgroßen sowie vielen bedeutend kleineren Schädeln (z. B. bei allen größeren Menschenaffen), deren Inhaber keine aufrechte Körperhaltung einnehmen, ausgebildet ist. Nur der durch aufrechte Körperhaltung ausgezeichnete Mensch entbehrt — trotz der bedeutenden Größe — des besagten Knochenkamms. Daß das Fehlen dieser Bildung bei Pithecanthropus auf dieselbe Ursache zurückzuführen ist, und daß somit Pithecanthropus stets auf den Titel „erectus", der „Aufrechte", Anspruch machen kann, dürfte außer Zweifel stehen.

Das Menschliche am Pithecanthropus-Schädel wird außerdem wesentlich dadurch erhöht, daß kein durch die Kaumuskulatur (die Schläfenmuskeln) hervorgerufener Scheitelkamm, wie es meist bei größeren, gleichgroßen und vielen kleineren Säugetierschädeln der Fall, vorhanden ist. Also auch hierin nehmen Mensch und Pithecanthropus eine Sonderstellung ein. Die vergleichende Anatomie gibt uns die Erklärung dieser Tatsache. Innerhalb derselben natürlichen Formengruppe kommt kein Scheitelkamm zustande, respektive er wird äußerst schwach ausgebildet, falls die Schädelgröße unter einem gewissen,. für verschiedene Gruppen selbstverständlich verschiedenem Maße stehen bleibt; die kleinen Arten innerhalb derselben Gattung und die kleinen Individuen innerhalb derselben Art erhalten also keinen Scheitelkamm, während sich bei größeren ein solcher entwickelt — alles natürlich unter der Voraussetzung, daß das Verhältnis zwischen Hirnkapsel und Kieferapparat dasselbe bleibt und bei der Vergleichung fertig ausgebildete Schädel benutzt werden. Dies Verhalten erklärt sich aus der Tatsache, daß unter den Säugetieren die kleineren Arten verhältnismäßig mehr Hirn haben als größere auf gleicher, systematischer Stufe stehende, wie dies im Kapitel VII näher ausgeführt ist. Aber mehr Hirn bedingt eine relativ größere Hirnkapsel, und diese wiederum bietet dem Kaumuskel (Schläfenmuskel) eine relativ größere Ansatzfläche, so daß ein Scheitelkamm nicht erforderlich wird. Hierdurch wird verständlich, weshalb kleinere Arten mit im Verhältnis zur Hirnkapselgröße gleichgroßen Kieferapparat dennoch keinen Scheitelkamm hervorbringen. : Als Beispiele mag auf den großen Gorilla- und den kleinen Gibbon-Schädel (Fig. 285 und 293) verwiesen sein. Das relativ größere Gehirn und die hiervon bedingte bedeutendere Größe der Hirnkapsel des Menschen im Zu-

sammenhang mit dem relativ schwachen Kieferapparat erklärt also das
Fehlen eines Scheitelkammes. Daß dieselben Ursachen auch bei Pithecanthropus dem Fehlen dieses Kammes zugrunde liegen, dürfte kaum bezweifelt werden können.

Hieraus folgt aber auch, daß die von einigen Forschern vertretene
Anschauung, daß Pithecanthropus nichts anderes als ein Riesen-Gibbon
sei, völlig unhaltbar ist. Es liegt nämlich nicht die geringste Veranlassung
zur Annahme vor, daß ein vergrößerter Gibbon oder sonst ein Riesen-Affe
dem Schicksale der uns bekannten lebenden Riesenaffen, dem Gorilla und
Orang-Utan entgangen sein würde, d. h. daß ihnen ein Scheitelkamm er-
spart worden wäre. Aus einem vergrößerten Gibbonschädel würde somit,
falls sich sein Kieferapparat in demselben Maßstabe vergrößerte, nie und
nimmer ein Pithecanthropus-Schädel hervorgehen — mit anderen Worten:
jeder Affe von der Größe des Pithecanthropus würde einen Scheitelkamm
haben. Es führen uns also auch diese Erwägungen zu dem Schlusse, daß der ein-
stige Besitzer des Pithecanthropus-Schädels eben kein Affe in demselben Sinne
wie die heute lebenden Geschöpfe, welche diesen Namen führen, gewesen ist.

Ob Pithecanthropus in die Ahnenreihe des Menschen gehört oder
nicht — diese viel ventilierte Frage ist damit selbstverständlich n i c h t
beantwortet und läßt sich offenbar mit Hilfe des spärlichen Tatsachenmaterials, das uns zurzeit vorliegt, nicht beantworten. Aber in
e i n e m Punkte dürfte schon jetzt Einigkeit erzielt werden können, und
dieser ist, wie schon oben betont worden, daß Pithecanthropus unter allen
Entdeckungen, welche die Urgeschichte des Menschen illustrieren, die bemerkenswerteste ist, da er von rein anatomischem Standpunkte aus betrachtet
— wenigstens was das Schädeldach betrifft — gerade eine solche Zwischenform zwischen Mensch und Affe verwirklicht, wie die theoretische Spekulation sie schon seit lange fertig konstruiert hatte: Pithecanthropus ist von
der vergleichenden Anatomie v o r a u s g e s a g t worden, bevor er entdeckt wurde. Durch unsere im vorigen Kapitel enthaltenen Ausführungen
ist ja dargelegt worden, daß in bezug auf den Bau des Schädels der Urmensch
eine vermittelnde Stellung zwischen dem modernen Menschen und dem
Menschenaffen einnimmt. In diesem Kapitel ist dann gezeigt worden,
daß der Pithecanthropus-Schädel — falls wir von der noch zweifel-
haften Beschaffenheit des Nasenhöhlenraumes absehen — ebenfalls eine
Mittelstellung zwischen Mensch und Menschenaffe einnimmt und somit die
Lücke ausfüllt, welche der Urmensch noch offen gelassen hatte. Ob wir
ihn nun als den „menschenähnlichsten Affen" oder als den „affenähnlichsten
Menschen" bezeichnen, ist eine Konvenienzsache und in wissenschaftlicher
Hinsicht vollkommen gleichgültig.

In einem vorhergehenden Kapitel haben wir die Tatsache betont, daß
a l l e bekannten lebenden und fossilen Affen sich vom Menschen unter

anderem dadurch unterscheiden, daß bei ihnen keine strenge Arbeitsteilung zwischen den Funktionen der beiden Gliedmaßenpaare durchgeführt ist, sondern daß beide als Lokomotionsorgane, wenn auch nicht in demselben Grade bei allen, Verwendung finden. Wir sahen auch, wie alle vorliegenden anatomischen Tatsachen uns einen Gedankengang aufnötigen, der folgendermaßen zusammengefaßt werden kann: die Arbeitsteilung der Gliedmaßen bedingt den aufrechten Gang, die Übernahme höherer Funktionen von seiten der Hand und das erweiterte Gesichtsfeld des Auges. Die beiden letztgenannten Faktoren wiederum geben den ersten Anstoß zu höherer Ausbildung desjenigen Zentralorganes, welches alle Bewegungen und Wahrnehmungen beherrscht und ordnet, des Gehirns. Oder mit andern Worten: bei der Menschwerdung muß mit Notwendigkeit der aufrechte Gang der Vervollkommnung des Gehirns vorausgegangen sein.

Von diesem Gesichtspunkte ist es, daß die Entdeckung des Pithecanthropus ihre kardinale Bedeutung für unsere Forschung über die Entstehung des Menschen erhält. Dieses Wesen verwirklicht, wie schon erwähnt, eine von der vergleichenden Anatomie vorausgesetzte Zwischen- oder Übergangsstufe: es hat den aufrechten Gang des Menschen erworben, ohne noch seine Gehirnausbildung, seine Intelligenz erreicht zu haben.

Unsere Aufgabe, eine Vorstellung von der Entstehung und Entwicklung des Menschen auf Grundlage des vorhandenen naturwissenschaftlichen Tatsachenbestandes zu gewinnen, könnte hiermit beendigt sein.

Alle positiven Tatsachen aus allen Gebieten der Biologie: der Anatomie, Embryologie, Physiologie und Paläontologie haben bezüglich des Menschenproblems ein Generalresultat ergeben, welches auf folgende Weise formuliert werden kann: d e r M e n s c h i s t e i n G l i e d e i n e r l ü c k e n l o s e n E n t w i c k l u n g s k e t t e ; e r i s t a u s e i n e r t i e f e r e n , e i n e r t i e r i s c h e n L e b e n s f o r m h e r v o r g e g a n g e n . Die Bedeutung dieser Tatsache liegt auf der Hand und kann nicht ohne ganz besondere Kraftanstrengung mißverstanden werden.

Soviel in bezug auf die große Prinzipienfrage nach der Herkunft und Entwicklung des Menschengeschlechts! Auch einzelne Stadien dieses Entwicklungsganges sind ihren allgemeinen Grundzügen oder vielleicht richtiger ihren allgemeinen Umrissen nach nunmehr bekannt. Betreffend vieler Einzelheiten dagegen, besonders der Verwandtschaftsgrade, herrscht noch immer große Unsicherheit; noch sind viele Lücken in unserm Wissen auszufüllen, bevor der Stammbaum unserer Vorfahrenreihe jene vollendete, solide Gestalt, in welcher derselbe schon jetzt in manchen populären Darstellungen prangt, annehmen kann. Aber auch in dieser Hinsicht sind wir berechtigt, uns der Hoffnung hinzugeben, daß unsere Arbeit, besonders auf dem Gebiete der Paläontologie, in nächster Zukunft uns vollständigere und bestimmtere Aufschlüsse schenken wird. Die paläontologischen For-

schungen sind gerade in den letzten Jahren immer planmäßiger und zielbewußter und die Funde sind deshalb ja auch, wie wir gesehen, immer
reicher geworden. Und da alle diese neuen Entdeckungen vollkommen
eindeutig sind, da sie alle in derselben Richtung gehen, so dürften wir ge-
trost die Überzeugung aussprechen können, daß die biologische Forschung
unserer Tage sich auf dem richtigen Wege befindet. Dies ist denn auch
in glänzendster Weise dadurch bestätigt worden, daß vergleichende Anatomie und Embryologie zu wiederholten Malen die Existenz von Lebewesen haben voraussagen können, deren Wirklichkeit erst viel später
durch die Entdeckungen der Paläontologie nachgewiesen worden ist. Hierdurch hat sich die moderne Biologie zum Range einer exakten Wissenschaft
erhoben.

Steht es demnach fest, daß das Menschengeschlecht eine lange Reihe
von Veränderungen durchgemacht, bevor es seinen gegenwärtigen Ent-
wicklungsgrad erreicht hat, so müssen wir auch mit Notwendigkeit annehmen,
daß es auch in aller Zukunft den Gesetzen der Entwicklung unterworfen
ist. Ein Versuch, sich eine Vorstellung von dem zukünftigen Entwicklungsgang des Menschen und von den Umgestaltungen zu bilden, die seine Organisation an Körper und Seele erfahren wird, kann natürlich nur im Anschluß an die Kenntnisse geschehen, die wir bezüglich der Schicksale besitzen, welche diese Organisation bisher durchgemacht hat.

Bei einem solchen Versuch haben wir indessen folgende Umstände in
Betracht zu ziehen. Da, wie wir gesehen, unsere Kenntnis dieser Entwicklungsgeschichte in mehreren Punkten empfindliche Mängel aufweist, so
müssen natürlich diese Mängel auch bei der Ausgestaltung des Zukunfts-
bildes Schwierigkeiten und Unsicherheit verursachen. Abgesehen davon,
daß nicht vorauszusehende Veränderungen im jetzigen Milieu des Menschen
nicht vorauszusehende Entwicklungsrichtungen hervorrufen können, ergibt
sich eine andere Quelle der Unsicherheit auf diesem Gebiete dadurch, daß
Faktoren, die in verflossenen Zeitaltern die vorherrschende Rolle gespielt
haben, in Zukunft eine mehr untergeordnete erhalten können. Ich denke
zunächst daran, daß, wie im folgenden weiter ausgeführt werden soll, die
natürliche Auslese in geringerem Grade als während verflossener Zeitalter
Einfluß auf die Entwicklung der Menschheit ausüben wird. Der Ausdruck
„verflossene Zeitalter" ist hier natürlich im geologischen, nicht im gewöhnlichen „historischen" Sinne zu verstehen. Schließlich will ich darauf hinweisen, daß die fraglichen Umgestaltungen in Zukunft wie bisher im allgemeinen in „geologischem" Tempo vor sich gehen, d. h. daß sie innerhalb
einiger Tausende von Jahren nicht sehr durchgreifend sein werden. Daß
wir jedoch auch Veränderungen erwarten können, die einen rascheren Verlauf nehmen, zeigen u. a. nach Amerika übergesiedelte Europäer, deren

Nachkommen, wie bekannt, nach verhältnismäßig wenigen Generationen
ein neues, recht eigenartiges Gepräge erhalten können.

Ein Moment in den künftigen Umbildungen des Menschen ist bereits
in dem Kapitel von den r u d i m e n t ä r e n O r g a n e n behandelt
worden, von denen der Mensch wie jedes andere höhere Wesen eine stattliche Anzahl besitzt. Wir haben gesehen, daß die Pferdegattung im Laufe
der Jahrtausende bis auf schwache Reste die verkümmerten Zehen abgelegt hat, die bei ihren Stammvätern noch funktioniert haben, und so können
wir auch sicher sein, daß das Menschengeschlecht einmal, wenigstens teilweise, die Bürde unnützer Körperteile los werden wird, die es heute besitzt.
So können wir mit einer an Gewißheit grenzenden Wahrscheinlichkeit annehmen, daß der Mensch einmal die oberen äußeren Vorderzähne sowie die
Weisheitszähne verlieren wird, über deren Rückbildung bei den zivilisierten
Nationen wir im vorhergehenden ausführlich berichtet haben. Ist es also
äußerst wahrscheinlich, daß diese Nationen sich in Zukunft von den Naturvölkern — falls in einer so fernen Zukunft „Naturvölker" noch existieren!
— durch den Mangel der oben genannten Zähne unterscheiden werden —
dann wäre damit in Wirklickheit zwischen diesen beiden Menschengruppen
eine Verschiedenheit von der gleichen Bedeutung zustandegekommen wie
zwischen vielen Tierformen, die von den Zoologen als verschiedene Arten
angesehen werden, d. h. mit anderen Worten: das Menschengeschlecht hätte
sich durch diesen Prozeß in zwei „Arten" gespalten.

Eine merkbarere und physiologisch bedeutsamere Veränderung als die,
welche durch den Verlust der genannten Zähne hervorgebracht wird, steht
wahrscheinlich dem Menschen durch die Verkürzung des Brustkorbes bevor.
Der rückgebildete Zustand, der stets die beiden untersten (11. und 12.) Rippenpaare auszeichnet, zusammengehalten mit dem Umstande, daß der Mensch,
wie die Untersuchung des Embryonalskeletts zeigt, einmal mit mehr Rippen
ausgerüstet gewesen ist, d. h. einen längeren Brustkorb als jetzt besessen
hat, deutet darauf hin, daß diese Verkürzung in Zukunft durch den Verlust
der beiden erwähnten falschen Rippenpaare fortgesetzt werden wird. Die
Ursache dieser allmählich vor sich gehenden Verkürzung des Brustkorbes
dürfte wenigstens teilweise in der vom Menschen erworbenen aufrechten
Körperhaltung zu suchen sein.

Ob wir Anlaß haben, uns der Hoffnung hinzugeben, daß unsere Nachkommen einmal von dem Wurmfortsatz des Blinddarms befreit werden,
wäre zweifelhaft, falls nämlich künftige Untersuchungen die von einem dä-
nischen Arzt vor kurzem (1908) ausgesprochene Vermutung bestätigen
sollten, daß dieser Fortsatz in normalem Zustande nicht bedeutungslos ist,
sondern als ein „lymphatisches Organ" fungiert; welcher Art diese Funktion
sei, ist jedoch nicht gesagt worden. Erweist sich dagegen die allgemeinere,
durch eine Reihe von Beobachtungen gestützte Auffassung als die richtige,

daß der genannte Fortsatz, als normaler Funktion entbehrend, in rückgängiger Entwicklung begriffen ist, so würden kommende Geschlechter von
einer Gefahr befreit sein, die die Menschheit unserer Tage bedroht.

Daß das Menschengeschlecht jemals von allem befreit werden
sollte, was rudimentäre Organe heißt, ist indessen schon aus dem Grunde
unwahrscheinlich, weil diese Disharmonien die unvermeidlichen Begleiter
jedes Entwicklungsprozesses sind.

Ein deutscher Biologe (Ammon) ist bei einer anthropologischen Untersuchung der Bevölkerung in Baden zu einigen bemerkenswerten Ergebnissen gekommen, die unsere Frage berühren. Wie erwähnt, pflegt man
zwischen dolichocephalen (langschädeligen) und brachycephalen (kurzschädeligen) Individuen zu unterscheiden. Nun hat Ammon nachgewiesen,
daß die Stadtbevölkerung eine viel größere Anzahl Dolichocephalen als die
Landbevölkerung aufweist. Aber auch die städtische Bevölkerung ist hinsichtlich der Schädelform durchaus nicht gleichförmig, sondern man kann
bei ihr verschiedene Gruppen unterscheiden: 1. Diejenigen, die vom Lande
in die Stadt gezogen, sind langschädeliger als die Landbevölkerung; 2. diejenigen, deren Väter vom Lande in die Stadt gezogen, sind langschädeliger
als die erste Gruppe, und schließlich 3. diejenigen, deren Väter oder Vorfahren schon Städter waren, sind langschädeliger als Gruppe 2. Diese Erscheinung läßt sich nach Ammon nur durch die Annahme erklären, daß
das Stadtleben eine andauernde Auslese des langschädeligen und eine Unter-
drückung des mehr kurzschädeligen Typus bewirkt. Da die mehr Langschädeligen unter der Landbevölkerung eine bestimmte Tendenz zeigen, in
die Stadt überzusiedeln, so muß natürlich die Landbevölkerung mit der
Zeit immer mehr kurzschädelig werden. Ammon sucht außerdem zu zeigen,
daß diejenigen von den Stadtbewohnern, die sich irgendwie intellektueller
Arbeit widmen, die langschädeligsten sind. Diese wie auch einige andere
Körpereigenschaften, die mit der Dolichocephalie vereint auftreten, sind natürlich an und für sich ohne Bedeutung in dem sozialen Kampf ums Dasein;
was hier den Ausschlag gibt, sind gewisse psychische und moralische Eigenschaften, die besser als andere den höheren sozialen Forderungen entsprechen. Diese geistigen Eigenschaften sind ebensosehr wie gewisse rein
körperliche Merkmale Rasseneigentümlichkeiten. Da nun die erwähnten
geistigen Eigenschaften in Wechselwirkung mit körperlichen Eigenschaften
(wie Dolichocephalie usw.) stehen, so werden also auch diese letzteren indirekt der sozialen Auslese unterworfen. Vorausgesetzt, daß diese Beobachtungen Ammons exakt sind, und daß sie verallgemeinert werden können,
würde demnach unter Einfluß unserer sozialen Verhältnisse unter anderem
die Form des Schädels im Laufe der Zeiten eine Veränderung erfahren.

Aber von sehr viel größerer Bedeutung für die aufsteigende Entwicklung der Menschheit ist die Frage, ob wir Anlaß haben anzunehmen, daß

die besonderste Besonderheit des Menschen: das Gehirn (und damit der Hirnschädel) eine weitere Ausbildung bei der Menschheit erhalten wird. Die schon gemachten Fortschritte sind vielversprechend. In einem früheren Kapitel haben wir gesehen, daß das Gehirn der Säugetiere und im besonderen ihr Großhirn im Laufe der Tertiärzeit eine höchst wesentliche Ausbildung und Vergrößerung erfahren hat. Das gleiche gilt, wie oben angeführt, von den ausgestorbenen Verwandten des Menschen: beim Pithecanthropus beträgt der Schädelinnenraum nicht ganz 900, beim Urmenschen ungefähr 1230 und bei den Europäern der Gegenwart etwa 1360—1550 ccm. Und diese Entwicklungsrichtung wird bei den letzteren andauernd beibehalten. Bei ihnen ist nämlich eine Vergrößerung der Hirnschale auch während der „geschichtlichen" Zeit nachgewiesen worden. Schon Broca hatte gefunden, daß der Hirnschädel bei den Einwohnern der Stadt Paris im Laufe der Jahrhunderte an Größe zugenommen hatte. Aus einer späteren, mit modernen Methoden angestellten Untersuchung geht unzweideutig hervor, daß während der jüngeren Steinzeit die höchste Anzahl (30,3 %) der Bevölkerung Frankreichs einen Hirnschädelinhalt von 1300—1400 ccm hatte; bei Parisern des 12. Jahrhunderts (37,7 %) betrug dieser 1401 bis 1500 ccm und bei den meisten jetzt lebenden Parisern (47,7 %) 1501—1600 ccm Weniger als 1200 ccm Rauminhalt hatten unter den Steinzeitschädeln 17 % und weniger als 1300 20,8 %, während unter den beiden anderen Kategorien keine Schädel mit so geringem Rauminhalt vorkamen. Andererseits erreichte kein Steinzeitschädel 1700 ccm, kein mittelalterlicher Schädel 1800, welche Ziffer dagegen von 5,2 % modernen Pariser Schädeln erreicht wird. Diese Zahlen sprechen ja eine beredte Sprache: sie zeigen, daß das Wachstum der Hirnschale, beziehungsweise des Gehirns mit der steigenden Kultur in Zusammenhang steht.

Nicht weniger interessant sind die Ergebnisse, zu denen der Vergleich zwischen den Schädeln alter und moderner Ägypter geführt hat. Bei diesem Volk hat sich der Rauminhalt des Hirnschädels während der letzten zwei Jahrtausende vermindert. Derselbe Faktor ist offenbar auch hier wirksam gewesen, obwohl in umgekehrtem Sinne: Ägypten, das während seiner Blütezeit auf der Höhe der Zivilisation stand, ist später in kulturelle Misère geraten; und dieser Rückgang der geistigen Kultur ist in der Verkleinerung der Hirnschale bei seiner Bevölkerung zum Ausdruck gekommen.

Die vorstehende Überlegung ruht natürlich auf zwei Voraussetzungen. Die eine ist die, daß die Bevölkerung der untersuchten Länder sich nicht in größerer Ausdehnung mit fremden Elementen gemischt hat; und in dieser Hinsicht dürften die genannten Länder wirklich in höherem Grade als die allermeisten anderen geeignet sein, in der vorliegenden Frage Zeugnis abzulegen. Die andere Voraussetzung ist die, daß die Größe des Hirnschädels ein Ausdruck für die Größe des Gehirns ist, und daß ein größeres Gehirn

wiederum eine Bedingung für eine höhere Intelligenz und demnach auch
für einen höheren Kulturgrad ist. Auch wenn wir uns erinnern müssen,
daß gewisse krankhafte Erscheinungen eine Vergrößerung des Gehirns und
damit auch des Hirnschädels hervorrufen, so sprechen doch Beobachtungen
verschiedener Art auf verschiedenen Gebieten für die Richtigkeit der oben
gemachten Annahme in ihrer Allgemeinheit, wobei wir uns auch auf einige
von den Tatsachen berufen können, die in dem Kapitel vom Gehirn behandelt
worden sind. Bezüglich der Spezialfrage, inwiefern der Rauminhalt des
Hirnschädels als ein Ausdruck für die Größe des Gehirns angesehen werden
kann, hat ein holländischer Anatom (Bolk) neulich nachgewiesen, daß diese
in einem bestimmten Verhältnis zueinander stehen; vor dem 60. Lebensjahr beträgt das Gehirnvolumen ungefähr 93 % von dem Rauminhalt der
Hirnschale.

Ein deutscher Forscher (Buschau) hat eine Reihe von Tatsachen zu-
sammengestellt, die die letztberührten Fragen illustrieren. Hier nur einige
wenige Beispiele! Völker, die sich auf einer niedrigeren Kulturstufe befinden, haben einen kleineren Hirnschädel als höher stehende Völker, und
unter diesen letzteren wieder haben die Gebildeteren einen höheren Prozentsatz von größten Hirnschädelmassen aufzuweisen als die intellektuell niedriger
stehenden. Unter anderen Tatsachen, die für die letztere Behauptung
sprechen, seien folgende angeführt. Die ungefähre Größe des Hirnschädels
bei 2134 Studenten der Universität Cambridge wurde mit den Zeugnissen
verglichen, die sie bei der Abgangsprüfung erhielten. Man fand, daß die
487 Studenten, die das höchste Zeugnis erhalten hatten, einen größeren
Hirnschädel besaßen als die 913, die ein niedrigeres Zeugnis erhalten hatten
und daß die 734 in der Prüfung durchgefallenen die kleinsten Köpfe hatten;
im besonderen wird hervorgehoben, daß die drei Gruppen bezüglich der
Körpergröße und des Alters keine bemerkenswerten Unterschiede auf-
wiesen. Mehrere andere Beobachtungen, von anderen Untersuchern an entsprechendem Untersuchungsmaterial angestellt, haben ähnliche Resultate
ergeben.

Durch Nachforschungen in einer großen Anzahl Hutgeschäfte in Deutschland hat ein bekannter deutscher Anatom (Pfitzner) die interessante Tatsache feststellen können, daß die billigen Hüte, die vorzugsweise von Ar-
beitern, kleineren Kaufleuten usw. gekauft werden, eine niedrigere Nummer
haben (also auf kleinere Köpfe passen) als die teueren, die von der wohl-
habenderen Bevölkerung gekauft werden. Dazu kommt, daß von den
billigeren Hüten die höchsten Nummern überhaupt nicht vorrätig gehalten
werden, während von den teureren die kleinsten Nummern fehlen — beides
infolge mangelnder Nachfrage.

Eine sehr starke Stütze für die Ansicht, daß der Kulturstandpunkt
in Zusammenhang mit der Ausbildung des Gehirns und diese wieder mit

der der Hirnschale steht, liefert folgende Tatsache. Der Regel nach verwachsen die paarig angelegten Stirnbeine beim Menschen 1—2 Jahre nach der Geburt miteinander zu einem einzigen Knochenstück. Seltener bleibt diese Verwachsung aus, so daß die Stirnbeine während des ganzen Lebens durch eine „Stirnnaht" voneinander geschieden sind.

Durch genaue Untersuchungen ist nachgewiesen worden, daß diese Verwachsung durch den Druck von innen her verhindert wird, den ein vermehrtes Wachstum der Stirnpartie des Großhirns ausübt. Durch das stärkere Wachstum dieses Gehirnteiles werden nämlich die beiden Stirnbeine voneinander entfernt, so daß die vorsichgehende Verknöcherung nicht vollständig den Zwischenraum zwischen ihnen auszufüllen vermag. Daß ausnahmsweise dieser Druck durch krankhafte, z. B. entzündliche Prozesse im Gehirn ausgeübt werden kann, und dann bisweilen dieselbe Wirkung hat, schwächt natürlich nicht die Bedeutung der ersterwähnten Tatsache ab. Ferner hat festgestellt werden können, daß der vordere Teil des Hirnschädels (der Stirnteil) gewöhnlich größer bei Schädeln mit stehengebliebener Stirnnaht ist als bei solchen mit verwachsenen Stirnbeinen. Daß ein Stehenbleiben der Stirnnaht wirklich im allgemeinen ein Kriterium psychischer Überlegenheit ist, dürfte daraus hervorgehen, daß Schädel mit dieser Eigenschaft gewöhnlicher sind bei zivilisierten Völkern als bei Naturvölkern. Verschiedenen Angaben gemäß wird eine stehengebliebene Stirnnaht angetroffen

bei Europäern in . . . . . . 7,6—16,3 %,

„ Melanesiern . . . . . 2,0 — 3,4 %,

„ Malaien . . . . 1,9 %,

„ Negern . . . . 1,2— 3,1 %,

„ Australiern . . . . . 1,2 %.

Im Zusammenhang hiermit will ich erwähnen, daß bisher keine Schädel von erwachsenen Menschenaffen mit stehengebliebener Stirnnaht beschrieben worden sind.

Auch wenn wir zugeben müssen, daß die G r ö ß e des Gehirns kein allmächtiger Faktor ist, daß die intellektuelle Überlegenheit mit einer höheren Ausbildung gewisser Gehirnbezirke — abgesehen von nicht direkt nachweisbaren qualitativen Verbesserungen — verbunden sein muß, so wird hierdurch nicht das allgemeine Ergebnis berührt, das die obenerwähnten und zahlreiche andere Beobachtungen uns geliefert haben, daß nämlich Kultur und Gehirnvolumen, beziehungsweise Schädelvolumen in einer bestimmten Wechselwirkung stehen.

Von größtem Interesse ist es, daß auch innerhalb der Tierwelt höhere Kultur mit größerer Gehirnmasse und demnach mit größerer Hirnschale vereinigt ist als im Naturzustande. Es kann dies durch schlagende Beispiele illustriert werden. In der Skelettsammlung der Stockholmer Universität stehen nebeneinander zwei Skelette von nahezu derselben Größe, das eine von einem zahmen Hund (Fig. 369), das andere von einer wilden Hundeart (Fig. 368). Ein Blick auf diese Skelette überzeugt uns ohne weiteres davon, daß der Hirnschädel und demnach auch das Gehirn bei dem seit Jahrtausenden zum Begleiter des Menschen erhobenen Haushunde eine viel größere Ausbildung erhalten hat als bei der auf der Naturstufe stehengebliebenen Hundeart.

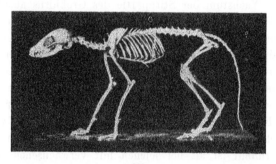

368

369

Skelett: Fig. 368 vom Fenek (Canis zerda), Fig. 369 vom Haushunde (nach Originalen im Zootomischen Institut der Universität Stockholm).

Da also das menschliche Gehirn und seine Hülle sich im Zusammenhang mit der steigenden Kultur vergrößert haben, und da auch der verbissenste Pessimist zu dem Eingeständnis bereit sein dürfte, daß die Kultur der Zukunft eine höhere sein wird als die unserige, so zwingt uns dies auch zu der Annahme, daß bei den Kulturnationen das Gehirnvolumen auch künftig hin allmählich zunehmen wird.

Aber auch die Schattenseiten der Kultur werden in Zukunft hinsichtlich unseres Gehirns sich stärker geltend machen als in unseren Tagen. Wir denken hierbei in erster Linie an die Zunahme der Geisteskrankheiten. Der obenerwähnte Buschan führt einige lehrreiche Zahlen hierfür an: in

England stieg während der Jahre 1859—1869 die Anzahl der Geisteskranken unter 10 000 Einwohnern von 18 auf 24, 1869—1879 von 24 auf 27, 1879 bis 1889 von 27 auf 29, und in dem Zeitraum von 1879—1900 ist die Ziffer auf 33,1 gestiegen. Auch aus anderen Kulturländern besitzen wir ähnliche Zahlen. Ein amerikanischer Psychiater hat nachgewiesen, daß die Anzahl der Geisteskrankheiten in Beziehung zur Bevölkerungsdichte steht: je größer diese, um so mehr Geisteskranke. In Übereinstimmung hiermit ist festgestellt worden, daß die Anzahl Geisteskranker verhältnismäßig größer in den Großstädten als auf dem Lande ist. Daß die Kultur mit den sich stäudig steigernden Ansprüchen, die diese an unsere geistigen Kräfte stellt, in erster Linie auch künftighin die Zahl der Psychosen vermehren wird, ist nur allzu wahrscheinlich. Natürlich tragen auch solche negative Kulturwerte wie Alkoholismus, Syphilis u. a. zu diesem Ergebnis bei.

In Einklang mit dieser Auffassung steht, daß Geisteskrankheiten weniger oft bei Naturvölkern oder vielleicht besser bei Völkern mit niedrigerer Kultur auftreten als bei Nationen, die Träger einer intensiveren Kultur sind.

Die Neger in Nordamerika bieten in dieser Hinsicht ein sprechendes Beispiel. Vor der Emanzipation waren Geisteskrankheiten unter Negersklaven äußerst selten; nach derselben, also nachdem die befreite schwarze Bevölkerung Amerikas in Konkurrenzkampf mit der weißen getreten ist, zeigt die Statistik eine ständig steigende Anzahl Fälle von Geisteskrankheiten unter den Negern. In Nordamerika kamen:

im Jahre 1870 auf eine Million Neger 367 Geisteskranke,
,, ,, 1880 ,, ,, ,, ,, 912 ,, ,
,, ,, 1890 ,, ,, ,, ,, 986 ,, .

Dieses ständige Anwachsen der Geisteskrankheiten gilt indessen nur für die emanzipierten Neger; unter den Negersklaven zeigte die Anzahl der Psychosen keine merkbarere Zunahme.

Aus diesen Tatsachen läßt sich der Schluß ziehen, daß einerseits Kultur und Gehirnvolumen in demselben Verhältnis zunehmen, so daß der Mensch durch eine Steigerung der Geisteskräfte eine immer höhere intellektuelle Stufe erreichen wird; daß andererseits die Zahl derer, die den stetig gesteigerten Kulturansprüchen nicht genügen können, ohne psychisch angegriffen zu werden, zunehmen wird — oder mit anderen Worten: die Auslese wird sich in vielleicht noch höherem Grade, als es bisher der Fall gewesen, auf die Intelligenz und ihre materielle Unterlage, das Gehirn, richten. Gleichzeitig hiermit werden im Schutze dieser Kultur einige Organe bis zu einem gewissen Grade überflüssig und demnach in diesem zivilisierten Kampfe minderwertig werden. Das ist, wie bereits oben (siehe Kapitel VI) erwähnt worden, der Fall mit unseren Augen seit der Entdeckung der Brille, da fast in jeder Lebensstellung der Kurzsichtige Karrière machen kann;

da sich aber seine Kurzsichtigkeit auf seine Nachkommen vererbt, wird natürlich die Anzahl der Kurzsichtigen eine entschiedene Neigung zur Zunahme zeigen.

Daß wiederum die Zunahme der Kurzsichtigkeit durch geeignete Mittel gehemmt werden kann, hat neuerdings der schwedische Augenarzt Widmark nachgewiesen. Dank vor allem der Verbesserung der Drucklettern in den Schulbüchern und des fleißiger geübten Sportes in der freien Natur hat sich in den letzten beiden Jahrzehnten eine bedeutende Abnahme der Kurzsichtigkeit bei den Schülern der schwedischen Gymnasien herausgestellt.

Unter keinen Umständen haben wir Anlaß, zu befürchten, daß der Mensch einmal ganz das Sehvermögen verlieren wird: zuvor würde ja die natürliche Auslese eingreifen und die rückgängige Entwicklung hemmen, falls diese die Existenzmöglichkeiten des Menschen aufs Spiel setzte. Doch liegt stets eine Gefahr in einer allzuweit getriebenen einseitigen Entwicklung. Es zeigt dies die Geschichte gewisser anderer Organismen, mit denen wir in früheren Kapiteln Bekanntschaft gemacht haben. So kann man das vollständige Aussterben z. B. der höchst ausgebildeten Raubtiere, die es jemals gegeben, kaum anders erklären als dadurch, daß sie infolge einseitiger Entwicklung die Raubtierspezialität zu einem solchen Extrem getrieben, daß sie vollständig das Vermögen verloren hatten, sich veränderten Lebensverhältnissen anzupassen, während ihre weniger hoch und einseitig ausgebildeten Verwandten dieses Vermögen behalten hatten und sie daher überlebten.

Außerdem müssen wir bedenken, daß Kultur kein vollkommen eindeutiger Begriff ist. Was Kultur für die meisten Europäer ist, ist es nicht oder braucht es wenigstens nicht für andere Völker zu sein. Zahlreiche Erfahrungen von Kolonisationsunternehmungen her sprechen dafür, daß unsere modernen europäischen Kulturgaben für mehrere Naturvölker ein Danaergeschenk sind, daß z. B. ein Fortschritt bei den Negern nur möglich ist, wenn ihre eigenen einheimischen Institutionen beibehalten werden.

Im Zusammenhang hiermit könnte man die Frage erheben, ob auch in Zukunft das Menschengeschlecht in verschiedene Rassen geteilt bleiben wird. Die stetig wachsende Leichtigkeit des Verkehrs wird ganz sicher mit der Zeit die Neigung, zu wandern und sich in fremden Ländern anzusiedeln, die zu allen Zeiten das menschliche Geschlecht ausgezeichnet hat, bedeutend vermehren und sozusagen verallgemeinern. Eine Folge hiervon wird notwendigerweise die sein, daß die jetzt verschiedenen Rassen sich mehr und mehr miteinander mischen, die Grenzen sich verwischen werden. Eine Zeit wird sicherlich kommen, wo jedes Volk sich Eigenschaften der Haupttypen angeeignet haben wird, in welche die nun lebende Bevölkerung der Erde eingeteilt zu werden pflegt. Man hat hieraus den Schluß ziehen wollen, daß das Ergebnis dieser Annäherung zwischen den Rassen eine einzige gleichartige Menschenrasse mit denselben körperlichen, intellektuellen und moralischen Eigenschaften sein würde, die über die ganze Erde hin an die Stelle der so weit verschiedenen Rassen der Gegenwart treten würde. Eine andere Auffassung ist von dem französischen Anthropologen Quatrefages ausgesprochen worden. Er meint, daß infolge der jetzigen Verteilung der Rassen die Rassenmischung kaum überall in demselben Verhältnis wird vor sich gehen können. Er hält es vielmehr für wahrscheinlich, daß Afrika stets mehr der schwarzen Rasse, gleichwie Asien der gelben und Europa der weißen vorbehalten bleiben wird als andere Teile der Welt. Ferner darf der Einfluß des Milieus auf den geistigen und körperlichen Charakter der Bevölkerung nicht unterschätzt werden. Wie sehr der Mensch auch seine Einwirkung modifizieren kann, nie vermag er sich doch ihr ganz zu entziehen. Also: vorausgesetzt, daß unser Planet auch künftighin derselbe bleibt, der er jetzt ist, würde das Ergebnis einer vollständigeren und allseitigeren Mischung unserer verschiedenen Menschenrassen die Entstehung nicht eines einheitlichen, die ganze Erde bevölkernden Typus, sondern eher neuer Völker mit anderer Kultur und anderen Geistes- und Körpereigenschaften als denen sein, die für die Rassen der Gegenwart kennzeichnend sind.

Hier müssen wir uns eines Umstandes erinnern, der bereits im ersten Kapitel hervorgehoben worden ist, daß bei aller organischen Entwicklung die natürliche Auslese nicht mit Notwendigkeit absolute Vollkommenheit bewirkt, sondern nur die vollkommenste Anpassung an die Verhältnisse, in denen der Organismus lebt. Wenn wir unter dem vollkommensten Geschöpf ein solches verstehen, bei dem alle Organe zu ihrer höchsten Potenz entwickelt sind, so kann also der Mensch ebensowenig wie ein anderes Geschöpf Anspruch auf diesen Titel machen. Die Anpassung beim Menschen hat sich auf die glückliche Spezialität gerichtet: die spezifische Ausbildung des Gehirns, während gleichzeitig andere Organsysteme und Vermögen minderwertig geworden sind, so daß, was Geruch, Sehschärfe, Muskelstärke u. a. m. betrifft, der Mensch von einer großen Anzahl anderer Säugetiere weit übertroffen wird und demnach niedriger organisiert ist als diese. Dank aber der genannten Spezialität hat er es vermocht, eine K u l t u r zu schaffen, die der wichtigste Regulator für seine künftigen Entwicklungsmöglichkeiten bleibt. Wie bereits angedeutet, ist Kultur ein etwas dehnbarer Begriff. Vom biologischen Standpunkte aus — und ausschließlich diesen kann ich hier einnehmen — gehört es jedoch zu den ursprünglichsten und zugleich wichtigsten Aufgaben jeder Kulturarbeit, d e n K a m p f u m s D a s e i n i n s e i n e n r o h e r e n F o r m e n z u b e k ä m p - f e n. Der Mensch kann sich zwar nie vollständig diesem Naturgesetz e n t z i e h e n, aber er kann seine Wirkungen mildern, kann sie h u m a -

n i s i e r e n, gleichwie es ihm, obwohl er z. B. die klimatischen Verhältnisse
nicht zu ändern vermag, gelungen ist, in wesentlichem Maße ihre unmittelbare Einwirkung auf ihn durch Anwendung von Wohnungen, Feuerstätten,
Kleidern usw. aufzuheben.

Es besagt dies mit anderen Worten: neben der natürlichen Auslese ist
in die Geschichte der Menschheit allmählich ein neuer Faktor eingeführt
worden, den man als die k ü n s t l i c h e A u s l e s e bezeichnet hat, welch
letztere mehr und mehr an die Stelle der natürlichen Auslese getreten ist und
dies in Zukunft in noch höherem Grade tun wird. Damit ist selbstverständlich nicht gesagt, daß die künstliche Auslese hinsichtlich des Menschengeschlechts vollständig die natürliche verdrängen wird; diese wird aber
nicht, wie es im Naturzustande der Fall ist, ihre Wirkung auf das Individuum geltend machen, sondern vorzugsweise auf die Individuen jener
höheren Ordnung, die wir Nationen oder Staaten nennen.

Die künstliche Auslese, die in unbewußter Form bereits bei gesellig
lebenden Tierformen hervortritt, ist von dem Menschen zunächst auf die
ihn umgebende Tierwelt angewandt worden und führte zur Entstehung
unserer Haustiere. Auf den Menschen machte sich die künstliche Auslese
zunächst in folgender Weise geltend. Während auf einer mehr primitiven
Stufe die natürliche Auslese Individuen begünstigte, die sich durch kriege-
rische Anlage, Streitlust usw. mit allen ihren Voraussetzungen und Folgen
auszeichneten, spielten auf einer höheren Entwicklungsstufe die Besitzer
genannter Eigenschaften eine weniger bedeutende Rolle gegenüber denen,
die in hervorragenderem Grade Eigenschaften besaßen, welche das friedliche
Zusammenleben, die Kooperation förderten, und die daher von der künstlichen Auslese begünstigt wurden. Die Folge hiervon war eine „höhere
Verfeinerung" des Nervensystems und eine zunehmende Sensibilität, und
in diesen Eigenschaften wiederum dürften wir vielleicht, wenn auch nicht
die einzige, so doch jedenfalls die Hauptursache für die Entstehung der
a l t r u i s t i s c h e n Gefühle in ihren verschiedenen Äußerungen, wie
Mitleid, Selbstaufopferung usw., zu suchen haben — Eigenschaften, die bei
Völkern auf einer primitiveren Entwicklungsstufe direkt schädlich für den
Bestand der Rasse wirken können und daher weit weniger ausgebildet sind
als bei kultivierten Nationen.

So wird es, wie bereits angedeutet, die eigentlichste Aufgabe unserer
Kultur, nicht nur uns selbst gegen den Kampf ums Dasein in der brutalen
Form, mit der dieses eiserne Gesetz im Naturzustande despotisch herrscht,
zu schützen, sondern auch Raum und Existenzmöglichkeiten für unsere
schwächeren Brüder zu schaffen, statt sie untergehen zu lassen.

Natürlich würde sich die Menschheit dadurch, daß sie die Schwachen
und Kranken unterstützt, der Gefahr der Entartung aussetzen können.
Aber gleichwie der Staat seit lange als schädlich eheliche Verbindungen

zwischen sehr nahen Verwandten verboten hat, könnten auch in Zukunft gewisse Kategorien von schwachen und kranken Individuen daran gehindert werden, Nachkommen zu hinterlassen; mehrere Wege, zu diesem Ziel zu gelangen, sind denkbar und in beschränktem Maße schon betreten worden. Und gleichwie das Gefühl gegen Incestverbindungen nunmehr — in verschiedenem Grade bei verschiedenen Nationen — als ein moralisches Gebot empfunden wird, so könnte sich wohl auch einmal hinsichtlich der oben angedeuteten Verbindungen ein entsprechendes Gefühl und eine ähnliche Auffassung ausbilden.

Ziehen wir weiter in Betracht, daß jeder Organismus eine gewisse Neigung hat, seine Spezialität zur höchstmöglichen Vollendung zu treiben, so haben wir begründeten Anlaß, uns dem Glauben hinzugeben, daß auch der Mensch mehr und mehr s e i n Merkmal, das spezifisch Menschliche, ausbilden wird. Und eben dies scheint mir vielleicht das trostreichste Ergebnis zu sein, das die Forschung unserer Zeit uns geschenkt hat: daß der Mensch von einer geistig und körperlich niedrigen Lebensstufe aus sich nicht nur zu seiner jetzigen Höhe hat entwickeln können, sondern daß wir nunmehr auch Grund zu der Annahme haben, daß einst die von barbarischen Vorfahren ererbten kulturfeindlichen Triebe verschwinden werden, daß der Mensch in Zukunft mehr und mehr

M e n s c h

werden wird.

9 780282 055486